计算机科学与技术专业核心教材体系建设 —— 建议使用时间

课程系列	一年级上	一年级下	二年级上	二年级下	三年级上	三年级下	四年级上	四年级下
基础系列	大学计算机基础							
电类系列	离散数学(上) 信息安全导论	离散数学(下)						
	电子技术基础	数字逻辑设计 数字逻辑设计实验						
程序系列	计算机程序设计	面向对象程序设计 程序设计实践	数据结构	算法设计与分析	软件工程 编译原理	软件工程综合实践		
系统系列	计算机原理	操作系统	计算机系统综合实践	计算机网络	计算机体系结构			
应用系列							人工智能导论 数据库原理与技术 嵌入式系统	机器学习 物联网导论 大数据分析技术 数字图像技术
选修系列						计算机图形学		

面向新工科专业建设计算机系列教材

大学计算与人工智能

桂小林 主编

清华大学出版社

北京

内 容 简 介

本书依据《新时代大学计算机基础课程教学基本要求》(2023 版),从计算系统基本原理、Python 程序设计、计算思维与问题求解、计算机网络与物联网、数据分析与可视化、人工智能与大模型、信息安全与隐私保护等维度构建教材内容,在强化对学生计算思维能力培养的同时,推进物联网、大数据和人工智能等新技术的普及与应用。

本书内容上与时俱进,实践中注重创新,将 Python 编程贯穿教材始终,通过大量编程实例强化对学生计算思维能力的培养,增强学生对新一代信息技术的理解能力。本书紧扣课程主题,多方位凝练思政要素,聚焦创新素养、工匠精神与家国情怀的养成。

本书可作为高等院校"大学计算机基础""Python 大数据分析""人工智能通识基础"等课程的教材,还可作为新一代信息技术研究人员的入门参考书。

图书在版编目(CIP)数据

大学计算与人工智能 / 桂小林主编. -- 北京:清华大学出版社,2025.1.
(面向新工科专业建设计算机系列教材). -- ISBN 978-7-302-68068-0

Ⅰ. O241;TP18

中国国家版本馆 CIP 数据核字第 2025KP2643 号

责任编辑:白立军　薛　阳
封面设计:刘　键
责任校对:韩天竹
责任印制:杨　艳

出版发行:清华大学出版社
　　　　网　　　址:https://www.tup.com.cn,https://www.wqxuetang.com
　　　　地　　　址:北京清华大学学研大厦 A 座　　　　　邮　　编:100084
　　　　社 总 机:010-83470000　　　　　　　　　　　　邮　　购:010-62786544
　　　　投稿与读者服务:010-62776969,c-service@tup.tsinghua.edu.cn
　　　　质量反馈:010-62772015,zhiliang@tup.tsinghua.edu.cn
　　　　课件下载:https://www.tup.com.cn,010-83470236
印 装 者:三河市铭诚印务有限公司
经　　销:全国新华书店
开　　本:185mm×260mm　　印　张:22.25　　插　页:1　　字　　数:562 千字
版　　次:2025 年 2 月第 1 版　　　　　　　　　　　　　印　　次:2025 年 2 月第 1 次印刷
定　　价:69.80 元

产品编号:098107-01

出版说明

一、系列教材背景

人类已经进入智能时代，云计算、大数据、物联网、人工智能、机器人、量子计算等是这个时代最重要的技术热点。为了适应和满足时代发展对人才培养的需要，2017年2月以来，教育部积极推进新工科建设，先后形成了"复旦共识""天大行动"和"北京指南"，并发布了《教育部高等教育司关于开展新工科研究与实践的通知》《教育部办公厅关于推荐新工科研究与实践项目的通知》，全力探索形成领跑全球工程教育的中国模式、中国经验，助力高等教育强国建设。新工科有两个内涵：一是新的工科专业；二是传统工科专业的新需求。新工科建设将促进一批新专业的发展，这批新专业有的是依托于现有计算机类专业派生、扩展而成的，有的是多个专业有机整合而成的。由计算机类专业派生、扩展形成的新工科专业有计算机科学与技术、软件工程、网络工程、物联网工程、信息管理与信息系统、数据科学与大数据技术等。由计算机类学科交叉融合形成的新工科专业有网络空间安全、人工智能、机器人工程、数字媒体技术、智能科学与技术等。

在新工科建设的"九个一批"中，明确提出"建设一批体现产业和技术最新发展的新课程""建设一批产业急需的新兴工科专业"。新课程和新专业的持续建设，都需要以适应新工科教育的教材作为支撑。由于各个专业之间的课程相互交叉，但是又不能相互包含，所以在选题方向上，既考虑由计算机类专业派生、扩展形成的新工科专业的选题，又考虑由计算机类专业交叉融合形成的新工科专业的选题，特别是网络空间安全专业、智能科学与技术专业的选题。基于此，清华大学出版社计划出版"面向新工科专业建设计算机系列教材"。

二、教材定位

教材使用对象为"211工程"高校或同等水平及以上高校计算机类专业及相关专业学生。

三、教材编写原则

（1）借鉴 *Computer Science Curricula* 2013（以下简称 CS2013）。CS2013的核心知识领域包括算法与复杂度、体系结构与组织、计算科学、离散结构、图形学与可视化、人机交互、信息保障与安全、信息管理、智能系统、网络与通信、操作系统、基于平台的开发、并行与分布式计算、程序设计语言、软件开发基础、软件工程、系统基础、社会问题与专业实践等内容。

（2）处理好理论与技能培养的关系，注重理论与实践相结合，加强对学生思维方式的训练和计算思维的培养。计算机专业学生能力的培养特别强调理论学习、计算思维培养和实践训练。本系列教材以"重视理论，加强计算思维培养，突出案例和实践应用"为主要目标。

（3）为便于教学，在纸质教材的基础上，融合多种形式的教学辅助材料。每本教材可以有主教材、教师用书、习题解答、实验指导等。特别是在数字资源建设方面，可以结合当前出版融合的趋势，做好立体化教材建设，可考虑加上微课、微视频、二维码、MOOC等扩展资源。

四、教材特点

1. 满足新工科专业建设的需要

系列教材涵盖计算机科学与技术、软件工程、物联网工程、数据科学与大数据技术、网络空间安全、人工智能等专业的课程。

2. 案例体现传统工科专业的新需求

编写时，以案例驱动，任务引导，特别是有一些新应用场景的案例。

3. 循序渐进，内容全面

讲解基础知识和实用案例时，由简单到复杂，循序渐进，系统讲解。

4. 资源丰富，立体化建设

除了教学课件外，还可以提供教学大纲、教学计划、微视频等扩展资源，以方便教学。

五、优先出版

1. 精品课程配套教材

主要包括国家级或省级的精品课程和精品资源共享课程的配套教材。

2. 传统优秀改版教材

对于已经出版、得到市场认可的优秀教材，由于新技术的发展，计划给图书配上新的教学形式、教学资源的改版教材。

3. 前沿技术与热点教材

反映计算机前沿和当前热点的相关教材，例如云计算、大数据、人工智能、物联网、网络空间安全等方面的教材。

六、联系方式

联系人：白立军

联系电话：010-83470179

联系和投稿邮箱：bailj@tup.tsinghua.edu.cn

面向新工科专业建设计算机系列教材编委会

2019 年 6 月

面向新工科专业建设计算机系列教材编委会

FOREWORD

前言

近年来,以物联网、大数据、云计算、人工智能和区块链为代表的新一代信息技术在人文社科、经济金融、工商管理、自然科学、工程技术等许多领域引发了一系列的革命性突破,并不断与各类专业交叉融合,涌现了新工科、新文科、新医科和新农科"四新"专业体系。这些专业对新一代信息技术的需求有增无减,"课程体系如何契合专业需求、课程内容如何融合新兴技术"面临巨大挑战,迫切需要将新一代信息技术融入大学计算机课程体系和内容之中,在强化大学生的计算思维能力培养的同时,进一步实现对大学生的新一代信息技术赋能。

本书共 8 章,遵循教育部高等学校大学计算机课程教学指导委员会(简称教指委)研发的《新时代大学计算机基础课程教学基本要求》,从信息与社会、平台与计算、程序与算法、数据与智能四个维度布局教材内容,将物联网、云计算、大数据、人工智能等新一代信息技术融入教材之中,目的是朝着以计算思维培养和新一代信息技术赋能为目标的大学计算机课程改革方向迈进。教材内容涵盖了计算系统基本原理、Python 程序设计、计算思维与问题求解、计算机网络与物联网、数据分析与可视化、人工智能与大模型、信息安全与隐私保护等知识单元。

本书可作为高等学校"大学计算机基础""计算机文化基础""信息技术基础""Python 大数据分析"等大一公共基础课程和专业通识类课程的教材。具体教学内容及最低教学和实验学时可以根据不同专业进行弹性调整。

本书的主要特色:一是与时俱进,从新一代信息技术的原理和应用视角,构建教材内容;二是守正创新,在强化学生计算思维能力培养的同时,增强学生利用互联网技术解决实际问题的能力;三是强化实践,将 Python 编程贯穿教材始终,通过大量编程实例增强学生对互联网、物联网和大数据的理解能力;四是紧扣课程思政主题,多方位凝练思政要素,聚焦创新素养、工匠精神与家国情怀的养成。

在本书的编写过程中使用了教指委的部分研究成果、互联网素材,以及西安交通大学计算机教学实验中心、物联网与信息安全研究所的部分材料,在此深表谢意。

由于编者的技术、文字表达水平有限,书中难免存在疏漏或不妥之处,敬请读者指出。为方便教学，本书还配有课程大纲、电子教案、习题解答、实验案例等教学资源，读者可以在清华大学出版社网站(http://www.tup.tsinghua.edu.cn/)下载。

编　者
于西安交通大学
2024 年 10 月

课程实验建议(建议选修 4~8 个实验)

编号	实 验 名 称	实验的基本要求	学时
1	中文字形编码	理解中文字形编码方法,能够通过点阵字符构建十六进制编码序列,能够根据十六进制编码序列编程实现中文字符的显示	2
2	一维码编码	能够根据条形码 EAN-13 的编码规则,使用 Python 程序设计和编码一维条形码	2
3	二维码生成	能够使用网络平台上的应用程序或 Web 接口,生成指定的二维条形码	1
4	贪吃蛇游戏	能够针对"贪吃蛇"游戏使用 Python 语言设计数据结构和算法,并对具体应用进行实现和测试	2
5	关系数据库配置管理	能够配置使用典型数据库系统,对数据库进行关键词查询和范围查询	1
6	调查问卷设计与分析	能够使用网络平台进行调查问卷设计、发布和可视化分析。如问卷星、腾讯问卷、问卷网等	2
7	数据聚类算法	能够使用 Python 语言等设计 K-MEANS 或最大树聚类算法,并对算法进行功能和性能测试	2
8	分形图设计	针对分形图,能够设计相关数据结构和对应生成算法,进行参数选择、性能测试和图形绘制	2
9	手写字体识别	理解机器学习原理,能够利用网上机器学习平台(如飞桨等)实现手写体识别程序,进行测试和应用	2

CONTENTS

目录

第1章

计算系统的基本原理

学习目标：

(1) 了解计算系统的发展历程，理解单计算机系统和多计算机系统的差异。

(2) 理解单计算机系统的理论模型(图灵机模型)和实现模型(冯·诺依曼体系)。

(3) 理解计算机系统的基本构成和工作原理，能够利用计算机硬件和软件组装一个计算机系统。

(4) 理解信息数字化的概念及其表示方法，如数制表示、进制转换和编码方法。

(5) 能够掌握不同进制数的特点及其转换方法。

(6) 理解英文字符、中文字符编码规则以及中英文字符的混合编码规则。

(7) 理解字符显示的基本原理，能够对给出的中英文点阵字符进行数字化编码。

(8) 掌握计算系统中的机器数表示方法，分析补码计算的优点及其溢出判定规则。

学习内容：

本章讲解计算系统的发展历程、图灵计算模型、冯·诺依曼计算机体系结构、单计算机系统的组成、计算机的字符编码规则和字形编码规则，计算机的机器数及其运算规则。

◆ 1.1 计算系统的发展

计算系统的发展经历了从简单到复杂，从功能单一到功能多样化，从单计算机系统到多计算机系统等的多类系统的集成融合过程。例如，典型的单计算机系统包括个人计算机(PC)、智能手机、平板电脑和单个服务器等；典型的多计算机系统包括服务器集群、云计算系统、高性能计算系统和网格等。

1.1.1 单计算机系统

20世纪80年代，个人计算机已经进入大批量生产。在硬件方面，应用于个人计算机的美国Intel公司生产的产品系列8086/8088、80286、80386和80486实际上已经成为微型计算机 CPU 的重要标准;在软件方面,微软公司的 MS-DOS 已成为微型计算机操作系统的重要标准。因此,以 80x86 和 MS-DOS 为组合的微型计算机成为硬、软件开发中的事实标准,也是早期广泛使用的一种个人计算系统与平台。因为这种平台使用单台计算机进行实现,所以也称为单计算机系统。

单计算机系统是指一种大小、价格和性能适用于个人使用的多用途计算机。台式机、笔记本电脑、平板电脑和智能手机等都属于这个范畴。

(1) 台式机是主机和显示器各自独立并可分开放置的一种计算机。相对于笔记本电脑和平板电脑,台式机体积较大,主机与显示器之间通过线缆连接,一般需要放置在电脑桌或者专门的工作台上,因此命名为台式机。

(2) 笔记本电脑简称笔记本,又称便携式电脑、手提电脑、掌上电脑或膝上型电脑。其特点是将主机和显示器整合成一体,机身小巧,携带方便,通常重 1~3kg。随着集成电路技术的快速发展,笔记本电脑的趋势是体积越来越小,重量越来越轻,功能越来越强。目前,全球市场上有很多品牌的笔记本电脑,如联想(Lenovo)、苹果(Apple)、惠普(HP)、戴尔(DELL)、宏碁(Acer)等。

(3) 平板电脑也叫便携式电脑,是一种小型、方便携带的个人电脑,以触摸屏作为基本的输入设备。它拥有的触摸屏允许用户通过触控笔或数字笔来进行书写和操作,而不再需要传统的键盘和鼠标。用户可以通过内建的手写识别、语音识别、虚拟键盘或者外接键盘实现输入。2010 年 1 月,苹果公司发布了第一代平板电脑 iPad;2012 年 6 月,微软公司发布了Surface 平板电脑。

(4) 智能手机,是指具有独立操作系统,触摸显示屏,可以由用户自行安装软件、游戏、导航等第三方服务商提供的程序,并可以通过移动通信网络来实现无线接入的手机类型的总称。从 2019 年开始,智能手机充分加入了人工智能、5G 通信等多项专利技术,已经成为用途最为广泛、生活必不可少的随身携带产品。

图 1-1 给出了几种典型的单计算机系统。

图 1-1　几种典型的单计算机系统

1.1.2　多计算机系统

人类对计算机性能的需求是永无止境的,在诸如工程设计和自动化、能源勘探、医学以及军事等领域内对计算机的能力提出了极高的具有挑战性的要求。例如,要求在 1 小时内完成 7 天的天气预报。而传统的单计算机系统难以适应这样的应用需求,基于多计算机协作的多计算机系统的出现成为必然。这种多计算机系统从早期的同构并行计算系统演化为后来的异构并行计算系统,再从分布式异构的网格计算系统演化到如今的集中式云计算系统,呈现螺旋式发展。各种类型的多计算机系统的出现,为并行计算、分布式计算提供了强有力的平台支持。

并行计算(parallel computing)是指同时使用多种计算资源解决计算问题的过程,是提高计算机系统计算速度和处理能力的一种有效手段。它的基本思想是用多个处理器来协同求解同一问题,即将被求解的问题分解成若干部分,各部分均由一个独立的处理机来并行计算。

并行计算系统既可以是专门设计的、含有多个处理器的超级计算机,也可以是以某种方式互连的若干台独立计算机构成的集群。通过并行计算集群完成数据的处理,再将处理的结果返回给用户。

根据并行计算系统使用的 CPU 的差异性,可以将并行计算系统分为同构并行计算系统和异构并行计算系统。

1) 同构并行计算系统

同构并行计算系统是指由多个相同的处理机或计算机通过网络连接起来所构建的一个多计算机系统。传统的同构计算系统通常在一个给定的机器上使用一种并行编程模型,不能满足多于一种并行性的应用需求。

在同构并行计算系统上,由于存在不适合其执行的并行任务,这些任务在同构并行计算系统上将花费大量的额外开销。由此可见,如果将大部分任务(或子任务)映射在不适合其执行的机器上运行,将引起计算系统的机器性能严重下降,并使编程人员的优化调度努力失去意义。研究和开发支持多种内在并行应用的多计算系统是摆在科技工作者面前的重大挑战,其目的是提高计算效率,使得应用程序的执行能够接近其理论峰值性能。

2) 异构并行计算系统

异构并行计算系统是指由一组异构机器通过高速网络连接起来、配以异构计算支撑软件所构成的一个多计算机系统。

一个异构并行计算系统通常包括若干异构的计算节点、互连的高速网络、通信接口以及编程环境等。异构计算系统支持具有多内在并行性的应用。它在析取计算任务并行性类型的基础上,将具有相同类型的代码段划分到同一子任务中,然后根据不同并行性类型将各子任务分配到最适合执行它的计算资源上加以执行,达到使计算任务总的执行时间为最小。显然,异构并行计算系统可以提高应用程序实际执行性能与其理论峰值性能的比值。

3) 超级计算机系统

高效能的并行计算机系统又称为超级计算机系统。2003 年,曙光 4000L 超级计算机登上全国十大科技进展的榜单。曙光 4000L 由 40 个机柜组成,峰值速度可以达到每秒 3 万亿次浮点计算。在用户需要的情况下,该系统还可扩展成为 80 个机柜,峰值速度达到每秒 6.75 万亿次浮点运算。

2009 年,中国首台千兆次超级并行计算机系统"天河一号"研制成功。2010 年 11 月,"天河一号"在全球超级并行计算机前 500 强排行榜中位列第一。

2013 年,由国防科学技术大学研制的超级并行计算机系统"天河二号",以峰值计算速度每秒 5.49×10^{16} 次、持续计算速度每秒 3.39×10^{16} 次双精度浮点运算的优异性能,成为全球最快超级并行计算机系统。

2019 年 11 月,IBM 公司研发的超级计算机系统 Summit,在发布的全球超级计算机 500 强榜单中,该系统以每秒 14.86 亿亿次的浮点运算速度获得冠军。

基于中国自主研发的神威众核处理器构建的"神威-太湖之光"超级计算机系统,安装了 40960 个峰值性能 3168 万亿次每秒的国产处理器。2020 年 7 月,中国科学技术大学在"神威-太湖之光"上首次实现千万核心并行第一性原理计算模拟。

图 1-2 给出了"天河二号"和 Summit 超级计算机系统的外部架构。

最近几年,中国高性能计算机系统的研究、开发和建设始终处于世界领先水平,为国内开展各类创新研究提供了强有力的支撑。

天河二号　　　　　　　　　　　　Summit(顶点)

图 1-2　两种典型的多机并行计算系统的平台架构

◆ 1.2　单计算机系统模型

计算模式的演变经历了一个较为长期的过程。从早期的图灵机理论模型,到冯·诺依曼单计算机实现模型,再到量子计算体系;从多机并行计算体系到网络分布式计算体系。每一次计算模型的演化都有其深刻的技术背景和巨大的应用需求。应用需求是推动计算模型不断演化的主要动力。

1.2.1　图灵机模型

1936 年,英国数学家阿兰·麦席森·图灵(1912—1954 年)提出了一种抽象的计算模型——图灵机(Turing machine)。图灵机又称图灵计算机,即将人们使用纸笔进行数学运算的过程进行抽象,由一个虚拟的机器替代人类进行数学运算。

图灵的基本思想是用机器来模拟人们用纸笔进行数学运算的过程,他把这样的过程看作下列两种简单的动作。

(1) 在纸上写上或擦除某个符号。

(2) 把注意力从纸的一个位置移动到另一个位置。

为了模拟人的上述动作和运算过程,图灵构造出了一台假想的机器,如图 1-3 所示。该机器

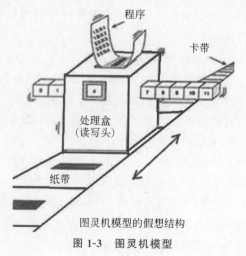

图灵机模型的假想结构

图 1-3　图灵机模型

由以下几部分组成。

（1）一条无限长的纸带。纸带被划分为一个接一个的小格子，每个格子上包含一个来自有限字母表的符号，字母表中有一个特殊的符号表示空白。纸带上的格子从左到右依次被编号为 0，1，2…，纸带的右端可以无限伸展。

（2）一个读写头。该读写头位于处理盒内部，可以在纸带上左右移动，它能读出当前所指的格子上的符号，并能改变当前格子上的符号。

（3）一套控制规则。它根据当前机器所处的状态以及当前读写头所指的格子上的符号来确定读写头下一步的动作，并改变状态寄存器的值，令机器进入一个新的状态。

（4）一个状态寄存器。它用来保存图灵机当前所处的状态。图灵机的所有可能状态的数目是有限的，并且有一个特殊的状态，称为停机状态。

注意：这个机器的每一部分都是有限的，但它有一个潜在的无限长的纸带，因此这种机器只是一个理想的设备。图灵认为这样的一台机器就能模拟人类所能进行的任何计算过程。

图灵提出的图灵机模型并不是为了给出计算机的设计，但它的意义非凡，主要体现在如下几方面。

（1）它证明了通用计算理论，肯定了计算机实现的可能性，同时它给出了计算机应有的主要架构。

（2）图灵机模型引入了读写、算法与程序语言的概念，极大地突破了过去的计算机器的设计理念。

（3）图灵机模型是计算学科最核心的理论，因为计算机的极限计算能力就是通用图灵机的计算能力，很多问题可以转化到图灵机这个简单的模型来考虑。

图灵机模型向人们展示这样一个过程：程序和其输入可以先保存到存储带上，图灵机就按程序一步一步运行直到给出结果，结果也保存在存储带上。更重要的是，从图灵机模型可以隐约看到现代计算机的主要组成，尤其是冯·诺依曼计算机的主要组成。

阅读扩展：艾伦·麦席森·图灵，英国数学家、逻辑学家，被称为计算机科学之父，人工智能之父。1931 年图灵进入剑桥大学国王学院，毕业后到美国普林斯顿大学攻读博士学位，第二次世界大战爆发后回剑桥大学，后曾协助军方破解德国的著名密码系统 Enigma，帮助盟军取得了第二次世界大战的胜利。图灵对于人工智能的发展有诸多贡献，他提出了一种用于判定机器是否具有智能的试验方法，即图灵试验，至今，每年都有试验的比赛。此外，图灵提出的著名的图灵机模型为现代计算机的逻辑工作方式奠定了基础。

1.2.2 冯·诺依曼体系

1946 年，世界上第一台电子管组成的数字积分器和计算机 ENIAC（Electronic Numerical Integrator and Computer）在美国宾夕法尼亚大学研制成功。它装有 18000 个真空管、1500 个电子继电器、70000 个电阻器和 18000 个电容器，8 英尺（1 英尺＝0.3048 米）高，3 英尺宽，100 英尺长，总质量有 30 吨（1 吨＝1000 千克）之巨，运算速度为 5000 次/秒，具体场景如图 1-4 所示。

1. 冯·诺依曼体系

在第一台计算机 ENIAC 的研制过程中，冯·诺依曼仔细分析了该计算机存在的问题，于

图 1-4　第一台电子计算机 ENIAC

1953 年 3 月提出了一个全新的通用计算机方案——EDVAC（Electronic Discrete Variable Automatic Computer）方案。在该方案中，冯·诺依曼提出了 3 个重要的设计思想。

（1）计算机由运算器、控制器、存储器、输入设备和输出设备 5 个基本部分组成。

（2）采用二进制形式表示计算机的指令和数据。

（3）将程序（由一系列指令组成）和数据存放在存储器中，并让计算机自动地执行程序。

这就是"存储程序和程序控制"思想的基本含义。EDVAC 奠定了现代计算机体系结构的基础。直至今日，一代又一代的计算机仍沿用这一结构，因此，后人将其称为"冯·诺依曼计算机体系结构"。

半个多世纪以来，计算机制造技术发生了巨大变化，但冯·诺依曼体系结构仍然沿用至今，人们总是把冯·诺依曼称为"计算机鼻祖"。

2. 冯·诺依曼计算机

冯·诺依曼提出的计算机体系结构，奠定了现代计算机的结构理念。根据冯·诺依曼体系结构所构成的计算机，必须具有如下功能。

（1）把需要的程序和数据送至计算机中。

（2）必须具有长期记忆程序、数据、中间结果及最终运算结果的能力。

（3）能够完成各种算术、逻辑运算和数据传送等数据加工处理的能力。

（4）能够根据需要控制程序走向，并能根据指令控制机器的各部件协调操作。

（5）能够按照要求将处理结果输出给用户。

根据上述功能要求，冯·诺依曼计算机是一个包括控制器、运算器、存储器、输入设备、输出设备 5 部分组成的系统，如图 1-5 所示。显然，将指令和数据同时存放在存储器中，是冯·诺依曼计算机方案的特点之一。

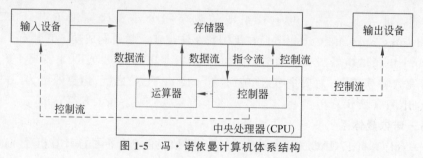

图 1-5　冯·诺依曼计算机体系结构

冯·诺依曼计算机的基本功能模块如下。

（1）运算器。运算器又称算术逻辑单元（Arithmetical and Logical Unit，ALU）。ALU负责算术运算和逻辑运算。算术运算包括加、减、乘、除等基本运算；逻辑运算包括逻辑判断、关系比较以及其他的基本逻辑运算，如"与""或""非"等。

（2）控制器。控制器是整个计算机系统的指挥控制中心，它控制计算机各部分自动协调工作，保证计算机按照预先规定的目标和步骤有条不紊地进行操作及处理。控制器和运算器合称为中央处理单元，即 CPU（Central Processing Unit），它是计算机的核心部件。其性能指标主要是工作速度和计算精度，对机器的整体性能有全面的影响。

（3）存储器。存储器是计算机的"记忆"装置，它的主要功能是存储程序和数据，并能在计算机运行过程中高速、自动地完成程序和数据的存取。计算机存储信息的基本单位是位（bit），每 8 位二进制数合在一起称为 1 字节（Byte）。存储器的一个存储单元一般存放 1 字节的信息。存储器是由成千上万个存储单元构成的，每个存储单元都有唯一的编号，称为地址。衡量存储器性能优劣的主要指标有存储容量、存储速度、可靠性、功耗、体积、重量、价格等。

（4）输入设备。用来向计算机输入各种原始数据和程序的设备叫输入设备。输入设备把各种形式的信息，如数字、文字、声音、图像等转换为数字形式的"编码"，即计算机能够识别的用 1 和 0 表示的二进制代码，并把它们"输入"（Input）到计算机的内存中存储起来。键盘是标准的输入设备，除此之外还有鼠标、扫描仪、光笔、数字化仪、麦克风、视频摄像机等。

（5）输出设备。从计算机输出各类数据和计算结果的设备叫作输出设备。输出设备把计算机加工处理的结果（仍然是数字形式的编码）转换为人或其他设备所能接收和识别的信息形式，如文字、数字、图形、图像、声音等。常用的输出设备有显示器、打印机、绘图仪、音像等。

通常，我们把输入设备和输出设备统称为输入输出设备（I/O 设备）。

3. 冯·诺依曼计算机的工作原理

在冯·诺依曼体系结构的计算机中，数据和程序均采用二进制形式表示，按照工作人员思想编制好的程序（即指令序列）预先存放在存储器中（即程序存储），使计算机能够在控制器管理下自动高速地从存储器中取出指令，根据指令给出的要求通过运算器等加以执行（即程序控制）。

根据上述程序存储与程序控制思想，冯·诺依曼计算机的工作过程可以描述如下。

第一步：将程序和数据通过输入设备送入存储器，初始化程序指针，启动运行。

第二步：计算机的 CPU 根据程序指针的值，从存储器中取出程序指令送到控制器去分析和识别，根据分析识别的结果，确定该指令的功能和含义。

第三步：控制器根据指令的功能和含义，发出相应的命令（如打开或关闭数据通路上的开关），将存储单元中存放的操作数据取出送往运算器进行运算（如进行加法、减法或逻辑运算等），再把运算结果送回存储器指定的单元中。

第四步：当运算任务完成后，就可以根据指令将结果通过输出设备输出。

第五步：修改程序指针，指向下一条指令，重复第二至第五步。

1.2.3　量子计算体系

1982 年，美国著名物理学家理查德·费曼在一个公开的演讲中提出利用量子体系实现通用计算机的想法。1985年,英国物理学家大卫·杜斯提出了量子计算图灵机模型。理查德·费曼当时就提出如果用量子系统所构成的计算机来模拟量子现象则运算时间可大幅减少,从而量子计算机的概念诞生了。1993年,姚期智等人证明了量子图灵机与量子线路之间存在等价性,从而为实现量子计算机提供了理论基础。

量子计算机(Quantum Computer)是一类遵循量子力学规律进行高速数学和逻辑运算、存储及处理量子信息的物理装置。当某个装置处理和计算的是量子信息,运行的是量子算法时,它就是量子计算机。量子计算机的特点主要有运行速度快、处理信息能力强、应用范围广等。与一般计算机比起来,信息处理量越大,量子计算机实施运算也就越有利,也就更能确保运算的精准性。

近20年,量子计算机取得了快速发展。2007年,Dwave公司成功研制出一台具有16昆比特的"猎户星座"量子计算机,并于2008年2月在美国和加拿大进行了展示。2009年11月,美国国家标准技术研究院研制了可处理两个昆比特数据的量子计算机。2015年6月,Dwave公司宣布突破了1000量子位的障碍,开发出了一种新的处理器,其量子位为上一代Dwave处理器的2倍左右。2017年3月,IBM宣布推出全球首个商业"通用"量子计算服务系统IBM QSystem One。该服务系统配备了通过互联网直接访问的能力,对药品开发有着变革性的推动作用。除了IBM,英特尔、谷歌以及微软等公司也在量子计算机领域进行了探索。

2017年5月3日,中国科学院潘建伟团队构建的光量子计算机实验样机的计算能力已超越早期计算机。此外,中国科研团队完成了10个超导量子比特的操纵,成功打破了当时世界上最大位数的超导量子比特的测量纪录。

◇ 1.3 单计算机系统的组成

计算技术的快速发展离不开广泛使用的个人计算机系统(一种典型的单计算机系统)的发展。个人计算机系统由硬件和软件两部分构成,如图1-6所示。硬件是指计算机系统中的实体部分,包括主机和外设,由电子的、磁性的、机械的、光的元器件组成。中央处理器、主存储器、输入输出接口、总线和主机电源等构成主机;输入设备、输出设备、辅助存储器和外设电源等构成外设。软件是指在计算机硬件上运行的各种程序和有关文档的总称,包括系统软件、应用软件和软件开发环境三大类。系统软件包括操作系统、各种语言处理程序、服务支撑软件和数据库管理系统等;应用软件是指专门为某一应用目的而编制的软件系统,如文字处理软件、表格处理软件、媒体播放软件、统计分析软件、计算机仿真软件、过程控制软件、病毒防治软件以及其他应用于国民经济各行各业的应用软件;软件开发环境包括各类程序设计软件。

没有软件的计算机称为裸机,裸机是不能使用的,在裸机之上配置若干软件之后所构成的系统称为计算机系统。计算机系统的功能是通过软件和硬件共同发挥的,硬件好比计算机的"躯体",而软件犹如计算机的"灵魂",两者相辅相成、互相渗透,在功能上并无严格的分界线。

在计算机技术的发展过程中,计算机软件随硬件技术的发展而发展,反过来,软件的不断发展与完善,又促进了硬件的新发展,两者的发展密切地交织着。从原理上来说,具备了

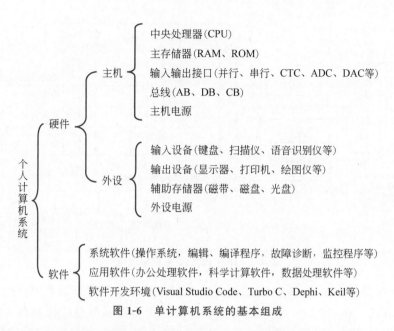

图 1-6　单计算机系统的基本组成

最基本的硬件之后,某些硬件的功能可由软件实现——软化;反之,某些软件的功能也可由硬件实现——固化。从这个概念来说,软件和硬件在逻辑功能上具有等价性。

计算机在短短的 80 多年里经过了电子管、晶体管、集成电路(Integrated Circuit,IC)和超大规模集成电路(Very Large Scale Integration Circuit,VLSI)四个发展阶段,单台计算机的体积越来越小,功能越来越强,价格越来越低,应用越来越广泛,目前正朝着多核化、多媒体化、微型化、智能化和网络化等方向发展。

1.3.1　计算机硬件

下面以个人计算机为例,介绍计算机的硬件组成。1981 年 8 月 12 日,IBM 公司在纽约宣布 IBM 个人计算机(Personal Computer,PC)面世,计算机从此进入了个人计算机(也称微型计算机)时代。第一台 IBM PC 采用 Intel 的 8088 微处理器芯片,主频 4.77MHz,有 64KB 内存,采用低分辨率单色显示器,使用单面 160KB 软盘存储文件和操作系统,配备了微软公司编写的 MS-DOS 1.0 操作系统软件。

微型计算机(Microcomputer)也由硬件和软件两大部分构成。硬件部分由主机和外设构成。主机由微处理器、存储器、输入输出接口(I/O 接口)和总线等构成;外设由显示器、键盘、鼠标、音箱等部分组成。这些硬件的功能各异,各自完成相应的工作,如输入、输出、运算和存储。

1. 主机

主机是微型计算机系统的核心部件,通常采用总线结构,CPU、存储器、外设接口等均挂接在总线上,外设通过总线和外设接口与主机互连,完成各种输入输出功能。下面以 IBM PC/AT 为例,阐述微型计算机的主机板电路结构,如图 1-7 所示。

IBM PC 主机主要由 4 部分组成,分别说明如下。

1) 微处理器和协处理器

IBM PC/AT 选用 80286 微处理器作 CPU。80286 微处理器采用实地址工作方式时,

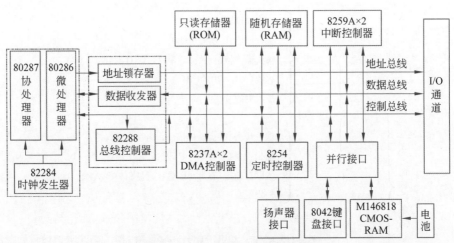

图 1-7　IBM PC/AT 主机板结构

与 8086 微处理器完全相同，但运行速度更快。80286 微处理器还可以采用功能更强的保护虚地址工作方式。在 IBM PC/AT 主机板中，80286 微处理器与总线控制器 82288 以及地址锁存和数据接收发送器件共同形成系统总线（包括地址总线、数据总线和控制总线），时钟发生器 82284 向系统提供 8MHz 的工作时钟，用户可以选用数值运算协处理器 80287 提高微机系统的浮点运算能力。

CPU 性能的高低直接决定了一个微型计算机系统的档次，CPU 性能是由以下几个主要因素决定的。

CPU 执行指令的速度：CPU 执行指令的速度即 CPU 每秒所能执行的指令的条数，它与"系统时钟"有直接的关系。系统时钟不在 CPU 芯片内，是一个独立的部件，在计算机工作过程中，系统时钟每隔一定的时间发出脉冲式的电信号，这种脉冲信号控制着各种系统部件的动作速度，使它们能够协调同步，就好像一个定时响铃的钟表，人们按照它的铃声来安排作息时间。CPU 的标准工作频率就是人们常说的 CPU 主频。CPU 主频以 MHz（兆赫）和 GHz（吉赫）为单位计算，1MHz 指每秒一百万次（脉冲）。显然，在其他因素相同的情况下，主频越高的 CPU 运算速度越快。

CPU 的字长：字长即 CPU 一次所能处理数据的二进制位数。如果一个 CPU 的字长为 8 位，每执行一条指令可以处理 8 位二进制数据。如果要处理更多位数的数据，就需要执行多条指令。显然，可同时处理的数据位数越多，CPU 的功能就越强，工作速度就越快，其内部结构也就越复杂。因此，按 CPU 字长可将微型机分为 8 位、16 位、32 位和 64 位机等类型。

2）存储器

存储器是计算机系统中的记忆设备，用来存放程序和数据。IBM PC 计算机的主存储器由半导体存储芯片 ROM 和 RAM 构成。ROM 部分主要是固化 ROM-BIOS（Basic Input/Output System）。BIOS 表示"基本输入输出系统"，是微机软件系统最底层的程序。它由诸多子程序组成，主要用来驱动和管理诸如键盘、显示器、打印机、磁盘、时钟、串行通信接口等基本的输入输出设备。操作系统通过对 BIOS 的调用驱动各硬件设备，用户也可以在应用程序中调用 BIOS 中的许多功能。ROM 空间包含机器复位后初始化系统的程序，接着将操作系统引导到 RAM 空间执行。RAM 空间的大小影响着应用程序的执行速度。

　　主存储器的主要性能指标包括存储容量、存储速度、存储带宽、负载要求和功耗要求等。

　　存储容量：存储容量是指存储器可以容纳的二进制信息量，通常以"字节"为单位表示。例如，某存储系统的存储容量为 1KB，即表示该存储系统具有 1024B 的存储单元，即 1024×8＝8192 个信息位，每个信息位使用二进制 0 或 1 表示。在微型机应用系统中，存储容量的大小往往表示着该系统功能的强弱。

　　存取时间：存储器的存取时间又称存储器访问时间，是指从启动一次存储器操作到完成该操作所经历的时间。存储器的存储速度一般用存储器的存取时间表示。存取时间分读出时间和写入时间。读出时间是从存储器接收到有效地址开始，到产生有效输出所需的全部时间。写入时间是从存储器接收到有效地址开始，到数据写入被选中单元为止所需的全部时间。存取周期是指存储器进行连续两次独立的存储器操作（如连续两次读操作）所需的最小间隔时间，通常存取周期大于存取时间。存取时间不仅取决于存储器芯片的存取速度，而且还和存取路径中驱动器和缓冲器的级数有关，也和地址线与数据线的长度有关。

　　存储带宽：与存取周期密切相关的指标叫存储器的带宽，它表示每秒从存储器进出信息的最大数量，单位可用字/秒或字节/秒或位/秒表示。如存取周期为 500ns，每个存取周期可访问 16 位，则它的带宽为 32M 位/秒。存储器的带宽决定了以存储器为中心的机器可以获得的信息传输速度，它是突破机器瓶颈的一个关键因素。

　　负载要求：用一定数量的半导体存储器芯片构成一个存储系统时，应考虑到这个系统对微处理器总线的负载要求。例如，系统要求有 64KB 的存储容量，那么用各种不同的芯片都可以组成这样的存储系统。但是，它们对地址总线（AB）和数据总线（DB）的负载要求是不同的，通常单片容量大的芯片对总线负载要求低。因此，在设计存储系统时，只要条件允许，应该尽可能选用单片容量大的芯片。这不仅可以降低对总线的负载要求，且由于连线少，也可以减少存储系统的分布电容，从而减少附加的延时，提高存取速度。

　　功耗要求：对于小容量存储系统来说，功耗大小几乎是无关紧要的。但是，如果存储系统的容量达到几百到几千兆字节以上时，就不得不给予重视了。功耗大的系统不仅对电源有较高的要求，而且由于大量存储器芯片集中在一起，散热也成为一个重要问题，特别在嵌入式系统中更是如此。因此在设计大容量存储系统时，应该尽可能采用功耗低的动态存储器或 CMOS 存储器，以减少系统的功耗。

　　3）输入输出接口电路

　　为了增强微处理器功能，主板以 I/O 操作形式设置了中断控制器 8259A（两个芯片）、DMA 控制器 8237A（两个芯片）和定时控制器 8254 等 I/O 接口电路。

　　中断是 CPU 正常执行程序的流程被某种原因打断、并暂时停止，转向执行事先安排好的一段处理程序（中断服务程序），待该处理程序结束后仍返回被中断的指令继续执行的过程。中断的原因来自微处理器内部就是内部中断，也称为异常（Exception）；中断来自外部，就是外部中断。例如，指令的调试需要利用中断，PC 以中断方式响应键盘输入。

　　DMA（Direct Memory Access）是指主存储器和外设间直接的、不通过 CPU 的高速数据传送方式。例如，磁盘与主存的大量数据传送就采用 DMA 方式。

　　微型计算机的许多操作都需要系统的定时控制，例如机器的时钟、机箱内扬声器的声频振荡信号。通过并行接口电路，PC 可以实现键盘接口、扬声器发声等控制功能，还可以读取键盘按键代码以及主板中的系统配置参数和实时时钟。CMOS 工艺生产的 RAM 芯片用电极省,所以可采用后备电池供电,这样在关机情况下可保持其中的数据。

4) 总线(Bus)

个人计算机的总线包括系统总线和通信总线。系统总线由数据总线(DB)、地址总线(AB)和控制总线(CB)构成,其总线结构和特性获得广泛应用,已经成为 PC 工业标准结构(Industry Standard Architecture,ISA),并被称为 ISA 总线。随着微型计算机的发展,PCI(Peripheral Component Interconnect)总线成为主流系统总线。下面说明 AB、DB 和 CB 三种总线的作用和功能。

控制总线(CB):控制总线上传送一个部件对另一个部件的控制信号,起到定时、控制作用,目标是保证计算机同步、协调工作。在总线上,可以控制其他部件的部件称为总线主控或主控(master),被控部件称为从控(slave),根据不同的使用意义,有的为双向,有的为三态,有的为非三态。

地址总线(AB):地址总线上传送总线主控(如 CPU)发出的地址信号,向存储器、外设发送地址。总线主控用地址信号指定其需要访问的部件(如外设、存储器单元)。总线主控发出地址信号后,总线上的所有部件均感受到该地址信号,但只有经过译码电路选中的部件才接收该主控的控制信号,并与之通信。地址总线是单向的,即地址信号只能由总线主控发给从控。

数据总线(DB):数据总线在存储器、外设与 CPU 间传送数据,数据总线是双向的,数据信息可由主控至从控(写),也可由从控至主控(读)。这些数据可以包括地址信息。数据总线是三态的,未被地址信号选中的部件不驱动数据总线(其数据引脚为高阻)。数据总线的根数称为总线的宽度。16 位总线,指其数据总线为 16 根。

2. 外设

计算机的输入输出设备种类繁多,不同设备可以满足人们使用计算机时的各种不同需求。但大部分都有两个共同的特点:一是常采用机械的或电磁的原理工作,所以速度较慢,难以与纯电子的处理器和内存相比;二是要求的工作电信号常和微处理器、内存采用的不一致,为了把输入输出设备与计算机处理器连接起来,需要一个称之为接口的中间环节。下面介绍几种最常用的输入输出设备。

1) 键盘(keyboard)

键盘是最基本、最常用的输入设备,用户通过键盘可将程序、数据、控制命令等输入计算机。

2) 鼠标(mouse)

鼠标是一种很有用的输入设备,用于快速的光标定位,特别是在绘图时,是非常方便的。使用鼠标时应将其连接到主机箱背面的串行接口插座 PS-2 或 USB 接口上。鼠标的驱动程序通常包括在操作系统中,通常不用单独安装驱动程序。

3) 光电扫描仪(scanner)

光电扫描仪可将图像扫描成点的形式存放在磁盘上,还可以通过专用的软件来识别标准的英文和汉字,将其转换成文本文件的形式存储于计算机中,并通过文字处理软件进行编辑。当微机用于带图片(如照片)的档案管理时,光电扫描仪是不可缺少的设备。

4）显示器（monitor）

显示器又称监视器，是计算机的基本输出设备。目前显示器多采用阴极射线管显示器以及液晶显示器。

显示器按色彩可分为单色的和彩色的两种，按分辨率及可显示的颜色数可分为 MDA、CGA、EGA、VGA、TVGA 等显示模式。不同的显示模式主要取决于不同的适配器，而显示器本身是可以互相兼容的。显示器的主要指标如下。

大小：尺寸越大，显示效果越好，支持的分辨率往往也越高。

分辨率：表示在显示器上所能描绘的点的数量（像素），即显示器的一屏能显示的像素数目，有 800×600、1024×768、1280×1024 等规格。分辨率越高，显示的图像越细腻。

扫描方式：分为逐行扫描和隔行扫描两种。逐行扫描是指在显示一屏内容时，逐行扫描屏幕上的每一个像素。采用逐行扫描的显示器，显示的图像稳定，清晰度高，效果好。

刷新频率：即每秒刷新屏幕的次数，常见的刷新频率有 60Hz、75Hz、100Hz。刷新频率越高，显示的图像越稳定。

5）打印机（printer）

打印机也是计算机中常用的一种输出设备。打印机分为通用打印机和专用打印机。通用打印机常用的有 3 种，分别是激光打印机、喷墨打印机和针式打印机。专用打印机的类型繁多，典型的是票据打印机。

6）辅助存储器

通常，计算机系统中的内存容量总是有限的，远远不能满足存放数据的需要，而且内存不能长期保存信息，关闭电源信息就会全部丢失。因此，一般的计算机系统都要配备更大容量且能脱机永久保存信息的辅助存储器（也称外存储器）。外存中的数据一般不能直接送到运算器，只能成批地将数据转运到内存，再进行处理。常用的外存有硬盘、光盘、U 盘等。

硬盘存储器：硬盘是微型计算机非常重要的外存储器，它由一个盘片组和硬盘驱动器组成，被固定在一个密封的盒子内，其特点是速度比较快，容量比较大。但由于盘片组和硬盘驱动器是固定在一起的，一般不能更换，且硬盘通常固定在主机箱内，所以需要保存或交流的信息及软件一般应保存在 U 盘或光盘上。

光存储器：光存储器又称光盘。光盘以其超大存储容量和较低价格越来越受到人们的青睐。光盘是利用塑料基片的凹凸来记录信息的，主要有只读光盘（CD-ROM）、一次写入光盘（CD-R）和可擦写光盘（CD-RW）3 种。由于光盘中的信息是通过光盘驱动器（简称光驱）来读取的，所以要使用光盘，必须配备光驱，并配置相应软件。

U 盘存储器：简称 U 盘、优盘或闪盘。U 盘是指采用闪存技术来存储数据信息的可移动存储盘。它与传统的电磁存储技术相比有许多优点，即容量大、速度快、体积小、抗震强、功耗低、寿命长，尤其是便于携带。

1.3.2　计算机软件

计算机软件是计算机运行与工作的灵魂，不配置计算机软件的计算机什么事情都做不成。计算机软件按其功能可分为系统软件、应用软件和软件开发环境 3 大类。

1. 系统软件

系统软件是指管理、控制和维护计算机及其外部设备、提供用户与计算机之间操作界面等方面的软件,它并不专门针对具体的应用问题。具有代表性的系统软件有操作系统、数据库管理系统等,其中最重要的系统软件是操作系统。

1) 操作系统

操作系统(OS)是现代计算机系统中必须配备的一个系统软件,是用于管理和控制计算机所有软硬件资源的一组程序。操作系统直接运行在计算机硬件(俗称裸机)之上,其他的软件(包括系统软件和大量的应用软件)都是建立在操作系统基础之上,并得到它的支持和取得它的服务。操作系统的性能好坏在很大程度上决定了计算机系统工作的优劣。

如果没有操作系统的功能支持,人们就无法有效地操作计算机。因此,操作系统是计算机硬件与其他软件的接口,也是用户和计算机之间的接口。操作系统在计算机中的作用可概括为以下两点。

(1) 控制和管理计算机的硬件资源和软件资源,使得计算机的资源能得到充分利用;合理组织计算机的工作流程,以便提高系统的处理能力。其中,软件资源包括有关的程序和文档,硬件资源包括 CPU、主存和外围设备等。

(2) 为用户提供一个良好的人机界面,有了这个界面,用户可以不必了解计算机内部的软硬件细节,而直接使用操作系统提供的各种键盘命令、图标、菜单以及系统功能调用等,来达到使用和控制计算机的目的。

操作系统多种多样,功能也相差很大,有各种不同的分类标准。按与用户对话的界面不同,可分为命令行界面操作系统(如磁盘操作系统 DOS)和图形用户界面操作系统(如Windows);按能够支持的用户数为标准,分为单用户操作系统(如 DOS)和多用户操作系统(如 Windows);按是否能够运行多个任务为标准分为单任务操作系统和多任务操作系统;按工作模式分为批处理系统、分时操作系统、实时操作系统、网络操作系统;按照使用平台可分为服务器操作系统、台式机操作系统和手机操作系统等。实际上,许多操作系统同时兼有多种类型操作系统的特点。

目前,常用的台式计算机操作系统有麒麟、Windows、UNIX、Linux、macOS 等;常用的手机操作系统有谷歌的安卓(Android)、苹果的 iOS、华为的鸿蒙(Harmony)、微软的Windows Phone/Mobile 等。

2) 数据库管理系统

数据处理是计算机应用的一个重要领域。计算机的效率主要是指数据处理的效率。有组织地、动态地存储大量的数据信息,而且又要使用户能方便、高效地使用这些数据信息,是数据库管理系统的主要功能。数据库软件体系包括数据库、数据库管理系统和数据库系统三部分。

数据库(database)是为了满足一定范围许多用户的需要,在计算机里建立的一组互相关联的数据集合。

数据库管理系统(DataBase Management Systems,DBMS)是指对数据库中数据进行组织、管理、查询并提供一定处理能力的系统软件。它是数据库系统的核心组成部分,为用户或应用程序提供了访问数据库的方法,数据库的一切操作都是通过 DBMS 进行的。

数据库系统(DataBase System,DBS)是由数据库、数据库管理系统、应用程序、数据库管理员、用户等构成的人-机系统。数据库管理员是专门从事数据库建立、使用和维护的工作人员。

DBMS 是位于用户(或应用程序)和操作系统之间的软件。DBMS 是在操作系统支持下运行的,借助于操作系统实现对数据的存储和管理,使数据能被各种不同的用户所共享,保证用户得到的数据是完整的、可靠的。它与用户之间的接口称为用户接口,DBMS 提供给用户可使用的数据库语言。

历史上,应用较多的数据库管理系统主要有 Fox Pro、SQL Server、Oracle、Informix、SyBase、MySQL、GaussDB、TiDB、OceanBase 等。

2. 应用软件

应用软件是指专门为解决某个应用领域内的具体问题而编制的软件(或实用程序)。如文字处理软件、计算机辅助设计软件、企事业单位的信息管理软件以及游戏软件等。应用软件一般不能独立地在计算机上运行而必须有系统软件的支持。应用软件特别是各种专用软件包也经常是由软件厂商提供的。

计算机的应用几乎已渗透到了各个领域,所以应用程序也是多种多样的。目前,在计算机上常见的应用软件如下。

(1) 文字处理软件:用于输入、存储、修改、编辑、打印文字资料(文件、稿件等)。常用的文字处理软件有 WPS,Microsoft Word,Microsoft PowerPoint 等。

(2) 信息管理软件:用于输入、存储、修改、检索各种信息。如工资管理软件、人事管理软件、仓库管理软件、计划管理软件等。这种软件发展到一定水平后,可以将各个单项软件连接起来,构成一个完整的、高效的管理信息系统(Management Information System,MIS)。

(3) 计算机辅助设计软件:用于高效地绘制、修改工程图纸,进行常规的设计和计算,帮助用户寻求较优的设计方案。常用的有 AutoCAD 等软件。

(4) 实时控制软件:用于随时收集生产装置、飞行器等的运行状态信息,并以此为根据按预订的方案实施自动或半自动控制,从而安全、准确地完成任务或实现预订目标。

另外,系统软件和应用软件之间并没有严格的界限。夹在它们两者中间的,还有一类软件不易分清其归属。例如,目前有一些专门用来支持软件开发的软件系统(软件工具),包括各种程序设计语言(编程和调试系统)、各种软件开发工具等,它们不涉及用户具体应用的细节,但是能为应用开发提供支持。它们是一组"中间件"。这些中间件的特点是:它们一方面受操作系统的支持,另一方面又用于支持应用软件的开发和运行。当然,有时也把上述的程序开发工具称作系统工具软件或应用软件。

总体上来说,无论是系统软件还是应用软件,都朝着外延进一步"傻瓜化",内涵进一步"智能化"的方向发展,即软件本身越来越复杂,功能越来越强,但用户的使用越来越简单,操作越来越方便。

3. 软件开发环境

集成开发环境(Integrated Development Environment,IDE)是用于提供程序开发环境的应用程序,一般包括代码编辑器、编译器、调试器和图形用户界面等工具。集成了代码编写功能、分析功能、编译功能、调试功能等一体化的开发软件服务套件。所有具备这一特性的软件或者软件套(组)件都可以叫集成开发环境。IDE 程序可以独立运行,也可以和其他程序并用。典型的 IDE 如下。

1) Visual Studio

Visual Studio 是微软公司在 2015 年 4 月 30 日 Build 开发者大会上正式发布的一个运

行于 macOS X、Windows 和 Linux 操作系统之上的,针对编写现代 Web 和云应用的跨平台源代码编辑器,可在桌面上运行。它具有对 JavaScript、TypeScript 和 Node.js 的内置支持,并具有丰富语言(例如 C++,C♯,Java,Python,PHP,Go)的编辑、编译/解释、调试和运行扩展的生态系统。

2) Eclipse

Eclipse 是著名的跨平台开源集成开发环境。最初主要用来作为 Java 语言的开发工具,也有人通过插件使其作为 C++、Python、PHP 等其他语言的开发工具。Eclipse 本身只是一个框架平台,但是众多插件的支持,使得 Eclipse 拥有较佳的灵活性,所以许多软件开发商以 Eclipse 为框架开发自己的 IDE。

3) PyCharm

PyCharm 是由 JetBrains 打造的一款 Python IDE。PyCharm 具备一般 Python IDE 的功能,例如调试、语法高亮、项目管理、代码跳转、智能提示、自动完成、单元测试、版本控制等。另外,PyCharm 还提供了一些很好的功能用于 Django 开发,同时支持 Google App Engine。

4) DreamWeaver

DreamWeaver 最初为美国 Macromedia 公司开发,2005 年被 Adobe 公司收购。DreamWeaver 是集网页制作和管理网站于一身的所见即所得的网页代码编辑器。Adobe DreamWeaver 使用所见即所得的接口,借助经过简化的智能编码引擎,利用对 HTML、CSS、JavaScript 等内容的支持,设计师和程序员几乎可以在任何地方快速轻松地创建、编码和管理动态网站。

5) PowerBuilder

PowerBuilder 是一个图形化的应用程序开发环境。使用 PowerBuilder 可以很容易地开发和数据库打交道的商业化应用软件。PowerBuilder 开发的应用软件由窗口构成,窗口中不仅可以包含按钮、下拉列表框及单选按钮等标准的 Windows 控件,还可以有 PowerBuilder 提供的特殊的控件。这些特殊控件可以使应用软件更容易使用,开发效率更高。例如,数据窗口就是 PowerBuilder 提供的一个集成度很高的控件,使用该控件可以很方便地从数据库中提取数据。

6) Keil

Keil 集成开发环境包括四大类:支持 Cortex and Arm 系列芯片的 MDK-Arm Version 5.35;支持 8051 系列芯片的 Keil C51 Version 9.60a;支持 80251 系列芯片的 Keil C251 Version 5.60;支持 C166、XC166 和 XC2000 单片机的 Keil C166 Version 7.57。

其中,Keil C51 最早由 Keil Software 公司(2005 年被 ARM 公司收购)研发,是 8051 系列单片机的 C 语言软件开发系统,与汇编语言相比,C 语言在功能性、结构性、可读性、可维护性上有明显的优势,因而易学易用。Keil C51 提供了包括 C 编译器、宏汇编、链接器、库管理和一个功能强大的仿真调试器等在内的完整开发方案,通过一个集成开发环境将这些部分组合在一起。Keil C51 不仅支持用 C 语言编程,也支持用汇编语言编程。

除了 Keil C51 开发环境之外,其他单片机制造商为了提高硬件系统的开发效率,也推出支持 C 语言的软硬件集成开发环境。如 Atmel 公司的 AVR studio(支持 AVR 单片机)、Freescale 公司的 Codewarrior、Altera 公司的 Quartus(支持 FPGA 和 DSP)和 IAR 公司的

IAR Embedded Workbench(支持 80c51、MSP430、STM32 系列等)。

由此可见,未来的硬件系统开发过程中,将以高级语言(如 C 语言)的开发环境为主,汇编语言编程将越来越少。汇编语言通常只会在某些特殊情况下使用(如需要提高实时性要求的情况和直接操纵硬件的情况等)。

◈ 1.4　信息的数字化编码

计算机的基本功能是对数字、文字、声音、图形、图像和视频等信息数据进行加工处理。信息数据可以分为两大类:一类是数值型数据,如+815、-3.1415、5678 等,有"量"的概念;另一类是非数值型数据,如字母、图片和符号等。无论是数值型数据还是非数值型数据,在计算机中都需要事先进行二进制编码,才能进行存储、传送和加工等处理。因此,学习大学计算机基础课程,首先必须掌握计算机的数制及其处理方法。

1.4.1　计算机的数制

数制是指数据的进制表示。在日常生活中,人们通常采用十进制(decimal)来表示数据。但在计算机中,由于受到电子元器件技术的限制,计算机采用二进制(binary)来表示数据。因此,理解二进制和十进制间的映射关系就十分重要。

1. 十进制

从现已发现的商代陶文和甲骨文中,可以看到中国古代已能够用一、二、三、四、五、六、七、八、九、十、百、千、万等十三个数字,用以记录十万以内的任何自然数。

亚里士多德称人类普遍使用十进制,是因为绝大多数人生来就有 10 根手指。实际上,在古代世界独立开发的有文字的记数体系中,除了巴比伦文明的楔形数字为六十进制,玛雅数字为二十进制外,几乎全部为十进制。

十进制基于"位进制"和"十进位"两条原则,即数字都用 10 个基本的符号表示,满 10 进1,同时同一个符号在不同位置上所表示的数值不同,符号的位置非常重要。基本符号是0~9 这 10 个数字。要表示这十个数的 10 倍,就将这些数字左移一位,用 0 补上空位,即10,20,30,…,90;要表示这十个数的 100 倍,就继续左移数字的位置,即 100,200,300,…。要表示一个数的 1/10,就右移这个数的位置,需要时就用 0 补上空位。例如,1/10 为 0.1,1/100 为 0.01,1/1000 为 0.001。

2. 二进制

德国数学家莱布尼茨是世界上第一个提出二进制记数法的人,二进制只使用了 0 和 1两个符号。

在计算机中,由于数据以器件的物理状态表示,容易寻找和制造具有两种不同状态的电子元件(如电子开关的接通与断开、晶体管的导通与截止等),而要找到具有 10 种稳定状态的元件来对应十进制的 10 个数就不容易。所以,计算机内部一律采用二进制来表示数据。二进制的两种不同状态刚好实现了逻辑值真与假的表示。

二进制由数码 0 和 1 组成,基数为 2,用 B 表示,采用"逢 2 进 1"进位方式,例如11101011.11101B。

采用二进制可以简化运算:两个二进制数的和、积运算组合起来各有 3 种,运算规则简单,有利于简化计算机内部结构,提高运算速度。

在计算机二进制表示中,为了便于表示和记忆,设置了位(bit)、字节(byte)、字(word)和双字(double word)等多种数据表示单位。

(1) 位。位是计算机内部编码的最基本单位。在计算机中,程序和数据都是用二进制数码表示的,一个二进制位只能表示两种状态位,即 0 和 1。位是计算机存储数据的最小单位。

(2) 字节。字节是数据处理的基本单位。1 字节等于 8 个二进制位。通常 1 字节可存放 1 个西文字符或符号,2 字节可以存放 1 个汉字。以字节作为度量的单位有 B(字节)、KB(千字节)、MB(兆字节)、GB(吉字节)和 TB(太字节),其中,1KB=1024B、1MB=1024KB、1GB=1024MB、1TB=1024GB。例如,某台计算机配有 1024 兆字节内存,则指该台计算机的内存容量为 1024MB,即 1GB。

(3) 字和双字。1 个字等于 2 字节;1 个双字等于 2 个字,4 字节。当然,在有些计算机系统中,字是个通用概念,它表示计算机进行数据处理时,一次存取和传送的数据长度,这时的一个字通常由一个或多个字节组成,它决定了计算机数据处理的效率。因此,字是衡量计算机性能的一个重要指标。一般来说,字长越长,计算机性能则越强。

3. 八进制和十六进制

由于一个二进制数所需要的位数较多,所以书写不方便,记忆也困难。在计算机编程中,人们为了书写方便,还经常使用八进制(octal)和十六进制(hexadecimal)来表示数据。

八进制是一种以 8 为基数的记数法,由数码 0、1、2、3、4、5、6、7 八个数组成,常用大写字母 O 或 Q 表示,采用"逢 8 进 1"进位方式,例如 353.72Q 或 53.72Q。

八进制表示法在计算机系统中不是很常见。但还是有一些早期的 UNIX 操作系统的应用在使用八进制,所以有一些程序设计语言提供了使用八进制符号来表示数字的功能。在这些编程语言中,常常以数字 0 开始表明该数字是八进制。

十六进制是一种以 16 为基数的记数法,由数码 0~9 和字母 A~F 组成(其中,A~F 分别表示 10~15),常用字母 H 或 h 标志,采用"逢 16 进 1"的进位方式,例如,8A.E8H。

历史上,中国曾经在重量单位上使用过十六进制,例如,规定 16 两为 1 斤。

如今,十六进制普遍应用在计算机领域。但是,不同计算机系统和编程语言对于十六进制数值的表示方式有所不同。

- 在 C、C++、Shell、Python、Java 语言中,使用字首"0x"表示十六进制,例如 0x5A39。其中,"x"可以大写或小写。
- 在 Intel 微处理器的汇编语言中,使用字尾"h"来标志十六进制数。若该数以字母起首,则在前面会增加一个"0"。例如"0A3C8h""5A39h"等。
- 在 HTML 网页设计语言中,使用前缀"#"来表示十六进制。例如,用#RRGGBB 的格式来表示字符颜色。其中 RR 是颜色中红色成分的数值,GG 是颜色中绿色成分的数值,BB 是颜色中蓝色成分的数值。

1.4.2 进制数的转换

计算机内部使用二进制表示,但是,为了方便人们识读,通常需要将二进制数转换成八、十、十六进制数,反之亦然。下面介绍二、八、十、十六进制之间的数据转换方法。

1. 二进制数转换为十六进制数

将一个二进制数转换成十六进制数的方法是：将二进制数的整数部分和小数部分分别进行转换，即以小数点为界，整数部分从小数点开始往左数，每 4 位分成一组，当最左边的数不足 4 位时，可根据需要在数的最左边添加若干"0"以补足 4 位；对于小数部分，从小数点开始往右数，每 4 位分成一组，当最右边的数不足 4 位时，可根据需要在数的最右边添加若干"0"以补足 4 位，最终使二进制数总的位数是 4 的倍数，然后用相应的十六进制数取而代之。

例如：111011.1010011011B＝0011 1011.1010 0110 1100B＝3B.A6CH

2. 二进制数转换为八进制数

二进制数转换为八进制数的方法是：将二进制数的整数部分和小数部分分别进行转换，即以小数点为界，整数部分从小数点开始往左数，每 3 位分成一组，当最左边的数不足 3 位时，在数的最左边填"0"以补足 3 位；对于小数部分，从小数点开始往右数，每 3 位一组，当最右边的数不足 3 位时，在数的最右边添"0"以补足 3 位。最后，每 3 位一组，分别用 0~7 的数替换，转换完成。

例如：11110101111.1101B＝011 110 101 111.110 100 B＝3657.64Q

3. 二进制数转换为十进制数

要将一个二进制数转换成十进制数，只要把二进制数的各位数码与它们的权相乘，再把乘积相加，就能得到对应的十进制数，这种方法称为按权展开相加法。

例如：100011.1011B＝$1\times2^5+1\times2^1+1\times2^0+1\times2^{-1}+1\times2^{-3}+1\times2^{-4}$＝35.6875D

这里，2^5、2^1、2^0、2^{-1}、2^{-3} 和 2^{-4} 分别为不同二进制位置的权。

4. 十六进制数转换为二进制数

要将十六进制数转换成二进制数，只要将 1 位十六进制数写成 4 位二进制数，然后将整数部分最左边的"0"和小数部分最右边的"0"去掉即可。

例如：3B.328H＝0011 1011.0011 0010 1000B＝111011.001100101B

5. 八进制数转换为二进制数

要将八进制数转换成二进制数，只要将 1 位八进制数写成 3 位二进制数，然后将整数部分最左边的"0"和小数部分最右边的"0"去掉即可。

例如：3657.64Q＝011 110 101 111.110 100 B＝111011.001100101B

6. 十进制数转换为二进制数

要将一个十进制数转换成二进制数，通常采用的方法是基数乘除法。这种转换方法是对十进制数的整数部分和小数部分分别进行处理，整数部分用除基取余法，小数部分用乘基取整法，最后将它们拼接起来即可。

1）十进制整数转换为二进制整数（除基取余法）

十进制整数转换为二进制整数采用"余数法"，即除基取余数。具体为：把十进制整数逐次用相应进制数的基数（这里为 2）去除，直到商是 0 为止，然后将所得到的余数由下而上排列即可。

例如，把十进制整数 75 转换成二进制数。

设 $(75)_{10}=(K_nK_{n-1}K_{n-2}\cdots K_1K_0)_2$

现在的任务是要确定 $K_nK_{n-1}K_{n-2}\cdots K_1K_0$ 的值。按照二进制的定义，上式可以写成：

$$(75)_{10}=K_n2^n+K_{n-1}2^{n-1}+K_{n-2}2^{n-2}+\cdots+K_12^1+K_0$$
$$=2(K_n2^{n-1}+K_{n-1}2^{n-2}+K_{n-2}2^{n-3}+\cdots+K_1)+K_0$$

上式两边同除以 2 得到：

$$75/2 = (K_n 2^{n-1} + K_{n-1} 2^{n-2} + K_{n-2} 2^{n-3} + \cdots + K_1) + K_0/2$$

该式表明 K_0 是 $75/2$ 的余数，故 $K_0 = 1$。

此式又可以写成：

$$(75 - K_0)/2 = 37 = 2(K_n 2^{n-2} + K_{n-1} 2^{n-3} + K_{n-2} 2^{n-4} + \cdots + K_2) + K_1$$

同理可以求得 $K_1 = 1$。如此进行下去，求得所有的 K_i。该方法就是所谓的"余数法"，如图 1-8 所示。

求解步骤	算术表达式	被除数	除数（基数）	余数	K_i
第 1 步	7 5 / 2 = 3 7	7 5	2	1	K_0
第 2 步	3 7 / 2 = 1 8	3 7	2	1	K_1
第 3 步	1 8 / 2 = 9	1 8	2	0	K_2
第 4 步	9 / 2 = 4	9	2	1	K_3
第 5 步	4 / 2 = 2	4	2	0	K_4
第 6 步	2 / 2 = 1	2	2	0	K_5
第 7 步	1 / 2 = 0	1	2	1	K_6
结果：$(7 5)_{10} = (K_6\ K_5\ K_4\ K_3\ K_2\ K_1\ K_0)_2 = (1 0 0 1 0 1 1)_2$					

图 1-8　十进制整数转换为二进制整数的过程

2）十进制小数转换为二进制小数（乘基取整法）

将十进制小数转换为二进制小数的规则是：乘以基数（这里为 2）取整数，先得到的整数为高位，后得到的整数为低位。

具体的做法：用 2 连续去乘十进制数的小数部分，直至乘积的小数部分等于 0 为止，然后按顺序排列每次乘积的整数部分（先取得的整数为高位），便得到与该十进制数相对应的二进制数各位的数值。

例如，将 0.3125D 转换成二进制数，其转换过程如图 1-9 所示，转换结果为 0.0101B。

```
0.3125 × 2 = 0.625    …整数 0（高位）
0.625 × 2 = 1.25      …整数 1
0.25  × 2 = 0.5       …整数 0
0.5   × 2 = 1.0       …整数 1（低位）
```

图 1-9　十进制小数转换为二进制小数的过程

由此可见，若要将十进制数 135.3125 转换成二进制数，应对整数部分和小数部分分别进行转换，然后再进行整合，最终的结果为 135.3125D = 10000111.0101B。

值得注意的是，十进制小数常常不能准确地换算为等值的二进制小数，存在一定的换算误差。

例如将 0.5627D 转换成二进制数：

$0.5627 \times 2 = 1.1254$

$0.1254 \times 2 = 0.2508$

$0.2508 \times 2 = 0.5016$

$0.5016 \times 2 = 1.0032$

$0.0032 \times 2 = 0.0064$

$0.0064 \times 2 = 0.0128$

……

由于小数位始终达不到 0,因此这个过程会不断进行下去。通常的做法是:根据精度要求,截取一定的数位即可,保证其误差值小于截取的最低一位数的权。例如,当要求二进制数取 m 位小数时,一般可求 $m+1$ 位,然后对最低位作"0 舍 1 入"处理。

例如:0.5627D=0.100100…B,若取精度为 5 位,则由于小数点后第 6 位为"0",被舍去,所以 0.5627D=0.10010B。

7. 八进制数与十进制数的转换

将八进制数转换成十进制数,可以分两个步骤完成:首先将八进制数转换为二进制数;然后将二进制数转换为十进制数。

例如,将八进制数 15.36Q 转换为十进制数。

步骤 1:15.36Q=001 101. 011 110 B=1101.01111B。

步骤 2:1101.01111B=$1 \times 2^3 + 1 \times 2^2 + 0 \times 2^1 + 1 \times 2^0 + 0 \times 2^{-1} + 1 \times 2^{-2} + 1 \times 2^{-3} + 1 \times 2^{-4} + 1 \times 2^{-5} = 13.46875$ D。

将十进制数转换成八进制数,也分两个步骤完成:首先将十进制数转换为二进制数;然后将二进制数转换为八进制数。当然,我们也可以使用按权展开相加法实现八进制数到十进制数的转换。

8. 十六进制数与十进制数的转换

将十六进制数转换成十进制数,可分两个步骤:首先将十六进制数转换为二进制数;然后将二进制数转换为十进制数。

例如,将十六进制数 15.3H 转换为十进制数。

步骤 1:15.36H=0001 0101. 0011 B=10101.0011 B。

步骤 2:10101.0011B=$1 \times 2^4 + 0 \times 2^3 + 1 \times 2^2 + 0 \times 2^1 + 1 \times 2^0 + 0 \times 2^{-1} + 0 \times 2^{-2} + 1 \times 2^{-3} + 1 \times 2^{-4} = 21.1875$ D。

同理,将十进制数转换成十六进制数,也分两个步骤:首先将十进制数转换为二进制数;然后将二进制数转换为十进制数。当然,我们也可以使用按权展开相加法实现十六进制数到十进制数的直接转换。

9. 八进制数与十六进制数的转换

将八进制数转换成十六进制数,可分两个步骤:首先将八进制数转换为二进制数;然后将二进制数转换为十六进制数。

例如,712Q=111 001 010 B=0001 1100 1010B=1CAH。

同理,将十进制数转换成八进制数,也可分两个步骤:首先将十六进制数转换为二进制数;然后将二进制数转换为八进制数。

10. 通用记数系统

通过上面的讲解可以发现,任何一种进制数都可以通过"按权展开相加法"转换成十进制数。因此我们可以定义一个通用记数系统如下。

设 b 为某种进制数(这里 b 是一个正自然数),则该进制序列 $a_n a_{n-1} \cdots a_2 a_1 a_0 . c_1 c_2 c_3 \cdots c_{m-1} c_m$ 在基数 b 的位置记数系统中,可以表示为:

$$(a_n a_{n-1} \cdots a_2 a_1 a_0 . c_1 c_2 \cdots c_{m-1} c_m)_b = \sum_{k=0}^{n} a_k b^k + \sum_{k=1}^{m} c_k b^{-k}$$

例如,将八进制数 15.36Q 转换为十进制数,这里 $b=8,a_1=1,a_2=5,c_1=3,c_2=6$。

因此,$15.36Q=1\times8^1+5\times8^0+3\times8^{-1}+6\times8^{-2}=8+5+3/8+6/64=13.46875D$。

显然,该结果与前面的两阶段转换方法的结果一致。

1.4.3　字符编码

计算机中的信息包括字母、各种控制符号、图形符号等,它们都必须以二进制编码方式存入计算机并加以处理。字符编码方案由于涉及信息表示交换处理和存储的基本问题,因此都以国家或国际标准的形式颁布施行。

计算机中常用的字符编码有十进制的 BCD 码、英文字符的 ASCII 编码、中文字符的汉字机内码和多语种的混合编码等多种。

1. 十进制数的 BCD 码

BCD 码又称为二-十进制编码(Binary Coded Decimal),即用二进制数符书写的十进制数符。尽管在计算机内部数据的表示和运算均采用二进制数,但由于二进制数不直观,故在计算机输入输出时,通常还是采用十进制数。不过,这种十进制数仍然需要用二进制编码来表示,常见的表示方法为:用 4 位二进制编码表示 1 位十进制数。这种用二进制编码的十进制数叫 BCD 码。表 1-1 列出了部分十进制数与 BCD 码的关系。

表 1-1　部分十进制数与 BCD 码的关系

十 进 制 数	BCD 码	十 进 制 数	BCD 码
0	0000	10	0001 0000
1	0001	11	0001 0001
2	0010	12	0001 0010
3	0011	13	0001 0011
4	0100	14	0001 0100
5	0101	15	0001 0101
6	0110	16	0001 0110
7	0111	17	0001 0111
8	1000	18	0001 1000
9	1001	19	0001 1001
		20	0010 0000

由表 1-1 可以看出,BCD 码共有 10 个基本编码,即从 0000 到 1001,分别表示十进制数的 0~9。从表 1-1 中还可以看出,BCD 码也是逢 10 进位的,两位的十进制数需要用两个 BCD 编码表示,形成两组 4 位二进制;3 位的十进制数需要用三个 BCD 编码表示,形成三组 4 位二进制,以此类推。

BCD 码是比较直观的,只要熟悉了 BCD 的 10 个编码,可以很容易地实现十进制数与

BCD 码的转换。

【例】　写出十进制数 5390.18 的 BCD 码。

根据表 1-1,可以很容易写出十进制数对应的 BCD 码。即 $5390.18=(0101\ 0011\ 1001\ 0000.0001\ 1000)_{BCD}$。

【例】　写出 BCD 码 0100 0111 0110 0010.0011 1001 对应的十进制数。

根据表 1-1,可以很容易写出 BCD 码对应的十进制数。即 $(0100\ 0111\ 0110\ 0010.00111001)_{BCD}=4762.39$。

需要指出的是:

(1) BCD 码不同于二进制数。首先,BCD 码必须是 4 个二进制位为一组,而二进制数则没有这种限制。其次,4 个二进制位可组成 0000～1111 共 16 种编码状态,BCD 码只用了其中的前 10 种 0000～1001,余下的 6 种状态 1010～1111 被视为非法码。若在 BCD 码运算中出现非法码,则需要按修正原则和方法进行修正,才能得到正确结果。

(2) BCD 码和二进制数之间不能直接转换,必须先将 BCD 码转换成十进制数,然后再转换成二进制数;反之亦然。

2. 英文字符的 ASCII 编码

ASCII 是美国标准信息交换代码,广泛用于小型机和各种微型计算机中。标准的 ASCII 码是由 7 位二进制数组成的,其对应的国际标准为 ISO646,其字符编码规则如表 1-2 所示,表中的列号(横轴)用 7 位 ASCII 的高 3 位二进制 $b_6 b_5 b_4$ 表示,行号(纵轴)用 ASCII 的低 4 位二进制 $b_3 b_2 b_1 b_0$ 表示,表格的内容为对应 ASCII 的字符。

表 1-2　ASCII 的字符编码规则

行 \ 列	高\低	0	1	2	3	4	5	6	7
		000	001	010	011	100	101	110	111
0	0000	NUL	DLE	SP	0	@	P	、	p
1	0001	SOH	DC1	!	1	A	Q	a	q
2	0010	STX	DC2	"	2	B	R	b	r
3	0011	ETX	DC3	#	3	C	S	c	s
4	0100	EOT	DC4	$	4	D	T	d	t
5	0101	ENQ	NAK	%	5	E	U	e	u
6	0110	ACK	SYN	&	6	F	V	f	v
7	0111	BEL	ETB	'	7	G	W	g	w
8	1000	BS	CAN	(	8	H	X	h	x
9	1001	HT	EM	)	9	I	Y	i	y
A	1010	LF	SUB	*	:	J	Z	j	z
B	1011	VT	ESC	+	;	K	[	k	{
C	1100	FF	FS	,	<	L	\	l		
D	1101	CR	GS	—	=	M	]	m	}
E	1110	SO	RS	.	>	N	Ω	n	~
F	1111	SI	US	/	?	O	_	o	DEL

该标准定义了 128 个符号,在 128 个 ASCII 字符中,有 95 个是可显示和打印的字符,包括 10 个十进制数字(0～9)、52 个英文大写和小写字母(A～Z,a～z),以及若干个运算符和标点符号。例如,大写字母 A 的 ASCII 码为 1000001B(十六进制表示为 41H,十进制表示为 65),空格的 ASCII 码为 0100000B(十六进制为 20H,十进制为 32)等。

除此之外,还有 33 个字符是不可显示和打印的控制符号,主要包括 LF(换行)、CR(回车)、FF(换页)、DEL(删除)、BS(退格)、BEL(振铃)和通信专用字符 SOH(文头)、EOT(文尾)、ACK(确认)等。这些符号原先用于控制计算机外围设备的某些工作特性,现在多数已被废弃。

虽然 ASCII 码只用了 7 位二进制代码,但由于计算机的基本存储单位是一个包含 8 个二进制位的字节,所以,在计算机中,每个 ASCII 码还是用一字节表示,字节的最高位固定为 0。

显然,标准 ASCII 字符集字符数目有限,在实际应用中往往无法满足要求。为此,国际标准化组织(ISO)又制定了 ISO2022 标准,它规定了在保持与 ISO646 兼容的前提下将标准 ASCII 字符集扩充为 8 位代码的统一方法:通过最高位设置为 1,ISO 陆续制定了一批适用于不同地区的扩充 ASCII 字符集,这些扩充字符的编码均为十进制数的 128～255,统称为扩展 ASCII。由于各国文字特征不同,因此,每个国家可以使用不同的扩展 ASCII。在中国,汉字编码也利用了这一规则。

3. 中文字符的汉字机内码

1981 年,中国制定了中华人民共和国国家标准信息交换汉字编码,代号为 GB2312—80,在这种标准编码的字符集中一共收录了汉字和图形符号 7445 个,其中包括 6763 个常用汉字和 682 个图形符号。根据使用的频率,常用汉字又分为两个等级:一级汉字使用频率最高,包括汉字 3755 个,它覆盖了常用汉字数的 99%;二级汉字有 3008 个。一二级合起来的使用覆盖率可以达到 99.99%。一级汉字按汉语拼音字母顺序排列,二级汉字则按部首排列。

为了表示 7445 个汉字和图形符号,如果使用只能支持 128 个字符的单一扩展 ASCII 显然无法满足汉字编码需要。因此,就需要研究一种综合编码方法来支持汉字编码。

这种综合编码方法就是将汉字用两个扩展 ASCII 字节来表示。每个扩展 ASCII 字节最大可以支持 128 个字符,两个扩展 ASCII 字节进行行列交叉就可以最多支持 128×128＝16384 个字符。

而实际上,国标 GB2312—80 规定,汉字编码表有 94 行和 94 列,完全覆盖了 7445 个中文字符和图形。其中行号 01～94 称为区号,列号 01～94 称为位号。行号和列号简单地组合在一起就构成了这个汉字的区位码。其中高两位为区号,低两位为位号。区位码可以唯一确定某一个汉字或符号,例如,汉字"啊"的区位码为 1601,其区号＝16,位号＝01。

GB2312 字符的排列分布情况见表 1-3。

表 1-3　GB2312 字符的排列分布情况

分 区 范 围	符 号 类 型
第 01 区	中文标点、数学符号以及一些特殊字符
第 02 区	各种各样的数学序号

分 区 范 围	符 号 类 型
第 03 区	全角西文字符
第 04 区	日文平假名
第 05 区	日文片假名
第 06 区	希腊字母表
第 07 区	俄文字母表
第 08 区	中文拼音字母表
第 09 区	制表符号
第 10～15 区	无字符
第 16～55 区	一级汉字(以拼音字母排序)
第 56～87 区	二级汉字(以部首笔画排序)
第 88～94 区	无字符

GB2312 字符在计算机中存储是以其区位码为基础的,其中汉字的区码和位码分别占一个存储单元,每个汉字占两个存储单元。由于区码和位码的取值范围都是 1～94,这样的范围同西文的存储表示冲突。例如汉字"珀"在 GB2312 中的区位码为 7174,其两字节表示形式为 71,74;而两个西文字符"GJ"的存储码也是 71,74。这种冲突将导致在解释编码时到底表示的是一个汉字还是两个西文字符将无法判断。

为避免同西文的存储发生冲突,GB2312 字符在进行存储时,通过将原来的每字节第 8 位设置为 1,用来跟西文加以区别。如果第 8 位为 0,则表示西文字符,否则表示 GB2312 中的中文字符。实际存储时,采用了将区位码的每字节分别加上 A0H(即 80H＋20H)的方法转换为存储码。在这里,存储时编码值额外＋20H 的目的是预留一定字符空间,以兼容其他字符代码。

这种区位存储码就形成了计算机内部存储和处理汉字的二进制代码,即汉字机内码(又称汉字内码)。例如,汉字"啊"的区位码为 1601,对应于十六进制的 10 01H,则其汉字机内码为 B0 A1H,其转换方法为:

汉字机内码高位字节＝区号的十六进制＋A0H＝10H＋A0H＝B0H

汉字机内码低位字节＝位号的十六进制＋A0H＝01H＋A0H＝A1H

对于大多数计算机系统,一个汉字机内码占用两字节,利用扩展 ASCII 的高位置 1 原则,两字节的最高二进制位均设置为 1,目标是用来区分计算机内部的标准 ASCII(因为标准 ASCII 的最高二进制位为 0)。

GBK 汉字内码扩展规范是对 GB2312—80 的扩展,共收录汉字 21003 个、符号 883 个,并提供 1894 个造字码位,简、繁字融于一库。

Big5 是在中国的台湾、香港与澳门地区使用的繁体中文字符集。Big5 是 1984 年中国台湾五大厂商宏碁、神通、佳佳、零壹以及大众一同制定的一种繁体中文编码方案,因其来源被称为五大码,英文写作 Big5,也被称为大五码。

4. 多语种的混合编码

如今,人类使用了接近 6800 种不同的语言。为了扩充 ASCII 编码,以用于显示本国的语言,不同的国家和地区制定了不同的标准,由此产生了 GB2312、Big5、JIS 等各自的编码标准。这些使用两字节来代表一个字符的各种汉字延伸编码方式,称为 ANSI 编码,又称为多字节字符集(MBCS)。

在简体中文系统下,ANSI 编码代表 GB2312 编码;在日文操作系统下,ANSI 编码代表 JIS 编码。所以,在中文 Windows 环境下,要转码成 GB2312,只需要把文本保存为 ANSI 编码即可。

由于不同国家或地区的 ANSI 编码之间互不兼容,当信息在国际交流时,无法将属于两种语言的文字存储在同一段 ANSI 编码的文本中。一个很大的缺点是:同一个编码值,在不同的编码体系里代表着不同的字。这样就容易造成混乱,出现乱码。比如,使用英文浏览器浏览中文网站,就无法显示正确的中文。

解决这个问题的最佳方案是设计一种全新的编码方法,而这种方法必须有足够的能力来容纳全世界所有语言中任意一种语言的所有符号,这就是统一码 Unicode。

Unicode 为每种语言中的每个字符设定了统一并且唯一的二进制编码,以满足跨语言、跨平台进行文本转换、处理的要求。

目前实际应用的 Unicode 对应于两字节通用字符集 UCS-2,每个字符占用 2 字节,使用 16 位的编码空间,理论上允许表示 $2^{16}=65536$ 个字符,可以基本满足各种语言的使用需要。实际上,目前版本的 Unicode 尚未填充满这 16 位编码,从而为特殊的应用和将来的扩展保留了大量的编码空间。

虽然这个编码空间已经非常大了,但设计者考虑到将来某一天它可能也会不够用,所以又定义了 UCS-4 编码,即每个字符占用 4 字节(实际上只用了 31 位,最高位必须为 0),理论上可以表示 $2^{31}=2\ 147\ 483\ 648$ 个字符。

在个人计算机中,若使用扩展 ASCII、Unicode 的 UCS-2 字符集和 UCS-4 字符集分别表示一个字符,则三者之间的差别为:扩展 ASCII 用 8 位表示,Unicode 的 UCS-2 用 16 位表示,Unicode 的 UCS-4 用 32 位表示。

Unicode 虽然统一了编码方式,但是它的效率不高。比如,UCS-4 规定用 4 字节存储一个符号,那么每个英文字母前都必然有 3 字节是 0,这对存储和传输来说都很浪费资源。

5. 多语种混合的压缩编码

UTF-8 是一种针对 Unicode 码进行压缩的可变长度字符编码。它可以根据不同的符号自动选择编码的长短,其目的是提高 Unicode 的编码效率。

UTF-8 可以用来表示 Unicode 标准中的任何字符,而且其编码中的第一字节仍与 ASCII 相兼容,使得原来处理 ASCII 字符的软件无须或只需进行少部分修改后,便可继续使用。因此,它逐渐成为电子邮件、网页及其他存储或传送文字的应用中优先采用的编码。

UTF-8 根据不同字符,使用 1~4 字节为每个字符进行编码,其编码规则如下。

(1) 当为标准 ASCII 字符集时,则采用 1 字节进行编码,对应 Unicode 的范围为 U+0000~U+007F。

(2) 当为带有变音符号的拉丁文、希腊文、西里尔字母、亚美尼亚语、希伯来文、阿拉伯文、叙利亚文等字母时,则采用 2 字节编码,对应 Unicode 的范围为 U+0080~U+07FF。

（3）当为中日韩文字、东南亚文字、中东文字等时，则使用 3 字节进行编码。

（4）当为其他极少使用的语言字符时，则使用 4 字节进行编码。

除了 UTF-8 外，目前还有 UTF-16 和 UTF-32。顾名思义，UTF-8 就是每次传输 8 位数据，而 UTF-16 就是每次传输 16 位数据，UTF-32 就是每次传输 32 位数据。

Unicode 与 UTF-8 之间的编码映射关系如表 1-4 所示。

表 1-4　Unicode 与 UTF-8 之间的编码映射关系

Unicode UCS-2	Unicode UCS-4	UTF-8
0000～007F	0000 0000～0000 007F	0xxxxxxx
0080～07FF	0000 0080～0000 07FF	110xxxxx 10xxxxxx
0800～FFFF	0000 0800～0000 FFFF	1110xxxx 10xxxxxx 10xxxxxx
	0001 0000～001F FFFF	11110xxx 10xxxxxx 10xxxxxx 10xxxxxx
	0020 0000～03FF FFFF	111110xx 10xxxxxx 10xxxxxx 10xxxxxx 10xxxxxx
	0400 0000～7FFF FFFF	1111110x 10xxxxxx 10xxxxxx 10xxxxxx 10xxxxxx 10xxxxxx

如果 Unicode 是 UCS-2，则 UTF-8 的长度为 1～3 字节；如果 Unicode 是 UCS-4，则 UTF-8 的长度是 1～6 字节，其中，除第 1 行外，后面 5 行的第一字节的高位 1 的数目就指明了这个 UTF-8 的字符使用的字节数目。

Unicode-2 到 UTF-8 编码步骤如下。

（1）根据 Unicode 的编码范围，确定转换后的 UTF-8 需要的字节数，选取对应的 UTF-8 编码模板。

（2）将 Unicode 编码写成二进制序列，以二进制形式，从高位到低位，依次填充到对应的 UTF-8 编码模板中"x"位置上。

（3）将填充完成的 UTF-8 编码模板按照十六进制读出，就是转换后的 UTF-8 编码。

例如，"汉"字的 Unicode UCS-4 编码是 U＋00006C49，位于 00000800～0000FFFF，需要 3 字节进行 UTF-8 编码，其编码模板为 1110xxxx 10xxxxxx 10xxxxxx。将 Unicode 编码 6C49 转换为二进制序列 0110 1100 0100 1001，将该序列从高位到低位，依次填充到编码模板中，得到 1110 0110 101100 01 10 00 1001，转换成十六进制就是 E6 B1 89。因此，"汉"字的 UTF-8 编码就是 E6B189，共 3 字节。

大家也可以使用各类网络在线工具，实现各种字符的 Unicode 编码和 UTF-8 编码。

1.4.4　字形编码

ASCII 码、汉字机内码、Unicode 码和 UTF-8 码都是一种文字编码方法，不能直接在屏幕上进行文字显示。要在屏幕上进行显示，不管是中文汉字还是英文字母和数字，都需要为其构建相对应的点阵字库或矢量字库。我们把为中英文字符构建点阵字库或矢量字库的过程称为字形编码。

1. 中文字符显示的点阵编码

为了将中英文字符显示在显示器上，就必须为每个字符设计一套点阵字库（或称点阵图形）。不同的字体对应不同的点阵图形。如宋体的"汉"和楷体的"汉"，其点阵图形是不同的。

每个汉字可以用一个矩形的黑白点阵来描述。在一个汉字的黑白点阵中,通常用 0 代表白色(不显示),1 代表黑色(显示)。根据汉字的显示精度不同,汉字的点阵矩阵有 12×12、14×14、16×16、24×24、48×48 等多种。

例如,一个 16×16 点阵的"你"字,其点阵结构如图 1-10(a)所示。在图中,黑色小方块用 1 表示,白色小方块用 0 表示。按照这一标准编码,16×16 点阵的"你"字的每行二进制位代码序列共 16 位,如图 1-10(b)所示;将每行的二进制序列转换为两个十六进制数,就可以得到一个 32 字节的"你"字的字模信息,如图 1-10(c)所示。

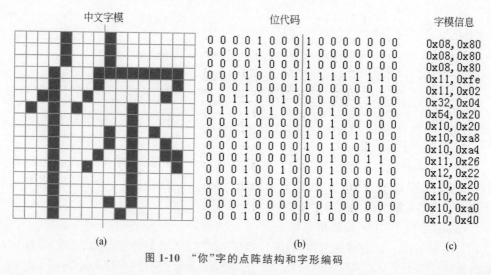

中文字模　　　　　　　　　　　位代码　　　　　　　　　　　字模信息

(a)　　　　　　　　　　　(b)　　　　　　　　　　　(c)

图 1-10　"你"字的点阵结构和字形编码

显然,已知汉字点阵的大小,可以计算出存储一个汉字所需占用的字节空间。

例如,用 16×16 点阵表示一个汉字,就是将每个汉字用 16 行,每行 16 个点表示,如果一个点需要 1 位二进制代码,16 个点需用 16 位二进制代码(即 2 字节)。因为共 16 行,所以需要 16 行×2 字节/行=32 字节。即 16×16 点阵表示一个汉字,字形码至少需用 32 字节。即所需字节数=点阵行数×点阵列数/8。如果需要构造彩色字库,则一个汉字所占用的存储空间就更大。

与中文汉字的字形编码方法类似,英文字符的显示也需要进行字形编码。

2. 中文字符显示的矢量编码

在实际应用中,同一个字符有多种字体(如宋体、楷体、黑体等),每种字体又有多种大小型号,因此,采用点阵方法构造的显示字库的存储空间就十分庞大。为了减少字库的存储空间,方便字体缩放,生成精美文字,就需要提出一种新的字形编码技术。

矢量字库就是这样一种技术,它通过数学曲线来对每个汉字进行描述,保存的是每个汉字的字形信息,比如一个笔画的起始、终止坐标,半径、弧度和连线的导数等。字形显示时,字体的渲染引擎读取这些矢量信息,然后通过数学运算来进行显示。这类字库可以保证汉字在任意缩放下不变形,笔画轮廓仍然能保持圆滑和不变色。

在 Windows 操作系统中,既使用了点阵字库,也使用了矢量字库。在 FONTS 目录下,扩展名为 FON 的文件存储是点阵字库,扩展名为 TTF 的文件存储的则是矢量字库。

主流的矢量字库有 3 种:Type1、TrueType 和 OpenType。

（1）Type1：全称 PostScript Type1，是 1985 年由 Adobe 公司提出的一套矢量字体标准，Type1 是非开放字体，使用 Type1 需要支付使用费用。

（2）TrueType：是 1991 年由 Apple 公司与 Microsoft 公司联合提出另一套矢量字标准。Type1 使用三次贝塞尔曲线来描述字形，TrueType 则使用二次贝塞尔曲线来描述字形。所以 Type1 的字体比 TrueType 字体更加精确美观。

（3）OpenType：也叫 Type 2 字体，是由 Microsoft 公司和 Adobe 公司联合开发的一种轮廓字体，优于 TrueType 并且支持跨平台功能。

为了生成精美的汉字字形，同学们也可以使用网络上的在线工具。

3. 中文字符打印的字形编码

用于打印的字库叫打印字库，可分为软字库和硬字库两种。软字库以文件的形式存放在硬盘上，目前的计算机系统多采用这种方式；硬字库则将字库固化在一个单独的存储芯片中，再和其他必要的器件组成接口卡，集成在计算机上或打印机内部，早期通常称为汉卡，其工作时不像显示字库那样需要调入内存。

1.4.5　语音和图像编码

语音和图像如果需要在计算机内部进行处理，就必须进行数字化。即将语音和图像转换成二进制序列数据。

1. 语音编码

语音编码就是对模拟的语音信号进行编码，将模拟信号转换成数字信号，从而降低传输码率并进行数字传输，语音编码的基本方法可分为波形编码、参数编码（音源编码）和混合编码。

1）波形编码

波形编码是指将时域的模拟话音的波形信号经过取样、量化、编码而形成数字话音信号的过程。波形编码的基本原理是：在时间轴上对模拟话音信号按照一定的速率来抽样，然后将幅度样本分层量化，并使用二进制代码来表示。波形编码的目的在于尽可能精确地再现原来的语音波形，并以波形的保真度即自然度为其质量的主要度量指标，但波形编码所需的编码速率高，占用存储空间大。典型的波形编码包括 PCM 编码及其变种 ADPCM 编码等。

PCM 编码是一种能够达到最高保真水平语音编码，如 CD、DVD 和计算机中 WAV 文件。虽然 PCM 被认为是无损编码，代表了数字音频中的最佳保真水准，但并不意味着 PCM 就能够确保信号绝对保真，因为 PCM 编码过程的采样频率决定了语音保真水平。例如，一个采样率为 44.1kHz，采样大小为 16 位，双声道的 PCM 编码的 WAV 文件，它的数据速率则为 $44.1\text{kHz} \times 16\text{b} \times 2 = 1411.2\text{kb/s}$。如果采用 PCM 编码，一张普通光盘的容量只能容纳 80 分钟左右的音乐信息。

ADPCM 是一种针对声音波形数据的有损压缩算法，它将声音流中每次采样的数据（如 16 位）通过差分的形式用更少的位（如 4 位）进行存储，不仅压缩比较高，而且声音高质量损失少。

2）参数编码

参数编码又称为音源编码，它将信源信号在频率域或正交变换域中提取特征参数，然后变换成数字代码进行传输。译码则为其反过程,将收到的数字序列经变换恢复特征参量,再根据特征参量重建语音信号。典型的参数编码方法包括 LPC(线性预测编码)及其变种 CELP、QCELP 等。

LPC 语音编码的主要质量指标是可懂度,语音编码速率可压缩到 1.2～4.8kb/s,虽然占用存储空间小,但语音质量只能达到中低等,特别是自然度较低。

为了提高语音通信质量,1999 年欧洲通信标准协会(ETSI)推出了基于码激励线性预测编码(CELP)的第三代移动通信语音编码标准,即自适应多速率语音编码器(AMR),它是一种较为成功的语音编码算法,其最低速率为 4.75kb/s,可以完美保证电话语音通信质量。

Qualcomm 公司提出了一种应用于 3G 移动通信 CDMA 系统的语音编码算法 QCELP,可工作于 4/4.8/8/9.6kb/s 等固定速率上,而且可根据人的说话特性进行自动速率调整。

3) 混合编码

混合编码是结合波形编码和参数编码各自优点的一种编码方案。混合编码把波形编码的高质量和参数编码的高效性融为一体,在参数编码的基础上附加一定的波形编码特征,实现在可懂度的基础上适当地改善自然度的目的。在移动通信中的语音编码一般都是混合编码。选择混合编码时,要使比特率、质量、复杂度和处理时延这 4 个参量及其关系达到综合最佳化。

2. 图像编码

图像编码也称图像压缩,是指在满足一定质量(信噪比的要求或主观评价得分)的条件下,以较少比特数表示图像或图像中所包含信息的技术。

1948 年,信息论学说的奠基人香农曾经论证:不论是语音或图像,由于其信号中包含很多的冗余信息,所以当利用数字方法传输或存储时均可体现数据的压缩。在他的理论指导下,图像编码已经成为当代信息技术中较活跃的一个分支。

图像编码系统的发信端基本上由两部分组成。首先,对经过高精度模-数变换的原始数字图像进行去相关处理,去除信息的冗余度;然后,根据一定的允许失真要求,对去相关后的信号进行编码,即重新码化。

在计算机中进行图像编码时,图像的每个像素用不同的灰度级来表示,然后使用 0 和 1 的二进制串来进行存储和传输等。

下面以 BMP 为例介绍图像编码方式,其他图像编码方式可以参考有关国际标准。

BMP 图形文件是 Windows 采用的一种图形文件格式,其文件扩展名是 BMP(有时它也会以.DIB 或.RLE 作扩展名)。

BMP 文件的数据按照从文件头开始的先后顺序分为 4 部分。

(1) 位图文件头:提供文件的格式、大小等信息,占用 14 字节,地址范围为 0000H～000DH。

(2) 位图信息头:提供图像数据的尺寸、位平面数、压缩方式、颜色索引等信息,占用 40 字节,地址范围为 000EH～0035H。

(3) 调色板:可选,占用空间由 BiBitCount 决定。起始地址为 0036H。如使用索引来表示图像,调色板就是索引与其对应的颜色的映射表。

(4) 位图数据:图片的点阵数据区,占用空间大小由图片大小和颜色决定。

除了 BMP 图像格式之外,计算机系统还支持 TIFF 格式、GIF 格式、JPEG 格式、PNG 格式等多种图像格式。

（1）TIFF 格式：标记图像文件格式,用于在应用程序之间和计算机平台之间交换文件。TIFF 是一种较为通用和灵活的图像格式,几乎所有绘画、图像编辑和页面排版应用程序都支持。

（2）GIF 格式：图像交换格式,是一种图像压缩格式,用来最小化文件大小和电子传递时间。

（3）JPEG 格式：即联合图片专家组,是一种高压缩率的图像压缩格式。大多数彩色和灰度图像都使用 JPEG 格式压缩图像。当对图像的精度要求不高而存储空间又有限时,JPEG 是一种理想的压缩方式。

（4）PNG 格式：PNG 图片以任何颜色深度存储单个光栅图像。PNG 是与平台无关的格式。与 JPEG 的有损耗压缩相比,PNG 提供的压缩量较少。

◆ 1.5　计算机的基本运算

计算机中通常包括两大类最基本的运算：算术运算和逻辑运算。逻辑运算包括逻辑数的与、或、非、异或等,算术运算包括机器数的加、减、乘、除等。而减、乘、除实际上是通过计算机的机器数的补码加法来实现的。

1.5.1　计算机的逻辑运算

在计算机中,参加逻辑运算的数据称为逻辑数,是不带符号位的二进制数,只是把它当成一种简单的数字"0"和"1"的组合。通常用"1"表示逻辑真,用"0"表示逻辑假。

利用逻辑运算可以进行两个数的比较,或者从某个数中选取某几位进行操作。由于在文本、图片、声音等非数值数据中有着广泛的应用,因此,逻辑运算成为一种非常重要的运算。

1. 逻辑运算

计算机中的逻辑运算主要包括逻辑非、逻辑与、逻辑或、逻辑异或 4 种运算。

1）逻辑非运算（NOT）

逻辑非运算又称为取反运算,就是对某个操作数的各位按位取反,使每一位 0 变成 1,1 变成 0。逻辑非运算的运算符一般写成"～"或"¬"。

2）逻辑与运算（AND）

逻辑与运算也叫逻辑乘,表示两个操作数相同位的数据进行按位"与"运算,两个都是 1 则结果为 1,两个中只要有一个为 0 结果就是 0。逻辑与运算的运算符一般写成"∧"或"·"。

逻辑与运算的特点是：对任何数据逻辑与 0 都会变成 0,而逻辑与 1 则保持原有数据不变。所以在实际应用中,如果需要对一个数据的某几位清 0（其他位保持不变）时,常常会用到逻辑与运算。

3）逻辑或运算（OR）

逻辑或运算也叫逻辑加,表示两个操作数相同位的数据进行按位"或"运算,两个都是 0

则结果为 0,两个中只要有一个为 1 结果就是 1。逻辑或运算的运算符一般写成"∨"或"+"。

逻辑或运算的特点是:任何数据与 1 进行逻辑或都会变成 1,与 0 进行逻辑或则保持原有数据不变。所以在实际应用中,如果需要对一个数据中的某几个位进行置 1(其他位保持不变)时,常常会用到逻辑或运算。

4) 逻辑异或运算(XOR)

逻辑异或运算又称按位加,表示两个操作数相同位的数据进行按位"模 2 加"运算,若两个相同则结果为 0,若两个不同则结果为 1。逻辑异或运算的运算符一般写成"⊕"。

逻辑异或运算的特点是:任何数据与 1 进行逻辑异或,都会取反;而与 0 进行逻辑异或则会保持原有数据不变。所以在实际应用中,如果需要一个数据中的某几位取反(其他位保持不变)时,常常会用到逻辑异或运算。

逻辑异或运算还有一个特点,就是对一个数连续进行两次的逻辑异或,该数就会恢复到原来的状态,这一特点在一些需要对数据进行恢复的操作中是很有用的。

2. 逻辑门

凡是对脉冲通路上的脉冲起着开关作用的电子线路就叫门电路。门电路是完成逻辑运算的基本电路。门电路可以有一个或多个输入端,但只有一个输出端。门电路的各输入端所加的脉冲信号只有满足一定的条件时,"门"才打开,即才有脉冲信号输出。从逻辑学上讲,输入端满足一定的条件是"原因",有信号输出是"结果",门电路的作用是实现某种因果关系,即逻辑关系。

与三种基本的逻辑关系"逻辑与""逻辑或""逻辑非"相对应,基本的门电路有与门、或门和非门。通过基本门电路的扩展,门电路还有"与非门""或非门""与或非门""异或门"等几种。

1.5.2　计算机的算术运算

在计算机中,运算器除了要完成各种逻辑运算外,还要进行加、减、乘、除等算术运算。计算机的算术运算包括定点算术运算和浮点算术运算。实际工作中,算术运算也是通过各种逻辑运算的组合来实现的。

1. 机器数

在普通数字表示中,将"+"或"−"符号放在数的绝对值之前来区分数的正负。但在计算机系统中,符号也需要用 0、1 表示。这种将符号与数据一体化进行表示的数,称为机器数。计算机中的机器数包含 3 种表示方法:原码、反码、补码。

1) 原码表示法

用机器数的最高位代表符号位,其余各位是这个数的绝对值,称为原码表示法。符号位若为 0 则表示正数,若为 1 则表示负数。通常用$[X]_原$表示 X 的原码。

如果机器数的位数为 8 位,则最高位是符号位,其余 7 位是数值位,那么,十六进制的 +18H 和 −18H 的原码可以分别表示为:$[+18]_原 =$ **0** 001 1000 B;$[-18]_原 =$ **1** 001 1000 B。

根据上述规则:0 的原码有两个值,即"正零"和"负零"之分,增加了机器识别的难度。

正零:$[+0]_原 =$ **0** 000 0000 B=00H;

负零:$[-0]_原 =$ **1** 000 0000 B=80H。

2）反码表示法

正数的反码和原码相同,负数的反码是对原码除符号位之外各位依次取反,称为反码表示法。通常用$[X]_反$表示 X 的反码。

如果机器数的位数是 8 位,最高位是符号位,其余 7 位是数值位,那么,十六进制的 +18H 和 −18H 的反码可以分别表示为:$[+18H]_反 = [+18]_原 = 0\ 001\ 1000\ B$;$[−18H]_反 = [−18]_原 = 1\ 110\ 0111\ B$。

与原码类似,0 的反码也有两个,即"正零"和"负零"之分,增加了机器的识别难度。

正零:$[+0]_反 = 0\ 000\ 0000\ B = 00H$;

负零:$[−0]_反 = 1\ 111\ 1111\ B = FFH$。

3）补码表示法

正数的补码和原码相同,负数的补码是该数的反码在最低位加"1"。

例如,$[+18H]_补 = [+18H]_原 = 0\ 001\ 1000\ B$;

　　　$[−18H]_补 = [−18H]_原 + 1 = 1\ 110\ 0111\ B + 1\ B = 1\ 110\ 1000\ B$。

在补码表示中,0 只有一种表示形式,就是全 0,解决了原码和反码中存在"0"的两种表示方法的问题。

实际上,在我们的日常生活中,也经常碰到补码的问题。假如,现在时间是 7 点,而自己的手表却指向了 9 点,如何调整手表的时间? 有两种方法拨动时针:一种是顺时针拨,即向前拨动 10 小时;另一种是逆时针拨,即向后拨 2 小时。从数学的角度可以分别表示为:(9+10)−12 和 9−2。两者的最终结果都是 7。

由此可见,对钟表来说,向前拨 10 小时和向后拨 2 小时的结果是一样的,减 2 可以用加 10 来代替。这是因为钟表是按 12 进位的,12 就是它的"模"。对模 12 来说,−2 与 +10 是"同余"的,也就是说,−2 与 +10 对于模 12 来说是互为补数的。

在计算机中,加器是以 2^n 为模的有模器件,因此,引入补码后,减法运算可以转换为加法运算,从而简化运算器的设计。

综上所述,在 n 位计算机中,如果最高位为符号位,后面 $n−1$ 位为数值部分,则 n 位二进制数的补码表示的范围为 $−2^{n−1} \sim +2^{n−1}−1$。例如,当 $n=8$ 时,补码表示范围为 −128～+127。

表 1-5 列出了 8 位二进制数在原码、反码和补码 3 种编码形式下的对应的无符号十进制数真值和二级制机器数。

表 1-5　8 位二进制数的 3 种机器数的对应真值

无符号十进制数	二进制机器数	原码时十进制真值	反码时十进制真值	补码时十进制真值
0	0 000 0000	+0	+0	0
1	0 000 0001	+1	+1	1
2	0 000 0010	+2	+2	2
…	…	…	…	…
126	0 111 1110	+126	+126	126
127	0 111 1111	+127	+127	127

无符号十进制数	二进制机器数	原码时十进制真值	反码时十进制真值	补码时十进制真值
128	1 000 0000	-0	-127	-128
129	1 000 0001	-1	-126	-127
...	...	...	...	...
254	1 111 1110	-126	-1	-2
255	1 111 1111	-127	-0	-1

2. 定点数的加减法运算

在计算机中,机器数的表示有定点和浮点两种方式。采用定点数表示时,参与运算的机器数的小数点位置固定不变(该位置可由程序员预先规定,如果规定小数点在最右边,则是一个纯整数;如果在最左边,则是一个纯小数);采用浮点数表示时,通过科学记数法让小数点位置进行移动。

在进行定点数的加减法运算时,原码、反码和补码3种编码形式从理论上来说都是可以实现的,但实现难度不同。

首先,原码是一种最直接、最方便的编码方案,但是它的符号位不能直接参加加减运算,必须单独处理。在原码加减运算时,一方面要根据参加运算的两个数据的符号位,以及指令的操作码来综合决定到底是做加法运算还是减法运算,另一方面运算结果的符号位也要根据运算结果来单独决定,使用电路实现起来相对复杂。

其次,反码的符号位可以和数值位一起参加运算,而不用单独处理。但是反码的运算存在一个问题,就是符号位一旦有进位,结果就会发生偏差,因此要采用循环进位法进行修正,即符号位的进位要加到最低位上去,这也会带来运算的不便,增加电路实现的复杂性。

两个机器数进行补码运算时,可以把符号位与数值位一起处理。只要最终的运算结果不超出机器数允许的表示范围,运算结果一定是正确的。这样,补码运算就显得很简单了,因为它既不需要事先判断参加运算数据的符号位,运算结果的符号位如果有进位,也只要将进位的数据舍弃即可,不需做任何特殊处理,电路实现上更加简单。因此,现代计算机的运算器一般都采用补码形式进行加减法运算。

1) 补码加法

补码加法的公式是:$[x]_补+[y]_补=[x+y]_补(\mathrm{mod}\ 2)$。

在模2意义下,任意两数的补码之和等于该两数之和的补码,这是补码加法的理论基础。之所以说是模2运算,是因为最高位(即符号位 $x0$ 和 $y0$)相加结果中的向上进位是要舍去的。

由此可见,当两数以补码形式相加时,符号位可以作为数据的一部分参加运算而不用单独处理;运算的结果将直接得到两数之和的补码;符号位有进位也只要丢弃即可。这样的运算规则十分简单、实现容易,这正是补码在计算机内大量使用的原因。

2) 补码减法

由于减去一个数就是加上这个数的负数,所以,$[x-y]_补=[x+(-y)]_补=[x]_补+[-y]_补$
$(\mathrm{mod}\ 2)$。

由此可见,补码减法的核心是求$[-y]_补$。根据$[y]_补$求$[-y]_补$的法则为:当已知$[y]_补$要求$[-y]_补$时,只要将$[y]_补$连同符号位取反且最低位加 1 即可。

由此可见,补码定点减法和补码定点加法在本质上是相同的,因此,减法运算可以转换成加法运算,使用同一个加法器电路,无须再配减法器,从而可以简化计算机的设计。

3) 溢出及其判断

在计算机中,由于机器码的位数是有限的,所以,计算机所能够表示的数的范围也是有限的。例如,当计算机的位数(也称字长)是 64 位时,其可以表示的数的范围就是从 64 个全"0"到 64 个全"1",总的个数就是 2^{64},而且相邻两个数之间是不连续的(即两个数之间是离散的),这也是计算机在表示一个数据时存在误差的重要原因。换一句话说,就是一个坐标轴上的连续的数据用计算机来表示时,只能表示其中的有限个,而不能表示无限个。

既然计算机可以表示的数据大小是有范围的,那么,当计算机中的两个数进行加减运算之后,如果运算结果超出了计算机的取值范围,就称为溢出。在定点数运算中,正常情况下溢出是不允许的。

当正数和负数相加时,肯定不会产生溢出。但是,当两个正数相加时,如果结果大于机器所能表示的最大正数,则称为正溢;当两个负数相加时,如果结果小于机器所能表示的最小负数,则称为负溢。例如,已知两个 7 位机器数 X 和 Y,其中 $X=[+58H]_补=0 1011000B$,$Y=[-58H]_补=1 0101000B$;则 $X+X=1 0110000B$(按照补码理解,这是一个负数,显然结果不正确),产生了正溢;$Y+Y=0 101000B$(按照补码理解,这是一个正数,显然结果不正确),产生了负溢。

在上面的例子中,是否溢出需要结合参加运算的两个数的符号和结果的符号进行综合判断。这种方法称为单符号位判断法。还有一种双符号位判断法,不用考虑参与运算的两个机器数的符号,只需要通过运算结果就能判定。

双符号位判断法用两个符号位表示一个数据,由于有两个符号位,所以相加时是模 4 的相加运算。用双符号位进行溢出判断的方法是:如果两个数相加后,其结果的两个符号位一致(00 或 11),则没有发生溢出;如果两个符号位不一致(10 或 01),则发生溢出。具体来说,两个符号位为 01 时为正溢,10 时为负溢;不论溢出与否,运算结果的最高符号位始终指示正确的符号。

例如,当用双符号位表示 X 和 Y,$X=[+58H]_补=00 1011000 B$,$Y=[-58H]_补=11 0101000B$。则 $X+X=01 0110000B$,表示产生了正溢;$Y+Y=10 101000B$,表示产生了负溢。

这样,在双符号位方式下,只要将两个符号位进行异或运算,异或结果为 0 的就表示正常,异或结果为 1 的就表示溢出。由此,机器就可以通过逻辑电路自动检查出这种溢出,并进行相应的处理。

3. 定点乘除法运算

基本运算器的功能只能完成数码的传送、加法和移位,并不能直接完成两数的乘除法运算,但在实际运算中,乘除法却又是计算机的基本运算之一。因此,计算机的乘法运算主要是通过加法运算来实现的,具体算法请读者参考《计算机组成原理》等相关书籍。下面主要从实现角度来介绍乘除法运算实现的 3 种方式。

(1) 采用软件实现乘除法运算。利用基本运算指令,编写实现乘除法的循环子程序。

这种方法所需的硬件最简单,但速度最慢。

(2) 在原有的基本运算电路的基础上,通过增加左右移位和计数器等逻辑电路来实现乘除法运算,同时增加专门的乘除法指令。这种方式的速度比第一种方式快。

(3) 自从大规模集成电路问世以来,高速的单元阵列乘除法器应运而生,出现了各种形式的流水式阵列乘除法器,它们属于并行乘除法器,也有专门的乘除法指令。这种方法依靠硬件资源的重复设置来实现乘除运算的高速,是 3 种方式中速度最快的一种。

从编码角度考虑,由于乘、除法结果的符号位确定比较容易,运算结果的绝对值和参加运算的数据的符号无关,所以用原码实现也很简单,但在现代计算机中一般还是采用补码进行乘除法运算。

实际上,计算机也支持浮点数的乘除运算。浮点数乘除运算可以转换成定点数的加、减、乘、除运算,这里不再赘述。

◆ 1.6　本 章 小 结

本章介绍了计算系统的发展历程和单机系统的理论模型及实现模型,讲述了计算机系统的基本构成和工作原理,包括计算系统中的信息表示方法,不同进制数间的转换规则,英文字符和中文字符的编码规则,点阵字符的数字化编码,扼要说明了语音编码、图像编码的主要种类和作用,最后重点对计算机的补码运算和溢出判定规则进行了阐述。

◆ 习　题　1

一、选择题

1. 第一台电子计算机是 1946 年在美国研制的,该机的英文缩写名是(　　　)。

　　A. ENIAC　　　　　　B. EDVAC　　　　　　C. EDSAC　　　　　　D. MARK-Ⅱ

2. 与十进制数 100 等值的二进制数是(　　　)。

　　A. 0010011　　　　　B. 1100010　　　　　C. 1100100　　　　　D. 1100110

3. 计算机中所有信息的存储都采用(　　　)。

　　A. 二进制　　　　　B. 八进制　　　　　C. 十进制　　　　　D. 十六进制

4. 微型计算机采用了(　　　)的工作原理。

　　A. 存储数据　　　　B. 存储程序　　　　C. 存储文件　　　　D. 存储图形

5. 一个完整的计算机系统由(　　　)组成。

　　A. 主机、键盘和显示器　　　　　　　　B. 主机及外部设备

　　C. 硬件系统和软件系统　　　　　　　　D. 操作系统及应用软件

6. 设汉字点阵为 32×32,那么 100 个汉字的字形码信息所占用的字节数是(　　　)。

　　A. 12800　　　　　　B. 3200　　　　　　C. 32×13200　　　　D. 32×32

7. 将十进制数 234 转换成二进制数是(　　　)。

　　A. 11101011B　　　　B. 11010111B　　　　C. 11101010B　　　　D. 11010110B

8. 第四代计算机的逻辑器件,采用的是(　　　)。

　　A. 晶体管　　　　　　　　　　　　　　B. 大规模、超大规模集成电路

　　　　C. 电子管　　　　　　　　　　　　D. 以上都不是

9. 操作系统是现代计算机系统不可缺少的组成部分。操作系统负责管理计算机的（　　）。

　　　　A. 程序　　　　　　B. 功能　　　　　　C. 资源　　　　　　D. 进程

10. 在计算机的数值表示中，1 字节等于（　　）。

　　　　A. 1 位　　　　　　B. 2 位　　　　　　C. 8 位　　　　　　D. 16 位

11. 在计算机的数值表示中，1K 字节等于（　　）。

　　　　A. 1000 字节　　　B. 1024 字节　　　C. 1000 位　　　　D. 1024 位

12. 一个十六进制数 76FH 转换为二进制数为（　　）。

　　　　A. 11111011111　　B. 110011011111　　C. 11011011111　　D. 以上都不是

13. 关于十进制数与二进制数的关系，下面表述准确的是（　　）。

　　　　A. 任意一个十进制数都可以用一个固定长度（如 16 位）的二进制数来表示

　　　　B. 任意一个二进制数都可以用一个固定长度（如 16 位）的十进制数来表示

　　　　C. 有些十进制数不能用一个固定长度的二进制数来表示

　　　　D. 以上表述都不准确

14. 已知英文大写字母 D 的 ASCII 码是 44H，那么英文大写字母 F 的 ASCII 码为十进制数（　　）。

　　　　A. 46　　　　　　　B. 68　　　　　　　C. 70　　　　　　　D. 15

15. 一个汉字的机内码是 BOA1H，那么它的国标码是（　　）。

　　　　A. 3121H　　　　　B. 3021H　　　　　C. 2131H　　　　　D. 2130H

16. 下列 4 种软件中属于应用软件的是（　　）。

　　　　A. Python　　　　B. Windows 10　　　C. 财务管理系统　　D. C 语言编译程序

二、问答题

1. 什么是计算平台？计算平台包括哪两大类？

2. 简要说明图灵机模型的工作思想。

3. 简述冯·诺依曼体系的计算机的工作原理。

4. 说明原码、补码、反码表示方法的优缺点，为什么计算机最终采用了补码表示？

5. 简述微型计算机系统的组成及其软硬件结构。

6. 系统总线分为哪三类？每种系统总线的作用是什么？

7. 在计算机系统内，为什么信息需要采用二进制进行表示？

8. 一台计算机能够表示的数值多少主要由什么决定？

三、计算题

1. 计算十进制数 90.75 的二进制数、八进制数和十六进制数的表示。

2. 计算二进制数 11000100011.011 的十进制数、八进制数和十六进制数的表示。

3. 已知英文数字"1"的 ASCII 码为 31H，计算英文数字"5"和"8"的 ASCII 码。

4. 已知英文字母"A"的 ASCII 码为 41H，计算英文字母"B"和"Z"的 ASCII 码。

5. 已知英文字母"a"的 ASCII 码为 61H，计算英文字母"c"和"r"的 ASCII 码。

四、综合题

1. 利用网络手段，查询中文字符串"陕西省西安市"的 UTF-8 编码。

2. 利用网络手段，查询汉字"西"和"安"的机内码。

3. 给定英文字符"A"的 8 列 16 行点阵和中文字符"我"的 16 行 16 列的点阵如图 1-11 所示,给出上述两个点阵字符的字形编码序列。

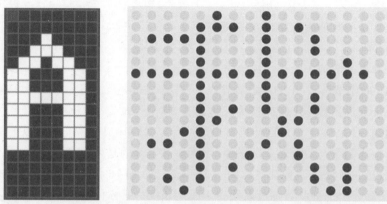

图 1-11 英文字符"A"的 8 列 16 行点阵和中文字符"我"的 16 行 16 列点阵

4. 已知 $X = +77H$,$Y = -76H$,采用 8 位补码运算时,设计一种方案判断 $X - Y$ 是否存在溢出。

第2章

Python 程序设计初步

学习目标：

（1）理解指令、程序、程序语言的概念及其关系。

（2）理解不同程序语言的优缺点，能够根据需要选择合适的编程语言和编程环境。

（3）掌握 Python 语言的基本语法，包括运算符与表达式、字符串和列表的使用。

（4）能够使用 Python 赋值语句和复合语句进行简单的程序设计。

（5）能够构造 Python 函数和引用 Python 模块。

（6）能够进行 Python 编程调试、排错和异常处理。

学习内容：

本章讲解 Python 语言程序的构成、基本数据类型和组合数据类型、运算符和表达式、控制台输入和输出方式，重点说明 Python 语言的赋值语句和复合语句组成方式、组合数据类型的操作方法、Python 函数的构造和 Python 模块的引用方法，以及 Python 编程调试、排错和异常处理方式。

◆ 2.1 指令与程序

计算机作为一种机器，如何理解人的需求，按照人的思想开展工作，是问题求解的关键所在。程序正是为解决上述问题而提出的一种自动化求解思路。程序是由指令构成的。通过程序中的一系列指令的运行，可以完成程序员预先设置的功能。

2.1.1 指令与指令系统

1. 什么是指令

指令是指示计算机执行某种操作的命令，它由一串二进制数码组成。一条指令通常包括两部分：操作码和操作数（也称地址码）。

（1）操作码：指明该指令要完成的操作的类型或性质，如取数、进行加法、输出数据等。

（2）操作数：指明操作对象的内容或所在的存储单元地址，所以也称为地址码。

根据一条指令所含有的操作数的多少,我们可以将指令分为以下几种。

(1) 无操作数指令:无操作数指令只由操作码构成。这种指令通常默认一个操作数,而不用在指令中直接指出。例如 8086 CPU 的"NOP"指令,该指令表示 CPU 不执行任何操作。

(2) 单操作数指令:单操作数指令由操作码和一个操作数组成。大部分 CPU 的单操作数指令允许对存储器或寄存器进行操作。例如 8086 的"INC AX"指令,该指令将 AX 寄存器的值加 1 后,又放回 AX。

(3) 双操作数指令:双操作数指令由操作码和两个操作数组成。两个操作数分别称为源操作数(source)和目的操作数(destination)。尽管在指令执行前这两个操作数都是输入操作数,但指令执行后将把运算结果存放到目的操作数的地址之中。例如 8086 的"ADD AX,8900H"指令,该指令将 AX 寄存器的值与 8900H 相加后,又放回 AX。这里,ADD 是操作码,AX 是源/目的操作数,十六进制数 8900H 是源操作数。这条指令执行时不需要访问内存。

再如 8086 的"ADD AX,[8900H]"指令,该指令将 AX 寄存器的值加存储器地址8900H 单元所在的值后,又放回 AX。这里,ADD 是操作码,AX 是源/目的操作数,地址8900H 所指存储单元的内容是源操作数。这条指令执行时需要访问内存,先要从内存8900H 处读出两字节,然后将这两字节与 AX 的当前内容相加。因此,该指令的执行时间比上面的"ADD AX,8900H"指令时间长。

(4) 多操作数指令:多操作数指令由操作码和三个及以上操作数组成。理论上,大多数运算型指令可使用三地址指令:除给出参加运算的两个操作数外,还指出运算结果的存放地址。但实际情况是:三操作数指令可以用两操作数指令代替,因而,在真实的 CPU 中,多操作数的指令所占比例较低。

例如,8086 CPU 的大多数运算型指令就采用了两操作数指令(即二地址指令)。其中,操作码告诉 CPU 要执行什么操作,如算术加、减,逻辑与、逻辑或等;操作数指出执行操作过程所要操作的数(如整数 78H)或操作数所在的内存地址(如[8000H])。

2. 什么是指令系统

计算机是通过执行指令来管理计算机并完成一系列给定功能的。因而,每种计算机都有一组指令集提供给用户使用,这组指令集叫作计算机的指令系统。不同的计算机具有不同的指令,指令的数量也大不相同。指令系统实际反映了计算机特别是微处理器的功能和性能。根据指令系统的构成方式的不同,我们可以将计算机分为两大类。

1) 复杂指令集计算机(CISC)

CISC 起源于 20 世纪 80 年代的 MIPS 主机。CISC 是目前家用台式机的主要处理器类型。如 Intel 和 AMD 公司主导的 X86 和 X64 体系就属于典型的 CISC 体系。这类处理器内部有着丰富的指令,指令字不等长,但功能丰富。

指令系统的数量和功能决定了 CPU 的综合处理能力。例如 8086/8088 的指令系统共有 133 条基本指令,根据功能的不同,可以分为数据传送指令、算术运算指令、逻辑运算指令、控制转移指令、串操作指令和位操作指令 6 类。

2) 精简指令集计算机(RISC)

相关研究和统计发现,传统的 CISC 处理器中,20% 的指令承担了 80% 的工作,而剩下

80％的指令基本没有被使用，或者很少使用，这样，既浪费了 CPU 的核心面积，增大了功耗，还降低了效率。于是，RISC 应运而生。RISC 相比 CISC，具有如下优缺点。

优点：由于 RISC 指令字等长，容易实现指令流水，因而并发性强、效率高、功耗低。而低功耗的 RISC 处理器，已经成为工业控制、移动终端等嵌入式产品的首选处理器。

缺点：由于 RISC 的指令数目较少，因此 CISC 中的一些复杂指令，RISC 需要用多条简单指令来实现，使得功能实现更为复杂。

目前，手机中大量使用的 ARM 芯片，就是典型的 RISC 处理器。同时，一些大型商用服务器，也在使用 RISC 处理器，比如 IBM 公司的 Power 系列 CPU 等。

2.1.2　程序与程序语言

程序是一组为完成某种功能而按一定顺序（通常由算法确定）编排的指令序列，是人与计算机之间传递信息的媒介。

20 世纪 40 年代，当计算机刚刚问世的时候，计算机价格十分昂贵，程序员必须手动控制计算机，工作量非常大。为了使计算机能够自动工作，德国工程师楚泽（Konradzuse）最早想到利用程序设计语言来解决这个问题。即构造一套编写计算机程序的数字、字符和语法规则。工作人员根据这些规则编写指令序列（即程序），然后将这些程序传达给计算机去执行。

根据程序中的指令的不同表示方式，程序设计语言可以分为机器语言、汇编语言和高级语言。这些语言都是计算机能接受的语言。

1. 机器语言

机器语言是计算机唯一能直接接受和执行的语言。机器语言每一条指令是一串二进制序列，称为机器指令。一条机器指令规定了计算机执行的一个动作。例如，8086 CPU 的存储器读取指令"MOV CL，[BX＋1234H]"的机器指令为 8A 8F 34 12H；寄存器传送指令"MOV SP，BX"的机器指令为 8B E3H。

显然，使用机器语言编写程序相当烦琐，既难于记忆也难于操作，编写出来的程序全是由 0 和 1 的数字组成，直观性差、难以阅读。不仅难学、难记、难检查，又缺乏通用性，给计算机的推广使用带来很大的障碍。

2. 汇编语言

为了降低机器语言的指令标记难度，就出现了汇编语言。汇编语言（assembly language）是一种用于电子计算机、微处理器、微控制器或其他可编程器件的低级语言，亦称为符号语言。例如，下面是包含两条指令的汇编语言程序。

MOV AX，800H：给寄存器 AX 赋值。

ADD AX，9000H：将 800H 与 9000H 相加后放回寄存器 AX，这时 AX 的值为 9800H。

在汇编语言中，用助记符（如 MOV、ADD 等）代替机器语言的指令操作码，用地址符号（如寄存器 AX 等）或标号代替指令或操作数的地址。在不同的设备中，汇编语言对应着不同的机器语言指令集，通过汇编过程转换成机器指令。通常，特定的汇编语言和特定的机器语言指令集是一一对应的，不同平台之间不可直接移植。

汇编语言和机器语言实质是等价的，都是直接对硬件操作，只不过指令采用了英文缩写的标识符，容易识别和记忆。使用汇编语言编写的程序，经过"汇编器"生成机器可以执行的二进制代码(即机器指令),代码效率高,执行速度快。

许多微处理器开发商或支持商为汇编语言的程序开发、汇编控制、辅助调试提供了附加的支持机制。例如,微软公司的 MASM 会提供宏,它们也被称为宏汇编器。

3. 高级语言

为了进一步降低用户编程难度,各种高级语言不断产生。高级语言跟汇编语言相比,它不但将许多相关的机器指令合成为单条指令,并且去掉了与具体操作有关但与完成工作无关的细节,例如使用堆栈、寄存器等,这样就大大简化了程序编程。同时,由于省略了很多细节,编程者也就不再需要有太深厚的计算机专业知识,编程的门槛也就大幅降低。许多非计算机类专业(含软件工程)的学生学会编程已经没有任何问题,而且因为这些学生有更加丰富的领域工程知识,对专业的应用背景理解更深,所以,各类专业学生使用计算机编程技术来解决本专业问题成为一种趋势,也成为这些专业学生的一种必备技能。

高级语言是相对于低级语言而言的,它并不是特指某一种具体的语言,而是包括了很多种编程语言,如 BASIC、C、C++、Pascal、FoxPro、Java、Python 等,这些语言的语法、命令格式都各不相同。

高级语言所编制的程序不能直接被计算机识别,必须转换成机器语言才能被执行,按转换方式可将它们分为以下两大类。

(1)解释类:执行方式类似于我们日常生活中的"同声翻译"。应用程序的源代码一边由相应语言的解释器"翻译"成目标代码(机器语言),一边执行,因此效率比较低。这种应用程序因为不能脱离其解释器,不能生成可独立执行的可执行文件,所以代码的版权保护相对较弱。但这种方式也有非常明显的优点,即程序动态调整和修改容易、调试纠错更加方便。典型的解释类高级程序编程语言有 BASIC、Java、Python 等。

(2)编译类:编译是指在应用程序执行之前,就将程序源代码"翻译"成目标代码(机器语言),因此其目标程序可以脱离其语言环境独立执行,使用比较方便、效率较高。但应用程序一旦需要修改,必须先修改源代码,再重新编译生成新的目标文件(如 *.OBJ)才能执行。如果只有目标文件而没有源代码,则修改很困难。这种修改困难机制也为软件版权保护提供了强有力的技术支撑。典型的编译类高级程序编程语言有 C、Visual C++、Visual FoxPro、Delphi 等。

◈ 2.2　程序语言与编程环境

使用计算机解决实际问题时,首先需要选择合适的编程语言,然后确定使用何种软件集成开发环境进行程序设计。

2.2.1　程序语言的选择

不同的编程语言适合解决不同的问题。典型的编程语言有如下几种。

1. BASIC 语言

BASIC 语言是一种为初学者使用而开发的程序设计语言,在完成编写后不须经由编译、连接等过程即可执行,属于直译式的编程语言,但如果需要单独执行,仍然需要将其建立成可执行文件(如.exe 或.com 文件)。

BASIC 语言是由达特茅斯学院院长、匈牙利人约翰·凯梅尼(John G. Kemeny)与数学系教师托马斯·卡茨(Thomas E. Kurtz)共同研制出来的。1964 年正式发布,1975 年被比尔·盖茨移植到了 PC 上,是一种在计算机发展历史上应用最为广泛的语言。

Visual Basic(VB)源于 BASIC,是 Microsoft 公司开发的一种基于对象的程序设计语言,拥有图形用户界面(GUI)和快速应用程序开发(RAD)系统,可以轻易连接数据库,高效生成面向对象的应用程序。VB 是面向 Windows 的一种开发语言,适合开发图形用户界面。

2. C 语言

C 语言是一种面向过程的计算机编程语言,它兼顾了高级语言和汇编语言的优点,相较于其他编程语言具有较大优势。计算机系统设计以及应用程序编写是 C 语言应用的两大领域。C 语言描述问题比汇编语言迅速、工作量小、可读性好、易于调试、修改和移植,而代码质量相比汇编语言只低 10%～20%。因此,C 语言常用来编写系统软件。

由于 C 语言的变量类型约束不严格,对数组下标越界不做检查等,对程序员的要求较高,否则会存在"缓冲区溢出"等的安全隐患。

3. C++ 语言

C++ 语言是在 C 语言的基础上开发的一种面向对象编程语言,常用于系统软件和应用系统开发,使用非常广泛。它既可进行 C 语言的过程化程序设计,又可进行以抽象数据类型为特点的基于对象的程序设计,还可以进行以继承和多态为特点的面向对象的程序设计。C++ 语言灵活、运算符的数据结构丰富、具有结构化控制语句、程序执行效率高,而且同时具有高级语言与汇编语言的优点。

4. Java 语言

Java 语言是一种面向对象的编程语言,不仅吸收了 C++ 语言的各种优点,还摒弃了 C++ 语言中难以理解的多继承、指针等概念,因此 Java 语言具有功能强大和简单易用两个特征。Java 语言作为静态的面向对象编程语言的代表,极好地实现了面向对象理论,允许程序员以优雅的思维方式进行复杂的编程。Java 语言非常适合编写桌面应用程序、Web 应用程序、分布式系统和嵌入式系统应用程序等。

5. Python 语言

Python 语言是一种解释型的、面向对象的、交互式的高级程序设计语言,也是一种功能强大而完善的通用型语言。它注重的是如何解决问题而不是编程语言的语法和结构,已经具有二十多年的发展历史,成熟且稳定。Python 由丰富且强大的类库和第三方库组成,对于第三方库可根据需要单独下载并安装即可使用。Python 现在成为不少高校大一新生的入门语言。

> 扩展阅读:Python 的创始人为吉多·范罗苏姆(Guido van Rossum)。在 1989 年圣诞节期间,吉多为了打发圣诞节的无趣,决心开发一个新的脚本解释程序。之所以选中 Python("大蟒蛇"的意思)作为程序的名字,是因为他是一个名为蒙提·派森(Monty Python)的飞行马戏团的爱好者。他希望这个新的叫作 Python 的语言,能符合他的理想:创造一种介于 C 和 Shell 之间、功能全面、易学易用、可拓展的语言。

2.2.2 Python 编程环境

Python 语言集成开发环境有多种方式可供选用。包括微软的 Visual Studio Code 集成开发环境和 Python 语言原生集成开发环境。对于初学者,建议使用原生开发环境。

1. Python 语言原生集成开发环境

初学者可以通过 Python 官网下载 Python 语言原生开发环境。

该网站的首页如图 2-1 所示。根据用户使用的操作系统的类型选择需要下载的版本。其中,图中的最新 Python 3.12.0 不能使用在 Windows 7 及之前的操作系统上,Python 3.8.8 则支持 Windows 7 及之前的操作系统。例如,如果使用的是 Windows 7 操作系统,则下载 Windows Installer(64 位)3.8.8 版本,下载后的程序名称为 Python-3.8.8-amd64.exe。单击 Python-3.8.8-amd64.exe,按照提示进行安装即可。

图 2-1　Python 编程环境下载页面

2. Python 语言的编程方式

Python 3.8.8 安装完毕后,就可以在操作系统的菜单中找到 Python 3.8 程序,如图 2-2(a) 所示。单击 Python 3.8,会出现图 2-2(b)所示的 4 个命令行。其中第一行"IDLE(Python 3.8 64-bit)"就是集成开发环境(即文件式编程),第二行"Python 3.8 Manuals(64-bit)"是交互式编程环境(即 Shell 式编程)。

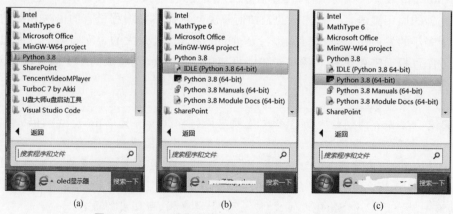

(a)　　　　　　　　　　(b)　　　　　　　　　　(c)

图 2-2　Python 编程环境安装后在 Windows 中的位置

1）交互式编程环境

交互式编程环境可以在命令行窗口中直接输入程序代码，按下 Enter 键就可以直接运行代码，并立即看到输出结果，非常适合初学者进行编程练习。

每执行完一行代码后，还可以继续输入下一行代码，再次按 Enter 键并查看结果……整个过程就好像我们在和计算机对话，所以称为交互式编程。

具体步骤如下：单击"开始"→"所有程序"→Python 3.8→Python 3.8（64bit），将出现 Python 3.8（64bit）命令窗口。

例如，在窗口中输入 print（"Hello Gui!"），则输出显示 Hello Gui!。

在窗口中依次输入 a＝10，b＝30，c＝a * b－100，print（c），则输出显示 200。

上述输入和输出的相关显示如图 2-3 所示。图中的">>>"是命令行提示符，由系统自动生成。

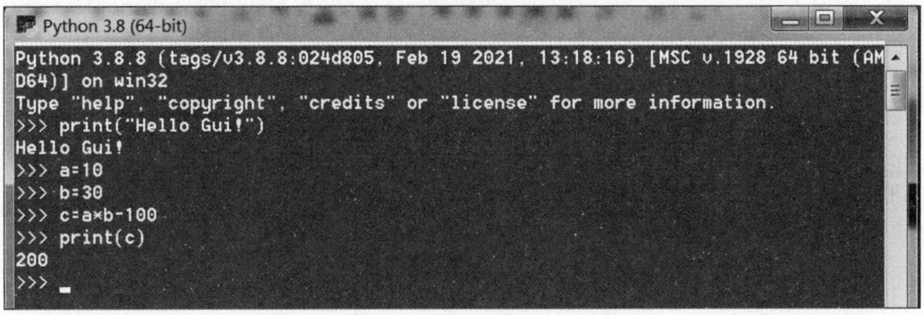

图 2-3　Python 的命令行窗口

显然，命令行交互式编程，只能做些简单的编程工作，每次只能输入一行，需要显示输出结果时使用 print 语句，一般用来进行程序局部功能调试使用。要完成复杂的软件功能，还需要文件式编程与运行方式。

2）文件式编程环境

创建一个源文件，将所有代码放在源文件中，让解释器逐行读取并执行源文件中的代码，直到文件末尾，也就是批量执行代码。这是最常见的编程方式，也是我们学习编程的重点。

具体使用过程如下：单击"开始"→"所有程序"→Python 3.8 →"IDLE（Python 3.8 64bit）"，则出现 IDLE Shell 3.8.8 命令窗口，如图 2-4 所示。当然，在 IDLE Shell 窗口中，我们还可以使用交互式编程环境。

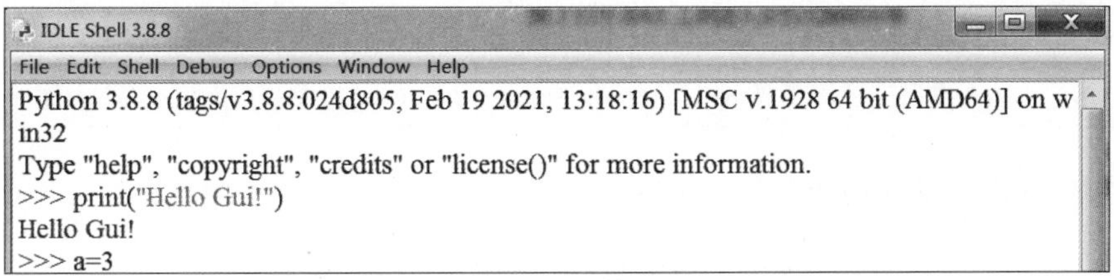

图 2-4　Python 集成开发环境中的命令行窗口

例如，在 Shell 窗口中输入 print（"Hello Gui!"）；将在 Shell 窗口中输出 Hello Gui!

显然，用 Shell 进行交互式编程，比前面介绍的编辑界面更美观和清晰。也就是说，

Shell 具有语法自动校错功能,并能够根据输入的关键词和字符等,使用不同颜色进行提示,方便编程人员阅读查看。

如果采用文件编程方式,可单击 IDLE Shell 中的 File→New File 命令,将会弹出一个新窗口,用户就可以在这个窗口中进行程序设计了。如图 2-5(a)所示,我们在窗口中写入 4 条指令,设计完成后,可以使用 File→Save As 命令将其存储为一个.py 文件。也可直接使用图 2-5(a)中的 Run→Run Module 命令运行这段程序(系统会自动提示将上述程序存储为一个文件)。其运行结果会在上面提到的 IDLE Shell 窗口中进行显示,如图 2-5(b)所示。

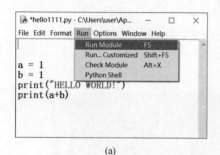

　　　　　　(a)　　　　　　　　　　　　　　　　(b)

图 2-5　Python 集成开发环境

3. Python 第三方库的安装

Python 除了拥有随解释器一起安装的标准库(如 Math)之外,还具有丰富的第三方库。用户在使用这些库之前必须下载并安装。Python 的第三方库有 3 种安装方式:pip 工具安装、自定义安装和文件安装。在此仅介绍 pip 安装。

pip 是 Python 官方提供并维护的在线第三方库安装工具,它的出现使得 Python 第三方库的安装变得十分容易。pip 是 Python 内置命令,需要通过命令行执行,不能在 IDLE 环境下运行。通过执行"pip -h"命令,可以列出 pip 常用的子命令。

pip 常见的安装与维护子命令如表 2-1 所示。

表 2-1　pip 常见的安装与维护子命令

序号	命　令	功　能	应用示意	
1	install	安装第三方库	:\>pip install pygame	下载并安装游戏库
2	download	下载第三方库	:\>pip download pygame	下载游戏库,但不安装
3	uninstall	卸载已安装库	:\>pip uninstall pygame	卸载已安装的游戏库
4	list	列出已安装的第三方库	:\>pip list	显示已安装的第三方库
5	show	查看已安装库信息	:\>pip show pygame	列出已安装 pyGame 库的详细信息

常用的 Python 第三方库如表 2-2 所示。

表 2-2　常用的 Python 第三方库

序号	库　名	功　能	pip 安装命令示意
1	NumPy	矩阵、数组运算	pip install numpy
2	matplotlib	2D 图形绘制	pip install matplotlib

续表

序号	库　名	功　能	pip 安装命令示意
3	PIL	图像处理	pip install pillow
4	Sklearn	机器学习与数据挖掘	pip install sklearn
5	Requests	HTTP 协议访问	pip install requests
6	Jieba	中文分词	pip install jieba
7	lxml	可扩展标记语言(XML)操作接口	pip install lxml
8	pyGame	游戏开发接口	pip install pygame
9	Pyinstaller	打包 Python 源文件为可执行文件	pip install pyinstaller
10	Django	Python 最流行的 Web 开发框架	pip install django
11	Flask	轻量级 Web 开发框架	pip install flask
12	WeRoBot	微信机器人开发框架	pip install werobot
13	Networkx	复杂网络和图结构的建模和分析	pip install networkx
14	SymPy	数学符号计算	pip install sympy
15	pandas	高效数据分析	pip install pandas
16	time	测试程序时间	pip install time
17	datetime	日期和时间	pip install datetime
18	random	随机数生成	pip install random
19	os	操作系统的多种接口	pip install os
20	turtle	入门级的图形绘制函数库	pip install turtle
21	docx	Word 文档操作接口	pip install docx
22	xlwt	电子表格操作接口(写入)	pip install xlwt
23	pyStrich	条形码生成接口	pip install pystrich
24	Yolov5	目标对象识别	pip install yolov5

4. Visual Studio Code 编程开发环境

Visual Studio Code 是一种支持多种语言编程的集成开发环境,包括 C++,C♯,Java,Python,PHP,Go,Perl 等,读者可以通过官网下载并安装该软件。

需要下载的软件名称为 VSCodeUserSetup-x64-1.54.3.exe。单击下载的软件,按照提示完成安装即可。

安装完成后,单击桌面图标 ,即可进入编程环境,如图 2-6(b)所示。有关 Visual Studio Code 编程环境的使用,这里就不做详细的介绍了,读者可以参考相关网站。

(a)

(b)

图 2-6　Visual Studio Code 软件开发环境

◆ 2.3　Python 程序设计初步

2.3.1　公式与函数计算

在每个人的学生生涯中,都离不开各种各样的公式。有些公式的计算相对简单,而有些公式的计算则非常复杂。对于复杂的公式,使用手工方式计算非常困难,甚至利用计算器也无能为力。因此,利用程序进行公式计算,将为我们的学习提供极大便利。

下面给出几个公式计算、函数计算及方程求解的例子和程序求解的方法。

1. 简单的数学公式计算

在狭义相对论中,质量和能量有确定的当量关系。当物体的质量为 m,则相应的能量可以用方程 $E=mc^2$ 来表示。在这里,E 表示能量,单位是焦耳(J);m 是质量,单位是千克(kg),而 c 则表示光速,单位是米每秒(m/s)(在真空中,$c=299792458\text{m/s}$)。该方程由阿尔伯特・爱因斯坦提出,主要用来解释核变反应中的质量亏损和计算高能物理中粒子的能量。如果用手工计算,这是一个很大的数。如果用 Python 语言来计算,则简单得多。

```
>>> m=234
>>> c=299792458
>>> E =m * c * c
>>> E
70151435172
>>>
```

目前,世界上的主要国家均使用了如下两种温度计量方式之一:一种是华氏温标,另一种是摄氏温标。

华氏温标是德国人华伦海特(Fahrenheit)于 1714 年创立的温标。它以水银作测温物质,定冰的熔点为 32 度,沸点为 212 度,中间分为 180 度,以℉表示。

摄氏温标是瑞典人摄尔修斯(Celsius)于 1740 年提出:在标准大气压下,把冰水混合物的温度定为 0 摄氏度,水的沸点规定为 100 摄氏度。根据水这两个固定温度点来对温度进行分度。两点间作 100 等分,每段间隔称为 1 摄氏度,记作 1℃。

因此,华氏温标与摄氏温标之间需要进行转换,具体转换关系如下:

$$华氏度=32℉+摄氏度×1.8$$
$$摄氏度=(华氏度-32℉)÷1.8$$

在 Python 语言中,首先,可以使用交互式命令行方式,进行华氏温标与摄氏温标的相互转换。例如:

```
>>> C=10
>>> F = 32 + C * 1.8
>>> F
50.0
>>> C = (F - 32) /1.8
>>> C
10.0
>>>
```

如果将命令行交互语句写成程序,则其程序为:

```
C = 10
F = 32 + C * 1.8
print("摄氏", C, "度 等于 华氏", F, "度")
F = 10
C = (F - 32) /1.8
print("华氏", F, "度 等于 摄氏", C, "度")
```

该程序的运行结果如下:

```
摄氏 10 度 等于 华氏 50.0 度
华氏 10 度 等于 摄氏 -12.222222222222221 度
```

在上面的程序中,使用了标准函数 print() 进行控制台输出显示。在语句 print("华氏",F,"度 等于 摄氏",C,"度") 中,两个引号间的信息原样显示,一般起提示作用。非引号间的变量,如 F、C 则显示其当前值。使用 print() 函数可以构建丰富多样的显示样式,后面章节会进行详细介绍。

2. 复杂的函数计算

正态分布曲线是指满足正态分布的曲线,反映了随机变量的分布规律。理论上的正态分布曲线是一条中间高,两端逐渐下降且完全对称的钟形曲线。正态分布也称常态分布,又名高斯分布,它是一个在数学、物理及工程等领域都非常重要的概率分布,在统计学的许多方面有着重大的影响力。

正态分布是具有两个参数 μ 和 σ^2 的连续型随机变量的分布,第一个参数 μ 是遵从正态分布的随机变量的均值,第二个参数 σ^2 是此随机变量的方差,所以正态分布可记作 $N(\mu, \sigma^2)$。其曲线表达式如下:

$$f(x) = \frac{1}{\sqrt{2\pi}\sigma} \exp\left(-\frac{(x-\mu)^2}{2\sigma^2}\right)$$

在公式中,μ 是正态分布的位置参数,描述正态分布的集中趋势位置,正态分布的期望、均数、中位数、众数相同,均等于 μ;σ 是正态分布的形状参数,描述正态分布资料数据分布的离散程度,σ 越大,数据分布越分散;σ 越小,数据分布越集中。σ 越大,曲线越扁平;反之,σ 越小,曲线越瘦高。

由此可见,正态分布曲线是一个复杂的数学公式。其涉及分数、开方、指数、负号、减法、括号、平方等多种运算形式。但在 Python 语言中,也可以用一个公式进行一体化表示,如下所示。特别注意,一些数学符号在 Python 中无法直接输入,如 σ,我们可以用一个字符串"deta"来表示。

```
>>> x=4; miu=5; deta=4; pi=3.1415926
>>> fx = (1/deta * math.sqrt(2*pi)) * math.exp(-(x-miu)**2 / (2*deta**2))
>>> fx
0.6073768523822495
>>>
```

第 1 行是参数初始化,第 2 行是公式计算,第 3 行和第 4 行是显示计算结果。

在上述公式中,"*"代表乘法运算,"**"代表指数运算,并引用了数学库 math 中的两个函数,即开方函数 sqrt() 和指数函数 exp()。

如果写成 Python 程序,则可以求出不同 x 值时的 fx 值。例如:

```
import math
miu=5; deta=4; pi=3.1415926
for x in range(-5,5):
    fx = (1/deta * math.sqrt(2*pi)) * math.exp(-(x-miu)**2 / (2*deta**2))
    print(x,"=>", fx)
```

程序运行结果如下:

```
-5 => 0.027533389795420134
```

```
-4 => 0.04985652809198494
-3 => 0.08480881115568088
-2 => 0.13552409434250057
-1 => 0.20344576179208407
0 => 0.28690450997449135
1 => 0.38008672202477994
2 => 0.473025568254741
3 => 0.5530229173564297
4 => 0.6073768523822495
```

如果进一步调用可视化库函数(如 matplotlib 库),则可以完成正态分布曲线的绘制。后续章节会进行具体介绍。

3. 一元二次方程求解

一元二次方程的求解是中学数学的一个重点内容,也是学习数学的重要基础。一元二次方程的一般形式为: $ax^2 + bx + c = 0$, $(a \neq 0)$,它只含一个未知数(一元),并且未知数的最高次数是 2(二次)的整式方程。

通常,解一元二次方程的基本思想方法是通过"降次"将它化为两个一元一次方程。一元二次方程有 4 种解法:直接开平方法、配方法、公式法和因式分解法。

1) 直接开平方法

直接开平方法就是用直接开平方求解一元二次方程的方法。能够使用这种方法的先决条件是能够将方程化解为 $(x-m)^2 = n(n \geq 0)$ 的形式。如方程 $9x^2 - 24x + 5 = 0$ 可以转换为 $9x^2 - 24x + 16 = 11$,即 $(3x-4)^2 = 11$。

2) 配方法

用配方法解方程 $ax^2 + bx + c = 0(a \neq 0)$ 先将常数 c 移到方程右边: $ax^2 + bx = -c$,两边同时除以 a,将二次项系数化为 1,即 $x^2 + (b/a)x = -c/a$。并 $p = b/a, q = c/a$。则,$x^2 + px = -q$。

方程两边分别加上一次项系数的一半的平方: $x^2 + 2 \times x \times \dfrac{p}{2} + \left(\dfrac{p}{2}\right)^2 = -q + \left(\dfrac{p}{2}\right)^2$。

方程左边成为一个完全平方式,因此,$\left(x + \dfrac{p}{2}\right)^2 = (p^2 - 4q)/4$。

当 $p^2 - 4q \geq 0$ 时,$x + \dfrac{p}{2} = \pm\sqrt{p^2 - 4q}/2$。

3) 公式法

把一元二次方程化成一般形式,然后计算判别式 $\triangle = b^2 - 4ac$ 的值,当 $b^2 - 4ac \geq 0$ 时,把各项系数 a, b, c 的值代入求根公式 $x = \dfrac{-b \pm \sqrt{b^2 - 4ac}}{2a}$ 就可得到方程的根。

4) 因式分解法

把方程变为一边是零,把另一边的二次三项式分解成两个一次因式的积的形式,让两个一次因式分别等于零,得到两个一元一次方程,解这两个一元一次方程所得到的根,就是原方程的两个根。这种解一元二次方程的方法叫作因式分解法。

显然,求解一元二次方程的未知数时,使用手工计算需要根据方程特点,选择求解方法,而且求解过程也是一个繁杂的过程。

但是，如果使用计算机程序来求解一元二次方程的未知数，就要容易得多。我们只需使用公式法即可。例如：

```
>>> a=2.2; b=3.1; c=1                          #输入三个参数
>>> b * b - 4 * a * c                          #计算△
0.8100000000000005
>>> x1 = (-b+ (b**2-4 * a * c)**0.5) / (2 * a) #计算第 1 个根
>>> x1
-0.4999999999999999
>>> x2 = (-b - (b**2-4 * a * c)**0.5) / (2 * a)  #计算第 2 个根
>>> x2
-0.9090909090909091
>>>
```

在上面的命令行指令中，用到运算符号" * "，表示乘法，用到符号"**"，表示计算某数的若干次方，如 x**n，表示计算 x 的 n 次方，当 n＝0.5 时，等价于开方运算。

如果进一步将上述命令行指令写成程序，那么，我们就不用人工关心△（注意：在程序中用 deta 表示）的正负，程序可以自动判断了。例如：

```
#一元二次方程求根
a = float(input("please input a: "))
b = float(input("please input b: "))
c = float(input("please input c: "))
deta = b**2-4 * a * c
if deta <0:
    print(a, " * x^2+", b, " * x+", c, "这个方程没有解!")
else:
    x1 = (-b + (deta**0.5)) / (2 * a)
    x2 = (-b - (deta**0.5)) / (2 * a)
    print(a, " * x^2+", b, " * x+", c, "这个方程的两个解是:\n x1=", x1, " x2=", x2)
```

程序运行结果如下：

```
please input a: 1
please input b: 2.3
please input c: 1.1
1.0 * x^2+ 2.3 * x+ 1.1 这个方程的两个解是:
 x1= -0.6783009433971701  x2= -1.6216990566028298

please input a: 2.1
please input b: 44
please input c: 5.2
2.1 * x^2+ 44.0 * x+ 5.2 这个方程的两个解是:
 x1= -0.11885604993805558  x2= -20.833524902442896

please input a: 4
please input b: 1
please input c: 2
4.0 * x^2+ 1.0 * x+ 2.0 这个方程没有解!
```

2.3.2　Python 程序的组成

在上面的程序中,我们使用"**0.5"运算来求开方。而实际上,Python 语言提供了丰富的数学库函数,可以通过引用"math"库的 sqrt 函数来求开方运算,如图 2-7 所示。

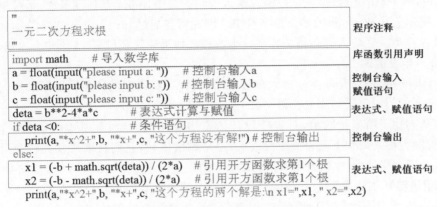

图 2-7　Python 程序的基本结构

由图 2-7 可见,Python 程序主要由"程序注释"、"库函数引用声明"和"程序语句"等部分组成。

1. 程序注释

Python 有两种注释方式,一种是以"#"开头,用于进行一行内的注释;一种是以成对的 3 个单引号"'''"或双引号""""""标注,通常用来进行多行注释。在"#"后的内容或 3 个引号之间的内容,在程序执行时将被忽略,主要起到程序说明的作用,如对程序的功能、变量的含义等信息进行简要说明,有助于阅读和理解程序。例如:

```
#这是单行注释
'''
这是多行注释
这是多行注释
'''
"""
这是多行注释
这是多行注释
"""
```

2. 库函数引用声明

Python 具有丰富的第三方库。用户可以根据编程需要,下载安装后通过"import"或者"from…import"来导入使用。导入库模块的方法有 4 种,具体见后续介绍。其中,使用最广泛有以下两种。

(1) import 库名或库模块名。例如,import random。该方法将 random 库整个模块导入,库中定义的函数都能够使用,但引用其中的函数时,需要使用"库名.函数名(参数)"进行调用。这里括号中的"参数"不是必需的。

(2) from 库名或库模块名 import *。例如:from random import *。该方法将

random 库整个模块导入,库中定义的所有函数都能够直接使用,不需要使用"库名.函数名(参数)"的方式进行调用。

在图 2-7 中,import math 就是用来声明对数学库函数的引用的。

3. 控制台输入

在 import math 之后,是三个控制台输入语句。其中,input 是标准函数,括号里的引号内是输入提示。函数 input 的输出是字符串。因此需要通过 int 或 float 将字符串强制转换为整型或浮点型。在输入时必须是数字或小数点。如果输入字母等,该语句会出错。

4. 语句与表达式

在 **Python** 中,语句是程序的基本单位,负责执行一些确定的任务。根据求解问题的不同,可以选择使用赋值语句和复合语句。

赋值语句用于给变量赋值,是程序设计语言中应用最频繁、最基本的语句。在图 2-7 中,三个控制台输入语句不仅完成键盘输入,还是赋值语句,它们将输入及其转换后的结果送到 a、b、c 三个变量中;控制台输入语句之后,紧跟一个赋值语句 deta = b**2−4 * a * c。

在赋值语句中,右边通常是一个表达式。表达式是值和运算符的组合,如"b**2−4 * a * c"是一个数学表达式。数学表达式进行计算后,产生新的值。典型的赋值语句包括:

```
x = 3.1415926                    #给变量 x 赋值一个常量
y = [1,3,5,7,9]                  #给变量 y 赋值一个列表,即 5 元素的数组
z = "Hello Word!"                #给变量 z 赋值一个字符串
s = x * 5                        #给变量 s 赋值表达式的运算结果
m = 3 * z                        #给变量 m 赋值表达式的运算结果
a = b = c = 10                   #同时给变量 a、b、c 赋值为 10
a, b = 1.2, "john"               #依次给变量 a、b 赋值为 1.2 和字符串"john"
```

复合语句是多个赋值语句的组合,通过某种逻辑关系连接成一个整体。Python 语言中常用的复合语句包括 if 语句、while 语句、for 语句等。

在图中,赋值语句"deta = b**2−4 * a * c"之后,是一个"if…else…"型复合语句。这部分内容将在后续章节中进行详细讲解。

Python 默认将一个新行作为语句的结束标志,但也可以使用"\"将一个语句分为多行输入或显示。

5. 控制台输入

在上面的"if…else…"型复合语句内部,有两个 print 型控制台输出语句,用来在显示器上输出显示结果,方便程序员查看结果或进行程序调试。

当变量 △ 小于 0 时,表示方程没有解,因此使用如下语句输出显示结果:print(a," * x^2+",b, " * x+",c, "这个方程没有解!");当变量 △ 不小于 0 时,表示方程有解,因此使用如下语句输出方程的两个解:print(a," * x^2+",b, " * x+",c, "这个方程的两个解是:\n x1=",x1, " x2=",x2)。

在 print 语句中,引号中的内容原样显示,一般起提示作用。有关 print 语句的使用细节,后面会进行详细介绍。

2.3.3　Python 的标识符与保留字

标识符是编程时使用的名字,用于给变量、函数、语句块等命名,Python 中的标识符由

字母、数字、下画线组成,不能以数字开头,区分大小写。

在 Python 中,变量不需要事先声明,而且类型也不是固定的。可以把一个整数赋值给变量,如果觉得不合适,也可以再把字符串赋值给它。变量的值是可以变化的,即可以使用变量存储任何数据。变量在程序中使用时,必须对其进行命名。在命名的时候,为便于理解,应尽量做到"顾名思义",让变量的名称有相应的意义。

在程序中,为变量或函数等起的名称,统称为标识符。标识符的名称要遵循以下规则。

(1) 以字母、汉字或下画线"_"开头,后面可以跟字母、汉字、数字和下画线。例如,A3、my_name 等是有效标识符,而 9x、s * m、my-name 则是无效的标识符。

(2) Python 标识符的名称是区分大小写的。例如,myname 和 myName 不是同一个标识符。

(3) Python 的保留字不能作为标识符。保留字也称为关键字,是 Python 中一些已经被赋予特定意义的单词,多用于语句的命令词。用户不能用这些保留字作为标识符给变量、函数、类、模板以及其他对象命名,例如不能把变量命名为 for、print 等。Python 提供了 help 模块,通过 help 模块可以浏览查看当前版本提供的所有保留字:False,None,True,and,as,assert,async,await,break,class,continue,def,del,elif,else,except,finally,for,from,global,if,import,in,is,lambda,nonlocal,not,or,pass,raise,return,try,while,with,yield。

在命令行界面输入下面的代码,可以显示 Python 的全部保留字,共 35 个。

```
>>> import keyword
>>> keyword.kwlist
['False', 'None', 'True', 'and', 'as', 'assert', 'async', 'await', 'break',
'class', 'continue', 'def', 'del', 'elif', 'else', 'except', 'finally', 'for',
'from', 'global', 'if', 'import', 'in', 'is', 'lambda', 'nonlocal', 'not', 'or',
'pass', 'raise', 'return', 'try', 'while', 'with', 'yield']
```

在 Python 程序中,以下画线开头的标识符具有特殊含义,单下画线开头的标识符如:_xxx,表示不能直接访问的类属性,需通过类提供的接口进行访问,不能用 from xxx import * 导入;双下画线开头的标识符如:__xx,表示私有成员;双下画线开头和结尾的标识符如:__xx__,表示 Python 中内置的标识;如:__init__()表示类的构造函数。

2.3.4 Python 的缩进与跨行

语句缩进是 Python 的特色,通过语句缩进的层次,来确定语句的分组。对于需要组合在一起的语句或表达式,Python 用相同的缩进来区分。建议用空格或 Tab 键来实现缩进,保证同一语句块中的语句具有相同的缩进量。不要混合使用制表符和空格来缩进,因为这在跨越不同平台的时候,无法正常工作,在编写程序时应统一选择一种风格。

Python 以垂直对齐的方式来组织程序代码,让程序更具有可读性,因而提升了重用性和可维护性。

Python 程序中一般以新行作为语句的结束标识,但可以使用分后";"将多个语句放在一行,也可以使用反斜杆"\"将一行语句分为多行显示。如下所示:

```
a=118; b=102;c=512
d = a + b - \
    c
```

如果包含在[]、{}、()括号中,则不需要使用"\",也能自动续行。如下所示:

```
arr ={    a, b,
          c, d
      }
```

综上所述,Python 程序的主要特点如下。

- Python 使用缩进,而不是像 C 语言那样使用花括号{}来划分语句块。
- 一个命令行可以由一个或多个语句组成,使用冒号":"分隔。
- 如果一条语句的长度过长,可在前一行的末尾放置"\"指示续行。
- 单行注释符是"♯",多行注释使用""……""。
- 变量无须类型定义,根据其数值自动定义。

2.3.5 Python 的数据类型简介

每种语言都会预先设置一些数据类型,称为内置数据类型,在程序中可以直接使用,Python 语言的内置数据类型如图 2-8 所示。包括基本数据类型,如整型、浮点型、复数型、布尔型;以及组合型数据类型,如字符串、列表、元组、字典和集合等。其中,字符串、列表、元组属于有序序列,元素之间存在次序关系,可以通过索引访问其中的元素。字典和集合属于无序序列,元素之间不存在次序关系,不能通过索引访问元素。

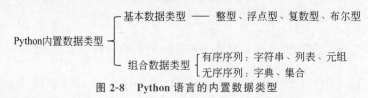

图 2-8　Python 语言的内置数据类型

1. 基本数据类型

整数(**integer**)在 Python 可以使用 4 种不同进制形式表示。默认是十进制整数;二进制整数由 0 和 1 组成,以 0b 或 0B 开始(如 0b1101);八进制整数由 0 到 7 组成,以 0o 或 0O 开始(如 0o125);十六进制整数由 0 到 9、a 到 f、A 到 F 组成,不区分大小写,以 0x 或 0X 开始(如 0x16A)。

浮点数(**float**)表示带有小数的数值,有十进制形式和指数形式两种表示。如 136.0,138e3 或 13.8E4 等。

复数(**complex**)由实数部分和虚数部分组成,一般形式为 x + yj,其中的 x 是实数部分,y 是虚数部分,这里 x 和 y 可以是整数类型也可以是浮点类型。如 5 + 3.1j 与 5 + 3.1J。

布尔数(**boolean**)在 Python 中有 True 和 False 两种布尔值,需注意首字母为大写。任何非 0 数字都为 True。

2. 组合数据类型

字符串(**string**)是字符的序列。Python 有 3 种方式表示字符串,即单引号、双引号、三引号。单引号和双引号的作用是相同的,三引号中可以输入单引号、双引号或换行等字符。

值得注意的是,在一个字符串中,行末的单独一个反斜杠"\"表示字符串在下一行继续而不是开始一个新的行,即反斜杠用来实现一个语句的跨行表示。

列表(list)是 Python 中使用最频繁的数据类型,和字符串一样是组合数据类型的一种。列表中的元素类型可以不同,既可以是数字、字符串甚至还可以包含列表(即列表嵌套)。列表是写在两个方括号"[ ]"之间、用逗号分隔开的元素的序列。例如:list = ['a', 'b', [0, 1], 2]是一个合法的列表。

Python 给字符串、列表中的每个元素都分配了一个数字用来表示它的位置,通常称为索引,索引值从左到右,以 0 开始。通过索引可以对字符串、列表进行引用、截取等多种操作,具体后面进行阐述。

元组(tuple)可以看作是不可变的列表。因为元组的元素不能修改,因此元组常用于保存不可修改的数据内容。元组中所有元素都放在一个小括号"()"中,相邻元素之间用逗号","分隔。例如:t = (1024, 0.5, 'Python')。元组元素的访问与列表类似,使用下标访问,如 t[0]、t[1]等。元组中的元素不能删除,只能删除整个元组,例如,del t。可以使用 len(t)、max(t) 和 min(t)返回元组长度、元素最大值和最小值。

字典(dict)是以键-值(key-value)方式存在的。字典的内容在花括号"{ }"内,键-值(key-value)之间用冒号":"分隔,键值对之间用逗号","分隔。例如:d = {'name': '小明', 'age': '18'}就是一个字典。

集合(set)的内容不可重复,而且无序。集合使用花括号"{ }"或者 set()函数创建,如果创建空集合只能使用 set()函数。例如:s1 = {'a', 'b', 'c'},s2 = set(['a', 'b', 'c']),s3 = set()。在集合中,重复的元素会被自动过滤掉。例如:s0 = {'a', 'a', 'b', 'c', 'c'},会自动变成 s0 = {'a', 'c', 'b'}。往集合中添加元素可以使用 add 或 update 方法,如果元素已经存在,则不进行操作,例如:s0.add('d')后,s0 = {'a', 'd', 'c', 'b'}。在集合中,删除元素使用 remove 方法,例如:s1.remove('c'),则 s1 = {'a', 'b'}。如果要获取集合的长度,同样使用 len 方法,例如:len(s1)。

3. Python 的数据类型转换

Python 有多种数据类型,这些类型之间可以进行转换。所谓数据类型转换,就是指由一种数据类型转换为另一种数据类型的过程。类型转换时可以利用 Python 提供的一些内置函数来完成,如表 2-3 所示,读者可以自行编程实践。

表 2-3　常用数据类型转换函数

序号	函　数	作　用	示　例
1	int(x)	将 x 转换成整数类型	int("111233")=111233
2	float(x)	将 x 转换成浮点数类型	float(34)=34.0
3	str(x)	将 x 转换为字符串	str(983)= '983'
4	repr(x)	将 x 转换为表达式字符串	repr(459999)= '459999'
5	eval(str)	计算字符串中的有效 Python 表达式,返回一个对象	eval('2+2')=4
6	chr(x)	将整数 x 转换为一个字符	chr(9)= '\t'
7	ord(x)	将一个字符 x 转换为它对应编码的序号,即整数	ord('B')=66

序号	函　数	作　　用	示　　例
8	hex(x)	将一个整数 x 转换为一个十六进制字符串	hex(66)＝'0x42'
9	oct(x)	将一个整数 x 转换为一个八进制的字符串	oct(66)＝'0o102'

在进行数据类型转换时,需注意如下几点。

(1) 数值型数据可以在整数和浮点数之间自由转换,当浮点数转换为整数时,自动舍弃小数部分且不进行四舍五入。

(2) 整数和浮点数可以通过 complex() 转换为复数,但复数不能转换为其他数值类型。

(3) 在布尔类型转换时,数字 0.0、空字符串、空集合,包括()、[ ]、{ } 会被认为是 False,其他的值都认为是 True。None 是 Python 中的一个特殊值,表示什么都没有,它和 0、空字符、False、空集合都不一样。

下面是命令行方式下实现数据类型转换的几个例子。

```
>>> int("233")    #将字符串转换为整型        >>> chr(9)        #将 ASCII 转换为字符
233              #输出结果                '\t'
>>> int(18.3)    #将浮点数转换为整型        >>> chr(0x42)     ##将 ASCII 转换为字母
18               #输出结果                'B'
>>> float(28)    #将整型转换为浮点型        >>> ord('B')      #将字母转换为 ASCII
28.0                                      66
>>> str(583)     #将整型转换为字符串        >>> ord("\t")
'583'                                     9
>>> repr(4599)   #将对象转换为字符串        >>> eval('2**12') #计算字符串表达式
'4599'                                    4096
```

2.3.6　Python 的运算符及优先级

运算符是表示某种操作的符号,用来加工处理数据,操作的对象叫操作数。用运算符把操作数连接起来形成一个有意义的式子称为表达式。Python 语言有算术运算符、关系运算符、赋值运算符、逻辑运算符、位运算符、成员运算符和身份运算符。

根据采用的运算符的不同,表达式可以分为算术表达式、关系表达式、逻辑表达式、赋值表达式等。

1. 赋值运算符与赋值表达式

赋值运算符用于实现对变量的赋值操作,而用赋值运算符连接的式子称为赋值表达式。Python 语言中常用的赋值运算符如表 2-4 所示。

表 2-4　赋值运算与示例

序号	运算符	描　　述	示　　例
1	＝	基本赋值运算符	c＝a＋b,将 a＋b 的运算结果赋值 c
2	＋＝	加法赋值运算符	c＋＝a 等效于 c＝c＋a
3	－＝	减法赋值运算符	c－＝a 等效于 c＝c－a

续表

序号	运算符	描　述	示　例
4	＊＝	乘法赋值运算符	c＊＝a 等效于 c＝c＊a
5	/＝	除法赋值运算符	c/＝a 等效于 c＝c/a
6	％＝	取模赋值运算符	c％＝a 等效于 c＝c％a
7	＊＊＝	幂赋值运算符	c＊＊＝a 等效于 c＝c＊＊a
8	//＝	取整除赋值运算符	c//＝a 等效于 c＝c//a

2. 算术运算符与算术表达式

算术运算符实现数值运算,由算术运算符连接的式子称为算术表达式,其运算结果是一个数字量。Python 提供了 7 种算术运算符,如表 2-5 所示。

表 2-5　算术运算符与示例

序号	运算符	名　称	示　例
1	＋	加法运算符	整数加：3＋5,字符串连接：'a'＋'b'
2	－	减法运算符	3230.564－2424.903
3	＊	乘法运算符	浮点乘法：2.8＊4.5,字符串复制：'gui'＊2(等于 'guigui')
4	＊＊	幂运算符	9＊＊3 等于 $9^3＝729$
5	/	除法运算符	4/2.4.0/2.4./2.4/2.0 或 4/2. 均等于 2.0
6	//	取整除法运算符	4//3 等于 1,4//3.0 等于 1.0
7	％	取模运算符	8％3,计算 8 除以 3 的余数,等于 2

在 Python 中,算术表达式的计算顺序是由圆括号、运算符的固定优先级等决定的。Python 算术运算符的优先级由高到低顺序如下：括号(())、幂运算符(＊＊)、乘除取模运算符(＊、/、//、％)、加减运算符(＋、－)。

我们不仅可以使用"x＊＊y"来计算 x 的 y 次幂,还可以使用 Python 提供的数学库函数 pow(x,y)来计算 x 的 y 次幂。例如：

```
>>>pow(1.5,3)
3.375
```

3. 关系运算符与关系表达式

关系运算符用于比较两个对象的关系。比较运算用于判断两个对象是否满足给定的条件,若条件成立,则结果为 True,否则就为 False。其中,数值比较按代数值进行,字符串比较按字典顺序。例如,若 a＝9,则 a＞8 条件成立,其运算结果为 True;若 a＝'A',则 a＞'B'条件不成立,其运算结果为 False。

关系表达式是用关系运算符将两个表达式连接起来的式子,运算结果为一个逻辑量。关系表达式的运算量可以是整型、浮点型、字符串和布尔型,但结果只能是布尔量,即 True 或 False。在 Python 中支持 6 种关系运算,如表 2-6 所示。表中假定变量 x＝15、y＝25。

表 2-6 关系运算与示例

序号	运算符	描 述	关系表达式	比 较 结 果
1	==	等于：比较两个对象是否相等	x == y	False
2	!=	不等于：比较两个对象是否不相等	x != y	True
3	>	大于：返回 x 是否大于 y	x > y	False
4	<	小于：返回 x 是否小于 y	x < y	True
5	>=	大于或等于：返回 x 是否大于或等于 y	x >= y	False
6	<=	小于或等于：返回 x 是否小于或等于 y	x <= y	True

4. 布尔运算符与布尔表达式

布尔运算符也称逻辑运算符，用布尔运算符连接的式子称为布尔表达式，运算结果为逻辑量。Python 语言支持 3 种布尔运算，如表 2-7 所示。表中假定变量 x =15、y=25。

表 2-7 布尔运算与示例

序号	运算符	描 述	示例布尔表达式及运算结果
1	not	布尔"非"：表示相反，单目运算符	not x 为 False；not x 为 False；not 0 为 True
2	and	布尔"与"：表示并且，双目运算符	x and y 的值为 25，y and x 为 15，都等价于 True
3	or	布尔"或"：表示或者，双目运算符	x or y 的值为 15，y or x 为 25，都等价于 True

特别需要注意的是：在 Python 逻辑运算中，如果结果是非 0 或非空，则逻辑值均为 True，只有结果为数值 0 或空时，逻辑值才为 False。所以表 2-8 中第 2、3 行的示例的运行结果虽然不同，但逻辑值都是 True。读者可以在 Python 命令行环境下使用 print(x and y)、print(y or x)等测试表 2-7 中的布尔表达式。部分实例如下所示。

```
>>> print(x and y)
25                              #输出结果
>>> print(y and x)
15                              #输出结果
>>> print(x or y)
15                              #输出结果
```

5. Python 运算符的优先级

在 Python 中，当一个表达式中出现了多种运算符，就要根据运算符的优先顺序由高到低一一进行运算，各种运算符的运算优先级如表 2-8 所示。

表 2-8 Python 运算符的优先级与结合性

优先级	运 算 符	结合性	描 述
1	( )	内	最高优先级
2	**	右	指数
3	* / % //	左	乘、除、取模和取整除

优先级	运　算　符	结合性	描　　述
4	＋　－	左	加法、减法
5	＞　＞＝　＜　＜＝　＝＝　！＝	左	比较运算
6	＝　％＝　/＝　//＝　－＝　＋＝　＊＝　＊＊＝	无	赋值运算
7	not	右	逻辑非
8	and	左	逻辑与
9	or	左	逻辑或

6. 不同数值型数据间的混合运算

在 Python 中,允许不同类型的数值数据进行混合运算。运算时,需先将不同类型的数据转换成同一类型,然后再进行运算。转换的过程是:如果两个数字的类型不同,首先检查是否可以把一个数字转换为另一个数字的类型。如果可以的话,则进行转换,结果返回两个数字,其中一个是经过类型转换得到的数据、一个为原数据。

注意,在不同的类型之间进行转换时,必须遵守一定准则:只能把整数向浮点数转换,非复数向复数转换;不可把浮点数转换成整数,也不能把复数转换为数值类型。

7. Python 程序的数学函数

除了上面的基本运算外,还可以借助 Python 的数学模块 math 实现更多的运算。首先要引入数学模块 math。如下所示:import math

引入之后就可以使用 math 模块中预先定义的函数,如表 2-9 所示。以开方函数为例,具体使用方式如下所示:math.sqrt(8100)。

表 2-9　math 模块的预定义函数

函数名	函数功能说明	应用实例(设 x＝－9.8)
abs(x)	返回 x 的绝对值	Math.abs(－9.8)返回 9.8
ceil(x)	返回 x 的上入整数	math.ceil(1.1)返回 2
floor(x)	返回 x 的下舍整数	math.floor(1.1)返回 1
exp(x)	返回 e 的 x 次幂	math.exp(2)返回 7.38905609893065
log(x)	返回以 e 为底 x 的对数	math.log(2)返回 0.6931471805599453
log10(x)	返回以 10 为底 x 的对数	math.log10(2)返回 0.3010299956639812
pow(x, y)	返回 x 的 y 次幂	math.pow(2,8)返回 256.0
sqrt(x)	返回 x 的平方根	math.sqrt(9)返回 3.0
factorial(x)	返回 x 的阶乘	math.factorial(5)返回 120

2.3.7　Python 控制台输入输出

Python 程序可以通过多种方式输入数据或输出数据。下面介绍两个常用的数据输入和输出函数。

1. Python 数据的输入函数

Python 的内置函数 input()提供人机交互的数据输入功能。该函数接收一个标准输入数据,返回结果为字符串数据类型。

函数语法:input([prompt])

参数说明:prompt 是提示信息,可以为空。提示信息需要写在一对引号之内。

下面给出几个 input 函数的应用实例:

```
>>> input()                        #命令行输入的函数
abdsfw345                          #用户输入的数据
'abdsfw345'                        #命令行方式时的系统回显(被当作字符串)。但文件编程时,不回显
>>> input("Please Input a value:") #包含提示信息的输入函数
Please Input a value:8984          #显示提示信息,等待用户输入
'8984'                             #命令行方式时,系统回显,表示输入被当作字符串
```

2. Python 数据的输出函数

Python 使用内置函数 print()提供人机交互的输出操作。该函数按照 print()括号内指定的格式模板在显示器上输出有关结果,方便程序员观察、查看和调试程序。使用 print()函数可以输出字符串、整数、浮点数并进行显示精度的控制。

在程序调试过程中,我们可以在程序的不同地方灵活插入 print()函数,通过观察程序中间运行结果,提高程序的调试效率。另外,print()函数有一个显著特点,就是输出的时候,每行末尾自动换行,不需要额外使用回车换行符号"\n"。

print()函数的语法规则非常复杂,对于初学者来说,不需要将每种输出方式一次就弄得清清楚楚。待将来熟练以后,通过查找 Python 手册再进一步学习和使用。

print()函数的基本格式为:print([输出项列表][, sep=分隔符][, end=结束符])。

print()函数的参数全部可以省略,如果没有参数,则输出一个空行。print()函数中括号内部的各参数说明如下。

- 输出项列表是以逗号分隔的表达式。
- sep 表示各个输出项间的分隔符,如果没有给出则缺省为空格。
- end 表示输出的结束符,默认为换行符。

下面是 print 函数的几种常用方式:

```
>>> print("输出字符串!")          #输出一个字符串,一般用于提示
输出字符串!
>>> pi = 3.1415926                 #变量赋值
>>> print("pi = ", pi)             #输出提示信息"pi="和变量 pi 的值
pi =  3.1415926
>>> print(pi * pi * 100)           #输出一个表达式的计算结果
986.9604064374761
```

为了使得输出结果更加美观和规范化,例如,明确保留小数的位数、控制每行输出宽度等,可以使用格式化的 print()函数控制输出的格式。Python 有 3 种方式控制格式输出:"%"方式、format()方式、f-string 方式。

1）"％"方式

该方式的格式为：print（"格式描述字段"％（变量清单））。

其作用是按照"格式描述字段"说明的方式显示"％"后的变量或表达式的值。如果"变量清单"只有一个变量或表达式，则括号可以省略。

在这里，"格式描述字段"的常用形式为：％[m].[n]类型符

其中 m 为输出的最小宽度，n 为小数的位数，类型符为对应的输出数据类型。m、n 可以根据情况省略。常用的数据类型有整数 d、字符 c、字符串 s、浮点数 f 和指数 e。在这里，"％"是 Python 格式化字符串前缀，％s 表示格式化字符串，％d 表示格式化整数，％f 表示格式化浮点数。

应用示例如下所示：

```
>>> pi = 3.1415926
>>> print("%5.3f"%pi)              #设置总宽度为 5,小数点后 3 位
3.142
>>> print("%10.3f"%pi)             #设置总宽度为 10,小数点后 3 位,所以前面有 5 个空格
     3.142
>>> print("%10.3f %15.5f"%(pi,pi**2))   #设置 pi 总宽度为 10,小数点后 3 位
     3.142         9.86960         #设置 pi 平方的总宽度为 15,小数点后 5 位
```

2）format（）方式

format（）方式使用"{ }"作为格式占位符，清晰表明对字符串如何进行格式化处理。其格式为：格式模板.format（输出项列表）

这里的"格式模板"与"％"方式中的"格式描述字段"基本类似，主要不同为：格式模板中用若干个"{ }"作为格式占位符，为输出值预留位置。

格式占位符的格式为：{[序号：[m.n]类型符]}。

其中，序号用来给出"输出项列表"各变量或表达式的显示顺序，"[m.n]类型符"功能跟"％"方式相同。

应用示例如下所示：

```
>>> x=3.1415926
>>> print("x={0:12.3f} x'={1:12.1f}".format(x, x*x))  #先显示 x,再显示 x 平方
x=       3.142 x'=         9.9            #x 总宽度为 12,小数点后 3 位
>>> print("x={1:12.3f} x'={0:12.1f}".format(x, x*x))  #先显示 x 平方,再显示 x
x=       9.870 x'=         3.1            #x 平方总宽度为 12,小数点后 3 位
```

显然，在 format（）方式中，格式模板中不需要用"％"作为前导符号，也不用"％"作为模板和输出项的连接符号，连接符号成为了英文的点".format"。

3）f-string 方式

f-string 是 Python 3.6 版本引入的一种字符串格式化方法，其主要目的是使格式化字符串的操作更加简便。即将"格式模板.format（输出项列表）"形式简化为 f 或 F 开头的"格式模板"，并将输出项列表的各输出结果直接放入{ }槽内，每个{ }槽的格式为：{输出项：[m][.n]类型符}。

应用示例如下所示：

```
>>> x=3.1415926
>>> print(f"x={x:12.3f} x'={x * x:12.1f}")
x=       3.142 x'=           9.9
```

显然，f-string 方式虽然简化了输出控制，但不能通过序号控制显示的先后顺序，只能按照 print 语句中给出的顺序显示。

3. 转义符与格式化字符

在 Python 语言中，有些特殊功能可以通过转义字符实现。也就是说，转义字符通常表示的是某种特殊功能（如回车、换行等），不一定表示字符本身的意义。例如，之前提到通过反斜杠"\"将一行语句分多行显示，这里"\"就是转义字符。一些常见的转义字符如表 2-10 所示。

表 2-10　Python 语言的转义字符

转 义 字 符	描　　述
\	在行尾使用时，用作续行符
\b	退格（Backspace）
\000	空
\n	换行
\v	纵向制表符
\t	横向制表符
\r	回车

2.3.8　Python 程序的复合语句

Python 的复合语句主要包括 if 语句、while 语句、for 语句等。

1. if 语句

if 语句是一种选择结构的程序设计方法，用于实现条件判定。即根据条件成立与否，决定执行的语句序列。if 语句的 3 种语法格式如下所示：

情况 1:单分支	情况 2:双分支	情况 3:多分支
if <条件表达式 1> :　 　<语句块 1>	if <条件表达式 1> :　 　<语句块 1>　 else :　 　<语句块 2>	if <条件表达式 1> :　 　<语句块 1>　 elif <条件表达式 2> :　 　<语句块 2>　 else :　 　<语句块 3>

if 语句的执行过程如下。

情况 1：如果<表达式 1>为真，执行<语句或语句序列 1>，否则，什么也不执行。

情况 2：如果＜条件表达式 1＞为真，执行＜语句块 1＞，否则，执行＜语句块 2＞。

情况 3：如果＜条件表达式 1＞为真，执行＜语句块 1＞，否则，如果＜条件表达式 2＞为真，执行＜语句块 2＞，否则，执行＜语句块 3＞。事实上，elif 可以有多个，这样就可以实现多级条件判断。

例如：根据年龄划分成年、少年和童年：

```
age = int(input("Please input age:"))
if (0<age<=6):
    print("是童年")
elif (6<age<=18):
    print("是少年")
else:
    print("是成年")
```

2. while 语句

while 语句用来反复执行某个或某些操作，直到某条件为假（或为真）时才终止循环。其中，给定的条件称为循环条件，反复执行的程序段称为循环体，它由一个或若干个语句构成，也称为语句块。

while 语句可分为两种情况，语法格式如下：

情况 1	情况 2
while ＜循环条件＞： 　　＜语句块 1＞	if ＜循环条件＞： 　　＜语句块 1＞ else： 　　＜语句块 2＞

情况 1 的 while 语句的执行过程如下：如果＜循环条件＞为真，重复执行＜语句块 1＞，直到＜循环条件＞为假。为了确保 while 循环能够正常结束，循环体内必须有相关语句能够影响＜循环条件＞。

例如：计算 1 到 99 的总和：

```
sum = 0                      #设置初始和为 0
i = 1
while i<100:                 #终值为 100,不参与计算
    sum = sum + i           #也可简写为:sum += i
    i = i+1                  #影响循环条件的语句
print("sum=", sum)          #输出求和结果
```

情况 2 的 while 语句的执行过程如下：如果＜循环条件＞为真，重复执行＜语句块 1＞，直到＜循环条件＞为假，这时执行＜语句块 2＞。

例如：

```
str = input("请输入一个字符: ")      #输入字符
index = 0
while index < len(str) :            #如果 index 小于字符串长度
```

```
        print("循环进行中,第",index,"字符是:",str[index])        #显示字符
        index = index + 1
    else:
        print("循环结束,这个字符串为", str)                        #输出结果
```

程序的输出结果为:

```
请输入一个字符: 7xjtu
循环进行中,第 0 字符是: 7
循环进行中,第 1 字符是: x
循环进行中,第 2 字符是: j
循环进行中,第 3 字符是: t
循环进行中,第 4 字符是: u
循环结束,这个字符串为 7xjtu
```

在情况 2 中,可以将 else 删除,并将语句块 2 与 while 对齐,这时两个程序段的功能是相同的。因此,else 在 while 语句中是可以不使用的。

例如:

```
str = input("请输入一个字符: ")                                #输入字符
index = 0
while index < len(str) :                                      #如果小于字符串长度
    print("循环进行中,第",index,"字符是:",str[index])        #显示字符
    index = index + 1
print("循环结束,这个字符串为", str)                           #输出结果
```

3. for 语句

for 语句也是用来反复执行某个或某些操作的。其执行条件由<循环变量>与<循环条件>的关系确定,即当<循环变量>满足<循环条件>时,重复执行<语句块 1>,否则终止循环。

for 语句的两种语法结构如下:

情况 1	情况 2
for <循环变量> in <循环条件> : <语句块 1>	for <循环变量> in <循环条件> : <语句块 1> else : <语句块 2>

在 for 语句中,<循环条件>是个遍历结构。因此,for 循环也称为"遍历循环"。遍历结构可以是字符串、文件、组合数据类型或 range() 函数。range() 函数是 Python 语言中的特色,使用非常广泛。

```
字符串遍历循环:for ch in str              #遍历字符串 str 的每个字符
文件遍历循环:for line in file1            #遍历文件 file1 中的每一行
列表遍历循环:for item in list1            #遍历列表 list1 中的每一项
range()函数遍历循环:for i in range(init, end, step)
```

range()函数遍历循环在实际编程中使用最多,它表示从初值 init 开始,每次按步长 step 增长(注：step 可为负数),直到终值 end 结束。其执行过程如下：

(1) 将 range 中的"初值 init"赋值给＜循环变量＞。

(2) 如果＜循环变量＞的值小于＜循环条件＞中的"终值 end",将会执行循环体中的语句块。

(3) 在循环体中的语句块执行完成后,＜循环变量＞的值会按照＜循环条件＞中的"步长 step"自动修改。重复以上步骤,直到＜循环变量＞不再满足＜循环条件＞为止。

在实际应用中,如果没有指定初值 init,则初值 init 为 0;如果没有指定步长 step,则步长 step 为 1。

for 语句非常适合已知循环次数的问题求解。例如,计算整数 1 到 99 的总和：

```
sum = 0                      #设置初始和为 0
for i in range(1, 100):      #从 1~99,不包括 100
    sum = sum + i            #也可简写为：sum += i
print("sum=", sum)           #输出求和结果
```

显然,使用 for 语句计算 1~99 的整数和,比 while 语句要简单。

需要说明的是,与 while 语句类同,在 for 语句中,只需要使用情况 1 的语法结构,情况 2 中的语法结构一般不再使用,因为 else 的功能很容易被替换。

◇ 2.4　Python 的组合数据类型

在 Python 语言中,组合数据类型较多,前面只做了简单介绍,而这些组合数据类型(特别是字符串和列表)使用广泛,下面重点进行介绍。除此之外,函数、模块、文件操作、错误检测与异常判定,也是程序设计需要掌握的,下面也进行重点介绍。

2.4.1　字符串

1. 字符串的定义与元素访问

字符串是 Python 的一种数据类型,它可以通过单引号'、双引号"、三引号'''或"""来定义。

在 Python 语言中,字符串中的元素(即字符)可以使用整数编号进行访问,从左到右,依次为 0,1,2,…,从右到左依次为 $-1,-2,-3,\cdots$,以此类推。

例如,如果已知 s = 'Python',则访问整个字符串 s 的方法为：

```
>>>print(s)                  #访问整个字符串
```

访问 s 中第一个字符 P 的方法为：

```
>>>print(s[0])               #输出 P
```

访问 s 中指定范围内的若干字符的方法为：

```
>>>print(s[1:3])          #访问第1、2个元素,输出 yt
>>>print(s[:3])           #访问第0~2个元素,输出 Pyt
>>>print(s[3:])           #访问第3个元素直到结尾,输出 hon
```

2. 字符串的操作函数

字符串的常用操作除了按照编号读取元素外,还包括字符串连接运算"＋"、字符串复制运算"＊"和内置字符串长度计算函数 len(string)等,如表 2-11 所示(在表的实例中,已知 s1='gui235',s2='ui2')。

表 2-11　Python 字符串的操作函数

字符串操作	功能描述	具体实例	实例结果
拼接操作 s1+s2	将两个字符串 s1 和 s2 连接在一起	计算 s1+s2	'gui235ui2'
复制操作 s2 * n	将 s1 复制 n 遍	计算 s2 * 3	'ui2ui2ui2'
测试操作 s1 in s2	测试 s2 是否在 s1 中	计算 s2 in s1	True
切取操作 s1[st: end: step]	从 s1 中切取从 st 到 end 的以 step 为步长的字符后形成的串	计算 s1[0: 3: 2]	'gi'
长度计算 len(s1)	统计字符串 s1 的长度	计算 len(s1)	6
频次统计 s1.count(c)	统计字符串 s1 中 c 出现的次数	s1.count('2')	1
位置查找 s1.index(s)	查找某个元素在列表中首次出现的位置	s1.index('3')	4
位置查找 s1.find(s)	统计字符串 s1 中第一次出现字符 s 的位置	s1.find('2')	3
字符转换 s2.lower()	字符串 s1 中的字符全转换为小写	S2.lower()	2d3
字符转换 s2.upper()	字符串 s1 中字字符全转换为大写	S2.upper()	2D3

字符串是 Python 语言中内建类型,对字符串操作后都会返回新值,但这些操作不会更改原始字符串的值。例如,s1 = 'Hello',s2 = 'Python'时,运行语句 print('s1 ＋ s2 -->', s1 ＋ s2)后,s1 和 s2 的值维持不变。

2.4.2　列表

Python 中没有数组,而是加入了功能更强大的列表(list)。列表是 Python 中使用较多的数据类型,它用方括号"[]"进行列举。其作用类似于 C 语言的数组,但与 C 语言数组的元素必须同类型不同,Python 中的同一个列表中的元素可以是不同类型,如字符串、整型、浮点型等,甚至还可以是一个列表型数据。

1. 列表的建立

可以直接利用"[]"建立列表。例如,使用 lstable＝[]建立空列表,使用 lstable＝[1,2, 3]建立包含 3 个元素的列表。

为了方便和快捷地建立列表,Python 支持使用 list()函数建立列表。例如,lst＝list()生成空列表,使用 lst＝list("hello")生成 5 个字符的列表等。下面给出几个列表生成实例:

```
>>> lst = list("hello")          #生成 5 个字符的列表
>>> lst                          #显示列表的命令
['h', 'e', 'l', 'l', 'o']        #显示生成的列表
>>> lst = list(range(1,10,2))    #生成从 1 至 10,步长为 2 的 5 个数字的列表
>>> lst                          #显示列表的命令
[1, 3, 5, 7, 9]                  #显示生成的列表
```

2. 列表的访问

Python 列表中的元素可以使用整数编号进行访问,从左到右依次为 0,1,2,或从右到左依次为 −1,−2,−3,以此类推。示例如下:

```
>>> logic = [0, 1]                                        #创建一个列表 logic
>>> Name=['Gui',"Liu","Ma,Wang", 99, 0xA9, logic]  #创建一个列表 Name
>>> print(Name[0], Name[4], Name[5])                      #输出列表 Name 的第 0,4,5 个元素
Gui 169 [0, 1]                                            #输出三个元素的结果
```

值得注意的是,Name 列表中的第 5 个元素 Name[5] 也是一个列表 logic,引用时是作为一个整体使用的。

3. 列表的操作函数

跟字符串类似,列表也有连接运算"+"、复制运算"*"、测试运算"in",此外,列表特还有删除操作"del"、统计函数(max、min、sum)和排序函数 sorted 等。Python 的列表操作函数如表 2-12 所示(假设 list=[3,4,7,9,10])。

表 2-12　Python 的列表操作函数

操作函数	功 能 描 述	具体实例	实例结果
max(list)	返回列表 list 中的最大元素值	max(list)	10
min(list)	返回列表 list 中的最小元素值	min(list)	3
len(list)	返回列表 list 的长度	len(list)	5
sum(list)	返回列表 list 中各元素之和	sum(list)	33
sorted(list)	返回排序后的列表,默认升序,参数 reverse=True 时降序	sorted(list)	[3, 4, 7, 9, 10]

列表操作运算的主要函数的运算结果测试如下:

```
>>> list=[3,4,7,9,10]
>>> print(max(list), min(list), len(list), sum(list))
10 3 5 33
>>> print(sorted(list))
[3, 4, 7, 9, 10]
>>> print(sorted(list,reverse=True))
[10, 9, 7, 4, 3]
```

4. 列表的方法函数

Python 程序中的所有数据类型变量都是对象。依据面向对象程序设计理论,列表有自

已的行为(也称方法),这些行为辅助列表完成相应的数据处理操作,例如追加(append)、删除(remove)和逆排序(reverse)等。Python 的列表的操作方法如表 2-13 所示。

表 2-13　Python 列表的方法函数

操 作 函 数	功 能 描 述
lt.append(x)	在列表 lt 的末尾追加元素 x
lt.extend(lst1)	将列表 st1 追加在 lt 末尾
lt.insert(index,x)	在 lt 的 index 处插入元素 x
lt.remove(x)	在 lt 中删除第一次出现的 x
lt.count(x)	返回 x 在列表 lt 中出现的次数
lt.reverse()	将列表 lt 的元素逆序输出

例如,假设 list1=[1,3,5];list2=['a'],则上述方法在命令行交互运行时的结果如下:

```
>>> list1.append("9")
>>> list1
[1, 3, 5, '9']
>>> list1.extend(list2)
>>> list1
[1, 3, 5, '9', 'a']
>>> list1.insert(2,'x')
>>> list1
[1, 3, 'x', 5, '9', 'a']
>>> list1.remove('9')
>>> list1
[1, 3, 'x', 5, 'a']
>>> list1.count(4)
0
>>> list1.reverse()
>>> list1
['a', 5, 'x', 3, 1]
>>>
```

2.4.3　元组

元组(tuple)与列表类似,但元组是不可变的,可简单将其看作是不可变的列表,元组常用于保存不可修改的内容。

1. 元组的创建和访问

元组的创建:元组中所有元素都放在一个圆括号"()"中,相邻元素之间用逗号","分隔,例如,t1 = (1024, 0.5, 'Python')。

元组的访问:与访问列表中元素类似,元组也是通过下标进行元素访问的。例如,已知 t = (1024, 0.5, 'Python'),则运行

```
print('t[0] -->', t[0])
```

print('t[1：] -->', t[1：])的输出结果为：

```
t[0] --> 1024
t[1:] --> (0.5, 'Python')
```

元组的修改：元组中元素不能被修改，如果需要修改元组，可以通过重新赋值的方式进行操作，例如，已知 t = （1024，0.5，'Python'），则运行 t = （1024，0.5，'Python'，'Hello'）后，元组的值进行了变化。

元组的删除：元组中的元素不能个别被删除，若删除，则只能删除整个元组。

例如：

```
>>> t = (95, 9.8, 'Python')
>>> del t
>>> print(t)
Traceback (most recent call last):
  File "<pyshell#3>", line 1, in <module>
print(t)
NameError: name 't' is not defined
```

由于元组 t 已经被删除，所以 print 运行时输出了异常信息。

2. 元组的操作函数

像列表一样，元组也有自己的操作函数来完成相应的数据处理操作。例如元组长度计算、最大值获取、最小值获取和列表到元组的转换函数等。Python 的元组操作函数如表 2-14 所示（已知 t=('2', 'd', 'b', 'a', 'f', 'd')，lst1=['2', '5', 'a', 'f', 'd']）。

表 2-14　Python 的元组操作函数

操 作 函 数	功 能 描 述	具 体 实 例	实 例 结 果
max(t)	返回元组 t 中的最大元素值	max(t)	'f'
min(t)	返回元组 t 中的最小元素值	min(t)	'2'
len(t)	返回元组 t 的元素个数	len(t)	6
tuple(lst1)	将列表 list 转换为元组	Tuple(lst1)	('2', '5', 'a', 'f', 'd')

2.4.4　字典和集合

1. 字典

说到字典，大家想到的就是新华字典。通过拼音、偏旁部首等方式可以在字典中进行字的查询。但今天所说的字典（dict），是 Python 语言的一种数据类型，其内容是以"键-值（key-value）"的方式呈现。

字典的内容表示在花括号"{}"内，"键-值"之间用冒号"："分隔，其中"值"是"键"的实例化。例如，"年龄：18"和"姓名：张三"就是两个键值对。多个键值对之间用逗号"，"分隔。例如，可以创建一个包括姓名、年龄、性别三个键值对的字典 d，如下所示：

```
>>> d = {'姓名':'小明',  '年龄':'18',  '性别':'男'}
```

可以通过使用"d = {}"设置一个空字典。

字典中的"值"可以通过"键"进行访问。例如,通过年龄可以访问具体年龄值,如下所示:

```
>>> d['年龄']
'18'
```

字典中的"值"还可以通过 get() 方法进行访问。例如,通过姓名可以访问具体人名,如下所示:

```
>>> d.get('姓名')
'小明'
```

字典中的"值"可以通过访问对应的"键"进行修改操作。以修改年龄为例,如下所示:

```
>>> d['年龄']=36
>>> d
{'姓名': '小明', '年龄': 36, '性别': '男'}
```

字典可以通过 clear() 方法进行清空,如下所示:

```
>>> d.clear()
>>> d
{}
```

字典的长度可以通过 len() 方法进行计算,如下所示:

```
>>> d = {'姓名':'小明',  '年龄':'18',  '性别':'男'}
>>> len(d)
3
```

2. 集合

集合(set)只存储"键",因"键"不可重复,所以集合中的"值"不可重复,也是无序的。

集合使用花括号"{}"或者 set() 方法函数创建。

例如,只能使用 set() 方法函数创建空集合:

```
>>>s = set()          #创建空集合
```

例如,创建包括三个字符的集合 s,可以使用如下两种方法:

```
>>>s = {'a', 'b', 'c'}
>>> s = set(['a', 'b', 'c', 'c'])
>>> s
{'b', 'c', 'a'}
```

　　由例可见,集合中重复的元素会被自动过滤掉。从输出结果看,其与输入时的排列顺序可能不同,因为集合中的元素是无序的。

　　往集合中添加元素可以使用 add() 或 update() 方法。如果元素已经存在,则不进行操作,例如:

```
>>> s = {'a', 'b', 'c'}
>>> s.add('d')
>>> s
{'a', 'd', 'c', 'b'}
>>> s.update('e')
>>> s
{'a', 'b', 'e', 'd', 'c'}
>>> s.add('a')                    #添加已经存在的元素 a,不进行操作
>>> s
{'a', 'b', 'e', 'd', 'c'}
```

　　从集合中删除元素使用 remove() 方法,例如:

```
>>> s = {'a', 'b', 'c'}
>>> s.remove('c')
>>> s
{'a', 'b'}
```

　　清空一个集合,可以使用 clear() 方法,例如:

```
>>> s = {'a', 'b', 'c'}
>>> s.clear()
>>> s
set()
```

　　获取集合的长度,可以使用 len() 方法,如下所示:

```
>>> s = {'a', 'b', 'c', 'd', 'e', 'f'}
>>> len(s)
6
```

◆ 2.5　Python 的函数与文件

2.5.1　函数和模块

1. 函数

　　简单来说函数就是一段实现特定功能的代码,使用函数可以提高代码的重复利用率。Python 中有很多内置函数,比如之前常用的 print() 函数,当内置函数不足以满足我们的需求时,我们还可以自定义函数。

1) Python 的标准函数

在 C 语言和 Python 语言中，程序通常都是由一个主函数和若干个函数构成。主函数调用其他函数，其他函数也可以互相调用。同一个函数可以被一个或多个函数调用多次。Python 的解释器内置了很多函数，可以供编程人员随时引用。Python 中的标准函数（按字母表顺序列出）如下：abs(x)，delattr()，hash()，memoryview()，set()，all()，dict()，help()，min()，setattr()，any()，dir()，hex()，next()，slice()，ascii()，divmod()，id()，object()，sorted()，bin()，enumerate()，input()，oct()，staticmethod()，bool()，eval()，int()，open()，str()，breakpoint()，exec()，isinstance()，ord()，sum()，bytearray()，filter()，issubclass()，pow()，super()，bytes()，float()，iter()，print()，tuple()，callable()，format()，len()，property()，type()，chr()，frozenset()，list()，range()，vars()，classmethod()，getattr()，locals()，repr()，zip()，compile()，globals()，map()，reversed()，import__()，complex()，hasattr()，max()，round()。

上述函数的功能可以通过 Python 的 Help 功能获取，下面仅对其中部分函数进行简要描述。

abs(x)：返回 x 的绝对值。如果 x 是一个复数，则返回它的模。

bin(x)：将一个整数转变为一个前缀为"0b"的二进制字符串。

chr(i)：返回 i 的字符的字符串格式，它是 ord() 的逆函数。

divmod(a,b)：将两个非复数数字作为实参，并在执行整数除法时返回一对商和余数。

hash(object)：返回该对象的"哈希值"（如果它有的话）。

hex(x)：将整数转换为以"0x"为前缀的小写十六进制字符串。

id(object)：返回对象的"标识值"。

input([prompt])：如果存在 prompt 实参，则将其写入标准输出，末尾不带换行符。接下来，该函数从输入中读取一行，将其转换为字符串并返回。

int(x, base=10)：返回 x 构造的整数对象，或者在未给出参数时返回 0。

len(s)：返回对象的长度（元素个数）。对象是字符串、列表等组合数据类型。

max(arg1, arg2)：返回两个实参中较大的。

min(arg1, arg2)：返回两个实参中较小的。

oct()：将一个整数转变为一个前缀为"0o"的八进制字符串。

ord()：返回字符的 Unicode 码整数。例如 ord('a') 返回整数 97，是 chr() 的逆函数。

round(num[, nd])：返回 num 舍入到小数点后 ndigits 位精度的值。如果 nd 省略或为 None，则返回最接近输入值的整数。

2) 自定义函数

Python 使用 def 关键字来声明函数，格式如下所示：

```
def 函数名(参数):
    函数体
    return 返回值
```

函数如果有返回值，需要通过保留字 return 进行返回，返回值可以有 1 个或多个。函数如果没有返回值，则不需要 return 语句。例如：

```
def printstring(strname):
    print('串名称:', strname)
```

如果要定义一个无任何功能的空函数,函数体只写 pass 即可。格式如下所示:

```
def 函数名():
    pass
```

当不能确定参数的个数时,可以使用不定长参数,即在参数名前加星号"＊"进行声明,格式如下所示:

```
def 函数名(＊参数名):
    函数体
```

例如:

```
def variable(＊params):                    #不定长参数
    for p in params:
        print(p)
```

我们还可以使用 lambda 定义匿名函数,格式如下所示:

```
lambda 参数 : 表达式
```

例如:

```
my_sub = lambda x, y: x - y                #匿名函数
```

3）函数的调用

对一个自定义函数或库函数的调用,只需要知道函数名和参数即可。例如:

```
my_empty()                    #函数调用,无参数
printstring ('Jhon')          #函数调用,有参数
result = my_sum(1, 2)         #函数调用,有参数、返回值,返回值赋给 result 变量
variable(1, 2, 3, 4, 5, 6)
print(my_sub(2, 1))
```

4）自定义函数实例

下面给出一个自定义的求平均值的 mean 函数的例子。

程序 2-1　求平均值的自定义函数

```
def mean(nums):                    #求平均值的函数
    sum=0.0
    size = len(nums)
    for i in range(size):
        sum = sum + nums[i]
    return sum/size
```

```
#主程序
nums=[2,3,4,5,6,7,8,9,0,12]
print("平均值为", mean(nums))
```

请注意,函数体内部的语句在执行时,一旦执行到 return 时,函数就执行完毕,并将结果返回。因此,函数内部通过条件判断和循环可以实现非常复杂的逻辑。

如果没有 return 语句,函数执行完毕后也会返回结果,只是结果为 None。return None 可以简写为 return。

2. 库(模块)

Python 语言中一个以 .py 结尾的文件就是一个库(也称为模块)。模块中定义了变量、函数等来实现一些类似的功能。Python 有很多自带的模块和第三方模块,一个模块可以被其他模块引用,实现了代码的复用性。

模块是一些经常使用、经过检验的规范化程序或子程序的集合。为了减轻程序员的负担,提高程序设计语言的生命力和竞争力,每种编程语言都提供了丰富的标准库。

1)Python 标准库

通常,Python 编程语言提供的标准库主要如下。

- 标准运算函数。如逻辑运算函数、数学运算函数等。
- 输入输出函数。如文件读取、文件检索函数等。
- 可视化功能函数。如绘图函数等。
- 服务性功能函数。如检测鼠标键盘、读取 U 盘磁盘及调试用的各种程序等。

2)Python 标准库的引用

在 Python 中,用 import 或者 from…import 来导入相应的标准库模块或自定义库模块。导入库模块的方法有以下 4 种。

(1)**import** 库名或库模块名。例如:import turtle。该方法将 turtle 库整个模块导入,库中定义的函数都能够使用,但引用其中的函数时,需要使用"turtle.函数名(参数)"方法。这里括号中的"参数"不是必需的。

(2)**from** 库名或库模块名 **import** * 。例如:from turtle import * 。该方法将 turtle 库整个模块导入,库中定义的函数都能够使用,但引用其中的函数时,不需要使用"turtle.函数名(参数)"的方法,而是直接使用"函数名(参数)"方法即可。括号中的"参数"不是必需的。

(3)**from** 库名或库模块名 **import** 函数名。例如:from math import sqrt。该方法将 math 库的一个函数 sqrt 导入。当调用 sqrt 函数时,可以不用加 math 库名。

(4)**from** 库名或库模块名 **import** 函数名 1,函数名 2,…函数名 n。例如:from math import sqrt, sin, cos。该方法将 math 库的函数 sqrt、sin 和 cos 导入。当调用上述三个函数时,可以不用加 math 库名。

下面给出了 Python 标准库的引用方法实例。

程序 2-2　标准库的引用方法

```
import math                              #引用 math 库中全部函数
val = 81
```

```
print("", math.sqrt(val))                    #引用方法时必须使用库名
#print("", sqrt(val))                         #这样引用是错误的

from math import *                            #引用库中的全部函数
print("", sqrt(val))                          #引用方法时不用使用库名
print("", math.sqrt(val))                     #引用方法时使用库名也没问题

from math import sqrt, sin                     #引用库中部分函数
print("", sqrt(val), sin(val))                #引用指定的函数时不用使用库名
print("", sqrt(val), cos(val))
```

2.5.2　文件输入输出

在编程工作中,文件操作还是比较常见的,基本文件操作包括创建、读、写、关闭等,Python 中内置了一些文件操作函数。

1. 创建文件

Python 使用 open() 函数创建或打开文件,语法格式如下所示:

```
open(file, mode='r', buffering=-1, encoding=None, errors=None, newline=None,
closefd=True, opener=None)
```

参数说明如下所示。

file:表示将要打开的文件的路径,也可以是要被封装的整数类型文件描述符。

mode:是一个可选字符串,用于指定打开文件的模式,默认值是 'r'(以文本模式打开并读取)。可选模式如下。

- r:读取(默认)。
- w:写入,并先截断文件。
- x:排他性创建,如果文件已存在则失败。
- a:写入,如果文件存在则在末尾追加。
- b:二进制模式。
- t:文本模式(默认)。
- +:更新磁盘文件(读取并写入)。

buffering:是一个可选的整数,用于设置缓冲策略。

encoding:该参数用来指定文件的编码格式。如 utf-8、gbk 等。

errors:是一个可选的字符串,用于指定如何处理编码和解码错误(不能在二进制模式下使用)。

newline:区分换行符。

closefd:如果 closefd 为 False 并且给出了文件描述符而不是文件名,那么当文件关闭时,底层文件描述符将保持打开状态;如果给出文件名,closefd 为 True(默认值),否则将引发错误。

opener:可以通过传递可调用的 opener 来使用自定义开启器。以 txt 格式文件为例,可以通过代码方式来创建文件,例如:open('test.txt', mode='w', encoding='utf-8')。

2. 写入文件

上面创建的文件 test.txt 没有任何内容,需要向这个文件中写入一些信息。对于写操作,Python 文件对象提供了两个函数,如下所示。

- write(str):将字符串写入文件,返回写入字符的长度。
- writelines(s):向文件写入一个字符串列表。

可以使用这两个函数向文件中写入一些信息,如下所示:

```
>>> wf = open('test.txt', 'w', encoding='utf-8')
>>> wf.write('xjtu\n')                          #写入 5 个字符
5
>>> wf.writelines(['Hello\n', 'Python'])        #写入字符串列表
>>> wf.close()                                  #关闭文件
```

上述语句运行后,可以在 Python 的源代码目录中找到文件 test.txt,用记事本打开后,其内容如图 2-9 所示。

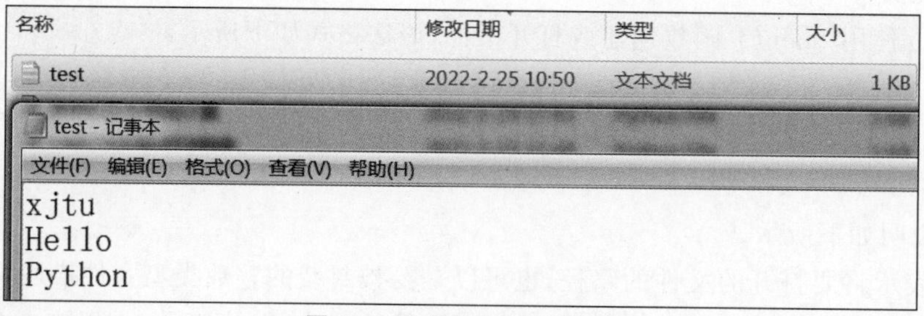

图 2-9 文件写入结果截图

上面使用了 close()函数进行关闭操作,如果打开的文件忘记关闭了,可能会对程序造成一些隐患,为了避免这个问题的出现,可以使用 with as 语句,通过这种方式,程序执行完成后会自动关闭已经打开的文件。如下所示:

```
with open('test.txt', 'w', encoding='utf-8') as wf:
    wf.write('xjtu\n')
    wf.writelines(['Hello\n', 'Python'])
```

3. 文件读取

前面已经向文件中写入了一些内容,现在可以读取。对于文件的读操作,Python 文件对象提供了 3 个函数,如下所示。

- read(size):读取指定的字节数,参数可选,无参或参数为负时读取所有字节数。
- readline():读取文件中的一行。
- readlines():读取所有行并返回列表。

下面的程序使用上面三个函数读取之前写入的内容,具体如下:

```
>>> with open('test.txt', 'r', encoding='utf-8') as rf:
    print('读取一行:', rf.readline())
    print('读指定字节数:', rf.read(6))
    print('读取所有行:', rf.readlines())
```

运行结果如下。

```
读取一行：xjtu
读指定字节数：Hello
读取所有行：['Python']
```

4. 文件定位

Python 提供了两个与文件对象位置相关的函数，如下所示。

- tell()：返回文件对象在文件中的当前位置。
- file.seek(offset[，whence])：将文件对象移动到指定的位置，其中，offset 表示移动的偏移量，whence 为可选参数，值为 0 表示从文件开头起算（默认值）、值为 1 表示使用当前文件位置、值为 2 表示使用文件末尾作为参考点。

下面通过一个示例对上述函数进行说明，如下所示：

```
with open('test.txt', 'rb+') as f:
    f.write(b'123456789')
    print(f.tell())                    #文件对象位置
        f.seek(3)                      #移动到文件的第 4 字节
        print(f.read(1))               #读取一字节，文件对象向后移动一位
    print(f.tell())
        f.seek(-2, 2)                  #移动到倒数第二字节
    print(f.tell())
    print(f.read(1))
>>> import keyword
>>> keyword.kwlist
```

◆ 2.6　Python 的错误与异常

1. 错误

错误通常是指程序中的语法错误或逻辑错误。下面通过两个 Python 程序的例子看一下程序错误的样式。

1）语法错误

在使用软件开发工具编写 Python 程序时，语法错误在程序解释时会被解释器或编译器检测出来，并提示给编程人员。例如：

```
if True                              #在这里，复合语句 if True 后面少了冒号":"
    print("hello python")
```

2）逻辑错误

逻辑错误是解释器或编译器不会提示的，因此，编写程序时，需要编程员对一些基本常识有一定了解，例如，0 是不能作为除数等，从而，避免出现逻辑错误。例如，

```
>>> a=4; b=0
>>> print(a/b)
```

```
Traceback (most recent call last):
  File "<pyshell#20>", line 1, in <module>
    print(a/b)
ZeroDivisionError: division by zero
```

2. 异常

即使 Python 程序的语法是正确的,但在运行时,也有可能发生错误。运行期检测到的错误被称为异常。大多数的异常都不会被程序处理,都以错误信息的形式呈现。

1) 内置异常的种类

Python 有内置异常 BaseException,它是所有异常的基类。该异常之下还分为 SystemExit、KeyboardInterrupt、GeneratorExit、Exception 四类异常。其中,Exception 为所有非系统退出类异常的基类。Python 提倡继承 Exception 或其子类派生新的异常;Exception 下包含常见的多种异常,例如 MemoryError(内存溢出)、BlockingIOError(IO 异常)、SyntaxError(语法错误异常)。具体如表 2-15 所示。

表 2-15　Python 语言中内置的异常种类及其描述

异 常 名 称	描　　　述
BaseException	所有异常的基类
SystemExit	解释器请求退出
KeyboardInterrupt	用户中断执行(通常是输入^C)
Exception	常规错误的基类
StopIteration	迭代器没有更多的值
GeneratorExit	生成器(generator)发生异常来通知退出
StandardError	所有的内建标准异常的基类
ArithmeticError	所有数值计算错误的基类
FloatingPointError	浮点计算错误
OverflowError	数值运算超出最大限制
ZeroDivisionError	除(或取模)零(所有数据类型)
AssertionError	断言语句失败
AttributeError	对象没有这个属性
EOFError	没有内建输入,到达 EOF 标记
EnvironmentError	操作系统错误的基类
IOError	输入输出操作失败
OSError	操作系统错误
WindowsError	系统调用失败
ImportError	导入模块/对象失败
LookupError	无效数据查询的基类

异 常 名 称	描　　述
IndexError	序列中没有此索引(index)
KeyError	映射中没有这个键
MemoryError	内存溢出错误(对于 Python 解释器不是致命的)
NameError	未声明/初始化对象（没有属性）
UnboundLocalError	访问未初始化的本地变量
ReferenceError	弱引用(Weak Reference)试图访问已经垃圾回收了的对象
RuntimeError	一般的运行时错误
NotImplementedError	尚未实现的方法
SyntaxError	Python 语法错误
IndentationError	缩进错误
TabError	Tab 和空格混用
SystemError	一般的解释器系统错误
TypeError	对类型无效的操作
ValueError	传入无效的参数
UnicodeError	Unicode 相关的错误
UnicodeDecodeError	Unicode 解码时的错误
UnicodeEncodeError	Unicode 编码时错误
UnicodeTranslateError	Unicode 转换时错误
Warning	警告的基类
DeprecationWarning	关于被弃用的特征的警告
FutureWarning	关于构造将来语义会有改变的警告
OverflowWarning	旧的关于自动提升为长整型(long)的警告
PendingDeprecationWarning	关于特性将会被废弃的警告
RuntimeWarning	可疑的运行时行为(runtime behavior)的警告
SyntaxWarning	可疑的语法的警告
UserWarning	用户代码生成的警告

2）异常处理

在 Python 语言中，用 try except 语句块来捕获并处理异常，其基本语法结构如下所示。

```
try:
    可能产生异常的代码块
except [ (Error1, Error2, ... ) [as e] ]:
    处理异常的代码块 1
```

```
except [ (Error3, Error4, ... ) [as e] ]:
    处理异常的代码块 2
except  [Exception]:
    处理其他异常
```

从 try except 的基本语法格式可以看出，try 块有且仅有一个，但 except 代码块可以有多个，且每个 except 块都可以同时处理多种异常。

当程序发生不同的意外情况时，会对应特定的异常类型，Python 解释器会根据该异常类型选择对应的 except 块来处理该异常。

try except 语句的执行流程如下：

首先执行 try 中的代码块，如果执行过程中出现异常，系统会自动生成一个异常类型，并将该异常提交给 Python 解释器，此过程称为捕获异常。

当 Python 解释器收到异常对象时，会寻找能处理该异常对象的 except 块，如果找到合适的 except 块，则把该异常对象交给该 except 块处理，这个过程被称为处理异常。如果 Python 解释器找不到处理异常的 except 块，则程序运行终止，Python 解释器也将退出。

事实上，不管程序代码块是否处于 try 块中，甚至包括 except 块中的代码，只要执行该代码块时出现了异常，系统都会自动生成对应类型的异常。但是，如果此段程序没有用 try 包裹，又或者没有为该异常配置处理它的 except 块，则 Python 解释器将无法处理，程序就会停止运行；反之，如果程序发生的异常经 try 捕获并由 except 处理完成，则程序可以继续执行。

例子如下：

```
try:
    x = int(input("输入被除数:"))
    y = int(input("输入除数:"))
    z = x / y
    print("您输入的两个数相除的结果是:", z )
except (ValueError, ArithmeticError):
    print("程序发生了数字格式异常 或 算术异常")
except :
    print("程序发生了未知异常")
print("异常检测结束,程序继续运行...")
```

程序运行结果为：

```
输入被除数:89
输入除数:0
程序发生了数字格式异常 或 算术异常
异常检测结束,程序继续运行...
```

上面程序中，第 6 行代码使用了（ValueError，ArithmeticError）来指定所捕获的异常类型，这就表明该 except 块可以同时捕获这两种类型的异常；第 8 行代码只有 except 关键字，并未指定具体要捕获的异常类型，这种省略异常类的 except 语句也是合法的，它表示可捕获所有类型的异常，一般会作为异常捕获的最后一个 except 块。

除此之外,由于 try 块中引发了异常,并被 except 块成功捕获,因此程序才可以继续执行,才有了"程序继续运行"的输出结果。

程序正常运行时的结果为:

```
输入被除数:88
输入除数:9
您输入的两个数相除的结果是: 9.777777777777779
异常检测结束,程序继续运行
```

◈ 2.7　本 章 小 结

本章讲解了计算机程序设计的基本概念和 Python 程序设计语言的基本要素。具体包括指令与程序的概念,Python 编程环境安装与配置,Python 程序的基本组成,Python 程序的标识符、保留字、缩进、跨行表示、数据类型、运算符、控制台输入输出,Python 程序字符串、列表、元组、字典、集合的定义与操作,函数、模块、错误、异常、文件输入输出的使用方法等。

◈ 习　题　2

一、选择题

1. 用汇编语言或高级语言编写的程序称为(　　)。

　　A. 用户程序　　　　B. 源程序　　　　　C. 系统程序　　　　D. 汇编程序

2. 计算机能够直接执行的计算机语言是(　　)。

　　A. 汇编语言　　　　B. 机器语言　　　　C. 高级语言　　　　D. 自然语言

3. 一种计算机所能识别并能运行的全部指令集合,称为该种计算机的(　　)。

　　A. 程序　　　　　　B. 二进制代码　　　C. 软件　　　　　　D. 指令系统

4. 在程序设计中可使用各种语言编制源程序,但唯有(　　)在执行转换过程中不产生目标程序。

　　A. 编译程序　　　　B. 解释程序　　　　C. 汇编程序　　　　D. 数据库管理系统

5. 在 Python 中,实现多分支选择结构的较好方法是(　　)。

　　A. if　　　　　　　B. if-else　　　　　C. if-elif-else　　　D. if 嵌套

6. 下列 4 组选项中(每组 3 个),均是合法的用户标识符的选项是(　　)。

　　A. float ly897　_S　　　　　　　　　　B. for　int x^2

　　C. 5W　P_0 in　　　　　　　　　　　 D. a_123 abc True

7. 下面不是合法的字符串的是(　　)。

　　A. 'abc'　　　　　　B. "ABC"　　　　　C. 'He said:"OK" '　 D. 'can't

8. 下面正确的函数定义是(　　)。

　　A. define add(x, y):　　　　　　　　　B. def add(x, y):

　　　　　return x ＋ y　　　　　　　　　　　　z ＝ x ＋ y

C. def add(x，y)：

    return x ＋ y

D. def add(x＝2，2)：

    return x ＋ y

9. 已知列表 list1＝[[2,3],3,[3,5],[2,3,4,[5,6]]]，则 list1[3]的值为(　　)。

  A. 3   B. [3,5]   C. [2,3,4,[5,6]]   D. [5,6]

10. 计算机指令中规定该指令执行功能的部分称为(　　)。

  A. 操作数   B. 操作码   C. 源地址码   D. 目标地址码

二、问答题

1. 什么是指令？什么是程序？二者有何关联？

2. 程序设计语言可以分为哪几类？各有何优缺点？

3. 比较编译型程序设计语言与解释型程序语言的优缺点。

4. 简述 import 引用标准库的常用方法及其使用时的差异。

5. 简述字符串和列表在编程使用时的主要区别。

三、编程题

1. 编程实现：利用 Python 程序列出 2 至 500 的所有素数，并且每行显示 9 个。

2. 编程实现：从键盘输入 5 个一位自然数，将这 5 个自然数按照输入的先后顺序转换为一个 5 位整数。

3. 编程实现：某天晚上，某某在家中被害，侦查过程中发现 A、B、C、D 四人到过现场，警察在询问他们时，A 说："我没有杀人"；B 说："C 是杀人凶手"；C 说："D 是杀人者"；D 说："C 在冤枉好人"。警察经过判断，4 人中有 3 人说的是真话，1 人说的是假话，4 人中只有 1 人是凶手，那么，凶手到底是谁呢？请对上述问题进行分析和编程实现。

4. 编程实现：将一个数字字符串（如"295885883.9982"）转换为浮点数。

5. 编程实现：在屏幕上显示九九乘法表。

计算思维与问题求解

学习目标:

(1) 理解计算思维的概念和思想,能够使用计算机进行问题求解。

(2) 掌握问题描述方法,能够利用流程图对问题进行描述。

(3) 掌握典型的程序控制结构,能够利用分支、循环进行程序设计。

(4) 理解数据结构的概念和算法设计思想,可以构造问题求解的基本算法。

(5) 掌握几种经典算法的思想,能够用 Python 语言实现。

(6) 掌握程序设计与调试的基本手段。

学习内容:

人类在认识自然和改造自然的过程中无时无刻不面临各种问题。如何高效、快捷地解决这些问题,是人类不断进步的主要动力。当旧的方法和手段在解决某些问题不能奏效时,就需要发明新的方法、研究新的工具来解决这些问题。计算机程序的发明和应用,为人类解决复杂问题提供了新的手段和动力。本章讲解"计算思维与问题求解算法",它们在人类和计算机之间架起了一座桥梁,让计算机能够按照人类的思想开展工作。

◆ 3.1 计 算 思 维

2006 年,周以真(Jeannette M. Wing)教授在 *Communications of the ACM* 杂志上提出了计算思维(Computational Thinking)的概念,并指出:计算思维是指运用计算机科学的基础概念进行问题求解、系统设计,以及人类行为理解等涵盖计算机科学之广度的一系列思维活动。计算思维不仅支持用抽象来控制庞杂的任务,而且支持用分解来实现复杂系统设计。

2007 年,中国科学院自动化所王飞跃教授翻译了周以真的《计算思维》论文,对"计算思维"进行了分析。王飞跃认为,计算思维不是一个新的名词。在中国,从小学到大学教育,计算思维经常被朦朦胧胧地使用,却一直没有提高到周教授在文章中所描述的高度和广度,以及那样新颖、明确和系统。他认为,计算思维的提出对计算机科学来说可能将产生"涅槃"般的"重生"。

2009 年左右,传统的"计算机工具论"教学在高等学校的计算机公共基础教学中遇到了前所未有的挑战。2010 年,陈国良院士与"计算思维"的倡导者周以真教授在北京就如何以计算思维为核心进行大学计算机基础教学进行了讨论。此后不久,在西安交通大学举办了首届"C9 高校联盟计算机基础课程研讨会",陈国良院士作了"计算思维能力培养研究"主题报告,介绍了用计算机科学的基础概念进行问题求解、系统设计和人类行为理解的重要性,并由此在国内开创了以计算思维为核心的大学计算机基础课程改革的先河。

通过对计算思维的概念和内涵分析发现,计算思维就是利用递归、并行处理机制,考虑冗余、容错、纠错等需求,通过约简、嵌入、转化和仿真等方法,把一个看来困难的问题阐释成一个容易解决的问题的思想过程。具体过程包括:

(1) 如何选择合适方式陈述一个问题?

(2) 如何对一个问题进行抽象建模?

(3) 如何利用启发式推理等方法寻求答案?

(4) 如何平衡各类矛盾,充分利用机器特性加快问题求解过程?

近几年,物联网、大数据、云计算、人工智能技术快速发展,人类社会正在向智能时代迈进。计算技术作为新时代的核心和基础技术,计算和各学科的融合越来越广泛、越来越深入,计算机公共基础教学在各学科的人才培养中的必要性和重要性毋庸置疑。

因此,在新的形势下,计算思维不仅是利用计算机相关技术解决领域应用问题的一种思维方法,而且也延伸到了问题求解过程中的问题抽象与建模、自动化求解、反馈与智能优化这一全链过程之中,如图 3-1 所示。

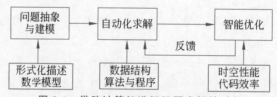

图 3-1　借助计算机进行问题求解的过程

由此可见,问题求解的核心是利用形式化理论对问题进行抽象描述,基于数学理论进行建模,基于数据结构、算法和程序环境进行编程实现,并最终在考虑时空性能、代码效率的基础上进行自动化实现过程中的算法、程序代码等的智能优化。

◇ 3.2　问题求解方法

人类思维来源并产生于各种问题。正如苏格拉底所说:"问题是接生婆,它能促进新思想的诞生。"只有意识到问题的存在,产生了解决问题的主观愿望,靠旧的方法手段不能奏效时,人们才能进入解决问题的思维过程。所以,问题求解是人们在生产、生活中面对新的问题时所引起的一种积极寻求问题答案的活动过程。

面对客观世界中需要求解的问题,在没有计算机之前,人类采用手工及机械方法来解决问题,但有些问题计算过于复杂,短时间内依靠人工难以完成,例如,列举 1 到 10 万的所有素数。有了计算机之后,这些问题的求解就变得容易而且快捷。因此,培养学生利用计算机来求解问题,形成计算思维,成为计算机基础教育的一项非常重要的工作。

下面先对"传统的问题求解方法"和"计算机的问题求解方法"进行深入分析与比较,理解各自的特点和差异,帮助读者领悟计算思维的方法学。

3.2.1　传统的问题求解方法

人在人类社会的各个实践领域中,存在着各种各样的矛盾和问题,不断地解决这些问题是人类社会发展的需要。人类解决客观世界问题的思维过程可分成 4 个阶段:发现问题,分析问题,提出假设,检验假设。

(1)发现问题:发现和提出问题,是解决问题的开端和前提。能否发现和提出重大的、有价值的问题,取决于下列多种因素,如生活习惯、人生态度、社会责任感等。

牛顿通过苹果落地而发现地球引力就是一个典型的例子。一个炎热的中午,小牛顿在农场的树下休息,正在这时,一个熟透了的苹果落下来,这个苹果不偏不倚,正好打在牛顿头上。牛顿想:苹果为什么不向上跑而向下落呢? 牛顿长大成了物理学家后,他联想到了少年的"苹果落地"故事,可能是地球某种力量吸引了苹果掉下来。于是,牛顿发现了万有引力。

(2)分析问题:分析问题就是对问题进行抽象(abstraction),明确问题,重点是抓住关键,找出主要矛盾,确定问题的范围和解决问题的方向。能否明确问题,取决于个体对问题的理解、依赖于个体已有经验等。

抽象是从众多的事物中抽出与问题相关的最本质的属性,而忽略或隐藏与认识问题、求解问题无关的非本质的属性。例如,苹果、香蕉、梨、葡萄、桃子等,它们共同的特性就是水果,得出水果概念的过程就是一个抽象的过程。

在科学研究中,抽象的过程大体如下:针对具体问题,通过对各种经验事实的比较、分析,排除无关因素,提取问题的重要特性(如普遍规律与因果关系),为解答问题提供科学原理。综合而言,科学抽象一般包括分离、提纯和简略三个阶段。

分离是科学抽象的第一个环节,暂不考虑研究对象与其他各对象之间的总体联系。例如,要研究落体运动这一物理现象,揭示其规律,首先必须撇开其他现象,如化学现象、生物现象以及其他形式的物理现象等,而把落体运动这一特定的物理现象从现象总体中抽取出来。

提纯是排除模糊、不确定因素,在纯粹的状态下对研究对象进行考察。例如,在自然状态下,自由落体运动受到空气阻力因素的干扰,因此,人们直观认为重物比轻物先落地,所以得出了错误结论。要排除空气阻力因素的干扰,就要创建一个真空环境,但当时无法达到这样的技术,伽利略就运用思维的想象力,撇开空气阻力的因素,设想在纯粹状态下的落体运动,从而得出了自由落体定律。

简略是抽象过程的最后一个环节,是对上述环节研究的结果进行的一种综合。例如,自由落体定律可以简略地用公式表示为:$s=1/2gt^2$。这里 s 表示物体在真空中的坠落距离,t 表示坠落的时间,g 表示重力加速度。因此,要把握自然状态下的落体运动,不能不考虑空气阻力因素的影响,所以,相对于实际情况来说,伽利略的自由落体定律是一种抽象的简略。

(3)提出假设:解决问题的关键是找出解决问题的方案,即解决问题的原则、途径和方法。但这些方案不是简单地就能立即找到和确定的,而是先以假设的形式产生和出现。科学理论正是在假设的基础上,通过不断的实践发展和完善起来的。假设的提出是从分析问题开始的。在分析问题时,人脑进行概略的推测、预想和推论,再有指向、有选择地提出解决问题的建议。假设的提出依赖于一定的条件,已有的知识经验、直观的材料、尝试性的操作、语言的表述、创造性构想等都对其产生重要的影响。

（4）检验假设：所提出的假设是否切实可行，能否真正解决问题，还需要进一步检验。检验方法主要有两种，一种是实践检验（即直接的验证方法），另一种是间接验证方法。间接验证方法是根据个人掌握的科学知识通过智力活动来进行检验，即在头脑中，根据公认的科学原理、原则，利用思维进行推理论证，从而在思想上考虑对象或现象可能发生什么变化、将要发生什么变化，分析推断自己所立的假设是否正确。在不能立即用实际行动来检验假设的情况下，在头脑中用思维活动来检验假设起着特别重要的作用。如军事战略部署、解答智力游戏题、猜谜语、对弈、学习等智力活动，常用这种间接检验的方式来证明假设。当然，任何假设的正确与否最终都需要接受实践的检验。

例如，在一千多年前的《孙子算经》中有这样一道算术题："今有物不知其数，三三数之剩二，五五数之剩三，七七数之剩二，问物几何？"按照今天的话来说这个问题就是：一个数除以 3 余 2，除以 5 余 3，除以 7 余 2，求这个数。

这个问题有人称为"韩信点兵"：相传汉代大将韩信每次集合部队，都要求部下报三次数，第一次按 1～3 报数，第二次按 1～5 报数，第三次按 1～7 报数，每次报数后都要求最后一个人报告他报的数是几，这样韩信就知道一共到了多少人。这种巧妙算法就是初等数论中的解同余式。

按照传统的方法来解这个问题，其具体步骤如下。

首先，列出除以 3 余 2 的数有：2,5,8,11,14,17,20,23,26,…。

其次，列出除以 5 余 3 的数有：3,8,13,18,23,28,…。

然后，列出除以 7 余 2 的数有：2,9,16,23,30,…。

最后，可以得出符合题目条件的最小数是 23。

事实上，我们可以把题目中三个条件合并成一个：被 105 除余 23。这样，韩信点兵的数量如果在 1000～1100 的话，就可推测计算出的人数为 1073 人（即 $105 \times 10 + 23$）。

如果点兵的数量很大，那么利用传统列举方法来计算就显得费时费力了。

3.2.2　计算机的问题求解方法

面对客观世界中需要求解的问题时，首先要做的事情就是分析问题，了解问题的特点，明确问题的目的，根据现有的技术和条件（人员、时间、法律和经费等）进行可行性分析，并对问题进行抽象，获取其数学模型。抽象建模是科学研究的重要手段，也是计算机学科中一个非常重要的概念。

1. 哥尼斯堡七桥问题

哥尼斯堡（Konigsberg）是位于普瑞格尔河上的一座城市，也是哲学家康德的故乡。普瑞格尔河正好从市中心流过，河中心有两座小岛，岛和两岸之间建筑有七座古桥，如图 3-2(a) 所示。当地居民有一项消遣活动，就是试图从某座桥出发，每座桥恰好走过一遍又能够回到出发的原点。但通过无数次尝试，还从来没人成功过。

1736 年，年仅 29 岁的数学家欧拉来到哥尼斯堡，并发现了当地居民的上述消遣活动。为了解决上述问题，人们最容易想到的方法就是穷举。即把每一种可行的方案使用一遍，但七座桥的所有走法共用 $7! = 5040$ 种，通过人工逐一试验将是很大的工作量。欧拉作为数学家，他首先想到是如何从理论上解决问题。

欧拉花了一年时间,最终证明了这个问题是无解的!那么怎么去证明这个问题无解呢?

欧拉把图 3-2(a)所示中的岛和河进行了抽象,如图 3-2(b)所示,并进一步将两座岛和河的两岸成抽象成点(如 A、B、C、D),每一座桥抽象成连接两个点的边,图 3-2(c)所示。那么,哥尼斯堡的七桥问题就可转换为一个数学模型,即简化成了包含 4 个顶点和 7 条边的图形。

如何证明一个图形,从任意一点出发,每条边仅经过一次,最终又回到起点呢?

这个问题还是有点复杂,可以进一步,把 7 条边简化成 1 条,把 4 个点简化成 1 个点,那么就得到一个圆。所以,七桥问题其实等同于画圆问题。

通过观察可以发现,不管有几个顶点,也不管有几条边,从一点出发最终回到该点,本质上是画圆。因此,对于上述问题的求解,就是求解能否在图形上构造出一个圆。

欧拉通过研究发现,要从一个点出发,最终又能回到同一点的必要条件是起点的边数(也称为度)必须大于 0 且为偶数。而其他点因为不是起点也不是终点,所以不能停留,一旦进入则必须走出去,所以它们的度也必须大于 0 且为偶数。最后,为了经过所有的顶点和边,还必须保证所有的顶点和边是连通的,否则无法在图中只构造出一个圆。

简而言之,七桥问题有解必须满足两个条件:①所有顶点的度都必须是偶数。②所有的顶点和边都能够连通。后来,人们把符合上述条件的路径,称为欧拉路径。

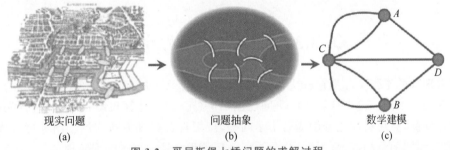

现实问题　　　　　　　　　问题抽象　　　　　　　　　数学建模
(a)　　　　　　　　　　　(b)　　　　　　　　　　　(c)

图 3-2　哥尼斯堡七桥问题的求解过程

通过比较发现,在哥尼斯堡七桥问题抽象后建立的数学模型中,顶点 A、B、D 的度都是 3,顶点 C 的度为 5,都为奇数。因此,这个图无法从一个顶点出发,遍历每条边各一次。

欧拉的证明与其说是数学证明,还不如说是一个问题抽象的数据建模过程。这个问题的求解开创了数学的一个新的分支,即图论。

2. 计算机求解问题的过程

通过哥尼斯堡七桥问题的求解过程发现,对问题进行抽象和建模是解决问题的重要一环。除了这些环节外,借助计算机进行问题求解还有其独特的思维方法和求解过程,例如,如何选择数据结构,如何设计求解算法,如何构建高效程序代码等。

因此,可以将计算机求解问题的过程细分为以下步骤。

(1)问题分析:根据现有的技术和条件(如人员、时间、设备、法律和经费等)对问题进行抽象,获得问题的计算部分,构建数学模型。

(2)问题描述:将计算部分划分为确定的输入、处理和输出三部分。当然,这三部分并不都是必要的,如有些问题可能没有输入。

(3)数据结构:根据问题需求,明确不同数据应该采用的数据类型和数据结构。

（4）算法设计：构建问题求解要求，完成问题中的计算部分的核心算法设计与优化。

（5）编写程序：选择合适的编程语言，根据问题的数据结构和算法描述，进行程序代码设计。

（6）调试测试：对所设计的程序代码进行在线测试和调试，确保程序在各种情况下都能够正确运行。

（7）升级维护：根据问题的效率、性能需求变化，优化程序代码，保证程序能够长期正确运行。

通过对上述过程的分析和归并，我们可以将利用计算机求解问题的过程表述为计算思维中的三大部分。

（1）问题抽象与建模：包括对问题进行深入分析，并进行数学建模，将问题转换为计算机能够求解的问题。

（2）自动化求解：针对数学模型，明确采用的数据结构，设计问题求解算法，根据算法思想进行程序代码的设计。

（3）智能优化：根据性能或效率等需求，对程序代码进行测试、维护、升级和优化等。

显然，欧拉利用数学方法所解决的哥尼斯堡七桥问题，只是完成了计算思维求解问题的第一个阶段，即问题抽象和数据建模。计算思维的后续两个阶段如何应用，还需要进一步讨论。

◆ 3.3 问题描述与程序控制

我们日常的工作实际都在解决各种问题。使用什么方式解决，会使问题解决的成功概率和效率大有不同。使用计算机解决问题也不例外。使用计算机解决问题时，首先需要对问题进行分析，然后将问题分解为若干子问题，使用具有逻辑关系的流程图等进行描述，最后，根据流程图的结构等，采用顺序、分支或循环等程序结构进行编程实现。

3.3.1 问题描述

问题是需要人们回答的一般性提问，通常含有若干参数，由问题描述、输入条件以及输出要求等要素组成。

一个问题的问题描述和输入条件通常包含若干参数，当给定这些参数一组赋值后，则可以得到一个问题实例。有些问题实例通过人工或借助简单工具就能解决，例如，正整数求和问题、20 个整数的排序问题等；而有些问题则十分复杂（如长期天气预报、100 万个数的排序问题等），采用传统的方法则难以解决，必须使用更先进的技术和工具才能有效解决，这就是我们经常说的复杂问题。

例如，在 20 世纪 40 年代，为了求解军事领域复杂的炮弹弹道计算问题，科学家发明了第一台电子计算机。随着计算机运算能力和分析功能的增强，计算机被广泛应用到了社会生活的各个领域。大到宇宙探测、基因图谱绘制，小到日常工作、生活娱乐，无不需要计算机的支持。

作为问题求解的一个有力工具，计算机尽管没有思维，只能机械地执行指令，但它运算速度快、存储容量大、计算精度高。如果能够设计有效的算法和程序，充分利用这些优点，计算机就能成为问题求解的一个利器。

　　当我们面对问题时，首先要做的事情就是对问题进行精确描述。问题描述清楚了，就能方便人们选择合适的方法来解决问题。常用的问题描述方法有：自然语言描述、流程图描述、实体-关系图（即 E-R 图）描述等。下面重点介绍基于流程图的描述方法，有关 E-R 图的描述方法请读者参考网络资源进行学习。

3.3.2　流程图

　　流程图（FlowChart）是描述我们进行某一项活动所遵循的顺序的一种图示化方法；或者是对某一个问题的定义、分析或解决方法的图形表示。在计算机系统中，流程图是指程序流程图，它用来表示程序中的各种语句的操作顺序。

　　1. 流程图的符号

　　在流程图中，通常用一些"图形框"来表示各种类型的操作，在框内写出功能、条件等，然后用带箭头的线把它们连接起来，以表示执行的先后顺序。用图形表示算法，形象直观，易于理解。表 3-1 给出了流程图中的一套标准的符号，每个符号代表了特定的功能和含义。

表 3-1　流程图中的主要图形框符号、名称及其功能

图形框符号	图形框名称	功　能　说　明
（椭圆）	起始框、终止框	表示一个问题（或算法）的起始和结束
（平行四边形）	输入框、输出框	表示一个问题（或算法）的输入输出信息
（矩形）	处理框	用于一个问题（或算法）的赋值或计算
（菱形）	判断框	判断条件是否成立。有条件成立和不成立两个出口
↓　→	流程线或箭头	说明算法前进的方向
○	连接点	内填写字母，用来连接两个分布在不同页的框图
---□	注释框	帮助编程人员或读者理解框图的意义

　　2. 流程图的绘制

　　按照表 3-1 给出的流程图符号，图 3-3 给出了根据学生学习成绩判定课程是否需要补考或重修的流程图。根据流程图，如果学生通过课程学习、课程考核后，成绩合格，则课程学习结业；如果学习成绩不合格，则进行课程补考；如果课程补考还不合格，则进行课程重修。

　　显然，通过图 3-3 所示的流程图，能够让学生一目了然地了解一门课程的总体考核过程，不仅能鼓励学生努力学习，提高学生学习效果，而且还能有效开展学生学习效果评价，确保课程考核流程的完整性。显然，流程图能让思路更清晰、逻辑更清楚，有助于问题的表示和高效的解决。

　　那么，在绘制画流程图时，我们需要注意哪些问题呢？

　　（1）绘制流程图时，为了提高流程图的逻辑性，应遵循从左到右、从上到下的顺序排列，而且可以在每个元素上用阿拉伯数字进行标注。

　　（2）从开始符开始，以结束符结束。开始符号只能出现一次，而结束符号可出现多次。若流程足够清晰，可省略开始、结束符号。

　　（3）当各项步骤有选择或决策结果时，需要认真检查，避免出现漏洞导致流程无法形成

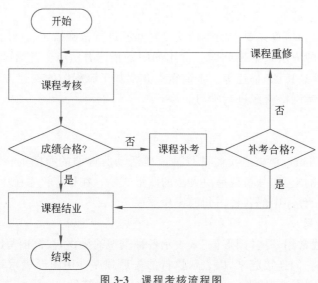

图 3-3　课程考核流程图

闭环。

（4）处理符号应为单一入口、单一出口，连接线尽量不要交叉。

（5）如果是两个同一路径下的指示箭头，这时应只有一个。

（6）相同流程图符号大小需要保持一致。

（7）当处理框为并行关系时，尽量放在同一高度。

（8）必要时可以采用标注，以此来清晰地说明流程中有关步骤的作用。

（9）在流程图中，如果有参考其他已经定义的流程，不需重复绘制，直接用已定义流程符号即可。

3.3.3　程序控制结构

在程序设计语言中，通常将程序按照流程图分成 3 种基本控制结构：顺序结构、选择结构和循环结构。将这些基本结构按一定规律进行组合可实现从简单到复杂的各种算法，理论上是可以解决任何复杂问题的。

1. 顺序结构

顺序结构顾名思义就是按照事情发生的先后顺序依次进行的程序结构，该结构最为简单。顺序结构的程序设计只要按照解决问题的顺序写出相应的语句就行，它的执行顺序是自上而下，依次执行的，其特点是每条语句只能是由上而下执行一次。在这种结构中，各程序块（如程序块 A 和程序块 B）按照出现顺序依次执行，如图 3-4 所示。

2. 选择结构

选择结构也称为分支结构，它根据给定的条件判断选择哪一条分支，从而执行相应的程序块（或称语句块）。选择结构包括单分支结构、双分支结构和多分支结构。

1）单分支选择结构

如果条件成立，则执行语句块，否则什么也不执行，如图 3-5（a）所示。单分支结构的 Python 语句如下：

图 3-4　顺序结构

```
if <条件>:
    语句块
```

在这种情况下,如果<条件>为真,则执行<语句块>,否则,什么也不执行。

2) 双分支选择结构

如果条件成立,则执行语句块 1,否则执行语句块 2,如图 3-5(b)所示。双分支结构的 Python 语句如下:

```
if <条件>:
    语句块 1
else:
    语句块 2
```

在这种情况下,如果<条件>为真,则执行<语句块 1>,否则,执行<语句块 2>。

3) 多分支结构

多分支结构是双分支结构的一种扩展形式。在多分支选择语句中,有多个条件,通过对这些条件的遍历,选择执行不同的语句块。如图 3-5(c)所示。在程序执行时,由第一分支开始查找,如果相匹配,执行其后的语句块,接着执行第 2 分支,第 3 分支……的语句块,直到遇到 break 语句;如果不匹配,查找下一个分支是否匹配。这个语句在应用时要特别注意遍历条件的合理设置以及 break 语句的合理应用。

在 Python 语句中,对多分支结构的支持相比 C 语言要弱。Python 中的多分支结构主要通过 if-elif-else 语句来实现。

```
if <条件 1>:
    语句块 1
elif:
    语句块 2
...                                        #elif 可以重复多次
else:
    语句块 n
```

在这种情况下,如果<条件 1>为真,则执行语句块 1;否则,如果<条件 2>为真,则执行语句块 2;以此类推,所有条件都不符合,则执行语句块 n。

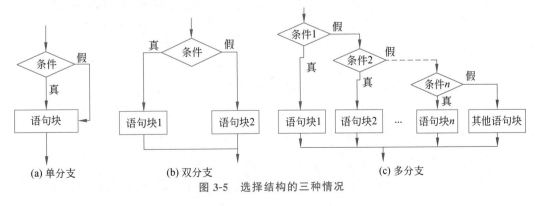

图 3-5　选择结构的三种情况

下面给出一个多分支 Python 程序设计的例子,即根据年龄大小,将人员划分为成年、少年和童年。

```
age = int(input("Please input age:"))
if (0<age<=6):
    print("童年")
elif (6<age<=18):
    print("少年")
else:
    print("成年")
```

3. 循环结构

循环在现实生活中处处可见,如学校每学期按周排课,每周一个循环;运动会上,运动员绕着运动场一圈接着一圈跑步,直到跑完全程。类似这种在一段时间内会重复的事情就是循环。同样,让计算机反复执行一些语句,只要几条简单的命令,就可以完成大量同类的计算,这就是循环结构的优势。

循环结构表示程序反复执行某个或某些操作,直到某个条件为假(或为真)时才终止循环。其中,给定的条件称为循环条件,反复执行的程序段称为循环体。因此在循环结构中最主要的是什么情况下需要执行循环。

循环结构的基本形式有两种:当型循环和直到型循环。

1) 当型循环

当型循环是先判断再执行。根据给定的条件,当满足条件时执行语句块 1,并且在循环终端处流程自动返回到循环入口;如果条件不满足,则退出语句块 1 直接到达流程出口处。因为是"当条件满足时执行循环",所以称为当型循环,其特点是先判断后执行,即语句块 1可能执行一次、可能执行多次、也可能一次不执行,如图 3-6 所示。

Python 语言中的 for 语句和 while 语句都可以用来实现当型循环。

(1) while 语句。

Python 的 while 语句是一种循环结构,用来反复执行某个或某些操作,直到某条件为假(或为真)时才终止循环。例如,求解 0 到 99 中偶数的和的程序。

程序 3-1 计算 0 到 99 中偶数和的程序

```
sum = 0;   i=0                      #设置初和为 0,变量为 0
while i<100:                        #终值为 100,不参与计算
    sum += i                       #也可简写为:sum += i
    i += 2                         #影响循环条件的语句
print("sum=", sum)                 #输出求和结果
```

while 语句的执行过程如下:如果<循环条件>为真,重复执行语句块 1,直到<循环条件>为假,这时执行语句块 2。程序 3-2 给出了 while…else 语句的程序示例。

程序 3-2 while…else 语句程序示例

```
str = input("请输入一个字符: ")      #输入字符
index = 0
```

```
while index < len(str) :                                      #如果小于字符串长度
    print("循环进行中,第",index,"个字符是:",str[index])        #显示字符
    index = index + 1
else:
    print("循环结束,这个字符串为", str)                        #输出结果
```

该程序的输出结果为：

```
请输入一个字符: 7wueu
循环进行中,第 0 个字符是: 7
循环进行中,第 1 个字符是: w
循环进行中,第 2 个字符是: u
循环进行中,第 3 个字符是: e
循环进行中,第 4 个字符是: u
循环结束,这个字符串为 7wueu
```

我们可以将 else 及其语句删除,并将语句块 2 与 while 对齐,这时两个程序段的功能是相同的。因此,else 在 while 语句中是可以不使用的,如程序 3-3 所示。

程序 3-3　while 语句的程序示例

```
str = input("请输入一个字符: ")                               #输入字符
index = 0
while index < len(str) :                                      #如果小于字符串长度
    print("循环进行中,第",index,"个字符是:",str[index])        #显示字符
    index = index + 1
print("循环结束,这个字符串为", str)                            #输出结果
```

（2）for 语句。

在 for 语句中,<循环条件>是个遍历结构。因此,for 循环也称为"遍历循环"。遍历结构可以是字符串、文件、组合数据类型或 range()函数。range()函数是 Python 语言中的特色,使用非常广泛。

range()函数遍历循环的格式为: for i in range(init，end，step)。

该格式从初值 init 开始,按照步长 step,直到终值 end 时结束循环。

使用 range()函数的 for 语句的执行过程如下: 将 range 中的"初值 init"赋值给<循环变量>,如果<循环变量>的值小于<循环条件>中的"终值 end",将会执行循环体。在循环体执行完成后,<循环变量>的值会按照<循环条件>中的"步长 step"自动修改。重复以上步骤,直到<循环变量>不再满足<循环条件>为止。在实际应用中,如果没有指定初值 init,则初值 init 为 0,如果没有指定步长 step,则步长 step 为 1。

for 语句非常适合已知循环次数的问题的求解。例如,计算整数 0 到 99 中偶数的和。

程序 3-4　for 语句求 0 到 99 中偶数和的程序

```
sum = 0                                #设置初始和为 0
for i in range(0, 100, 2):             #从 0 开始,步长为 2,终值为 100,100 不参与计算
    sum += i                           #累加 0,2,4,6,8,以此类推
print("sum=", sum)                     #输出求和结果
```

显然,使用 for 语句计算 0~99 间的偶数和,比 while 语句要简单。

2) 直到型循环

直到型循环表示从结构入口处直接执行语句块 1,在循环终端处判断条件,如果条件不满足,返回入口处继续执行语句块 1,直到条件为真时再退出循环,并到达流程出口处。因为该类循环是"直到条件为真时终止",所以称为直到型循环,其特点是,语句块 1 至少执行一次,如图 3-7 所示。

图 3-6　当型循环

图 3-7　直到型循环

Python 语言中的 for 语句和 while 语句都不能直接用来实现直到型循环。因为 Python 语言中没有 goto 语句。但 Python 语言可以借助 for 语句和 break 语句实现一个直到型循环。具体代码如下:

```
for i in range(6):
    print("语句块 1......")            #循环体
    if i >= 3:
        print("语句块 2")
        break                          #退出循环
print("程序结束")
```

该程序的运行结果如下:

```
语句块 1......
语句块 1......
语句块 1......
语句块 1......
语句块 2
程序结束
```

上述代码先运行语句块 1 共 4 次(i=0~3),当 i 等于 3 时,使用 break 语句后,直接退出 for 循环。因此起到了"直到型循环"的作用。

为了区分 break 语句和 continue 语句的作用,下面通过程序看一下两者的差异。

```
for i in range(6):
    print("语句块 1......")
    if i >=3:
        print("语句块 2")
```

```
            continue
print("程序结束")
```

该程序的运行结果如下：

```
语句块 1……
语句块 1……
语句块 1……
语句块 1……
语句块 2
语句块 1……
语句块 2
语句块 1……
语句块 2
程序结束
```

通过运行结果可以发现，continue 语句的作用是跳过 for 循环中的后续语句，再转移到 for 循环处判定条件，因此，后续还会运行语句块 1、语句块 2，直到 for 循环结束。因此，使用 for 和 continue 语句不能实现直到型循环。

◆ 3.4　数据结构与算法设计

3.4.1　数据结构

在对问题抽象获得了数学模型，明确输入输出和处理框架后，接下来就是根据问题求解的需要组织、提取原始数据，确定原始数据进入计算机后的存储结构（即数据结构），并在数据结构的基础上研究数据的处理方法和步骤（即算法）。

1. 数据结构的基本概念

数据结构（data structure）是带有结构特性的数据元素的集合，它研究的是数据的逻辑结构和数据的物理结构以及它们之间的相互关系，并对这种结构定义相适应的运算，设计出相应的算法，并确保经过这些运算以后所得到的新结构仍保持原来的结构类型。简而言之，数据结构是相互之间存在一种或多种特定关系的数据元素的集合，即带"结构"的数据元素的集合。"结构"就是指数据元素之间存在的关系，分为逻辑结构和存储结构。

数据结构有很多种，一般来说，按照数据的逻辑结构对其进行简单的分类，包括线性结构和非线性结构两类。

线性结构：简单地说，线性结构就是表中各个节点具有线性关系。线性结构有且仅有一个开始节点和一个终端节点，所有节点都最多只有一个直接前驱节点和一个直接后继节点。栈、队列和串等都属于线性结构，也称为线性表。

非线性结构：简单地说，非线性结构就是表中各个节点之间具有多个对应关系。非线性结构的一个节点可能有多个直接前驱节点和多个直接后继节点。数组、广义表、树和图等都属于非线性结构。

2. 线性结构

线性表是最基本、最简单、也是最常用的一种数据结构。一个线性表是 n 个具有相同特性的数据元素的有限序列。n 为线性表的长度,当 $n=0$ 时称为空表。在非空表中每个数据元素都有一个确定的位置,如用 a_i 表示数据元素,则 i 称为数据元素 a_i 在线性表中的位序。线性表的相邻元素之间存在着序偶关系。如用 $(a_1,\cdots,a_{i-1},a_i,a_{i+1},\cdots,a_n)$ 表示一个顺序表,则表中 a_{i-1} 领先于 a_i;a_i 领先于 a_{i+1},称 a_{i-1} 是 a_i 的直接前驱元素,a_{i+1} 是 a_i 的直接后继元素。当 $i=1,2,\cdots,n-1$ 时,a_i 有且仅有一个直接后继,当 $i=2,3,\cdots,n$ 时,a_i 有且仅有一个直接前驱。

线性表主要有顺序表示和链式表示。在实际应用中,常以栈、队列、字符串等特殊形式使用。

1) 栈(stack)

栈是一种特殊的线性表,它只能在一个表的一个固定端进行数据节点的插入和删除操作。栈按照后进先出的原则来存储数据,也就是说,先插入的数据将被压入栈底,最后插入的数据在栈顶,读出数据时,从栈顶开始逐个读出。栈在汇编语言程序中经常用于重要数据的现场保护。栈中没有数据时,称为空栈。在 Python 中,栈可以用列表实现。

2) 队列(queue)

队列和栈类似,也是一种特殊的线性表。和栈不同的是,队列只允许在表的一端进行插入操作,而在另一端进行删除操作。一般来说,进行插入操作的一端称为队尾,进行删除操作的一端称为队头。队列中没有元素时,称为空队列。在 Python 中,队列可以用列表实现,也可以使用专门的方法 Queue() 来处理。

3) 链表(linked list)

链表是一种数据元素按照链式存储结构进行存储的数据结构,这种存储结构具有在物理上存在非连续的特点。链表由一系列数据节点构成,每个数据节点包括数据域和指针域两部分。其中,指针域保存了数据结构中下一个元素存放的地址。链表结构中数据元素的逻辑顺序是通过链表中的指针连接次序来实现的。在 Python 中,没有专门的链表数据结构,但可以通过列表等多种方法的组合来实现链表的功能。

3. 非线性结构

非线性结构主要包括数组、树和图等,下面进行简要介绍。

1) 数组(array)

数组是一种聚合数据类型,它是将具有相同类型的若干变量有序地组织在一起的集合。数组可以说是最基本的数据结构,在各种编程语言中都有对应。一个数组可以分解为多个数组元素,按照数据元素的类型,数组可以分为整型数组、字符型数组、浮点型数组、指针数组和结构数组等。数组还可以有一维、二维以及多维等表现形式。在 Python 语言中,数组的功能主要通过列表数据类型来实现;在引入 NumPy 模块后,ndarray 数据类型可以方便地实现多维数组的各种功能。例如,要表示如下的一个二维数组:

$$\begin{bmatrix} 1 & 2 & 3 \\ 4 & 5 & 6 \end{bmatrix}$$

可以通过如下的列表数据类型表示:

$$lst = [[1,2,3],[4,5,6]]$$

2) 树(tree)

树是典型的非线性结构,它是由 $n(n \geqslant 0)$ 个有限节点组成一个具有层次关系的集合。

把它叫作"树"是因为它看起来像一棵倒挂的树,也就是说它是根朝上,而叶朝下的。它具有以下的特点:每个节点有零个或多个子节点;没有父节点的节点称为根节点;每一个非根节点有且只有一个父节点;除了根节点外,每个子节点可以分为多个不相交的子树。

树可以递归地进行如下定义。

- 单个节点是一棵树,树根就是该节点本身。
- 空集合也是树,称为空树,空树中没有节点。
- 设 T_1、T_2……T_k 是树,它们的根节点分别为 n_1、n_2……n_k。用一个新节点 n 作为 n_1、n_2……n_k 的父亲,则得到一棵新树,节点 n 就是新树的根。我们称 n_1、n_2……n_k 为一组兄弟节点,它们都是节点 n 的子节点。并称 T_1、T_2……T_k 为节点 n 的子树。

在树结构中,还经常用到下述术语。

- 子节点:一个节点含有的子树的根节点称为该节点的子节点。
- 节点的度:一个节点含有的子节点的个数称为该节点的度。
- 叶节点或终端节点:度为 0 的节点称为叶节点。
- 非终端节点或分支节点:度不为 0 的节点。
- 双亲节点或父节点:若一个节点含有子节点,则这个节点称为其子节点的父节点。
- 兄弟节点:具有相同父节点的节点互称为兄弟节点。
- 节点的层次:从根开始定义起,根为第 1 层,根的子节点为第 2 层,以此类推。
- 树的高度或深度:树中节点的最大层次。
- 森林:由多棵互不相交的树组成的集合。

在计算机系统中,如何对树进行表示,科学家们从不同的角度提出了很多方法,目标主要是节约存储空间、提高检索效率等。使用最多的是符号表达法和数据链表法。

符号表达法:用括号先将根节点放入一对圆括号中,然后把它的子树按照由左至右的顺序放入括号中,而对子树也采用同样的方法处理;同层子树与它的根节点用圆括号括起来,同层子树之间用逗号隔开,最后用右括号括起来。

如图 3-8 所示的 7 个节点的树状结构可以表示为:(1(2(4,5),3(6,7)))。显然,符号表示法在 Python 中很容易通过列表进行实现。该树用列表数据结构可以表示为:Tree8 = [1,[2,[4,5]], [3,[6,7]]]。

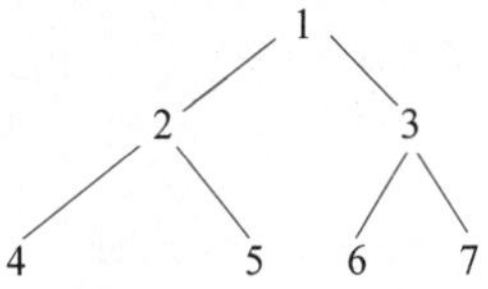

由于有关利用数据链表表述树结构的方法相对复杂,有兴趣的读者可以通过网络进行学习,本书不做介绍。

查找树中某个节点、遍历树中全部节点,是树状结构中使用的方法。树的遍历有很多的实际应用,可以用来找到匹配的字符串、

图 3-8 包含 7 个节点
的树状结构

文本分词和获取文件路径等。树的遍历有两个基本的方法:广度优先遍历和深度优先遍历。

广度优先遍历也称为层次遍历,其按照层次输出一棵树的所有节点的组合。具体过程为:从上往下对每一层依次访问,在每一层中,从左往右(也可以从右往左)访问节点,访问完一层就进入下一层,直到没有节点可以访问为止。例如,图 3-8 中所示的二叉树的广度优先遍历结果是 1 2 3 4 5 6 7。

深度优先遍历对每一个可能的分支路径深入到不能再深入为止,而且每个节点只能访问一次。二叉树的深度优先遍历比较特殊,又可根据处理节点的顺序不同,分为先序遍历、

中序遍历和后序遍历。

先序遍历也叫作先根遍历、前序遍历。首先访问根节点然后遍历左子树,最后遍历右子树。在遍历左、右子树时,仍然先访问根节点,然后遍历左子树,最后遍历右子树,如果树为空则返回。例如,图 3-8 中所示树结构的遍历结果是１２４５３６７。

中序遍历也叫作中根遍历、中序周游。首先遍历左子树,然后访问根节点,最后遍历右子树。若二叉树为空则结束返回,否则,中序遍历左子树,访问根节点,中序遍历右子树。例如,图 3-8 中所示二叉树的遍历结果是４２５１６３７。

后序遍历是二叉树遍历的一种,也叫作后根遍历、后序周游。首先遍历右子树,然后遍历左子树,最后访问根节点,在遍历左、右子树时,仍然先遍历右子树,然后遍历左子树,最后遍历根节点。若二叉树为空则结束返回。例如,图 3-8 中二叉树的遍历结果是７６３５４２１。

如果已知了前序遍历和中序遍历的结果,就能确定后序遍历的结果。

下面给出一个二叉树进行定义和遍历的例子:

```python
#定义一个树节点
class TreeNode:
    def __init__(self, value=None, left=None, right=None):
        self.value = value
        self.left = left                    #左子树
        self.right = right                  #右子树
#实例化一个树节点
node1 = TreeNode("1",
                TreeNode("2",
                        TreeNode("4"),
                        TreeNode("5")
                        ),
                TreeNode("3",
                        TreeNode("6"),
                        TreeNode("7")
                        )
                )
#前序遍历
def preTraverse(root):
    if root is None:
        return
    print(root.value, end="=>")
    preTraverse(root.left)
    preTraverse(root.right)
#中序遍历
def midTraverse(root):
    if root is None:
        return
    midTraverse(root.left)
    print(root.value, end="=>")
    midTraverse(root.right)
#后序遍历
def afterTraverse(root):
```

```
    if root is None:
        return
    afterTraverse(root.right)
    afterTraverse(root.left)
    print(root.value, end="=>")
#主程序
if __name__ == "__main__":
    print("前序遍历:")
    preTraverse(node1)
    print("\n中序遍历:")
    midTraverse(node1)
    print("\n后序遍历:")
    afterTraverse(node1)
```

该程序的运行结果如下。

```
前序遍历:
1=>2=>4=>5=>3=>6=>7=>
中序遍历:
4=>2=>5=>1=>6=>3=>7=>
后序遍历:
7=>6=>3=>5=>4=>2=>1=>
```

3) 图

图是一种非线性数据结构。在图的数据结构中,数据节点一般称为顶点,而边是顶点的有序偶对。如果两个顶点之间存在一条边,那么就表示这两个顶点具有相邻关系。在求解哥尼斯堡七桥问题时,欧拉将其转换为一个图的"一笔画"问题(即求欧拉回路问题)。因此,如何对图的数据结构进行定义、查找、遍历是非常重要的。

跟树的遍历类似,图的遍历方法有深度优先搜索法和广度优先搜索法两种。

图的深度优先搜索法是树的先根遍历的推广,它的基本思想是:从图 G 的某个顶点 v_0 出发,访问 v_0,然后选择一个与 v_0 相邻且没被访问过的顶点 v_i 访问,再从 v_i 出发选择一个与 v_i 相邻且未被访问的顶点 v_j 进行访问,依次继续。如果当前被访问过的顶点的所有邻接顶点都已被访问,则退回到已被访问的顶点序列中最后一个拥有未被访问的相邻顶点的顶点 w,从 w 出发按同样的方法向前遍历,直到图中所有顶点都被访问。

图的广度优先搜索是树的按层次遍历的推广,它的基本思想是:首先访问初始点 v_i,并将其标记为已访问过,接着访问 v_i 的所有未被访问过的邻接点 $v_{i1},v_{i2},\cdots,v_{it}$,并均标记已访问过,然后再按照 $v_{i1},v_{i2},\cdots,v_{it}$ 的次序,访问每个顶点的所有未被访问过的邻接点,并均标记为已访问过,以此类推,直到图中所有和初始点 v_i 有路径相通的顶点都被访问过为止。

根据图在遍历过程中顶点和边的重复情况,图的遍历结果可分为 4 类。

(1) 遍历完所有的边而不能有重复,即所谓"一笔画问题"或"欧拉路径"。

(2) 遍历完所有的顶点而没有重复,即所谓"哈密尔顿问题"。

(3) 遍历完所有的边而可以有重复,即所谓"中国邮递员问题"。

(4) 遍历完所有的顶点而可以重复,即所谓"旅行推销员问题"。

其中,第(1)类和第(3)类问题已经得到了很好的解决,而第(2)类和第(4)类问题则只得到了部分解决。第(1)类问题就是研究欧拉图的性质,第(2)类问题则是研究哈密尔顿图的性质。

由于图结构的实现和编程相对复杂,需要一些"离散数学"方面的知识,因此,对此有兴趣的读者可以通过网络进一步学习。

3.4.2 算法设计

算法(algorithm)是指对解题方案准确而完整的描述,是一系列解决问题的清晰指令。算法能够对一定规范的输入,在有限时间内获得所要求的输出。如果一个算法有缺陷,或不适合于某个问题,执行这个算法将不会解决这个问题。不同的算法可能用不同的时间、空间或效率来完成同样的任务。一个算法的优劣可以用空间复杂度与时间复杂度来衡量。

1. 算法的表现形式

算法的表现形式有自然语言、流程图、伪代码等。自然语言就是将算法的各步骤直接写出来。流程图通过特定的图形符号、连接线和文字说明,叙述算法步骤。伪代码通过介于编程语言和自然语言的形式(更类似于编程语言)描述算法步骤。

自然语言和伪代码均无特定形式,能够解释清楚意思即可。

比如说计算三个数 a、b、c 中的最大值的算法,用三种形式表现如下。

1)自然语言

(1)若 $a \geqslant b$,则 max$=a$;否则,max$=b$。

(2)若 $c \geqslant$ max,则 max$=c$。max 即为它们中的最大值。

2)流程图

流程图的构建是一个循序渐进的过程,图 3-9 给出了一个求解 a、b、c 三个数中最大值的流程构建过程。先简单、再复杂,先模块表示、再不断丰富流程图中的模块内容。因为流程图的一个流程可以分解为若干小流程,多个流程也可以合并为一个大流程。

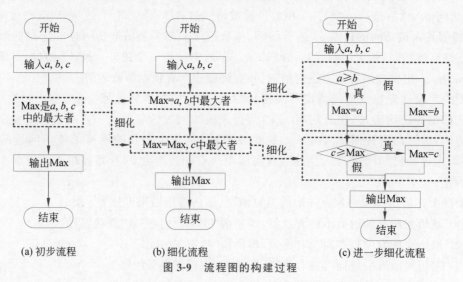

图 3-9 流程图的构建过程

3) 伪代码

由于构建流程图比较麻烦,也可以使用类似自然语言的伪代码进行算法设计。例如,计算三个数的最大值的伪代码如下:

```
input a, b, c
if {a >= b} then {max = a} else {max = b}
if {c >= max} then {max = c}
print max
end
```

2. 算法的性能

同一问题可用不同算法来解决,而一个算法的质量优劣将影响到算法乃至程序的效率。算法分析的目的在于选择合适算法和改进算法。一个算法的评价主要从时间复杂度和空间复杂度来考虑。

1) 时间复杂度

算法的时间复杂度是指执行算法所需要的计算工作量。一般来说,计算机算法是问题的规模函数。问题的规模越大,算法执行的时间与规模的增长率越正相关。

2) 空间复杂度

算法的空间复杂度是指算法需要消耗的内存空间。其计算和表示方法与时间复杂度类似。同时间复杂度相比,空间复杂度的分析要简单得多。

除了时间复杂度和空间复杂度外,算法还有一些其他评价指标,如正确性、鲁棒性和稳定性等,这些指标会根据算法评价需求而进行差异化选择。

1) 正确性

算法的正确性是指一个算法能否按照预先的期望,输出正确结果。正确性是一个算法必须达到的标准,否则算法就失去功能作用。

2) 鲁棒性

算法的鲁棒性是指一个算法对不合理数据输入的反应能力和处理能力,也称为容错性。例如,在输入一个整数时,如果用户输入的是非整数,程序能够自动判断。

3) 稳定性

算法的稳定性是指针对相同输入数据,算法多次执行后,每次执行结果的内容的一致性。特别是有多个数据输出时,相互间的顺序性是否一致。

◈ 3.5　经典算法及其 Python 实现

在对同一问题的求解过程中,计算机可以采用多种算法来实现。不同算法的编程代码量、执行效率等会存在较大差异。计算机问题求解中经常采用的经典算法包括:枚举算法、贪心算法、迭代算法(也称递推算法)、递归算法、排序算法等。其他经典算法读者可以通过网络进行学习。

3.5.1　枚举算法

针对前面的哥尼斯堡七桥问题,最容易想到的方法就是枚举算法了。在计算机时代,由于计算机速度快,像哥尼斯堡七桥问题,由于规模不是很大,很容易通过枚举算法来进行求解。那么,什么是枚举算法呢?

枚举算法也称为穷举算法,就是按照问题本身的性质,一一列举出该问题所有可能的解,并在逐一列举的过程中,检验每个解是否是该问题的真正解。如果是,则采纳这个解;如果不是,则抛弃它。在逐一列举过程中,既不能遗漏也不要重复。如果有遗漏,则可能造成算法求解结果的片面性,甚至不正确;如果重复比较多,则显著降低了算法的执行效率。

1. 枚举算法的步骤

枚举算法是一种充分利用计算机快速计算能力求解问题的方法。其工作过程可以分为以下两步。

(1)确定枚举对象:枚举对象是枚举算法的关键要素,一般需若干参数来描述。参数越少,枚举空间也越小;参数取值范围越小,搜索空间也越小。

(2)列举可能的解并验证:根据枚举对象的参数构造循环,针对每一种可能的取值,根据问题求解目标,验证其是否符合预先规定的逻辑要求,如果满足,则采纳之;否则,抛弃之。

2. 枚举算法的实例

【实例 1】 列举给定自然数范围内的所有素数。

问题描述:自然数由 0 开始,用来表示物体个数。素数又称质数,是指大于 1 的自然数中,除了 1 和其自身外,不能被其他自然数整除的数。对应较大的自然数,如果使用人工方法进行素数统计,耗时耗力。

问题分析:下面以 n=1000 为例子,使用计算机程序方法,枚举出 n 之内的所有素数。具体方法为:先构造素数验证函数,然后针对全体枚举对象(1 至 n 的自然数),逐一列举并验证。由于本例相对简单,所以在分析时,可以不用构建流程图。

问题求解:在 Python 语言中,我们用一个 for 循环构造一个函数 isPrime(n)来验证一个数 n 是否是素数;然后用 for 循环遍历和验证一个给定的自然数之内的所有数中哪些是素数。具体程序如下。

程序 3-5 计算素数的枚举算法

```
def isPrime(n):                    #验证是否是素数的函数
    if n <= 1:
        return 0
    for i in range(2, n):
        if n % i == 0:
            return 0               #不是素数
    return 1                       #是素数
#主函数
for n in range(1,1001):            #遍历对象 1 至 1000(含)
    if (isPrime(n)):               #调研函数进行枚举并验证
        print(n)                   #输出素数
```

【实例 2】 推测单据上的污染数字问题。

问题描述:一张单据上有一个 5 位数的编码,因为保管不善,其百位数字因为污染已看不清楚。但是,我们事先知道这个 5 位数是 57 和 67 的倍数。现在要设计一个算法,输出所有满足这些条件的 5 位数,并统计这样的数的个数。

问题分析：首先，确定此问题中的枚举对象。在该 5 位数编码中，只有百位数看不清，而百位数字共有 10 种取值（即 0～9），因此，这个问题的枚举对象就是百位数字。我们用参数 d3 来描述，即 d3∈{0,1,2,3,4,5,6,7,8,9}。然后，把数字 d3 和问题中已知的其他 4 个数字组成完整的 5 位数编码，假设为 dig。最后，验证该 5 位数 dig 能否同时被 57 和 67 整除，如果可以，则记录下数 dig。

问题求解：根据上述分析，该算法可以用一个 for 循环来实现百位数字的遍历和验证。用 dig 存储满足条件的 5 位数，count 表示满足条件的 5 位数的个数。该算法实现的参考程序如下所示。

程序 3-6　污染数字问题的求解程序

```
d5=3; d4=4; d2=7; d1=1; count = 0
for d3 in range(0,9):
    dig = d5 * 10**4 + d4 * 10**3 + d3 * 10**2 + d2 * 10**1 + d1
    if (dig % 57 == 0) & (dig % 67 == 0):
        count = count + 1
        print(dig, count)
```

显然，污染数字问题是一个非常简单的枚举例题，因为枚举对象很容易确定和描述，用一个参数即可以，而且参数的取值范围非常小。

3. 枚举算法的特点

枚举算法具有以下 4 个突出的特点。

(1) 解的准确性：因为枚举算法会检验问题的每一种可能情况，所以，只要时间足够，枚举算法求解的答案肯定是正确的。

(2) 解的全面性：枚举算法能方便地求解出问题的所有解。

(3) 计算复杂性：枚举算法可直接用于求解规模比较小的问题，但是，当问题规模比较大时，由于需要枚举全部可能性，因此算法的效率通常比较低。

(4) 实现简单性：枚举算法常常通过循环来逐一列举和验证各种可能解，一般由多重 for 循环语句组成，程序逻辑结构清晰简单。

3.5.2　贪心算法

贪心算法（又称贪婪算法）是指在对问题求解时，总是做出在当前看来是最好的选择。也就是说，贪心算法的求解是一个多阶段决策的过程，而且每步的决策只需要根据某种“只顾眼前”的贪心策略来执行，并不需要考虑其对子问题的影响。因此，贪心算法的执行效率一般都比较高。但是，在有些情况下，这种“短视”的贪心决策只能导致局部最优，而不是全局最优。

【实例 1】　硬币找零问题。

问题描述：假设有面值为 1.1 元，5 角和 1 角的硬币，现在要找给顾客 1 元 5 角钱，怎么找使得硬币数目最少？

问题分析：为使找回的零钱的硬币数最少，不必求出找零钱的所有方案，而是从最大面值的币种开始，按递减的顺序考虑各面额，先尽量用大面值的面额，当大面值不足时才去考虑下一个较小的面值，这就是贪心算法。

问题求解：在不超过应付金额的条件下，选择面值最大的货币，那么得到的找零方案为 1 个 1.1 元硬币和 4 个 1 角硬币。显然，这不是最优的找零方案，因为 3 个 5 角的硬币显然是更优的方案。

显然，在上述过程中，每次总是选择面值最大而且不超过应付金额的硬币，并没有考虑这种选择对于后续找零是否合理。这就是一种典型的贪心策略，每次做出局部最优的决策，直至得到问题的一个解。

【实例 2】 食品按人分配问题。

问题描述：已知有 N 个食品，在每个食品不可分割的情况下要分配给 M 个人员享用，请设计一种方案，使得每个人分配到的食品尽量接近。

问题分析：针对上述问题，有一种解决思路是从 N 个食品中，顺序（或随机）选择一个食品分给某个人，使得这个人累计获得的食品量与其他人的食品量尽量接近。这就是贪心算法。显然，每一次的局部最优，不能保证最后是全局最优，这也是贪心算法的缺点。

问题求解：设参与分配的食品集合用列表 Food 表示，食品总量用 N 表示；参与分配食品的人数用 M 表示；每人获得的食品量集合用列表 ReadyF 表示。则该贪心算法的思想为：依次从 Food 列表中选择一个食品，计算该食品分配给每个人后的期望食品量（用列表 ExpectF 表示），从中选择具有最小期望食品量的人员给予分配。如此重复，直到全部食品分配完毕，该问题的 Python 语言程序代码如下。

程序 3-7　食品分配问题的贪心算法的实现

```
ReadyF = [0,0,0,0,0,0]                    #假设每个人的初始食品量为 0
M = len(ReadyF)                           #计算参与分配的人数
ExpectF = [0,0,0,0,0,0]                   #每个人的期望食品量初始设置为 0
Food = [61,3,5,99,22,11,33,44,55,66,77,88,99,23,18]  #初始化每个食品的重量
#Food = sorted(Food, reverse = True)      #先排序再分配(逆序)
N= len(Food)                              #计算食品总个数
for i in range(N):
    minval=99999999
    for j in range(M):
        ExpectF[j] = ReadyF[j] + Food[i]  #计算该食品分配给每人后的期望食品量
        if ExpectF[j] < minval:
            minval = ExpectF[j]
            matchj = j                    #记录具有最小期望食品量的人员
    ReadyF[matchj] = ExpectF[matchj]      #更新被选人员的食品分配量
    #print("食品",i,"分配给人员", matchj,"后的食品量为:", ReadyF[matchj])
print("每个人员各自获得的最终食品量为:", ReadyF)
```

程序运行结果如下。

每个人员各自获得的最终食品量为：$[160, 113, 137, 99, 106, 89]$

如果将程序中的第 5 行的注释"#"去掉，先对食品按照由高到低排序再分配，则程序的运行结果如下。

每个人员各自获得的最终食品量为：$[121, 117, 114, 121, 115, 116]$

显然，采用逆排序后再分配，每人获得的食品总量更加接近。所以，贪心算法不一定能够获得最优结果。

3.5.3 迭代算法

迭代算法也称为递推算法,是计算机中一种简单而常用的算法。其原理是通过已知条件,利用特定关系得出中间结果,再从中间结果不断迭代反复,直到得到最终结果的过程。其思想是把一个复杂的庞大的计算过程转化为简单过程的多次重复,从而方便计算机处理。

比如,计算阶乘的函数 $F(n)=n!=n*(n-1)*(n-1)*\cdots*2*1$,在数学上可以将其定义为:

$$F(n)=\begin{cases} 1, & n=0 \\ n*F(n-1), & n\geqslant 1 \end{cases}$$

根据上面的公式,要计算 $F(n)$,就得先计算 $F(n-1)$,要计算 $F(n-1)$ 就得计算 $F(n-2)$,以此类推,要计算 $F(1)$,就要计算 $F(0)$。而根据公式,$F(0)$ 是已知的。使用迭代算法的思想就是从 $F(0)=1$ 出发,依次计算 $F(1)$、$F(2)$……$F(n)$。当 $n=5$ 时,其迭代过程如下:

(1) 已知 $F(0)$ 的值,其结果为 1。

(2) 计算 $F(1)$ 的值,$F(1)=1*F(0)=1*1=1$。

(3) 计算 $F(2)$ 的值,$F(2)=2*F(1)=2*1=2$。

(4) 计算 $F(3)$ 的值,$F(3)=3*F(2)=3*2=6$。

(5) 计算 $F(4)$ 的值,$F(4)=4*F(3)=4*6=24$。

(6) 计算 $F(5)$ 的值,$F(5)=5*F(4)=5*24=120$。

由此可见,使用 Python 程序中的 for 循环,设定变量 i,其值从 1 开始到 n 进行迭代计算,就可以求得 n!的值。具体程序如下。

程序 3-8　计算阶乘的函数

```
Fi = 1                              #迭代初值 F(0)=1
n = int(input("please input n:"))   #输入一个参数 n,并转换为整数
for i in range(1, n+1):  #迭代变量 i 的初值为 1,每次循环后加 1,直到为 n 循环结束
    Fi = i * Fi          #即前面的 Fi 是新值,后面的 Fi 是老值,等价于 F[i] = i * F[i-1]。
print(Fi)
```

从这个程序可以看出,迭代算法让计算机对一组指令进行重复执行,在每次执行这组指令时,都从变量的原值推导出它的一个新值,也就是不断用变量的旧值递推出新值的问题解决方案。迭代过程通常包括以下三步骤:

(1) 确定迭代变量及其初值:迭代算法中,至少有一个由旧值递推出新值的变量,这个变量就是迭代变量,每个迭代变量通常有一个初始值。如前面程序中的 i,其初值为 1。

(2) 明确迭代次数:迭代算法必须考虑不能让迭代过程无休止地重复执行下去。控制迭代过程如何结束可以分两种情况:明确给出迭代次数(如前面例子中,用户输入的参数 n 就是迭代次数);或根据运行过程确定迭代次数(这需要在循环体内设置计数器或其他表达式,以保证能够结束迭代过程)。

(3) 建立迭代关系式:控制迭代变量修改的语句、表达式或函数,统称为迭代关系式,如前面例子中的"Fi = i * Fi"就是一个迭代关系式。迭代关系式一般直接或间接地与迭代变量关联。

根据迭代方式,可以将迭代算法分为顺推算法和逆推算法两种。

1) 顺推算法

顺推算法是从已知条件出发,逐步推算出要解决的问题的方法。例如,求斐波那契数列 1、1、2、3、5、8、13、21、34、55……

假设斐波那契数列的函数为 F(n),已知 F(1)=1,F(2)=1,F(n)=F(n−1)+F(n−2) (这里,n⩾3,n 是正整数)。则通过顺推可以知道,F(3)=F(1)+F(2)=2,F(4)=F(2)+F(3)=3,F(5)=F(3)+F(4)=5,以此类推,可以得到任意整数 n 的斐波那契数列。计算斐波那契数列的函数 F(n) 写成 Python 程序如下。

程序 3-9　计算斐波那契数列的函数

```
n= 10; fibij1= 1; fibij2= 1
for i in range(2, n+1):
    fibi = fibij1 + fibij2
    fibij1 = fibij2
    fibij2 = fibi
print(fibi)
```

如果使用列表数据类型编程,则这个函数的 Python 程序可以简化如下。但该方法需要存储已计算出的斐波那契数,显然需要占用额外的存储空间。

程序 3-10　利用列表计算斐波那契数列

```
n= 10; fib[0]= 1; fib[1]= 1
for i in range(2, n+1):
    fib[i] = fib[i-1] + fib[i-2]
print(fib[i])
```

2) 逆推算法

所谓逆推算法,是指从已知问题的结果出发,用迭代表达式逐步推算出问题的开始条件。它是顺推算法的逆过程,故称为逆推算法。但逆推算法比较难实现,所以,就提出了解决逆推问题的递归算法。

3.5.4　递归算法

通过前面的迭代算法来计算阶乘,要计算 $F(n)$ 必须先计算 $F(n−1)$,以此类推,要计算 $F(1)$ 的值必须得计算 $F(0)$ 的值。显然,阶乘的计算过程是从 $F(1)=1*F(0)$ 开始的,然后依次计算 $F(2)$、$F(3)$ 至 $F(n)$。如果能够有一种编程方法,直接利用 $F(n)=n*F(n−1)$ 就能自动计算出结果,将可以大幅度简化程序编程。很幸运,科学家提出了递归算法,可以有效解决这一问题。

1. 递归算法的概念

递归算法是一种重复地将复杂问题分解为同类子问题,直到子问题依次获得求解的一种计算方法。目前,绝大多数编程语言都支持函数的自调用。能够调用自身的函数称为递归函数或递归程序。在递归函数的设计中,必须有递归边界,也就是函数的初值,例如,在阶乘计算中,$n=0$ 时的 $F(0)=1$ 的值就是初值。如果没有初值,递归函数就会无限循环,无

法退出。因此,一个递归函数必须包含两部分内容:

(1) 递归出口:通常是一个决定递归调用何时结束的条件语句,它用来提供递归边界。

(2) 递归调用:通常是函数内部包含的一个或多个进行自身调用的赋值语句或关系表达式。

递归算法的目标是将规模较大的问题转化为本质相同但规模较小的子问题,是一种分而治之策略的具体实现。有些数据结构由于其本身固有的递归特性,特别适合用递归的形式来描述和实现,比如二叉树、汉诺塔问题等。另外还有一些问题,虽然其本身并没有明显的递归结构,但是用递归算法来求解,设计出的算法简洁易懂且易于分析。

2. 递归算法的实例

【实例 1】　使用递归算法计算 n 的阶乘。

问题分析:在阶乘计算中,已知 0!=1,则可以将 n=0 时作为递归边界处理;n 的阶乘可以通过递归调用 (n−1)! 来计算。

问题求解:先构造递归函数 Factorial(n),当 n=0 时返回结果 1,否则递归调用自身。然后,使用 input() 函数输入一个自然数,并调用递归函数 Factorial(n) 计算 n!。具体程序如下。

程序 3-11　计算阶乘的递归算法

```
def Factorial(n):
    if n==0:                              #递归出口,即递归边界,递归终止条件
        return 1
    else:
        return n * Factorial(n-1)         #递归调用
#主函数
k = int( input("Please a value: "))       #输入一个值,转换为整数
print(Factorial(k))                       #显示计算结果
```

【实例 2】　使用递归算法计算斐波那契数列。

问题分析:通过前边计算斐波那契数列的函数 F(n) 的介绍我们可以发现,F(n) 可以用如下公式来表示:

$$F(n) = \begin{cases} 1, & n=1,2 \\ F(n-1)+F(n-2), & n>2 \end{cases}$$

显然,要计算 F(n) 必须先计算 F(n−1) 和 F(n−2),可以用递归算法来实现。而 n=1 和 n=2 时,F(1)=1 和 F(2)=1,可以作为递归边界处理。

问题求解:先构造递归函数 Fib(n),当 n<=2 时返回结果 1,结束递归;否则,依据 Fib(n)= Fib(n−1) + Fib(n−2) 递归调用自身。然后,使用 input() 函数输入一个自然数,调用函数 Fib(n) 进行计算。具体程序如下。

程序 3-12　斐波那契数列的递归算法

```
def  Fib(n):                              #递归函数定义
    if (n <= 2):                          #递归结束条件
        return 1
    else:
        return Fib (n-1) + Fib(n-2)       #通过递归调用进行计算
```

```
def main():                          #主函数
    n = int(input())                 #输入字符串并转换成整数
    print(Fib(n))                    #调用 Fib(n)函数,并显示结果
main()
```

显然,上述递归程序非常简洁,逻辑清晰。但是需要注意的是,Fibonacci 数列的增长速度非常快,当 n 比较大的时候,F(n)的值会变得非常大(如 Fib(20)＝6765,Fib(30)＝832040,Fib(40)＝102334155)。感兴趣的同学可以试验 n＝50 或 n＝500 时程序的执行时间。我们会发现 n＞100 以后,程序的执行时间将非常漫长。

【实例 3】　汉诺塔问题。

问题描述:汉诺塔是一个源于印度古老传说的益智玩具。大梵天创造世界的时候做了三根金刚石柱子,在一根柱子上从下往上按照大小顺序摆着 64 片圆盘。大梵天命令婆罗门把圆盘从下面开始按大小顺序重新摆放在另一根柱子上。并且规定,在小圆盘上不能放大圆盘,在三根柱子之间一次只能移动一个圆盘,如图 3-10 所示。

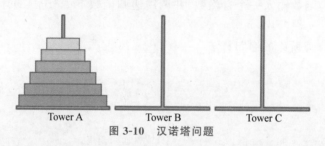

图 3-10　汉诺塔问题

问题分析:不管这个传说的可信度有多大,如果考虑一下把 64 片圆盘,由一根柱子上移到另一根柱子上,并且始终保持上小下大的顺序。这需要多少次移动呢?

先考虑简单情况。如果只有一个圆盘,则只需要一次就可以将圆盘从 A 塔座移动到 C 塔座。如果只有两个圆盘,约定圆盘从小到大以数字命名(数字越大对应圆盘直径也越大),圆盘 1 在圆盘 2 的上面。那么我们只需要 3 步就可以完成任务:首先,将圆盘 1 先移动到 B 塔座上,然后将圆盘 2 移动到 C 塔座,最后将圆盘 1 移动到 C 塔座上。

再考虑复杂一点的情况。如果有三个圆盘,模拟其移动过程,可以得到如下移动方案:

(1) 将圆盘 1 从 A 塔座移动到 C 塔座。

(2) 将圆盘 2 从 A 塔座移动到 B 塔座。

(3) 将圆盘 1 从 C 塔座移动到 B 塔座。

(4) 将圆盘 3 从 A 塔座移动到 C 塔座。

(5) 将圆盘 1 从 B 塔座移动到 A 塔座。

(6) 将圆盘 2 从 B 塔座移动到 C 塔座。

(7) 将圆盘 1 从 A 塔座移动到 C 塔座。

总共需要 7 个步骤才能完成。

由此可见,一个圆盘只需要移动 1 次,两个圆盘需要移动 3 次,三个圆盘需要移动 7 次。用一个函数表示为: $f(1)=1, f(2)=3, f(3)=7$。

如果有 4 个,5 个甚至更多的圆盘,我们应该怎么做呢? 显然,继续采用上述朴素的模拟会变得异常复杂,无法解决问题。此时,我们可以应用递归算法思想,把复杂问题归约到

简单情形。即当只有两个圆盘的时候，我们只需要将 B 塔座作为中介，将圆盘 1 先放到中介塔座 B 上，然后将圆盘 2 放到目标塔座 C 上，最后将中介塔座 B 上的圆盘放到目标塔座 C 上即可。

利用递归思想，可以把 N(N>2)个圆盘的问题抽象为类似两个圆盘的情形：直径最大的第 N 个圆盘是独立圆盘，把剩余 N−1 个圆盘"捆绑"作为一个组合圆盘。那么其解决方案也可以归纳为以下 3 步：

(1) 将 A 塔座的前 N−1 个组合圆盘放到塔座 B 上(以 C 塔座为中介，递归处理)。

(2) 将第 N 个独立圆盘放到目标塔座 C 上。

(3) 此时，A 塔座为空，B 塔座有 N−1 个圆盘，C 塔座有一个直径最大的圆盘。递归处理：以 A 塔座为中介，把 B 塔座的 N−1 个圆盘放到 C 塔座。

重复上述步骤，直到圆盘的个数等于 1 时，直接把圆盘从 A 塔座移到 C 塔座，递归结束。

问题求解：先构造递归函数 move(dish，A，B，C)，其中 dish 是圆盘数量，A、B、C 是移动时需要经过的柱子编号；当 dish=1 时返回结果，结束递归；否则，分两阶段递归调用自身。然后，使用 input()函数输入一个圆盘数，并调用递归函数 move()。具体程序实现如下。

程序 3-13　汉诺塔的递归算法的实现

```
def move(dish, A, B, C):
    if (dish == 1):                                 #递归结束条件
        print("Move plate" ,dish,  "from Tower",  A, "to Tower", C)
    else:
        move(dish-1, A, C, B)                       #递归调用
        print("Move plate", dish, "from Tower", A, "to Tower", C)
        move(dish-1, B, A, C)                       #递归调用
#主函数
n = int(input("请输入需要移动的圆盘数: "))          #输入字符串并转换成整数
move(n, 'A', 'B', 'C')                              #调用函数
```

该程序的输入为圆盘个数 n，输出为移动步骤。对于 n 个圆盘的问题，我们只需要使用函数 move(n,'A','B','C')进行递归即可实现。对于 4 个圆盘的问题，读者可以写出其执行结果。

更多圆盘的情形可以以此类推。当圆盘数目 n 比较大时，算法的输出就会特别多，运行时间也会特别长。有兴趣的请读者可完成 n=10 和 n=100 时的实验，并进行执行时间分析和比较。

根据前面的分析可知，盘片移动次数与盘片数的关系为：$f(1)=1, f(2)=3, f(3)=7,$ $f(4)=15$，再根据递归算法思想，我们可以得到 n 个圆盘的移动函数为 $f(n)=2*f(n-1)+1$。据此可得到计算盘片移动次数的 Python 递归函数如下。

程序 3-14　计算盘片移动次数的 Python 递归函数

```
def f(n):
    if n==0:
        return 0
```

```
            else:
                return 2 * f(n-1)+1
    x= int(input("请输入盘片的个数:"))
    print("需要移动", f(x) ,"次")
```

通过对上述递归过程分析,我们不难得到并证明 $f(n)=2^{n-1}$。那么,当 $n=64$ 时,假如每秒移动一次圆盘,则共需多长时间呢?

当 $n=64$ 时,通过计算可以得到需要移动 $2^{63}-1=18446744073709551615$ 次。另外,一个平年 365 天有 31536000 秒,闰年 366 天有 31622400 秒,平均每年 31557600 秒,这表明移完这些圆盘需要 5845.42 亿年以上,而地球存在至今不过 45 亿年。

3. 递归算法与递推算法的关系

理论上,任意的递归函数都可以用递推函数来实现。例如,计算阶乘的递归函数和计算斐波那契数列的递归函数,都能够很容易转换成递推函数。但有些递归函数要转换成递推函数,编程将非常复杂或困难,例如,汉诺塔移动圆盘的递归算法要改造成递推函数,就十分困难。另外,递归函数在调用过程中,需要将每次递归调用前的有关结果保存在内存的堆栈中,而一个系统设置的内存堆栈大小是固定的,因此,递归函数的深度将受限于堆栈大小的限制。也就是说,在计算斐波那契数列的递归函数中,n 的取值有个上限。超过这个上限,计算机就无法完成这个递归函数的计算了。也就是说,递归计算是受堆栈大小约束的,而递推函数就不受此限制。

3.5.5　排序算法

在日常生活中,排序的例子屡见不鲜,如以学生身高排列座位、按字母顺序排列运动会入场顺序等。所谓排序,就是把一系列无序的数据按照特定的顺序(如升序或降序)重新排列为有序序列的过程。排序算法可以分为内部排序和外部排序,内部排序是数据记录在内存中进行排序,而外部排序是因排序的数据很大,一次不能容纳全部的排序记录,在排序过程中需要访问外存。排序的方法有很多种,如冒泡排序、选择排序、插入排序、快速排序、希尔排序、归并排序、堆排序、基数排序等。由于篇幅限制,本书只介绍其中的几种典型算法,包括冒泡排序、选择排序、插入排序和快速排序,其他算法的原理读者可以通过网络进一步学习。

1. 冒泡排序

冒泡排序(bubble sort)是一种简单直观的排序算法。它重复地扫描要排序的数列,一次比较两个元素,如果它们的顺序错误就把它们交换过来。扫描数列工作重复进行直到没有再需要交换的数据为止。

这个算法的名字的由来是因为越小(增序时)或越大(降序时)的元素会经由交换慢慢"浮"到数列的顶端。作为最简单的排序算法之一,冒泡排序还有一种优化算法,就是设立一个标志 flag,当在一趟序列遍历中元素没有发生交换后,则证明该序列已经有序。但这种改进对于提升性能来说作用不大。

冒泡排序算法的主要步骤如下。

(1) 比较相邻的元素。以升序为例,如果第一个比第二个大,就交换它们两个。对每一对相邻元素做同样的工作,从开始的第一对元素到结尾的最后一对元素。该步完成后,最后的元素会是最大的数。

（2）针对所有的元素重复以上步骤，直到没有任何一对数字需要比较为止。

冒泡排序算法利用两重循环即可实现。具体的 Python 程序语言代码如程序 3-15 所示。

程序 3-15　冒泡排序的升序程序

```
dig = [2,4,5,9,7,15,3,1,8,6]          #列表 dig 初始化要排序的数列
def bubbleSort(dig):
    for i in range(1, len(dig)):
        for j in range(0, len(dig)-i):
            if dig[j] > dig[j+1]:
                temp= dig[j]; dig[j]= dig[j+1]; dig[j+1]= temp #数据交换
    return dig
#主程序
dig1 = bubbleSort(dig)                #将排序结果放在列表 dig1 中
print(dig1)                           #显示排序结果
```

2. 选择排序

选择排序（selection sort）是一种简单直观的排序算法。它的工作原理是：第一次从待排序的数据元素中选出最小（或最大）的一个元素，存放在序列的起始位置，然后再从剩余的未排序元素中寻找到最小（最大）元素，然后放到已排序的序列的末尾。以此类推，直到全部待排序的数据元素的个数为零。选择排序算法的 Python 程序语言代码如程序 3-16 所示。

程序 3-16　选择排序的升序程序

```
dig = [12,34,25,99,87,15,31,11,82,61]
def selectionSort(dig):
    for i in range(len(dig) - 1):
        minIndex = i                   #记录最小数的索引
        for j in range(i + 1, len(dig)):
            if dig[j] < dig[minIndex]:
                minIndex = j
        if i != minIndex:              #当 i 不是最小数时,将 i 和最小数进行交换
            dig[i], dig[minIndex] = dig[minIndex], dig[i]
    return dig
#主程序
dig1 = selectionSort(dig)
for i in range(1, len(dig1)):
    print(dig1[i])
```

3. 插入排序

插入排序（insert sort）的代码实现虽然没有冒泡排序和选择排序那么简单，但它的原理应该是最容易理解的了，因为只要打过扑克牌的人都应该能够明白。插入排序是一种最简单直观的排序算法，它的工作原理是通过构建有序序列，对于未排序数据，在已排序序列中从后向前扫描，找到相应位置并插入。

插入排序算法的主要步骤如下。

（1）将待排序序列中第一个元素看作一个有序序列，把第二个元素到最后一个元素当

成是未排序序列。

（2）从头到尾依次扫描未排序序列，将扫描到的每个元素按照升序（或降序）插入有序序列的适当位置。如果待插入的元素与有序序列中的某个元素相等，则将待插入元素插入到相等元素的后面。

插入排序算法的 Python 程序语言代码如程序 3-17 所示。

程序 3-17　插入排序的升序程序

```python
dig = [23,34,15,79,27,15, 3,11,81,65]
def insertionSort(arr):                              #插入排序函数
    for i in range(len(arr)):
        preIndex = i-1
        current = arr[i]
        while preIndex >= 0 and arr[preIndex] > current:
            arr[preIndex+1] = arr[preIndex]          #插入操作
            preIndex-=1
        arr[preIndex+1] = current
    return arr
#主程序
dig1 = insertionSort(dig)
for i in range(1, len(dig1)):
    print(dig1[i])
```

4. 快速排序

快速排序（quick sort）是由东尼·霍尔所研发的一种排序算法。在平均状况下，排序 n 个数据需要 $O(n\log_2 n)$ 次比较；在最坏状况下，则需要 $O(n^2)$ 次比较，但这种状况并不常见。

快速排序使用分治策略来把一个串行（list）分为两个子串行（sub-list）。本质上来看，快速排序应该算是在冒泡排序基础上的递归分治法。

快速排序算法的主要步骤如下。

（1）从数列中挑出一个元素，称为"基准"（pivot）。

（2）重新排序数列，所有元素比基准值小的摆放在基准前面，所有元素比基准值大的摆在基准的后面（相同的数可以放到任一边）。在这个分区退出之后，该基准就处于数列的中间位置。这个称为分区（partition）操作。

（3）递归地（recursive）对小于基准值元素的子数列和大于基准值元素的子数列分别排序。

快递排序算法的 Python 程序语言代码如程序 3-18 所示。

程序 3-18　快速排序的升序程序

```python
dig = [23,34,15,79,27,15, 3,11,81,65]                       #待排序的数据列表
def quickSort(arr, left=None, right=None):                  #快速排序函数
    left = 0 if not isinstance(left,(int, float)) else left
    right = len(arr)-1 if not isinstance(right,(int, float)) else right
    if left < right:
        partitionIndex = partition(arr, left, right)
        quickSort(arr, left, partitionIndex-1)              #右递归
        quickSort(arr, partitionIndex+1, right)             #右递归
    return arr
```

```
def partition(arr, left, right):              #分区函数
    pivot = left; index = pivot+1; i = index
    while  i <= right:
        if arr[i] < arr[pivot]:
            swap(arr, i, index)               #调用自定义的交换函数
            index+=1
        i+=1
    swap(arr,pivot,index-1)                    #调用自定义的交换函数
    return index-1

def swap(arr, i, j):
    arr[i], arr[j] = arr[j], arr[i]
#主程序
dig1 = quickSort(dig)
for i in range(1, len(dig1)):
    print(dig1[i])
```

5. 排序算法小结

排序算法种类较多,每种算法均有其缺点。在选择什么排序算法时,主要从三个维度来衡量。一个是时间复杂度、一个是空间复杂度、另一个就是算法的稳定性。

排序算法的时间复杂度是指该算法需要消耗的时间资源。对于问题规模 n 的排序算法,算法所消耗的时间一般是 n 函数 $f(n)$,因此,算法的时间复杂度可记作 $T(n)=O(f(n))$。如果算法执行的时间的增长率与 $f(n)$ 的增长率正相关,则称作渐进时间复杂度(asymptotic time complexity)。根据 $f(n)$ 的取值不同,常见的时间复杂度有常数阶 $O(1)$、对数阶 $O(\log_2 n)$、线性阶 $O(n)$、线性对数阶 $O(n\log_2 n)$、平方阶 $O(n^2)$ 等。在上面介绍的经典排序算法中,冒泡排序算法、选择排序算法和插入排序算法属于平方阶 $O(n^2)$ 排序,是占用时间最多的排序算法;而快速排序算法属于线性对数阶 $O(n\log_2 n)$ 排序。

排序算法的空间复杂度是指算法需要消耗的空间资源。其计算和表示方法与时间复杂度类似,一般都用复杂度的渐进性来表示。同时间复杂度相比,空间复杂度的分析要简单得多。在经典算法中,大部分算法需要的空间资源都是固定的,属于常数阶 $O(1)$,部分算法排序时,由于交换比较频繁,需要额外占用一些空间,从 n 到 $n+m$ 不等。

排序算法的稳定性是指针对相同输入数据,算法多次执行后,每次结果的前后一致性。如果排序后两个相等键值数据的顺序和排序之前它们的顺序相同,则称为是稳定的。稳定性不是排序考虑的关键指标。在上面介绍的经典算法中,冒泡排序、插入排序属于稳定的排序算法,而选择排序、快速排序属于不是稳定的排序算法。

表 3-2 总结了不同排序算法的时间复杂度(包括平均时间复杂度、最好时间复杂度和最坏时间复杂度)、空间复杂度和算法的稳定性情况。在表 3-2 中,n 是参与排序的数据规模(个数),In-place 表示占用常数内存,不占用额外内存;Out-place 表示占用额外内存。

表 3-2 不同排序算法的特性比较

排序算法	平均时间复杂度	最好时间复杂度	最坏时间复杂度	空间复杂度	排序时占用的内存情况	排序的稳定性
冒泡排序	$O(n^2)$	$O(n)$	$O(n^2)$	$O(1)$	In-place	稳定

续表

排序算法	平均时间复杂度	最好时间复杂度	最坏时间复杂度	空间复杂度	排序时占用的内存情况	排序的稳定性
选择排序	$O(n^2)$	$O(n^2)$	$O(n^2)$	$O(1)$	In-place	不稳定
插入排序	$O(n^2)$	$O(n)$	$O(n^2)$	$O(1)$	In-place	稳定
快速排序	$O(n * \log_2 n)$	$O(n * \log_2 n)$	$O(n^2)$	$O(\log_2 n)$	In-place	不稳定

3.5.6 查找算法

查找是在大量的信息中寻找一个特定的信息元素。在计算机应用中,查找是常用的基本运算。下面简单介绍其中最简单的两种:顺序查找和二分查找。其他查找方法读者可以通过网络进一步学习。

1. 查找的概念和分类

所谓查找,就是根据给定的某个值,在某种类型的表中确定一个其关键字等于给定值的数据元素(或记录)。

如果被查找的表中数据是无序的数列,则称为无序查找;如果被查找的表中数据为有序数列,则称为有序查找。如果在查找过程中,数据不发生变化,则称为静态查找;如果查找过程中有删除和插入操作,则称为动态查找。

2. 顺序查找

顺序查找适用于无序的数列、存储结构为顺序存储或链式存储的线性表。其基本思想为:从数据结构线性表的一端开始,顺序扫描,依次将扫描到的节点关键字与给定值 k 相比较,若相等则表示查找成功;若扫描结束仍没有找到关键字等于 k 的节点,表示查找失败。在顺序查找中,如果表中有两个或以上相同的元素,则只会找出第一个元素。

下面是一个顺序查找的 Python 程序代码。

程序 3-19　顺序查找程序

```python
datalist = [4,5,6,8,1,2,4,5,9]              #数据列表
print(datalist)
flag = 1
value = int(input("输入一个元素:"))
for i in range(len(datalist)):
    if datalist[i]==value:
        print("这个元素已经找到,是第", i, "个")
        flag = 0
        break
if flag:
    print("这个元素没有找到!")
```

在顺序查找算法中,假设每个数据元素的概率相等,则查找成功时的平均查找长度为 $(1+2+3+\cdots+n)/n=(n+1)/2$;当查找不成功时,需要 $n+1$ 次比较,时间复杂度为 $O(n)$;所以,顺序查找的时间复杂度为 $O(n)$。

3. 二分查找

二分查找也称为折半查找。在二分查找中,所有元素必须是有序的,如果是无序的则要先进行排序操作。

二分查找的基本思想为:用给定值 k 先与中间节点的关键字比较,中间节点把线性表分成两个子表,若相等则查找成功;若不相等,再根据 k 与该中间节点关键字的比较结果确定下一步查找哪个子表,这样递归进行,直到查找到或查找结束发现表中没有这样的节点。

二分查找算法的 Python 程序代码如下。

程序 3-20　二分查找算法程序

```python
def BinarySearch1(a, value):          #二分查找算法
    low = 0
    high = len(a)-1
    while (low<=high):
        mid = int((low+high)/2)
        if (a[mid]==value):
            return mid
        if (a[mid]>value):
            high = mid-1
        if(a[mid]<value):
            low = mid+1
    return -1
#主程序
datalist = [5,6,8,10,12,14,15,19]      #数据列表
print(datalist, "长度", len(datalist))
value = int(input("输入一个整数:"))
res = BinarySearch1(datalist, value)
if res == -1:
    print("这个元素没有找到!")
else:
    print("这个元素已经找到,是第", res, "个")
```

该程序的运行结果如下。

```
[5, 6, 8, 10, 12, 14, 15, 19] 长度 8
输入一个整数:8
这个元素已经找到,是第 2 个
```

在二分查找算法中,最坏情况下关键词比较次数为 $\log_2(n+1)$,且期望时间复杂度为 $O(\log_2 n)$。

对于静态查找表,由于一次排序后不再变化,采用二分查找能得到很好的工作效率;但对于需要频繁执行插入或删除操作的数据集来说,维护有序的排序会带来不小的工作量,就不建议使用二分查找。

二分查找也可以使用递归算法来实现,如下列程序。

程序 3-21　二分查找递归算法程序

```python
def BinarySearch2(a, value, low, high):
    mid = int(low+(high-low)/2)
```

```
        if (a[mid]==value):
            return mid
        if (a[mid]>value):
            return BinarySearch2(a, value, low, mid-1)
        if (a[mid]<value):
            return BinarySearch2(a, value, mid+1, high)
#主程序
datalist = [5,6,8,10,12,14,15,19]                  #数据列表
print(datalist, "长度", len(datalist))
value = int(input("输入一个整数:"))
res = BinarySearch2(datalist, value, 0, len(datalist)-1)
if res == -1:
    print("这个元素没有找到!")
else:
    print("这个元素已经找到,是第", res, "个")
```

◇ 3.6 程序设计与调试

如果我们已经设计出了求解一个问题的算法,并且对将要使用的程序语言十分了解,那么,编写对该问题求解的程序并进行代码调试就不是什么难事了。但是,对于不同的程序设计语言环境,由于支持的逻辑结构、功能不同,在代码实现时可能需要调整算法的一些细节内容。

3.6.1 程序设计

程序设计就是程序编码,也称为代码构造,它是将针对具体问题所设计的算法转换为具体程序语言代码的过程。例如,计算三个整数 a、b、c 中的最大值的算法可以使用多种语言来实现。下面给出的是 Python 语言的实现代码。

程序 3-22　求三个整数的最大值(Python)

```
a, b, c = 9, 7, 12
if a >= b:
    max = a
else:
    max = b
if c >= max:
    max = c
print(max)
```

与此对应,下面给出的是 C 语言的实现代码。由此可见,两者算法虽然相同,但代码表述的方法有较大差异。主要原因是不同的编程语言使用的编程规范不同。

程序 3-23　求三个整数的最大值(C)

```
a=9; b = 7; c= 12;
if (a >= b) {max = a;}
else { max = b;}
```

```
if (c >= max) { max = c; }
printf("%d", max);
```

但是,如果我们理解了一种编程语言的规则,再学习和使用另一种编程语言应该不会存在太大困难。

通过前面的介绍可知,C 语言是一种编译型语言,需要将 C 语言源文件转换成计算机使用的机器语言,经过链接器链接之后形成二进制的可执行文件。运行该程序的时候,就可以把二进制程序从硬盘载入内存中并运行。C 语言经过编译生成机器码后再运行,因此执行速度快,但不能跨平台运行,一般用于操作系统、驱动软件等底层系统的开发。

而 Python 语言是解释型语言,Python 源代码不需要编译成二进制代码再运行。当我们运行 Python 源程序时,Python 解释器将源代码转换为字节码,然后再由 Python 解释器来执行这些字节码,执行速度慢。但是,由于 Python 不需要编译,使用虚拟机运行,因此 Python 是可以跨平台运行的。对程序员来说,由于不用关心程序的编译和库的链接等问题,程序开发工作就更加轻松。

3.6.2　代码复用

代码复用包括目标代码和源代码的复用。其中,目标代码的复用级别最低,历史也最久,当前大部分编程语言的运行支持系统都提供了链接(link)、绑定(binding)等功能来支持这种复用。源代码的复用级别略高于目标代码的复用,程序员在编程时把一些想复用的代码段复制到自己的程序中,但这样往往会产生一些新旧代码不匹配的错误。大规模的源程序代码复用一般有自定义函数和构件库两种。

1. 程序复用

程序复用包括函数和模块的复用。复用过程中还离不开标准模块(库)或第三方模块(或库)。

函数,也称为子程序,是指一段可以直接被另一段程序或代码引用的程序或代码。在一个较大的程序中,通常分为若干程序块,每个程序块用来实现一个特定的功能。有些程序块可以通过函数或子程序进行封装,放在程序代码中或标准函数库内部,供编程时调用。

1) Python 的标准函数

在 C 语言和 Python 语言中,程序通常都是由一个主函数和若干函数构成。主函数调用其他函数,其他函数也可以互相调用。同一个函数可以被一个或多个函数调用多次。Python 解释器内置了很多函数,可以供编程人员随时引用。

2) 自定义函数

在程序设计过程中,通常将一些功能模块编写成函数,方便阅读或重复调用。例如,一个程序中,如果经常需要求解若干实数的平均值,那么,我们就可以将这部分功能写成一个函数,如 mean(nums),这里 nums 是 Python 中一个包括若干实数的列表数据类型。程序员可以通过重复利用这个函数,以减少编程工作量。

3) 标准库

标准库(library)是一些经常使用、经过检验的规范化程序或子程序的集合。为了减轻程序员的负担,提高程序设计语言的生命力和竞争力,每种编程语言都提供了丰富的标准库

（也称模块）。Python 编程语言提供的标准库主要有：

- 标准运算函数。如逻辑运算函数、数学运算函数等。
- 输入输出函数。如文件读取、文件检索函数等。
- 可视化功能函数。如绘图函数等。
- 服务性功能函数。如检测鼠标键盘、读取 U 盘磁盘及调试用的各种程序等。

4）第三方库

只有标准库还不足以减轻程序员的编程负担。因此，很多企业、个人将自己设计和实现的面向某一领域的程序代码构建为一个程序库。典型的有面向数据可视化的、数据加密和解密的、数学问题求解的、条形码生成的、视觉识别的程序库。这些库通过 pip 安装后就可以使用，从而进一步减轻了程序员的编程负担。

例如，使用较多的第三方库包括：turtle 库、math 库、time 库、random 库、NumPy 库和 matplotlib 库等。

2. 软件复用

软件复用是将已有软件的各种有关知识用于建立新的软件，以缩减软件开发和维护的花费。软件复用是提高软件生产力和质量的一种重要技术。早期的软件复用主要是代码级复用，被复用的知识专指程序，后来扩大到包括领域知识、开发经验、设计决定、体系结构、设计、代码和文档等一切有关方面。

如今，软件复用已经扩展到软件生命周期中的一些主要开发阶段，抽象程度更高，产生的效益也更显著。

3.6.3 程序调试

程序调试是将编制的程序投入实际运行前，用手工或编译程序等方法进行测试，修正语法错误和逻辑错误的过程。对于初学者来说，程序调试是一个比较痛苦的工作。有时因为一个标点符号或数据类型错误，导致程序运行失败或不能获得预期的结果。

由于不同编程语言的语法规则不同，所以程序调试前一定要理解编程语言的语法规则。例如，数据类型、运算表达式、变量表示、语句分隔符、函数调用等相关规定。下面是 Python 语言程序调试中需要特别关注的问题。

（1）Python 语言中通过缩进来表示语句体，如果缩进没有对齐，运行顺序会发生改变，将得不到期望的运行结果。

（2）Python 语言的每个复合语句，包括 if else 语句、while 语句和 for 语句，都需要在上述语句后面使用冒号"："跟复合语句内部的语句进行连接。

（3）Python 中引入了类和对象，是面向对象编程的语言，Python 库的导入有三种方式，不同的导入方式需要使用不同方式的引用库中的方法。

总之，程序调试的目的是检查程序运行的效果，如果有问题，则进行修改，再检查。

◆ 3.7 本章小结

本章从问题出发，介绍了问题求解过程中的问题分析方法、问题描述方法、问题求解算法和 Python 程序设计方法。具体包括指令和程序的基本概念、编程语言和编程环境的选择方法、计算思维方法、流程设计方法、Python 程序代码设计与调试方法、六类经典算法及其 Python 程序实现等。

◇ 习 题 3

一、选择题

1. 关于"递归",下列说法不正确的是(　　)。

　　A. 可以利用"递归"进行具有自相似性无限重复事物的定义

　　B. 可以利用"递归"进行具有自重复性无限重复动作的执行,即"递归计算"或"递归执行"

　　C. 可以利用"递归"进行具有自相似性无限重复规则的算法的构造

　　D. 递归算法的关键只要给出递归关系式即可求出问题的解

2. 若采用冒泡排序算法对 5 个数据 13.8,13.2,12.5,13.4,13.2 进行从小到大排序,则第一趟的排序结果是(　　)。

　　A. 12.5, 13.4, 13.2, 13.2, 13.8　　　　B. 12.5, 13.2, 13.2, 13.4, 13.8

　　C. 13.2, 12.5, 13.4, 13.2, 13.8　　　　D. 13.2, 12.5, 13.2, 13.4, 13.8

3. 在数据结构中,与所使用的计算机无关的是(　　)。

　　A. 物理结构　　　　　　　　　　　　B. 存储结构

　　C. 逻辑结构　　　　　　　　　　　　D. 逻辑和存储结构

4. 下列时间复杂度中最坏的是(　　)。

　　A. $O(1)$　　　　　　B. $O(n)$　　　　　　C. $O(\log_2 n)$　　　　D. $O(n^2)$

5. 下列 4 种基本逻辑结构中,数据元素之间关系最弱的是(　　)

　　A. 集合　　　　　　B. 线性结构　　　　　C. 树状结构　　　　D. 图形结构

6. 用选择排序法对数据 7,6,3,9,2 从大到小排序,共需经过多少次数据交换?(　　)

　　A. 3　　　　　　　　B. 4　　　　　　　　C. 5　　　　　　　　D. 10

7. 用选择排序法对数据 7,6,3,9,2 从大到小排序,第 1 轮的排序结果为(　　)。

　　A. 9, 7, 3, 6, 2　　B. 9, 6, 3, 7, 2　　C. 9, 7, 6, 3, 2　　D. 9, 7, 6, 2, 3

8. 用插入排序法对数据 23,34,15,79,27 从小到大排序,第 2 轮的排序结果为(　　)。

　　A. 23, 34, 15, 79, 27　　　　　　　　B. 23, 34, 15, 79, 27

　　C. 15, 23, 34, 79, 27　　　　　　　　D. 15, 23, 34, 79, 27

二、问答题

1. 什么是计算思维? 计算思维的核心要素是什么?

2. 什么是流程图? 如何绘制程序流程图?

3. 什么是程序控制结构? 简述 3 种程序控制结构的特点。

4. 什么是数据结构? 有哪几种常用的数据结构?

5. 什么是算法? 算法的复杂度如何进行度量?

6. 简述迭代算法和递归算法的特点。

7. 如何将递归算法转换为迭代算法?

8. 分析不同排序算法的优缺点。

三、编程题

1. 编程实现：使用枚举算法列出 10000～50000 间的所有素数,并且每行显示 5 个。

2. 编程实现：从键盘输入 5 个一位自然数,将这 5 个自然数按照输入的先后顺序转换为一个五位整数,如输入"4""5""8""1""0",转换为 45810。

3. 编程实现：设计一个将十进制数转换为二进制数的程序,如 198.75。

4. 编程实现：设计一个将 Unicode 编码转换为 UTF-8 的程序。

5. 编程实现：设计一个将数字字符串(如"295885883.9982")转换为浮点数的程序。

四、实验题

装修公司新进了一块长为 a、宽为 b 的大木板。根据装修要求,需要将其裁剪成若干块相同的正方形木板,使得在尽量不浪费木板的情况下,裁剪的正方形木板的长度 c 尽可能大。提示：

(1) 可以将该问题转换为 c 为 a 和 b 的最大公约数的问题。

(2) 可以用递归算法和迭代算法分别实现,并比较二者的执行效率。

第4章

Python 程序设计进阶

学习目标：

(1) 理解面向对象程序设计的基本思想。

(2) 理解面向对象程序设计的主要特征。

(3) 理解面向对象程序设计思想和面向过程程序设计思想的主要差异。

(4) 理解 Python 的时间模块与随机数模块的作用，能够调用相关模块进行程序设计。

(5) 理解 Python 的 os 模块和 sys 模块的作用，能够调用相关模块进行程序设计。

(6) 理解 Python 的 NumPy 模块和 Panda 模块的作用，能够调用相关模块进行程序设计。

(7) 理解 Python 的文档操作功能，能够使用相关模块对 Word、Excel 文档进行操作。

(8) 理解 Python 程序对数据库进行操作的方法及 SQLite 模块的应用方式。

学习内容：

本章讲解面向对象程序设计的思想，介绍 Python 中面向对象程序设计的方法以及时间模块、随机数模块、os 模块、sys 模块、NumPy 模块、Panda 模块的功能和使用方法，描述利用 Python 操作 Word 文档、Excel 文件、XML 脚本和 SQLite 数据库的相关方法。

◇ 4.1 面向对象程序设计

由于大部分读者阅读本书之前没有接触过面向对象的编程语言，所以本章首先介绍面向对象语言的一些基本特征，以便提升利用 Python 语言进行高级编程的效率。

4.1.1 面向对象程序设计的基本思想

面向对象是一种思想，是一种解决问题的方向性引导。通常，我们的思维总是面向过程的。比如说房屋的修建：第一步做地基，第二步搭建框架，第三步垒墙封顶,第四步安装门窗。假设用程序实现,可能会有四个分步的函数,然后在一个整体的函数中依次调用它们。

采用面向过程(即以过程为中心)的编程思想,优点是程序设计步骤清晰、流程明确、便于分析,但代码重用性低、扩展能力差、后期维护难度大,因此出现了面向对象的程序设计思想。

面向对象思想和面向过程不同,对于房屋修建这个问题,它重点分析的对象不是修建,而是房屋。房屋由哪些部分组成? 如门、窗、墙、屋顶、房梁等,更细粒度的,如砖、木头、水、沙子等。在程序中选择合适的对象,描述它们的特征和行为,再把它们结合起来,使它们根据自身的特性去发生反应,最终得到结果。

在使用面向对象的思想分析问题时,有两个关键概念:类和对象。

- 类(class)是用来描述具有相同的属性和方法的对象的集合。它定义了该集合中每个对象所共有的属性和方法。
- 对象(object)是通过类定义的数据结构实例。对象包括两个数据成员(类变量和实例变量)和一系列方法。

方法(method)是类中定义的执行某种功能的函数。

事实上,构造类的过程,就是对一系列事物进行抽象、封装的过程。

所谓抽象,就是针对一系列的事物,根据其共有的特点,归结为一类,它们拥有若干共同的属性。

例如,图形 A 和图形 B 都是三角形。它们都有三条边和三个角。但是,它们每个边的边长或每个角的角度是不相同的。在程序中,我们可以抽象出有一个类,称为 Triangle,然后创建两个对象 triangle1 和 triangle2,并分别去描述它们的边长和角度。

所谓封装,就是针对某类事物,构造若干通用的方法。对于该类的使用者来说,该方法内部的实现细节,其实是没有必要去深入考究的。用户只需要知道该类有哪些方法可以使用,分别能达到什么效果,然后直接使用即可。

例如,三角形类 Triangle,可以封装一个方法,称为 get_area。这个方法用来计算并返回三角形的面积。用户只需要直接调用这个方法,而不必关注这个方法内部是如何实现的。

在面向对象程序设计的思想中,为了进一步简化编程,提高编程效率,还引入了继承和多态等概念。

所谓继承,就是一个类允许继承另一个类(称为基类)的字段和方法。事实上,我们经常会发现自己抽象出来的某几个类拥有一些共同的特性。比如,三角形和正方形,它们都有一个方法,叫 get_area。那么,此时,我们可以定义一个形状类,如 Shape。然后,把 get_area 方法写在 Shape 类中,再让三角形和正方形都继承 Shape 类,这样,三角形和正方形类就会自动拥有 get_area 方法。

所谓多态,就是指从父类继承的方法不能满足子类的需求,需要进行重写。例如,三角形和正方形虽然可以从 Shape 类继承得到 get_area 方法。但在实际应用中,由于三角形和正方形面积计算公式的差异性,这样,就需要在三角形中对 get_area 方法进行重写,以适合三角形的面积计算。在面向对象中,如果同一个方法有多种计算方法,则称为多态。

4.1.2　Python 中的面向对象

1. Python 中面向对象的基本概念

Python 语言在设计之初就是面向对象的。除了前面介绍的类、对象和方法等概念外，还需要了解下面一些基本概念，以提高后面学习面向对象 Python 编程的效率。

- 类变量：在 Python 中，定义在某个类内部的变量称为类变量。注意，类变量的外层就是类，如果一个变量是在类的某个方法内部被定义，那么，它并不是一个类变量。类变量通常不作为实例变量使用。
- 实例化：创建一个类的实例，即类的具体对象。
- 局部变量：定义在方法中的变量，只作用于当前实例的类。
- 实例变量：在类的声明中，属性是用变量来表示的。这种变量就称为实例变量，是在类声明的内部、类的其他成员方法之外声明。
- 数据成员：类变量或者实例变量，用于处理类及其实例对象的相关的数据。
- 方法重写：如果从父类继承的方法不能满足子类的需求，可以对其进行改写，这个过程叫方法的覆盖（override），也称为方法的重写。

2. 创建类

在 Python 中，通过 class 关键字创建一个新类，class 之后为类的名称，以冒号结尾。

```
class ClassName:
    '类的帮助信息'                          #类文档字符串
    class_suite                          #类体
```

类的帮助信息可以通过 ClassName.__doc__ 查看，class_suite 由类成员、方法、数据属性组成。

以下是一个简单的 Python 类的例子：

```
class Employee:
    '所有员工的基类'
    empCount = 0

    def __init__(self, name, salary):
        self.name = name
        self.salary = salary
        Employee.empCount += 1

    def displayCount(self):
        print( "全部员工数 %d" % Employee.empCount)

    def displayEmployee(self):
        print("员工姓名: ", self.name,  ", 薪水: ", self.salary)
```

在上面定义的 Employee 类中，变量 empCount 是一个类变量，它的值将在这个类的所有实例之间共享。可以在内部类或外部类使用 Employee.empCount 来进行访问。

在上面定义的 Employee 类中，定义了三个方法，分别是 __init__（self，name，salary）、 displayCount(self)和 displayEmployee(self)。

在 Python 中,当实例化一个对象时,会默认调用__init__()方法,所以,__init__()方法也被称为构造方法。当未提供自定义__init__()方法时,Python 会给类默认添加一个无参的构造函数。当提供了自定义的__init__()方法后,将会覆盖掉原来的__init__()方法。

在__init__()方法中,self 代表类的实例,self 在定义类的方法时是必须有的,虽然在调用时不必传入相应的参数。self 代表的是类的实例,而非类。

上面的三个方法与普通的函数只有一个特殊区别,就是它们必须有一个额外的第一个参数名称,按照惯例它的名称是 self,但实际上也可以使用别的名称,如 gui 等。

下面是一个对 self 的属性进行测试的程序。

```
class Test:                          #创建类 Test
    def prt(self):                   #创建方法 prt
        print(self)
        print(self.__class__)
#主程序
t = Test()
t.prt()
```

该程序的执行结果为:

```
<__main__.Test object at 0x0000025D7038C160>
<class '__main__.Test'>
```

从上面程序的执行结果可以很明显地看出,self 代表的是类的实例,即当前对象的地址,这个地址是动态变化的;而 self.__class__ 则指向类。

self 不是 Python 关键字,把它换成 gui 也可以正常执行,例如:

```
class Test:
    def prt(gui):
        print(gui)
        print(gui.__class__)
#主程序
t = Test()
t.prt()
```

以上实例执行结果为:

```
<__main__.Test object at 0x0000029EEEF1C190>
<class '__main__.Test'>
```

3. 创建实例对象

对类进行实例化,C++等编程语言中一般使用关键字 new,但在 Python 语言中,并没有 new 这个关键字,类的实例化是通过类似函数调用方式来实现的。

例如,下面的 Python 程序使用类的名称 Employee 来实例化,并通过__init__()方法接收参数。具体程序如下:

```
#创建 Employee 类的第一个对象
emp1 = Employee("张三", 2600)
#创建 Employee 类的第二个对象
emp2 = Employee("李四", 5200)
```

4. 访问对象的属性

通过类似函数调用方式来实现对象实例后，可以通过访问对象属性的方法来验证实例化是否成功和正确。

Python 有两种方法可以访问对象的属性。一种方法是使用对象名称后跟点号"."再跟属性名的方法，例如，emp1.name，emp1.salary 和 emp1.empCount。

另一种方法是调用类中定义的方法来访问，例如 emp1.displayEmployee()。

```
class Employee:
    '所有员工的基类'
    empCount = 0
    def __init__(self, name, salary):
        self.name = name
        self.salary = salary
        Employee.empCount += 1
    def displayCount(self):
        print( "全部员工数 %d" % Employee.empCount)
    def displayEmployee(self):
        print("员工姓名: ", self.name,   ", 薪水: ", self.salary)
#创建 Employee 类的第一个对象
emp1 = Employee("张三", 2600)
print("第", emp1.empCount, "员工:", emp1.name, emp1.salary)
emp1.displayEmployee()
#创建 Employee 类的第二个对象
emp1 = Employee("李四", 5200)
emp1.displayEmployee()
emp1.displayCount()                           #显示加入的员工总数
```

该程序的执行结果如下。

```
第 1 员工: 张三 2600
员工姓名:  张三 , 薪水:  2600
员工姓名:  李四 , 薪水:  5200
全部员工数 2
```

5. 修改和删除对象的属性

Python 可以通过给对象的属性赋值来修改类的属性值，并可以使用 del 操作来删除属性的值。例如，我们可以在前面的程序之后增加如下语句进行测试。

```
emp1.salary  = 7823                     #添加对象 emp1 的 salary 属性
print("第", emp1.empCount, "员工:", emp1.name, emp1.salary)
emp1.salary  = 8155                     #修改属性
print("第", emp1.empCount, "员工:", emp1.name, emp1.salary)
```

```
del emp1.salary                              #删除属性
print("第", emp1.empCount, "员工:", emp1.name, emp1.salary)
```

该程序的输出结果如下：

```
第 1 员工: 张三 2600
员工姓名： 张三 ，薪水： 2600
员工姓名： 李四 ，薪水： 5200
全部员工数 2
第 2 员工: 李四 7823
第 2 员工: 李四 8155
Traceback (most recent call last):
AttributeError: 'Employee' object has no attribute 'salary'
```

从上面的例子可以看出，删除 emp1.salary 之后，该对象属性就不存在了，因此无法进行引用。

在 Python 中，除了使用上述方法访问、增加、修改、删除对象属性之外，还可以使用表 4-1 中的内置函数来实现对属性的操作。表中的应用示例是在 emp1 = Employee("张三"，2600)的基础上进行的。

表 4-1　内置函数实现对属性的操作

函 数 名 称	函 数 功 能	函 数 应 用 示 例	运行结果
getattr(obj, 'name')	访问对象的 name 属性	hasattr(emp1, 'salary')	2600
hasattr(obj,name)	检查是否存在一个属性，如果存在返回 True	getattr(emp1, 'name')	True
setattr(obj,name,value)	设置一个属性。如果属性不存在，会创建一个新属性	setattr(emp1, "salary", 2600)	None
delattr(obj, name)	删除属性	delattr(emp1, "name")	None

6. 类的继承

使用面向对象方法编程带来的主要好处之一就是代码的重用。实现这种重用的方法之一就是使用继承机制。使用继承机制创建的新类称为子类或派生类，而被继承的类称为基类、父类或超类。

在 Python 中，继承有单重继承和多重继承。

1）单重继承

如果在继承元组中列了一个类，那么它就被称作单重继承。单重继承的语法规则如下：

```
class 派生类名(基类名)
    属性、方法等语句
```

下面是一个单重继承的示例。在示例中，子类继承了父类的 setAttr(self，attr)和 getAttr(self)方法，而不需要在子类中重复构造这两个方法。

```
class Parent:                              #定义父类,即基类
    parentAttr = 100
```

```
    def __init__(self):
        print("调用父类的构造函数")
    def parentMethod(self):
        print('调用父类的方法')
    def setAttr(self, attr):
        Parent.parentAttr = attr
        print("设置父类属性:", Parent.parentAttr)
    def getAttr(self):
        print("获取父类属性:", Parent.parentAttr)

class Child(Parent): #定义子类
  def __init__(self):
        print("调用子类构造方法")
    def childMethod(self):
        print('调用子类方法')
#主程序
Ch1 = Child()                      #创建实例化子类,即对象 Ch1
Ch1.childMethod()                  #调用子类的方法
Ch1.parentMethod()                 #调用父类的方法
Ch1.setAttr(168)                   #调用父类的方法 - 设置属性值
Ch1.getAttr()                      #调用父类的方法 - 获取属性值
```

该程序的运行结果如下:

```
调用子类构造方法
调用子类方法
调用父类的方法
设置父类属性 : 168
获取父类属性 : 168
```

2) 多重继承

如果在继承元组中列出了一个以上的类,那么它就被称作多重继承。子类的声明与它们的父类类似,继承的基类列表跟在类名之后。多重继承的语法规则如下:

```
class SubClassName (ParentClass1[, ParentClass2, ...]):
    属性、方法等语句
```

在 Python 中,可以使用 issubclass()或者 isinstance()方法检测一个类是否为另一个类的子类、子孙类或实例。

issubclass(sub,sup):判断一个类 sub 是否为另一个类 sup 的子类或者子孙类,输出为布尔值 True、False。

isinstance(obj, Class):如果 obj 是 Class 类的实例对象或一个 Class 子类的实例对象,则返回 True,否则返回 False。

下面是一个多重继承的示例。在示例中,子类继承了父类 1 的 setAttr(self, attr)和父类 2 的 getAttr(self)方法,不需要在子类中重复构造这两个方法。

```
class Parent1:                              #定义父类 1
    Attr = 100
    def __init__(self):
        print("调用父类 1 的构造函数")
    def setAttr(self, attr1):
        Attr = attr1
        print("设置父类 1 属性 :", Attr)

class Parent2:                              #定义父类 2
    Attr = 200
    def __init__(self):
        print("调用父类 2 的构造函数")
    def getAttr(self):
        print("获取父类 1 属性 :", Parent1.Attr)
        print("获取父类 2 属性 :", Parent2.Attr)

class Child(Parent1, Parent2):              #定义子类
    def __init__(self):
        print("调用子类构造方法")
    def childMethod(self):
        print('调用子类方法')
#主程序
Ch1 = Child()                              #创建实例化子类,即对象 Ch1
Ch1.childMethod()                          #调用子类的方法
Ch1.setAttr(168)                           #调用父类的方法 - 设置属性值
Ch1.getAttr()                              #调用父类的方法 - 获取属性值
Ch1.setAttr(209)                           #调用父类的方法 - 设置属性值
Ch1.getAttr()                              #调用父类的方法 - 获取属性值
print(issubclass(Child, Parent1))
print(isinstance(Ch1, Parent1))
```

该程序的运行结果如下:

```
调用子类构造方法
调用子类方法
设置父类 1 属性 : 168
获取父类 1 属性 : 100
获取父类 2 属性 : 200
设置父类 1 属性 : 209
获取父类 1 属性 : 100
获取父类 2 属性 : 200
True
True
```

在 Python 中,继承机制有如下特点:

(1) 如果在子类中需要父类的构造方法,则需要显式地调用父类的构造方法,或者不重写父类的构造方法。

(2) 在调用基类的方法时,需要加上基类的类名前缀,且需要带上 self 参数变量。区别在于在类中调用普通函数时并不需要带上 self 参数变量。

（3）Python 总是首先查找对应类型的方法，如果不能在派生类中找到对应的方法，它就到基类中逐个查找。即先在本类中查找调用的方法，找不到时才去基类中查找。

（4）如果父类方法的功能不能满足需求，可以在子类中重写父类的方法。

下面是实现方法重写的程序段。

```
class Parent:                          #定义父类
  def myMethod(self):
      print('这是调用父类方法')
class Child(Parent): #定义子类
  def myMethod(self):
      print('这是调用重写的子类方法')
#主程序
Ch1 = Child()                          #创建实例化子类,即对象 Ch1
Ch1.myMethod()                         #调用子类的方法
```

该程序的运行结果如下：

```
这是调用重写的子类方法
```

4.2　时间模块与随机数模块

在 Python 编程语言中，使用频率比较高的模块是时间模块和随机数生成模块。时间模块可以用来测试程序运算时间，比较不同方法的执行效能；随机数生成模块能够在科研过程中生成测试数据、在密码算法中生成密钥等。下面介绍三种典型的时间模块 time、datatime 和 calendar，以及一种随机数模块 random。

4.2.1　time 模块

time 模块由 struct_time 类及其相关方法函数组成，下面对 struct_time 类的属性和一些常用方法进行介绍。

1. struct_time 类

time 模块的 struct_time 类代表一个时间对象，可以通过索引、属性名访问属性值。三者之间的对应关系如表 4-2 所示。

表 4-2　time 模块的 struct_time 类

索　　引	属　　性	属　性　值
0	tm_year(年)	如 1945
1	tm_mon(月)	1～12
2	tm_mday(日)	1～31
3	tm_hour(时)	0～23
4	tm_min(分)	0～59

索　引	属　　性	属　性　值
5	tm_sec(秒)	0～61
6	tm_wday(周)	0～6
7	tm_yday(一年内第几天)	1～366
8	tm_isdst(夏时令)	-1、0、1

tm_sec 范围为 0～61,其中,值 60 表示在闰秒的时间戳中有效,并且由于历史原因支持值 61。localtime()表示当前时间,返回类型为 struct_time 对象,示例如下所示:

```
>>> import time
>>> t = time.localtime()
>>> print( t)
time.struct_time(tm_year=2022, tm_mon=2, tm_mday=25, tm_hour=11, tm_min=20,
tm_sec=19, tm_wday=4, tm_yday=56, tm_isdst=0)
>>> print( t.tm_year)
2022
>>> print( t[0])
2022
```

2. 方法函数

time 模块包含了丰富的方法函数,具体如表 4-3 所示。

表 4-3　time 模块的方法函数

函数(常量)	说　　明
time()	返回当前时间的时间戳,单位为微秒
gmtime([secs])	将时间戳转换为格林尼治天文时间下的 struct_time,可选参数 secs 表示从 epoch 到现在的秒数,默认为当前时间
localtime([secs])	与 gmtime()相似,返回当地时间下的 struct_time
mktime(t)	localtime()的反函数
asctime([t])	接收一个 struct_time 表示的时间,返回形式为 Mon Dec　2 08:53:47 2019 的字符串
ctime([secs])	ctime(secs)相当于 asctime(localtime(secs))
strftime(format[，t])	格式化日期,接收一个 struct_time 表示的时间,并返回以可读字符串表示的当地时间
sleep(secs)	暂停执行调用线程指定的秒数
altzone	本地 DST 时区的偏移量,以 UTC 为单位的秒数
timezone	本地(非 DST)时区的偏移量,UTC 以西的秒数(西欧大部分地区为负,美国为正,英国为零)
tzname	两个字符串的元组:第一个是本地非 DST 时区的名称,第二个是本地 DST 时区的名称
epoch:	1970-01-01 00:00:00 UTC

下面是对 time 模块中的主要方法函数进行测试的程序段：

```
>>> import time
>>> t = time.localtime()
>>> print( t)
time.struct_time(tm_year=2022, tm_mon=2, tm_mday=25, tm_hour=11, tm_min=20,
tm_sec=19, tm_wday=4, tm_yday=56, tm_isdst=0)
>>> print( t.tm_year)
2022
>>> print( t[0])
2022
>>> print(time.time())
1645759389.1522
>>> print(time.gmtime())
time.struct_time(tm_year=2022, tm_mon=2, tm_mday=25, tm_hour=3, tm_min=23,
tm_sec=24, tm_wday=4, tm_yday=56, tm_isdst=0)
>>> print(time.localtime())
time.struct_time(tm_year=2022, tm_mon=2, tm_mday=25, tm_hour=11, tm_min=24,
tm_sec=24, tm_wday=4, tm_yday=56, tm_isdst=0)
>>> print(time.asctime(time.localtime()))
Fri Feb 25 11:24:34 2022
>>> print(time.tzname)
('中国标准时间', '中国夏令时')
```

strftime 方法函数用来格式化日期。其输入是一个 struct_time 表示的时间,并返回以可读字符串表示的当地时间。

```
>>> print(time.strftime('%Y-%m-%d %H:%M:%S', time.localtime()))
2022-02-25 11:27:47
```

在 strftime 函数日期格式化中,相关符号说明如下。

%a：本地化的缩写星期中每日的名称。

%A：本地化的星期中每日的完整名称。

%b：本地化的月的缩写名称。

%B：本地化的月的完整名称。

%c：本地化的适当日期和时间表示。

%d：以十进制数 [01,31] 表示的月中日。

%H：以十进制数 [00,23] 表示的小时(24 小时制)。

%I：以十进制数 [01,12] 表示的小时(12 小时制)。

%j：以十进制数 [001,366] 表示的年中日。

%m：以十进制数 [01,12] 表示的月。

%M：以十进制数 [00,59] 表示的分钟。

%p：以本地化的 AM 或 PM。

%S：以十进制数 [00,61] 表示的秒。

%U：以十进制数 [00,53] 表示的一年中的周数(星期日作为一周的第一天)。

%w：以十进制数［0(星期日),6］表示的周中日。

%W：以十进制数［00,53］表示的一年中的周数(星期一作为一周的第一天)。

%x：本地化的适当日期表示。

%X：本地化的适当时间表示。

%y：以十进制数［00,99］表示的不带世纪的年份。

%Y：以十进制数表示的带世纪的年份。

%z：时区偏移以格式＋HHMM 或-HHMM 形式的 UTC/GMT 的正或负时差指示，其中 H 表示十进制小时数字,M 表示小数分钟数字［－23:59,＋23:59］。

%Z：时区名称。

%%：字面的 '%' 字符。

3. 程序运行时间测试

time 模块可以用来测试程序运算时间。例如,要测试从 2 到 1000 中搜索全部素数所用的时间,可以采用下面的程序。在该程序中,使用 time()函数返回当前时间的时间戳,单位为微秒。

```
import time
time_start = time.time()                  #开始计时
for num in range(2, 1000):
    #素数大于 1
    if num > 1:
        for i in range(2,num):
            if (num % i) == 0:
                break
        else:
            pass                           #print(num, end=",")
time_end = time.time()                     #结束计时
time_c= time_end - time_start              #运行所花时间
print('time cost is ', time_c * 1000, 'ms')
```

该程序的运行结果如下：

```
time cost is 31.053543090820312 ms
```

该时间在不同的计算机上进行测试,结果有所不同。机器性能越高,则花费的时间越少。如果把程序中的 pass 语句换成 print(num, end=",")，则所花费的时间为 2390.066146850586 ms。显然该时间大幅度增加,因为在屏幕上显示数据花费时间较多。

4.2.2 datetime 模块

datetime 模块重新封装了 time 模块,由 date 类、time 类和 datetime 类构成,提供了丰富的接口功能和方法函数。

1. date 类

date 类表示一个由年、月、日组成的日期,格式为 datetime.date(year, month, day)。其中,year 的范围为［1, 9999］,month 的范围为［1, 12］,day 的范围为［1, 给定年月对应的

天数]。

date 类的属性包括：year 表示年，month 表示月，day 表示日，min 代表 date 所能表示的最小日期，max 代表 date 所能表示的最大日期。

具体示例程序如下：

```
>>> import datetime
>>> print(datetime.date.min)
0001-01-01
>>> print(datetime.date.max)
9999-12-31
```

要显示 date 类的 year、month、day 属性，需要先获得返回当地的当前日期，而获得当前日期需要调用 today()方法。为此，下面先介绍 date 类的方法函数，如表 4-4 所示。

表 4-4　datetime 模块的方法函数

方法（属性）	说　　明
today()	返回当地的当前日期
fromtimestamp(timestamp)	根据给定的时间戳，返回本地日期
replace(year, month, day)	生成一个新的日期对象，用参数指定的年，月，日代替原有对象中的属性
timetuple()	返回日期对应的 struct_time 对象
weekday()	返回一个整数代表星期几，星期一为 0，星期天为 6
isoweekday()	返回一个整数代表星期几，星期一为 1，星期天为 7
isocalendar()	返回格式为（year,month,day）的元组
isoformat()	返回格式如 YYYY-MM-DD 的字符串
strftime(format)	返回自定义格式的字符串

下面是对上述方法函数进行测试的示例程序：

```
import datetime
td = datetime.date.today()
print(td.year, "年")
print(td.month,"月")
print(td.day, "日")
print(td.replace(year=2022, month=2, day=25))
print(td.timetuple())
print("星期", td.weekday())
print("星期", td.isoweekday())
print("元组形式", td.isocalendar())
print("字符串形式", td.isoformat())
print(td.strftime('%Y %m %d %H:%M:%S %f'))
```

上述程序的运行结果请读者自行实验获得。

2. time 类

time 类表示由时、分、秒、微秒组成的时间，格式为 time(hour＝0，minute＝0，second＝0，

microsecond＝0, tzinfo＝None, ＊, fold＝0)。其中, hour 的范围为[0, 24), minute 的范围为[0, 60), second 的范围为[0, 60), microsecond 的范围为[0, 1000000), fold 的范围为[0, 1]。

　　time 类的属性包括 hour、minute、second、microsecond 和 tzinfo, 分别对应时、分、秒、微秒和时区。Time 类的方法函数包括如下 3 个。

- isoformat()：返回 HH：MM：SS 格式的字符串。
- replace(hour, minute, second, microsecond, tzinfo, ＊ fold＝0)：创建一个新的时间对象, 用参数指定的时、分、秒、微秒代替原有对象中的属性。
- strftime(format)：返回自定义格式的字符串。

具体应用示例如下：

```
import datetime
t = datetime.time(10, 11, 12)
print(t.isoformat())
print(t.replace(hour=9, minute=9))
print(t.strftime('%I:%M:%S %p'))
print("时:", t.hour)
print("分:", t.minute)
print("秒:", t.second)
print("微秒:", t.microsecond)
print("时区:", t.tzinfo)
```

程序运行结果如下。

```
10:11:12
09:09:12
10:11:12 AM
时: 10
分: 11
秒: 12
微秒: 0
时区: None
```

3. datetime 类

datetime 类包括了 date 类与 time 类的所有信息, 格式为 datetime(year, month, day, hour＝0, minute＝0, second＝0, microsecond＝0, tzinfo＝None, ＊, fold＝0), 参数范围值参考 date 类与 time 类。具体属性和方法函数在此不做介绍。

4.2.3　calendar 模块

　　calendar 模块提供了很多可以处理与日历相关的方法函数。主要方法函数如表 4-5 所示。

表 4-5　calendar 模块的常用函数

方　　法	说　　明
setfirstweekday(weekday)	设置每一周的开始(0 表示星期一,6 表示星期天)
firstweekday()	返回当前设置的每星期的第一天的数值
isleap(year)	如果 year 是闰年则返回 True ,否则返回 False
leapdays(y1, y2)	返回 y1 至 y2（包含 y1 和 y2）之间的闰年的数量
weekday(year, month, day)	返回指定日期的星期值
monthrange(year, month)	返回指定年份的指定月份第一天是星期几和这个月的时间（以天为单位）
month(theyear, themonth, w=0, l=0)	返回月份日历
prcal(year, w=0, l=0, c=6, m=3)	返回年份日历

对象 calendar 模块的主要方法函数进行测试的示例如下：

```
>>> import calendar
>>> calendar.setfirstweekday(1)
>>> print(calendar.firstweekday())
1
>>> print(calendar.isleap(2022))
False
>>> print(calendar.isleap(2020))
True
>>> print(calendar.leapdays(1900, 2022))
30
>>> print(calendar.weekday(2022, 2, 25))
4
>>> print(calendar.monthrange(2019, 12))
(6, 31)
>>> print(calendar.monthrange(2020, 2))
(5, 29)
>>> print(calendar.month(2022, 2))
   February 2022
Tu We Th Fr Sa Su Mo
 1  2  3  4  5  6  7
 8  9 10 11 12 13 14
15 16 17 18 19 20 21
22 23 24 25 26 27 28
>>> print(calendar.prcal(2022))
略。
```

1. Calendar 类

Calendar 类提供了一些日历数据格式化的方法,实例方法如下所示。

- iterweekdays()：返回一个迭代器,迭代器的内容为一星期的数字。
- itermonthdates(year, month)：返回一个迭代器,迭代器的内容为年、月的日期。

使用 Calendar 类的方法函数进行测试的示例如下：

```
from calendar import Calendar
c = Calendar()
print(list(c.iterweekdays()))
for i in c.itermonthdates(2019, 12):
print(i)
```

2. TextCalendar 类

TextCalendar 为 Calendar 子类,用来生成纯文本日历。实例方法如下所示。

- formatmonth(theyear, themonth, w＝0, l＝0):返回一个多行字符串表示指定年、月的日历。
- formatyear(theyear, w＝2, l＝1, c＝6, m＝3):返回一个 m 列日历,可选参数 w, l 和 c 分别表示日期列数,周的行数,以及月之间的间隔。

对 TextCalendar 类的方法函数进行测试的示例如下:

```
from calendar import TextCalendar
tc = TextCalendar()
print(tc.formatmonth(2022, 2))
print(tc.formatyear(2022))
```

3. HTMLCalendar 类

HTMLCalendar 类可以生成在 Web 浏览器上显示的 HTML 日历。主要实例方法如下。

- formatmonth(theyear, themonth, withyear＝True):返回一个 HTML 表格作为指定年、月的日历。
- formatyear(theyear, width＝3):返回一个 HTML 表格作为指定年份的日历。
- formatyearpage(theyear, width＝3, css＝'calendar.css', encoding＝None):返回一个完整的 HTML 页面作为指定年份的日历。

对 HTMLCalendar 类的方法函数进行测试的示例如下:

```
from calendar import HTMLCalendar
hc = HTMLCalendar()
print(hc.formatmonth(2022, 2))
print(hc.formatyear(2022))
print(hc.formatyearpage(2022))
```

4.2.4 随机数模块

在信息安全领域经常会用到随机数,random 模块对随机数的生成提供了支持。使用随机数首先要引入 random 模块(import random)。主要随机函数说明如下。

1. Python 中的 random 函数

下面三个函数可以生成不同类型或范围的随机数。

- random()函数:返回随机生成的一个实数,它在[0,1)内取值。
- randint(start, end)函数:返回从 start 到 end 的一个随机整数。

- randrange(start，end，step)函数：返回指定递增基数集合中的一个随机数,基数缺省值为 1。参数 start 指定范围内的开始值,包含在范围内;end 指定范围内的结束值,不包含在范围内;step 指定递增基数。
- random.uniform(u,sigma)：随机正态浮点数。
- sample(string，n)：随机地选定字符串 string 中的 n 个字符。
- shuffle(list)：对 list 列表随机打乱顺序,也就是洗牌。shuffle 函数只作用于列表类型数据,对字符串类型数据会报错。

比如对 random 主要方法函数的测试示例如下：

```
>>> import random
>>> random.random()              #返回 0~1 之间的实数
0.5364864842216264
>>> random.randint(0,99)         #返回 0~99 之间的整数
15
>>> random.randrange(0,99,5)
10
>>>print(random.uniform(1,5))
4.066037025450576
>>> print(random.sample('abcdefghijk', 3))
['c', 'e', 'b']
>>> a = ['w',3,4,5,6,7,99,'p']
>>> random.shuffle(a)
>>> a
[4, 'p', 3, 99, 6, 'w', 5, 7]
```

2. Python 中的种子函数

种子函数 seed()给随机数对象一个种子值,用于产生随机序列。对于同一个种子值的输入,之后产生的随机数序列也一样。所以,计算机系统中的随机数也称为伪随机数,因为相同的种子值产生的随机数相同。

在计算机中,通常是把时间的秒数等变化值作为种子值,达到每次运行产生的随机系列都不一样。如果 seed()函数没有参数,则使用当前系统时间生成随机数。如果 seed()函数有参数,则这个参数就是种子,使用该种子生成随机数。

对种子函数进行测试的示例如下：

```
>>>import random
>>> random.seed()
>>> print(random.random())
0.6101587355051272
>>> print(random.random())
0.43519318640526816
>>> random.seed(20)
>>> print(random.random())
0.9056396761745207
>>> random.seed(20)
>>> print(random.random())     #种子都是 20,所以随机数相同
0.9056396761745207
```

```
>>> print(random.random())
0.6862541570267026
```

显然,种子函数 seed(20)和随机数生成函数 random()成对出现,才能产生相同的随机数。当随机数生成函数 random()后又出现新的 random()函数时,后面的随机函数会使用当前系统时钟来生成随机数。

3. 利用种子函数进行加解密

在计算机系统中,所生成的随机数都是伪随机数,不是真正的随机数。也就是说,随机数是跟随机数种子有关。相同的种子生成相同的随机数。利用这一特性,可以使用种子作为密钥对数据进行加、解密。

```python
import random
def encrypt(asc, key):                      #加密
        print("明文", asc, "在密钥", key, end="下的")
        seed=key
        random.seed(seed)
        min1=0
        max1=10**6
        res=min1+1+int((max1-min1-2) * round(random.random(),5)) + ord(asc)
        print("加密结果为 ", res)
        return res
def decrypt(value, key):                    #解密
        seed=key
        random.seed(seed)
        min1=0
        max1=10**6
        res = min1+1+int((max1-min1-2) * round(random.random(),5))
        res = chr(value - res)
        print("密文",value, "在密钥",key, "下的解密结果为 ",  res)
        return res
#主程序
plaintext = "B"
key = 8765
for i in range(3):
    ciphertext = encrypt(plaintext, key+10 * i)
    plaintext_after = decrypt(ciphertext, key+10 * i)
```

该程序的运行结果如下:

```
明文 B 在密钥 8765 下的加密结果为   626905
密文 626905 在密钥 8765 下的解密结果为   B
明文 B 在密钥 8775 下的加密结果为   835515
密文 835515 在密钥 8775 下的解密结果为   B
明文 B 在密钥 8785 下的加密结果为   439276
密文 439276 在密钥 8785 下的解密结果为   B
```

◇ 4.3　os 模块和 sys 模块

Python 语言的 os 模块和 sys 模块提供了与计算机的操作系统的多种访问接口，方便用户编程时进行调用。

4.3.1　os 模块

Python 的 os 模块提供了操作系统的多种接口，这些接口主要用来操作文件和目录。Python 中所有依赖操作系统的内置模块统一设计方式为：对于不同操作系统可用的相同功能使用相同的接口，这样大大增加了代码的可移植性；当然，通过 os 模块操作某一系统的扩展功能也是可以的，但这样做会损害代码的可移植性。

os 模块中的方法函数主要如下。

os.getcwd()：查看当前路径。

os.listdir(path)：返回指定目录下包含的文件和目录名列表。

os.path.abspath(path)：返回路径 path 的绝对路径。

os.path.split(path)：将路径 path 拆分为目录和文件两部分，返回结果为元组类型。

os.path.join(path，* paths)：将一个或多个 path（文件或目录）进行拼接。

os.path.getctime(path)：返回 path（文件或目录）在系统中的创建时间。

os.path.getmtime(path)：返回 path（文件或目录）的最后修改时间。

os.path.getatime(path)：返回 path（文件或目录）的最后访问时间。

os.path.exists(path)：判断 path（文件或目录）是否存在，若存在则返回 True，否则返回 False。

os.path.isdir(path)：判断 path 是否为目录。

os.path.isfile(path)：判断 path 是否为文件。

os.path.getsize(path)：返回 path 的大小，以字节为单位，若 path 是目录则返回 0。

os.mkdir()：创建一个目录。

os.makedirs()：创建多级目录。

os.makedirs('E：/test1/test2')：目录 test1、test2 均不存在，此时使用 os.mkdir()创建会报错，也就是说，os.mkdir()创建目录时要保证末级目录之前的目录是存在的。

os.chdir(path)：将当前工作目录更改为 path。

os.system(command)：调用 shell 脚本。

对 os 模块的主要功能进行测试的应用示例如下：

```python
import os
print(os.listdir('C:/'))
print(os.path.abspath('.'))                    #当前路径
print(os.path.isdir('C:/'))
print(os.path.isfile('C:/tmp.txt'))
print(os.path.getsize('C:/tmp.txt'))
print(os.path.getsize('C:/work'))
os.mkdir('C:/test')
```

```
print(os.getcwd())
os.chdir('/test')
print(os.getcwd())
print(os.system('ping www.baidu.com'))    #执行 ping 命令
```

4.3.2　sys 模块

Python 的 sys 模块主要负责与 Python 解释器进行交互,该模块提供了一系列用于控制 Python 运行环境的函数和变量。

在 Python 中,可以使用 dir(sys)函数查看 sys 模块包含的内容,具体如下所示:

```
>>> import sys
>>> dir(sys)
['__breakpointhook__', '__displayhook__', '__doc__', '__excepthook__',
'__interactivehook__', '__loader__', '__name__', '__package__', '__spec__',
'__stderr__', '__stdin__', '__stdout__', '__unraisablehook__', '_base_
executable', '_clear_type_cache', '_current_frames', '_debugmallocstats',
'_enablelegacywindowsfsencoding', '_framework', '_getframe', '_git', '_home',
'_xoptions', 'addaudithook', 'api_version', 'argv', 'audit', 'base_exec_prefix',
'base_prefix', 'breakpointhook', 'builtin_module_names', 'byteorder', 'call_
tracing', 'callstats', 'copyright', 'displayhook', 'dllhandle', 'dont_write_
bytecode', 'exc_info', 'excepthook', 'exec_prefix', 'executable', 'exit',
'flags', 'float_info', 'float_repr_style', 'get_asyncgen_hooks', 'get_coroutine_
origin_tracking_depth', 'getallocatedblocks', 'getcheckinterval',
'getdefaultencoding', 'getfilesystemcodeerrors', 'getfilesystemencoding',
'getprofile', 'getrecursionlimit', 'getrefcount', 'getsizeof',
'getswitchinterval', 'gettrace', 'getwindowsversion', 'hash_info', 'hexversion',
'implementation', 'int_info', 'intern', 'is_finalizing', 'maxsize',
'maxunicode', 'meta_path', 'modules', 'path', 'path_hooks', 'path_importer_
cache', 'platform', 'prefix', 'pycache_prefix', 'set_asyncgen_hooks', 'set_
coroutine_origin_tracking_depth', 'setcheckinterval', 'setprofile',
'setrecursionlimit', 'setswitchinterval', 'settrace', 'stderr', 'stdin',
'stdout', 'thread_info', 'unraisablehook', 'version', 'version_info',
'warnoptions', 'winver']
>>>
```

在 sys 模块,通常使用到的变量包括 argv(返回传递给 Python 脚本的命令行参数列表)、stdout(标准输出)、stdin(标准输入)、stderr(错误输出)和 exit()(退出当前程序)等。相关测试示例如下:

```
import sys
sys.stdout.write('Hi' + '\n')               #控制台输出
print('Hi')                                 #控制台输出
s1 = input("IN: ")                          #控制台输入
s2 = sys.stdin.readline()                   #控制台输入
print(s1, s2)                               #显示控制台输入
sys.stderr.write('this is an error message') #
print('Hi')                                 #控制台输出显示
```

```
sys.exit()                              #系统退出
print('Jhon')                           #该语句不执行
```

该程序运行结果如下：

```
Hi
Hi
IN: hello
1234567890
hello 1234567890
this is an error messageHi
```

有时，用户需要通过命令行方式给 Python 程序导入参数，这时候就需要使用 argv 变量。用户在输入的"程序名 参数 1，参数 2"中的参数 1、参数 2 会传给系统的 argv 变量。相关程序如下：

```
import sys
if __name__ == '__main__':
args = sys.argv                         #将系统接收的输入参数以字符串列表形式赋值给变量 args
    print(args)
print(args[1])
```

如果该段程序的文件名为 test.py，则在控制台输入命令 python test.py 123 abc 并按
Enter 键执行，程序的运行结果如下：

```
['test.py', '123', 'abc']
123
```

除此之外，Python 的 sys 模块中还有很多常用变量，主要如下。

version：返回 Python 解释器的版本信息。

winver：返回 Python 解释器主版号。

platform：返回操作系统平台名称。

path：返回模块的搜索路径列表。

maxsize：返回支持的最大整数值。

maxunicode：返回支持的最大 Unicode 值。

copyright：返回 Python 版权信息。

modules：以字典类型返回系统导入的模块。

byteorder：返回本地字节规则的指示器。

executable：返回 Python 解释器所在路径。

◆ 4.4 NumPy 模块和 Panda 模块

NumPy(Numerical Python)是一个开源的 Python 科学计算扩展库，主要用来处理任意维度的数组与矩阵。通常对于相同的计算任务，使用 NumPy 比直接使用 Python 基本数

据结构要简单、高效得多。Pandas 是基于 NumPy 开发的,它提供了快速、灵活、明确的数据结构,旨在简单直观地处理数据。使用"pip install numpy"命令即可安装 NumPy 库;使用"pip install panda"命令即可安装 Panda 库。

4.4.1　NumPy 的基本数据类型

NumPy 具有非常丰富的基本数据类型,包括整型、无符号整型、布尔型、浮点数和复数。而数据的位数从 8～64 位不等,可以表示的数据范围非常广泛。

NumPy 的基本数据类型主要如下。

- int_:默认的整数类型(类似于 C 语言中的 long,int32 或 int64)。
- intc:与 C 语言的 int 类型一样,一般是 int32 或 int64。
- intp:用于索引的整数类型(类似于 C 语言中的 ssize_t,一般情况下仍然是 int32 或 int64)。
- int8:字节,表示的范围为 $-128～127$。
- int16:16 位整数,表示的范围为 $-32768～32767$。
- int32:32 位整数,表示的范围为 $-2147483648～2147483647$。
- int64:64 位整数,表示的范围为 $-9223372036854775808～9223372036854775807$。
- uint8:8 位无符号整数,表示的范围为 0～255。
- uint16:16 位无符号整数,表示的范围为 0～65535。
- uint32:32 位无符号整数,表示的范围为 0～4294967295。
- uint64:64 位无符号整数,表示的范围为 0 ～18446744073709551615。
- bool_:布尔型数据类型,值为 True 或者 False。
- float16:半精度浮点数,包括 1 个符号位、5 个指数位、10 个尾数位。
- float32:单精度浮点数,包括 1 个符号位、8 个指数位、23 个尾数位。
- float64:双精度浮点数,包括 1 个符号位、11 个指数位、52 个尾数位。
- float_:float64 类型的简写。
- complex64:64 位复数,表示双 32 位浮点数(实数部分和虚数部分)。
- complex128:128 位复数,表示双 64 位浮点数(实数部分和虚数部分)。
- complex_:complex128 类型的简写,即 128 位复数。

用户可以通过程序对 NumPy 的数据类型进行修改,具体示例程序如下:

```
import numpy as np
arr1 = np.array([1, 2, 3])
arr2 = np.array([1.111, 2.222, 9.333])
print(arr1.dtype)                    #当前数据类型
arr1 = arr1.astype(np.int64)         #修改数据类型
print(arr1.dtype)                    #显示数据类型
arr2 = np.round(arr2, 1)             #保留一位小数
print(arr2)
```

该程序的运行结果为:

```
int32
```

```
int64
[1.1 2.2 9.3]
```

4.4.2 NumPy 的 ndarray 数据类型

ndarray 是 NumPy 中定义的 n 维数组类型,它是一个相同数据类型的集合,集合中的元素可以通过下标(从 0 开始)进行索引。

1. ndarray 数组的创建

创建 ndarray 数组可以使用 NumPy 的 array 方法,具体格式如下:

```
array(p_object, dtype=None, copy=True, order='K', subok=False, ndmin=0)
```

相关参数说明如下。

- p_object:数组或嵌套的数列。
- dtype:数组元素的数据类型。
- copy:是否需要复制。
- order:创建数组的样式,C 为行方向,F 为列方向,A 为任意方向(默认)。
- subok:默认返回一个与基类类型一致的数组。
- ndmin:生成数组的最小维度。

下面是创建 ndarray 数组的示例程序。用户可以通过使用 NumPy 的 arange 方法创建数组。例如:

```
import numpy as np
arr1 = np.array([1, 2, 3, 4, 5])              #创建一维数组
arr2 = np.array(range(1, 6))
arr3 = np.arange(1, 6)
print (arr1)
print (arr2)
print (arr3)
arr = np.array([[1, 2], [3, 4], [5, 6]])      #创建多维数组
print(arr)
```

在 ndarray 数据类型中,常用的属性如下。

- arr.dtype:数组的元素类型,如 int32。
- arr.shape:数组形状,用(行数,列数)表示,这里的 arr 是(3,2)。
- arr.size:元素个数,这里的 arr 中元素的个数是 6。
- arr.ndim:数组维度,这里的 arr 是二维数组。
- arr.itemsize:每个元素大小(即字节数),如 int32 时占用 4 字节,int64 时占用 8 字节。

2. 改变 ndarray 数组的形状

可以通过对 ndarray 数组的 shape 属性修改或使用 reshape 方法函数改变数组的形状。例如:

```
import numpy as np
arr = np.arange(12)
print(arr)
arr.shape = (3, 4)                          #变成二维数组
print(arr)
arr = arr.reshape((2, 3, 2))                #变成三维数组
print(arr)
```

该程序执行结果如下。

```
一维数组: [ 0  1  2  3  4  5  6  7  8  9 10 11]
二维数组: [[ 0  1  2  3]
 [ 4  5  6  7]
 [ 8  9 10 11]]
三维数组: [[[ 0  1]
  [ 2  3]
  [ 4  5]]

 [[ 6  7]
  [ 8  9]
  [10 11]]]
```

4.4.3　NumPy 数组的操作

对 NumPy 的数组进行操作跟数学中的操作方法类似,可以通过数组的下标(即索引)进行访问。读者可以在命令行交互方式下进行具体练习。

1. 数组的访问

NumPy 数组的访问通过索引进行,访问的对象可以是数组的一个元素、一行、一列、多行、多列。具体示例如下:

```
import numpy as np
arr1 = np.array([1, 2, 3, 4, 5, 6])     #创建一维数组
print(arr1[3])                          #读取元素的值,结果为 4
arr1[3] = 10                            #修改一个元素的值
print(arr1[3])                          #读取元素的值,结果为 10
print(arr1[2:])                         #读取第二个到最后一个元素的值,结果为 [3 10 5 6]
print(arr1[2:4])                        #读取第二个到第四个元素的值,结果为 [3 10]
arr2 = np.arange(12).reshape(3, 4)      #创建多维数组
print(arr2)                             #显示整个数组
print(arr2[2, 3])                       #读取一个值,结果为 11
print(arr2[[0, 2], [1, 3]])             #读取两个元素的值,结果为 [1 11]
print(arr2[0])                          #读取第 0 行,结果为 [0 1 2 3]
print(arr2[1:])                         #读取第 1 行到最后一行
print(arr2[[0, 2]])                     #读取第 0 行和第 2 行
print(arr2[:, 0])                       #读取第 0 列,结果为 [0 4 8]
print(arr2[:, 2:])                      #读取第 2 列到最后一列
print(arr2[:, [0, 2]])                  #读取第 0 列和第 2 列
```

2. 数据视图、副本和轴

数据视图只是原有数据的一个引用,通过该引用可访问、操作原有数据,对数据视图进行修改会影响原始数据的值,因为原始数据和数据视图二者共享内存。

数据副本是对数据的完整复制,对副本进行修改不会影响原始数据的值,因为原始数据和数据副本二者不共享内存。

在 Python 语言中,可以通过调用 ndarray 的 view()方法产生一个视图。下面是创建数据视图的示例程序:

```python
import numpy as np
a = np.arange(6)
b = a.view()                    #创建一个视图
print('原始数据:', a)
b[1] = 9                        #修改数据视图
print('修改后的视图数据:', b)
print('原始数据:', a)           #原始数据发生变化
```

该程序的运行结果如下。

```
原始数据: [0 1 2 3 4 5]
修改后的视图数据: [0 9 2 3 4 5]
原始数据: [0 9 2 3 4 5]
```

在 Python 语言中,可以通过调用 ndarray 的 copy()方法产生一个副本。下面是创建数据副本的示例程序:

```python
import numpy as np
a = np.arange(6)
b = a.copy()                    #创建一个副本
print('原始数据:', a)
b[1] = 9                        #修改视图数据
print('修改后的副本数据:', b)
print('原始数据:', a)           #原始数据发生变化
```

该程序的运行结果如下。

```
原始数据: [0 1 2 3 4 5]
修改后的副本数据: [0 9 2 3 4 5]
原始数据: [0 1 2 3 4 5]
```

在 Python 语言的 NumPy 模块中,还有轴的概念。轴就是方向的意思,使用数字 0、1、2 表示。一维数组只有 0 轴,二维数组有 0、1 轴,三维数组有 0、1、2 轴。了解轴的概念,可以方便数组的计算。

3. NumPy 中的基本运算

NumPy 模块的基本运算包括数组与数字的算术运算、数组与数组间的算术运算和数组内元素的最大最小等运算。

1) 数组与数字之间的算术运算

数组与数字之间的加、减、乘、除算术运算，实际就是将数字与数组中的每个元素进行加、减、乘、除算术运算，具体示例如下：

```
import numpy as np
arr = np.arange(8)
print(arr + 3)          #数组中的每个元素加 3
print(arr - 2)          #数组中的每个元素减 2
print(arr * 4)          #数组中的每个元素乘以 4
print(arr / 2)          #数组中的每个元素除以 2
```

2) 数组与数组之间的算术运算

NumPy 模块的数组与数组之间的加、减、乘、除运算分为三种情况。

情况 1：对相同行数和相同列数的两个数组进行算术运算；结果是对应元素依次进行相应的算术运算。具体示例如下：

```
import numpy as np
a = np.arange(8).reshape(2, 4)
b = np.arange(1,9).reshape(2, 4)
print(a, b, a + b, b * a)
```

情况 2：对相同行数、不同列数的数字进行算术运算，而且其中有一个数组的列数必须为 1。运算结果为用单列数组对多列数组的每列依次进行运算。具体示例如下：

```
import numpy as np
c = np.arange(8).reshape(2, 4)
d = np.arange(2).reshape(2, 1)
print(c, d, c+d, c-d)
```

该程序的运行结果如下：

```
[[0 1 2 3]
 [4 5 6 7]]
[[0]
 [1]]
[[0 1 2 3]
 [5 6 7 8]]
[[0 1 2 3]
 [3 4 5 6]]
```

情况 3：对相同列数、不同行数的数字进行算术运算，而且其中有一个数组的行数必须为 1。运算结果为用单行数组对多行数组的每行依次进行运算。具体示例如下：

```
import numpy as np
e = np.arange(6).reshape(2, 3)
f = np.arange(3).reshape(1, 3)
print(e, f, e * f,  e - f)
```

该程序的运行结果如下：

```
[[0 1 2]
 [3 4 5]]
[[0 1 2]]
[[ 0  1  4]
 [ 0  4 10]]
[[0 0 0]
 [3 3 3]]
```

3）数组内的元素运算

NumPy 模块支持对数组内元素求最大、最小、平均、极值、方差等运算。具体示例如下：

```
import numpy as np
arr = np.array([[22, 66], [33, 88], [99, 55]])
print("最大值=",np.max(arr))                    #最大值
print("最小值=",np.min(arr))                    #最小值
print("每行最大值=",np.max(arr, 1))             #某一轴上的最大值
print("平均值=",np.mean(arr))                   #平均值
print("每行平均=",np.mean(arr, axis=1))         #某一行或某一列的平均值
print("极差=",np.ptp(arr))                      #极差
print("方差=",np.var(arr))                      #方差
print("标准差=",np.std(arr))                    #标准差
print("中位数=",np.median(arr))                 #中位数
```

该程序的运行结果如下：

```
最大值= 99
最小值= 22
每行的最大值= [66 88 99]
平均值= 60.5
每行平均= [44.  60.5 77. ]
极差= 77
方差= 756.25
标准差= 27.5
中位数= 60.5
```

4. NumPy 中的基本操作

NumPy 通过 append()方法、delete()方法和 unique()方法分别支持对数组的添加、删除和去重等基本操作。

1）添加操作

NumPy 的 append()方法可以在数组的末尾添加元素。该操作会分配至整个数组，并把原数组复制到新数组，该操作必须保证输入的维度是匹配的。例如：

```
import numpy as np
arr = np.array([[1, 3, 5], [2, 4, 6]])
print("添加元素后 ", np.append(arr, [1, 1, 3]))              #添加元素
print("沿 0 轴添加后\n", np.append(arr, [[1, 1, 3]], axis=0)) #按行添加元素
```

```
print("沿 1 轴添加后\n", np.append(arr, [[1, 1, 3], [2, 1, 5]], axis=1))
```

该程序的运行结果如下：

```
添加元素后   [1 3 5 2 4 6 1 1 3]
沿 0 轴添加后
[[1 3 5]
 [2 4 6]
 [1 1 3]]
沿 1 轴添加后
[[1 3 5 1 1 3]
 [2 4 6 2 1 5]]
```

除了 append()方法外，还可以使用 insert()方法进行添加操作。该方法在给定索引前，沿给定的轴向数组中插入值。例如：

```
import numpy as np
arr = np.array([[1, 3, 5], [2, 4, 6]])
print("按位置添加后",np.insert(arr, 1, [1, 1, 3]))            #添加元素
print("按行插入后\n", np.insert(arr, 1, [1, 1, 3], axis=0))   #沿 0 轴添加元素
print("按列插入后\n", np.insert(arr, 1, [1, 5], axis=1))      #沿 1 轴添加元素
```

该程序的运行结果如下：

```
尾部添加后 [1 1 1 3 3 5 2 4 6]
按行插入后
[[1 3 5]
 [1 1 3]
 [2 4 6]]
按列插入后
[[1 1 3 5]
 [2 5 4 6]]
```

2) 删除操作

NumPy 通过 delete()方法对数组进行删除操作，具体示例如下：

```
import numpy as np
arr = np.array([[1, 3, 5], [2, 4, 6]])
print(np.delete(arr, 1))                   #删除第 1 位置的元素"3"
print(np.delete(arr, 1, axis=0))           #沿 0 轴删除第 1 行,只余第 0 行[[1 3 5]]
print(np.delete(arr, 1, axis=1))           #沿 1 轴删除第 1 列
```

3) 去重操作

NumPy 通过 unique()方法去除数组中的重复元素，具体示例如下：

```
import numpy as np
arr = np.array([1, 6, 5, 2, 4, 6, 1, 3, 6])
print(np.unique(arr))                      #去除重复元素
```

```
u,indices=np.unique(arr, return_index=True)    #返回每个元素去重前在数组中的位置
print(u, indices)                              #u 是去重后的结果
u,indices=np.unique(arr, return_counts=True)   #返回每个元素去重前的实际个数
print(u, indices)
```

该程序的运行结果如下：

```
[1 2 3 4 5 6]
[1 2 3 4 5 6] [0 3 7 4 2 1]
[1 2 3 4 5 6] [2 1 1 1 1 3]
```

4.4.4　Panda 数组的操作

Pandas 的主要数据结构包括 Series(一维数据)与 DataFrame(二维数据)，这两种数据结构在金融、统计等领域有广泛的应用。

1. Series 数组

创建 Series 数组对象时，可以自定义索引，也可以不指定索引。如果不指定每个数据元素的索引，则使用默认索引，即索引范围从 0 开始，每个元素依次加 1，可以用默认索引访问数组中的元素。如果自定义索引，则需要通过指定的索引来访问数组中的元素。

下面给出了两种方法创建 Series 数组。

```
>>> from pandas import Series                           #导入 Series 数组对象
>>> s1 = Series([9, 2, 8])                              #使用默认索引创建数组 s1
>>> s2 = Series([99,22,88], index=['6', '7', '8'])      #指定索引创建数组 2
>>> print("索引", s1.index)
索引 RangeIndex(start=0, stop=3, step=1)
>>> print("值", s2.values)
值 [99 22 88]
>>> print(s2['7'])
22
>>> print(s1[1:3])
1    2
2    8
dtype: int64
```

除了可以对 Series 数组进行元素访问之外，还可以对 Series 数组进行加、减、乘、除等算术运算。在具有相同索引的元素间才能进行算术运算。例如：

```
>>> from pandas import Series                #导入 Series 数组对象
>>> s1 = Series([11, 12, 13])
>>> s2 = Series([11, 22, 33], index=[2, 3, 4])
>>> print(s1 + s2)                           #加法运算
0    NaN
1    NaN
2    24.0
3    NaN
```

```
4       NaN
dtype: float64
```

　　从上面的例子可以看出,s1 的元素索引是 0、1、2,s2 的元素索引是 2、3、4。两者只有索引 2 是相同的。所以,在运行结果中,只对索引 2 的元素进行了运算。其他元素的结果均为无效 NaN。

2. DataFrame

　　DataFrame 是一种二维数据结构,类似于 Excel、SQL 表或 Series 对象构成的字典,DataFrame 是最常用的 Pandas 对象,与 Series 一样,DataFrame 支持多种类型的输入数据。

　　1) 创建 DataFrame

　　可以直接创建或使用字典创建 DataFrame。例如:

```
from pandas import DataFrame
import numpy as np
df1=DataFrame(np.random.randn(3,3),index=list('abc'),columns=list('xyz'))
print("直接创建\n", df1)
dic = {'name':['A', 'B', 'C'], 'age':[20, 18, 30}
df2 = DataFrame(dic)
print("使用字典创建\n", df2)
```

该程序的运行结果如下:

```
直接创建
        x          y          z
a  2.751071 -0.280194  1.047639
b  0.651315  0.860798 -0.900662
c  0.533408  0.417854  0.468669
使用字典创建
   name  age
0   A    20
1   B    18
2   C    30
```

　　2) DataFrame 的基本操作

　　DataFrame 提供了多种基本操作功能,包括获取维度、概览、行列数、行索引、列索引、一行或多行数据等。例如:

```
from pandas import DataFrame
dic={'name':['赵', '钱', '孙'], 'age':[20, 18, 30], 'gender':['女', '女', '男']}
df = DataFrame(dic)
print(df.dtypes)                          #数据类型
print(df.ndim)                            #维度
print(df.info())                          #概览
print("行列数 ",df.shape)                  #行、列数
print(df.index.tolist())                  #行索引
print(df.columns.tolist())                #列索引
```

```
print(df.values)                                    #二维数组形式数据
print(df.head(2))                                   #前 2 行
print(df.tail(2))                                   #后 2 行
print(df['name'])                                   #获取一列
print(type(df['name']))                             #获取类型
print(df[['name', 'age']])                          #获取两列
print(type(df[['name', 'age']]))                    #获取类型
print(df[0:2])                                       #获取多行
print(df[0:2][['name']])                            #多行的一列数据
print(df.loc[1, 'name'])                            #某行的一列数据
print(df.loc[1, ['name', 'age']])                   #某行的指定列数据
print(df.loc[1, :])                                 #某行的所有列数据
print(df.loc[0:2, ['name', 'gender']])              #连续多行和间隔的多列
print(df.loc[[0, 2], ['name', 'gender']])           #间隔多行和间隔的多列
print(df.iloc[1])                                    #读取一行
print(df.iloc[0:2])                                 #读取连续多行
print(df.iloc[[1, 2]])                              #读取间断的多行
print(df.iloc[:, 0])                                #读取某一列
print(df.iloc[0, 1])                                #读取某一个值
```

该程序的运行结果较多,这里就不一一列出了。

3) DataFrame 的添加和删除操作

DataFrame 提供了针对数组的添加和删除操作,如插入一行、删除一行,插入一列、删除一列,按行合并、按列合并等。例如:

```
from pandas import DataFrame
import pandas as pd
import numpy as np
df1=DataFrame([['张','22'], ['李','33'], ['王','11']],columns=['姓名','年龄'])
col = df1.columns.tolist()                          #提取列,转换为列表
col.insert(1, '性别')                                #在列表中插入 1 个元素
df1.reindex(columns=col)                            #按类建立索引
df1['性别'] = ['男', '女', '保密']
print("插入一列<性别>后 \n",  df1)
df1.insert(0, '编号', ['001', '002', '003'])         #插入一列编号
print("插入一类<编号>后 \n", df1)
row = ['004', '马', '66', '男']
df1.iloc[2] = row
print("插入一行后 \n", df1)
df4 = DataFrame(np.arange(6).reshape(3, 2), columns=['a', 'b'])
df5 = DataFrame(np.arange(6).reshape(2, 3), columns=['c', 'd', 'e'])
pd6 = pd.concat([df4, df5], axis=1)                 #按行合并
print("按行合并后 \n ",pd6)
pd7 = pd.concat([df4, df5], axis=0, ignore_index=True)  #按列合并
print("按列合并后 \n ", pd7)
```

该程序的运行结果请读者自行实验获得。

4) DataFrame 的分组与聚合

DataFrame 具备分组、聚合的操作功能,包括查看分组、选择分组、聚合分组、求和、求平均、求最大最小等功能。下面通过示例进行介绍:

```
from pandas import DataFrame
from pandas import DataFrame
df = DataFrame({'姓名':['张', '李', '王'],'性别':['男', '女', '男'],
                '年龄':[22, 33, 29]})
gp1 = df.groupby('年龄')                              #根据年龄分组
gp2 = df.groupby(['年龄', '性别'])                     #根据年龄、性别分组
gp3 = df['性别'].groupby(df['姓名'])                   #根据性别分组,姓名为分组键值
print(gp2.groups)                                     #查看分组
print(gp2.count())                                    #分组数量
print(gp2.get_group((22, '男')))                      #选择分组
gp4 = df.groupby(df['性别'])                          #聚合分组
print(gp4.sum())                                      #求和
print(gp4.mean())                                     #平均值
print(gp4.max())                                      #求最大值
print(gp4.min())                                      #求最小值
print(gp4.agg(['sum', 'mean', 'max', 'min']))         #按和、平均、最大、最小聚合运算
```

该程序的运行结果较多,这里就不列出了,读者可以自行运算,获得结果。

5）DataFrame 的数据拼接和合并

Pandas 具有在内存中进行数据拼接、合并的功能,提供了 join() 函数、merge() 函数实现 DataFrame 对象之间的拼接和合并。下面通过示例进行说明：

```
from pandas import DataFrame
import pandas as pd
df1 = DataFrame({'A':[2, 3], 'B':[1, 4], 'C':[2, 5]})
df2 = DataFrame({'D':[11, 16], 'E':[12, 17], 'F':[13, 18]})
df3 = DataFrame({'G':[22, 23], 'H':[24, 25], 'I':[25, 27]})
df4 = DataFrame({'G':[31, 33], 'H':[34, 36], 'I':[35, 39]})
print(df1.join(df2, how='left'))                    #左拼接（df1+df2）
print(df2.join(df1, how='outer'))                   #外拼接（df2+df1）
print(df3.join([df1, df2]))                         #多拼接（df3 + df1 + df2）
print(pd.merge(df3, df4, how='left'))               #左合并= df3
print(pd.merge(df3, df4, how='right'))              #右合并= df4
print(pd.merge(df3, df4, how='outer'))              #轮廓合并,df3//df4
```

该程序的运行结果请读者自行实验获得。

◆ 4.5　Python 对文档的操作

利用 Python 程序,可以对各类文档进行操作,包括文字处理系统 Word、电子表格系统 Excel、脚本系统 XML 和数据库系统 SQL 等的创建、写入、读出和修改等操作。

4.5.1　对 Word 的操作

Word 是一个十分常用的文字处理工具,通常使用手动方式进行操作。本节介绍如何在 Python 中操作 Word。

Python 提供了 python-docx 库,该库就是专门针对 Word 文档而设计的,安装时使用 "pip install python-docx"命令即可。

1. Word 写入

首先，使用 Python 创建一个 Word 文档，并向其中写入一些文本、图形等内容。具体包括标题设置、段落控制、表格设置和图片嵌入等。

具体应用示例如下：

程序 4-1　对 Word 进行操作的 Python 程序

```
from docx import Document
document = Document()                                              #创建 Word 文档
document.add_heading('这是标题 0', 0)                               #添加标题
document.add_heading('这是标题 1', 1)
document.add_paragraph('下面是添加的 Word 段落')                     #添加段落
document.add_paragraph('A:段落内容一', style='List Bullet')
document.add_paragraph('B:段落内容二', style='List Bullet')
document.add_heading('这是标题 2', 2)                               #添加标题
p2 = document.add_paragraph('我平时基本都是手动操作 Word 文档,现在利用 Python 对
Word 进行操作,很有意思。如果自动操作 Word 文档,这部分就是告诉我们操作的方法!\n')
run = p2.add_run('一起来了解下如何利用 Python 进行操作吧!')
from docx.shared import Cm, Pt
run.font.size = Pt(16)                                             #设置字体大小
#向文档中插入表格,相关实现代码如下
table = document.add_table(rows=3, cols=2, style='Table Grid')
hc = table.rows[0].cells                                           #表头
hc[0].text = '姓名';  hc[1].text = '年龄'
bc1 = table.rows[1].cells                                          #表体
bc1[0].text = '张三';  bc1[1].text = '22'
bc2 = table.rows[2].cells
bc2[0].text = '李四'; bc2[1].text = '33'
#document.add_page_break()                                         #分页
from docx.shared import Inches
document.add_picture('pic.jpg', width=Inches(1))                   #向文档中插入图片
document.save('test.docx')                                         #保存
```

具体效果如图 4-1 所示。

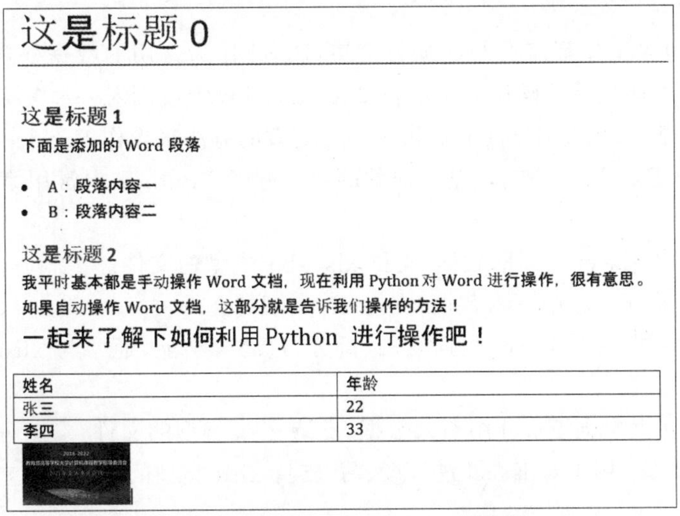

这是标题 0

这是标题 1

下面是添加的 Word 段落

- A：段落内容一
- B：段落内容二

这是标题 2

我平时基本都是手动操作 Word 文档，现在利用 Python 对 Word 进行操作，很有意思。如果自动操作 Word 文档，这部分就是告诉我们操作的方法！

一起来了解下如何利用 Python 进行操作吧！

姓名	年龄
张三	22
李四	33

图 4-1　利用 Python 写 Word 的结果

2. Word 读取

针对已知的 Word 文件,给出文件名后可以进行读取。下面的程序对图 4-1 中的内容进行读取,相关代码如下所示:

程序 4-2　读取 Word 内容的 Python 程序

```
from docx import Document
document = Document('test6.docx')                           #打开文档
ps = [ paragraph.text for paragraph in document.paragraphs]  #读取标题、段落
for p in ps:                                                 #显示标题、段落
    print(p)
ts = [table for table in document.tables]                    #读取表格内容
for t in ts:                                                 #输出表格内容
    for row in t.rows:
        for cell in row.cells:
            print(cell.text, end=' ')
        print()
```

该段程序的运行结果如图 4-2 所示。

这是标题0
这是标题1
下面是添加的Word段落
A:　段落内容一
B:　段落内容二
这是标题2
我平时基本都是手动操作Word文档,现在利用**Python**对**Word**进行操作,很有意思。如果自动操作Word文档,这部分就是告诉我们操作的方法!一起来了解下如何利用**Python**进行操作吧!

姓名 年龄
张三 **22**
李四 **33**

图 4-2　利用 Python 读取 Word 的结果

4.5.2　对 Excel 的操作

在现实中,很多工作都需要与数据打交道,Excel 作为常用的数据处理工具,一直备受关注。而大部分人都是手动操作 Excel,但如果数据量较大或面对一些复杂的操作,手工操作的工作量就非常大,因此,Python 提供了一套高效的方法来操作 Excel。

Python 对于 Excel 的操作,是基于成熟的第三方库。Python 中常用第三方 Excel 操作库如下。

- xlrd 库:从 Excel 中读取数据,支持 xls、xlsx 类型的文件。
- xlwt 库:向 Excel 中写入数据,支持 xls 类型的文件。
- xlutils 库:提供对 Excel 数据复制、拆分、过滤等功能,通常与 xlrd、xlwt 一起联合使用。
- xlsxWriter 库:向 Excel 中写入数据,支持 xlsx 类型的文件。
- openpyxl 库:用于对 Excel 进行读、写,支持 xlsx 类型的文件。

1. Excel 的写入

利用 xlwt、xlsxWriter 库可以向 Excel 中写入数据，前者只支持 xls 文件，后者支持 xlsx 文件。下面分别进行介绍。

1）使用 xlwt 库写入

首先，通过“pip install xlwt”命令安装 xlwt 库。然后，利用“import xlwt”命令导入 xlwt 库。具体应用示例如下：

程序 4-3　使用 xlwt 库写入 Excel 的 Python 程序

```
import xlwt
wb = xlwt.Workbook()                          #创建工作簿
sh = wb.add_sheet('testExcel')                #创建表单
font = xlwt.Font()                            #创建字体对象
font.bold = True                              #字体加粗
alm = xlwt.Alignment()                        #设置左对齐
alm.horz = 0x01
style1 = xlwt.XFStyle()                       #创建样式对象
style2 = xlwt.XFStyle()
style1.font = font
style2.alignment = alm
#write()方法的参数 1 为行、参数 2 为列、参数 3 为内容、参数 4 为样式(可选)
sh.write(0, 1, '姓名', style1)                 #第 0 行 1 列写入"姓名"
sh.write(0, 2, '年龄', style1)
sh.write(1, 1, '张三')
sh.write(1, 2, 50, style2)
sh.write(2, 1, '李四')
sh.write(2, 2, 35, style2)
sh.write(3, 1, '王二')
sh.write(3, 2, 46, style2)
sh.write(4, 1, '马六')
sh.write(4, 2, 60, style2)
sh.write(5, 0, '平均年龄', style1)
wb.save('testExcel.xls')                      #保存 Excel 文件
```

在 Python 源文件目录中找到 test_Excel.xls 文件，打开后，里面的具体内容如图 4-3 所示。

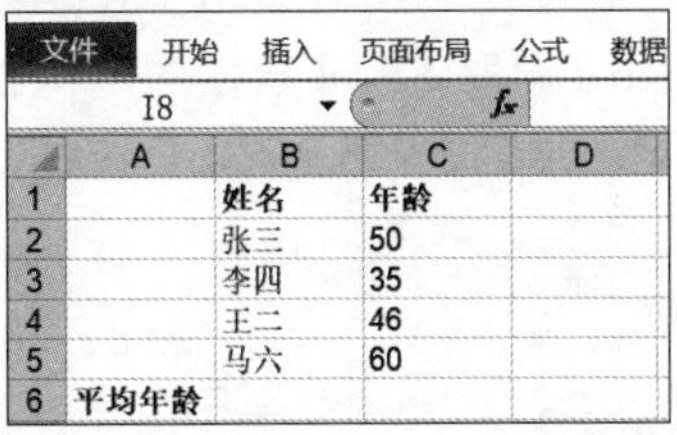

	A	B	C	D
1		姓名	年龄	
2		张三	50	
3		李四	35	
4		王二	46	
5		马六	60	
6	平均年龄			

图 4-3　利用 Python 写入 Excel 的结果

2）使用 xlsxWriter 写入

首先，通过“pip install xlsxWriter”命令安装 xlsxWriter 库。然后，利用“import xlsxWriter”导入 xlsxWriter 库，具体应用示例如下：

程序 4-4　使用 xlsxWriter 库写入 Excel 的 Python 程序

```
import xlsxwriter                                  #导入 xlsxWriter 模块
wkb = xlsxwriter.Workbook('testwr.xlsx')           #创建工作簿
sh = wkb.add_worksheet('testwr')                   #创建表单
fmt1 = wkb.add_format()
fmt2 = wkb.add_format()
```

```
fmt1.set_bold(True)                           #字体加粗
fmt2.set_align('left')                         #设置左对齐
data = [ ['', '姓名', '年龄'],['', '张三', 55], ['', '李四', 35], ['', '王二', 45],
['', '马六', 65], ['平均年龄', '', ]]          #准备数据
sh.write_row('A1', data[0], fmt1)              #写入
sh.write_row('A2', data[1], fmt2)
sh.write_row('A3', data[2], fmt2)
sh.write_row('A4', data[3], fmt2)
sh.write_row('A5', data[4], fmt2)
sh.write_row('A6', data[5], fmt1)
chart = wkb.add_chart({'type': 'line'})        #绘制图形
wkb.close()
```

在上面的程序中，倒数第 2 行中的 add_chart({'type': 'line'})是用来绘图的。xlsxWriter 可以选择的图形参数有 area（面积图）、bar（直方图）、column（柱状图）、line（折线图）、pie（饼图）、doughnut（环形图）、radar（雷达图）等。

通过对上面的程序扩展（在语句 wkb.close()之前），增加下面的代码，可以在 Excel 中生成图表。补充的代码如下：

程序 4-5　使用 xlsxWriter 库写入 Excel 并绘图的 Python 程序

```
chart.add_series(                             #创建图表
    {  'name':'=test!$B$1',
       'categories':'=test!$B$2:$B$5',
       'values':   '=test!$C$2:$C$5'
    } )
chart.set_title({'name':'用户年龄折线图'})
chart.set_x_axis({'name':'姓名'})
chart.set_y_axis({'name':'年龄'})
sh.insert_chart('A9', chart)                   #插入图片
```

上述程序的执行结果如图 4-4 所示。

2. Excel 的读取

要使用 xlrd 库读取 Excel 数据，首先需要使用"pip install xlrd"命令安装 xlrd 模块。利用 xlrd 读取 Excel 数据的示例程序如下：

程序 4-6　使用 xlrd 库读取 Excel 的 Python 程序

```
import xlrd
wb = xlrd.open_workbook('test.xls')           #打开 Excel 文件
print( 'sheet 名称:', wb.sheet_names())        #显示当前值
print( 'sheet 数量:', wb.nsheets)
sh = wb.sheet_by_index(0)                     #根据 sheet 索引获取 sheet
#sh = wb.sheet_by_name('test')                #根据 sheet 名称获取 sheet
print( u'sheet %s 有 %d 行' % (sh.name, sh.nrows))
print( u'sheet %s 有 %d 列' % (sh.name, sh.ncols))
print('第二行内容:', sh.row_values(1))
print('第三列内容:', sh.col_values(2))
print('第二行第三列的值为:', sh.cell_value(1, 2))
print('第二行第三列值的类型为:', type(sh.cell_value(1, 2)))
```

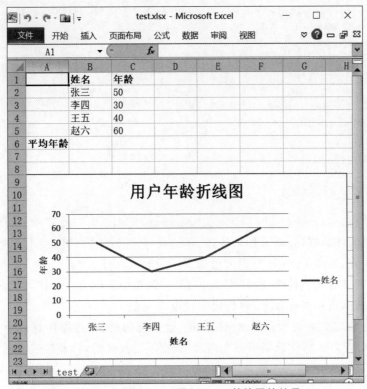

图 4-4　利用 Python 写入 Excel 并绘图的结果

该程序的运行结果这里不给出，读者可以自行执行获取。

3. Excel 的修改

前面的例子中，Excel 文件的数据表单中还有一个字段"平均年龄"是空的。这个值是需要进行计算的。可以在写入字段之前进行计算，计算后写入；也可以从文件中读出数据再计算出平均值，将平均值写入 Excel 文件的"平均年龄"。

在这里，读写 Excel 的过程要用到 xlutils 模块。在使用该模块前，利用"pip install xlutils"命令进行安装。相关示例程序如下：

程序 4-7　修改 Excel 字段的 Python 程序

```python
import xlrd, xlwt
from xlutils.copy import copy
def avg(list):
    sumv = 0
    for i in range(len(list)):
        sumv += list[i]
    return int(sumv / len(list))                    #计算平均值
#当 formatting_info 为 True 时,保留 Excel 文件原有格式
wb = xlrd.open_workbook('test.xls', formatting_info=True)  #打开文件
wbc = copy(wb)                                      #复制数据
sh = wb.sheet_by_index(0)
age_list = sh.col_values(2)
age_list = age_list[1:len(age_list)-1]
```

```
avg_age = avg(age_list)                          #计算平均值
sh = wbc.get_sheet(0)
alm = xlwt.Alignment()                           #设置左对齐
alm.horz = 0x01
style = xlwt.XFStyle()
style.alignment = alm
sh.write(5, 2, avg_age, style)
wbc.save('test.xls')
```

该程序的运行结果这里不给出,读者可以自行执行获取。

4.5.3　对 XML 的操作

可扩展标记语言(Extensible Markup Language,XML)是一种简单、灵活、易扩展的文本格式,它主要关注数据内容,常用来传送、存储数据。当通过 XML 来传送数据时,会涉及 XML 的解析工作,通常 Python 可以通过如下三种方式解析 XML。

(1) DOM:该方式将整个 XML 读入内存,在内存中解析成一个树,通过对树的操作来操作 XML,该方式占用内存较大,解析速度较慢。

(2) SAX:该方式将逐行扫描 XML 文档,边扫描边解析,占用内存较小,速度较快,缺点是不能像 DOM 方式那样长期留驻在内存,数据不是长久的,容易造成数据丢失。

(3) ElementTree:该方式兼具了 DOM 方式与 SAX 方式的优点,占用内存较小、速度较快、使用简单。

1. 向 XML 写入

首先,Python 创建一个 XML 文档,然后,使用模块“xml”的方法向 XML 文档中写入一些数据。相关应用示例如下:

程序 4-8　向 XML 写入的 Python 程序

```
from xml.etree import ElementTree as et           #导入 xml 模块
import xml.dom.minidom as minidom
root = et.Element('school')                        #创建根节点
names = ['张三', '李四']
genders = ['男', '女']
ages = ['20', '18']
student1 = et.SubElement(root, 'student')          #添加子节点
student2 = et.SubElement(root, 'student')
et.SubElement(student1, 'name').text = names[0]     #子节点赋值
et.SubElement(student1, 'gender').text = genders[0]
et.SubElement(student1, 'age').text = ages[0]
et.SubElement(student2, 'name').text = names[1]
et.SubElement(student2, 'gender').text = genders[1]
et.SubElement(student2, 'age').text = ages[1]
tree = et.ElementTree(root)                         #将根目录转换为树结构
rough_str = et.tostring(root, 'utf-8')
reparsed = minidom.parseString(rough_str)           #格式化
new_str = reparsed.toprettyxml(indent='\t')
f = open('test.xml', 'w', encoding='utf-8')
```

```
f.write(new_str)                                        #保存文件
f.close()                                               #关闭文件
```

该程序的运行结果这里不给出，读者可以自行执行获取。

2. 对 XML 进行解析

对 XML 脚本进行解析有三种方式，下面对这三种方式分别进行介绍。

1）DOM 方式

在 DOM 方式下，对 XML 脚本进行解析的 Python 代码如下所示。

程序 4-9　利用 DOM 方式解析 XML 的 Python 程序

```
from xml.dom.minidom import parse
dom = parse('test.xml')                                 #读取文件
elem = dom.documentElement                              #获取文档元素对象
stus = elem.getElementsByTagName('student')             #获取 student 项
for stu in stus:                                        #获取标签中的内容
    name = stu.getElementsByTagName('name')[0].childNodes[0].nodeValue
    gender = stu.getElementsByTagName('gender')[0].childNodes[0].nodeValue
    age = stu.getElementsByTagName('age')[0].childNodes[0].nodeValue
    print('name:', name, ', gender:', gender, ', age:', age)
```

该程序的运行结果如下：

```
name: 张三 , gender: 男 , age: 20
name: 李四 , gender: 女 , age: 18
```

2）SAX 方式

在 SAX 方式下，对 XML 脚本进行解析的 Python 代码如下所示。

程序 4-10　利用 SAX 方式解析 XML 的 Python 程序

```
import xml.sax
class StudentHandler(xml.sax.ContentHandler):
    def __init__(self):
        self.name = ''
        self.age = ''
        self.gender = ''
    def startElement(self, tag, attributes):            #元素开始函数
        self.CurrentData = tag
    def endElement(self, tag):                          #元素结束函数
        if self.CurrentData == 'name':
            print('name:', self.name)
        elif self.CurrentData == 'gender':
            print('gender:', self.gender)
        elif self.CurrentData == 'age':
            print('age:', self.age)
        self.CurrentData = ''
    def characters(self, content):                      #读取字符函数
        if self.CurrentData == 'name':
            self.name = content
```

```
        elif self.CurrentData ==  'gender':
            self.gender = content
        elif self.CurrentData ==  'age':
            self.age = content
#主函数
if (__name__ == "__main__"):
    parser = xml.sax.make_parser()                          #创建 XMLReader
    parser.setFeature(xml.sax.handler.feature_namespaces, 0)  #命名空间
    Handler = StudentHandler()                              #重写 ContextHandler
    parser.setContentHandler(Handler)
    parser.parse('test.xml')
```

该程序的运行结果如下。

```
name: 张三
gender: 男
age: 20
name: 李四
gender: 女
age: 18
```

3）ElementTree 方式

在 ElementTree 方式下，对 XML 脚本进行解析的 Python 代码如下所示。

程序 4-11　利用 ElementTree 方式解析 XML 的 Python 程序

```
import xml.etree.ElementTree as et
tree = et.parse('test.xml')
root = tree.getroot()                      #根节点
for stu in root:
    print('姓名:',stu[0].text,',性别:',stu[1].text,',:',stu[2].text)
```

该程序的运行结果如下。

```
姓名:张三,性别:男,年龄:20
姓名:李四,性别:女,年龄:18
```

4.5.4　对 SQLite 的操作

SQLite 是一种嵌入式关系数据库，其本质就是一个文件，它占用资源少、处理速度快、跨平台、可与 Python、Java 等多种编程语言结合使用。Python 2.5.x 以上版本内置了 sqlite3 模块，可以直接使用。

1. 数据类型

SQLite 包括三种数据类型：存储类型、亲和类型、声明类型。

1）存储类型

存储类型是数据保存成文件后的表现形式，如表 4-6 所示。

表 4-6　存储类型

类　型	功　能　描　述
NULL	空值
REAL	浮点数类型
TEXT	字符串，使用数据库编码（UTF-8、UTF-16BE 或 UTF-16LE）存储
BLOB	二进制表示
INTEGER	有符号的整数类型

2）亲和类型

亲和类型是数据库表中列数据对应存储类型的倾向性。当数据插入时，字段的数据将会优先采用亲和类型作为值的存储方式，具体如表 4-7 所示。

表 4-7　亲和类型

类　型	功　能　描　述
NONE	不做任何转换，直接以该数据所属的数据类型进行存储
TEXT	该列使用存储类型 NULL、TEXT 或 BLOB 存储数据
NUMERIC	该列可以包含使用所有 5 个存储类型的值
REAL	类似于 NUMERIC，区别是它会强制把整数值转换为浮点类型
INTEGER	类似于 NUMERIC，主要区别在于当执行 CAST 表达式的时候

3）声明类型与亲和类型的对应关系

声明类型是我们写 SQL 时字段定义的类型，常用的声明类型与亲和类型具有如表 4-8 所示的对应关系。

表 4-8　常用的声明类型与亲和类型的对应关系

声　明　类　型	亲　和　类　型
BLOB	NONE
DOUBLE、FLOAT	REAL
VARCHAR、TEXT、CLOB	TEXT
INT、INTEGER、TINYINT、BIGINT	INTEGER
DECIMAL、BOOLEAN、DATE、DATETIME	NUMERIC

2. 数据操作

Python 对 SQLite 数据库的操作包括：数据库创建，游标创建，表单创建，提交当前事务，关闭连接，数据查询，数据的增加、删除和修改等。

下面通过程序示例进行介绍。

程序 4-12　利用 SQLite 操作数据库的 Python 程序

```
import sqlite3                                    #导入模块
```

```
conn = sqlite3.connect('test1.db')              #连接数据库,如果不存在则自动创建
cs = conn.cursor()                              #创建游标用来进行 SQL 操作
#在 test.db 库中新建表单 person
cs.execute('''CREATE TABLE person
        (id varchar(20) PRIMARY KEY,
        name varchar(20));''')
cs.execute("INSERT INTO person(id, name) VALUES ('1','张三')")    #插入数据
cs.execute("INSERT INTO person(id, name) VALUES ('2','李四')")
cs.execute("INSERT INTO person(id, name) VALUES ('3','王二')")
cs.execute("INSERT INTO person(id, name) VALUES ('4','马六')")
cs.execute("INSERT INTO person(id, name) VALUES ('5','钱五')")
conn.commit()                                   #提交当前事务
cs.execute("SELECT id, name FROM person")        #查询数据
print(cs.fetchall())                            #获取查询结果
cs.execute("DELETE FROM person WHERE id = '3'")  #删除数据
conn.commit()
cs.execute("SELECT id, name FROM person")        #查询数据
print(cs.fetchall())                            #获取查询结果
cs.execute("UPDATE person set name = '张武' WHERE id = '1'")     #修改数据
conn.commit()
cs.execute("SELECT id, name FROM person")        #查询数据
print(cs.fetchone())                            #获取查询结果的当前一行
cs.close()                                      #关闭游标
conn.close()                                    #关闭连接
```

该程序的运行结果如下:

```
[('1', '张三'), ('2', '李四'), ('3', '王二'), ('4', '马六'), ('5', '钱五')]
[('1', '张三'), ('2', '李四'), ('4', '马六'), ('5', '钱五')]
('1', '张武')
```

◆ 4.6 本章小结

本章讲解面向对象程序设计的思想,介绍 Python 中的面向对象程序设计方法、时间模块与随机数模块的功能与应用方法、os 模块和 sys 模块的功能与应用、NumPy 模块和 Panda 模块中的数组构造和使用方法、Turtle 模块和 matplotlib 模块的绘图功能和应用示例。最后重点介绍了 Python 对 Word 文档、Excel 文件、XML 脚本和 SQLite 数据库的操作方法。

◆ 习 题 4

一、选择题

1. 面向对象程序设计思想的主要特征中不包括(   )。

    A. 多态   B. 模块化   C. 封装   D. 继承

2. 如果需要检测一段程序的运行时间,可以调用(   )模块中的函数。

    A. os   B. sys   C. time   D. random

3. 如果需要对一个字符进行加密,可以调用(　　)模块中的函数。

    A. os　　　　　　　　B. sys　　　　　　　　C. time　　　　　　　　D. random

4. 如果需要对两个矩阵进行乘法运算,可以调用(　　)模块中的函数。

    A. NumPyos　　　　　B. time　　　　　　　C. datatime　　　　　D. random

5. 面向过程程序设计思想的主要特征包括(　　)。

    A. 多态　　　　　　　B. 模块化　　　　　　C. 封装　　　　　　　D. 继承

6. 关于面向过程和面向对象,下列说法错误的是(　　)。

    A. 面向过程和面向对象都是解决问题的一种思路

    B. 面向过程是基于面向对象的

    C. 面向过程强调的是解决问题的步骤

    D. 面向过程强调的是解决问题的对象

7. 关于类和对象的关系,下列描述正确的是(　　)。

    A. 类是面向对象的核

    B. 类是现实中事物的个体

    C. 对象是根据类创建的,并且一个类只能对应一个对象

    D. 对象描述的是现实的个体,它是类的实例

8. 构造方法的作用是(　　)。

    A. 一般成员法　　B. 类的初始化　　C. 对象的初始化　　D. 对象的建立

9. 构造法是类的一种特殊方法,Python 中的名称为(　　)。

    A. 与类同名　　　　B. _construct　　　　C. init　　　　　　D. init

10. Python 类中包含一个特殊的变量(　　　),它表示当前对象自身,可以访问类的成员。

    A. self　　　　　　　B. me　　　　　　　　C. this　　　　　　　D. 与类同名

二、问答题

1. 什么是面向对象编程? 说明面向对象技术的三大特性。

2. 简述类的属性和对象的属性的主要区别。

3. 简述时间模块的作用,写一段显示当前时间的 Pythons 程序。

4. 使用时间模块计算程序的运算时间,写一段 Python 程序。

5. 简述随机数模块的主要作用。

6. 简述 os 模块的主要作用。

7. 简述使用随机模块、NumPy 模块计算两个 10×10 矩阵乘积的思路。

8. 简述 Python 程序对 Word 文档进行格式化编排的思想。

三、判断题

1. 面向对象是基于面向过程的。　　　　　　　　　　　　　　　　　　(　　)

2. 通过类可以创建对象,有且只有一个对象实例。　　　　　　　　　　(　　)

3. 创建类的对象时,系统会自动调用构造方法进行初始化。　　　　　　(　　)

4. 创建完对象后,其属性的初始值是固定的,外界无法进行修改。　　　(　　)

5. 使用 del 语句删除对象,可以手动释放它所占用的资源。　　　　　　(　　)

四、编程题

1. 使用 Python 程序打印杨辉三角形,要求打印出其中的 10 行。

2. 已知有 n 个人围成一圈,顺序排号。从第一个人开始报数(从 1 到 3 报数),凡报到 3 的人退出圈子,问最后留下的是原来第几号。请使用 Python 编程实现。

3. 已知某个公司采用公用电话传递数据,数据是四位的整数,在传递过程中是加密的,加密规则如下:每位数字都加 5,然后用和除以 10 的余数代替该数字,再将第一位和第四位交换,第二位和第三位交换。请使用 Python 编程实现。

4. 已知猴子第一天摘下若干桃子,当即吃了一半,还不过瘾,又多吃了一个;第二天早上又将剩下的桃子吃掉一半,又多吃了一个。以后每天早上都吃前一天剩下的一半零一个桃子。到第十天早上想再吃时,只剩下一个桃子了。求第一天共摘了多少桃子。请使用 Python 编程实现。

5. 编写一个学生类,要求有一个计数器的属性,统计总共实例化了多少个学生。

6. 编写一个程序,有 A、B 两个类。已知 A 继承了 B,两个类都实现显示类名称的 display 方法,在 A 中的 display 方法中调用 B 中的 display 方法。

7. 利用 Python 语言编程实现将 Unicode 的 UCS-2 编码转换为 UTF-8 编码。

第5章

计算机网络与物联网

学习目标：

(1) 理解计算机网络的概念与体系、数据发送中的封装过程。

(2) 理解计算机网络的节点身份标识协议和数据传输协议。

(3) 能够使用交换机和路由器搭建和配置计算机网络。

(4) 理解物联网的基本概念和特征，能够使用手机进行定位和计步。

(5) 理解一维码的作用，能够使用 Python 编程实现 EAN-13 码。

(6) 理解二维码的作用，能够使用库函数生成 QR 二维码。

学习内容：

本章讲述计算机网络的概念、发展历程、分层体系结构和数据封装过程，阐述计算机网络的身份标识、数据传输、链路争用和资源共享协议，介绍交换机、路由器和防火墙等计算机网络设备；讲解物联网的概念和特征，物联网感知、标识和卫星定位技术，特别是条形码技术和射频识别技术。

◆ 5.1 计算机网络的概念与体系

计算机网络是计算机技术和信息通信技术相结合的产物，是现代社会重要的基础设施，为人类获取和传播信息发挥了巨大的作用。因此，在学习计算机网络知识之前，需要了解计算机网络的概念、分类及其分层体系。

5.1.1 计算机网络的概念和分类

1. 计算机网络的概念

计算机网络是指将地理位置不同的、具有独立功能的多台计算机及其外部设备，通过通信线路连接起来，实现资源共享和信息传递的计算机系统。

最简单的计算机网络只有两个计算机和一条通信链路。最庞大的计算机网络就是因特网。它由大量计算机网络互连而成，因此因特网也称为"网络的网络"。

计算机网络作为一个复杂的、具有综合性技术的系统，为了允许不同系统实体互连和互操作，不同系统在通信时都必须遵从相互均能接受的规则，这些规则的集合称为通信规程或协议（protocol）。协议需要预先制定（或约定）、相互遵循，否则通信双方无法理解对方信息的含义。在这里，系统是指计算机、终端、应用程序、数据库管理系统、电子邮件系统等；互连是指不同计算机能够通过通信子网互相连接起来进行数据通信；互操作是指不同的用户能够在通过通信链路连接的计算机上，使用相同的命令或操作，使用其他计算机中的资源与信息，就如同使用本地资源与信息一样。

互联、互操作是计算机网络的基本功能，因此，在不引起概念混淆的情况下，我们通常也把计算机网络简称为网络或互联网。

2. 计算机网络的分类

根据不同的用户视角或应用方式，计算机网络可以划分为不同的类型。

1）按照网络共享服务方式划分

从网络服务的管理角度，网络可以划分为客户/服务器（C/S）网络、对等（P2P）网络、浏览器/服务器（B/S）网络和混合网络。图 5-1 给出了 P2P 网络、C/S 网络和 B/S 网络的工作模式图。

P2P 网络：网络中的每台计算机都是平等的，既可承担客户机功能，也可承担服务器功能。当承担客户机功能时，发出服务请求；当承担服务器功能时，给出服务响应，如图 5-1(a)所示。

C/S 网络：网络中的计算机划分为客户机和服务器，客户机只享受网络服务（发出请求），服务器提供网络资源服务（提供响应），如图 5-1(b)所示。

B/S 网络：网络中的用户只需要在自己计算机或手机上安装一个浏览器，就可以通过 Web Server 访问网络资源或与后台数据库进行数据交互。该模式将不同用户的接入模式统一到了浏览器上，让核心业务的处理在服务端完成，是 Web 技术兴起后的一种网络结构模式，如图 5-1(c)所示。

混合网络：网络中同时存在两种或多种网络结构，既提供 P2P 网络服务，也提供 C/S 服务或 B/S 服务。

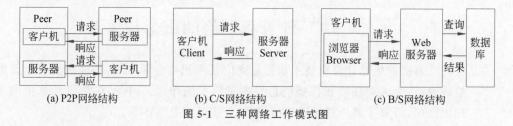

(a) P2P网络结构　　　　(b) C/S网络结构　　　　(c) B/S网络结构

图 5-1　三种网络工作模式图

2）按照网络节点分布范围划分

按照网络节点分布的地理范围，可以将网络分为局域网、城域网和广域网。

局域网（Local Area Network，LAN）是指网络中的计算机分布在相对较小的区域，通常不超过 10km，如同一房间内的若干计算机，同一楼内的若干计算机；同一校园、厂区内的若干计算机等。在局域网中，当网络节点采用无线连接时，就是无线局域网。

城域网（Metropolitan Area Network，MAN）是指网络中的计算机分布在同一城区内，覆盖范围大约为 10～100km，如一个城市。

广域网（Wide Area Network，WAN）是指网络中的计算机跨区域分布，能够覆盖 100km 以上的范围，比如同一个省、同一个国家或同一个洲甚至跨越几个洲等。广域网也称为互联网（Internet），通常是由多个局域网或城域网组成的。

3）根据网络的传输介质划分

根据计算机网络所采用的传输介质,可以将计算机网络分为有线网络和无线网络。

有线网络是指采用双绞线和光纤来连接的计算机网络。双绞线的价格便宜、安装方便,但容易受到干扰;光纤传输距离长、传输速率高、抗干扰能力强,且不会受到电子监听设备的监听,是高安全性网络的理想选择。

无线网络是指采用电磁波作为载体来实现数据传输的网络类型。由于无线网络联网方式较为灵活,已经成为有线网络的有效补充和延伸。

此外,根据网络的拓扑结构,计算机网络还可以划分为总线型网络(例如以太网)、环状网络(例如令牌环网)、星状网络、树状网络、网状网络和混合网络。

5.1.2　计算机网络的体系结构

计算机网络是相互连接的、以共享资源为目的的、自治的计算机的集合;为了保证计算机网络有效且可靠运行,网络中的各个节点、通信链路必须遵守一整套合理而严谨的结构化管理规则。这些管理规则就包括网络分层体系及其协议规范。

计算机网络按照分层模式建立了一个开放的、能为大多机构和组织承认的网络互联标准,即开放系统互连的参考模型(Open System Interconnection Reference Model),简称 **OSI/RM** 或 **OSI** 参考模型。OSI 参考模型定义了计算机相互连接的标准框架,该框架将网络结构分为七层,如图 5-2(a)所示。

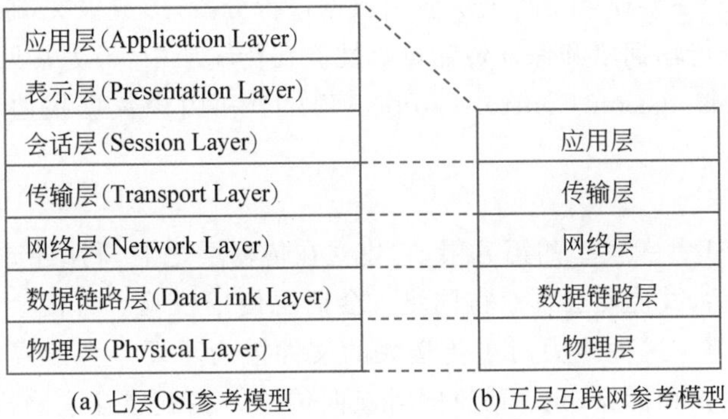

应用层(Application Layer)	
表示层(Presentation Layer)	
会话层(Session Layer)	应用层
传输层(Transport Layer)	传输层
网络层(Network Layer)	网络层
数据链路层(Data Link Layer)	数据链路层
物理层(Physical Layer)	物理层

(a) 七层OSI参考模型　　　　(b) 五层互联网参考模型

图 5-2　计算机网络的层次模型

OSI 参考模型的七层具体包括:

1. 物理层

物理层定义信道上传输的原始比特流,例如用多少伏特电压表示"1",多少伏特电压表示"0";一个比特持续多少微秒等,从而保证一方发出二进制"1",另一方收到的也是"1"而不是"0";此外,还定义网络接插件标准(如针数、各针功能、接头样式等)。

2. 数据链路层

数据链路层负责将数据组合成帧(frame),在两个网络节点之间建立、维持和释放数据链路,控制帧在物理信道上的传输速率、编码方式和差错校验。帧是数据链路层的传送单位,包括帧头、数据和帧尾三部分。其中,帧头和帧尾包含一些必要的控制信息,比如同步信息、地址信息、差错控制信息等;数据部分则包含网络层传下来的数据,比如 IP 数据包等,或从物理层硬件检测后接收的数据。数据链路层通过在帧中引入差错编码(如奇偶校验码、循环冗余校验)来判定数据帧传输是否出错,如果出错,采用反馈重发的方式来纠正。数据链路层的主要协议包括 HDLC、PPP 等。

3. 网络层

网络层介于传输层和数据链路层之间,其目的是实现两个网络节点或局域网之间的数据包(package)的透明传送,具体功能包括建立、保持和终止网络连接,负责网络的逻辑寻址和路由选择。包是网络层的传送单位,包括帧头和数据两部分。其中,帧头包含一些必要的控制信息,比如数据包长、网络地址、校验信息等;数据部分则包含传输层传下来的数据段(segment),或从数据链路层接收的帧。网络层通过路由选择算法,为传输层下发的数据段选择最适当的通信路径,使得传输层不需要了解网络中的数据传输和交换技术。网络层是计算机网络中通信子网的最高层,主要协议包括 IP、IPX、RIP、OSPF 等。

网络层将来自数据链路层的数据转换为数据分组或包(package),然后通过路径选择、分段组合、流量控制、拥塞控制等将数据包从一台网络设备传送到另一台网络设备。

4. 传输层

传输层是 OSI 参考模型中的第四层,也是整个网络体系结构中最关键的层,因为它是从源节点到目标节点对数据传送进行控制的最后一层。其目的是实现两个网络节点或局域网之间的可靠、有效的报文(message)或数据段传送服务。报文或数据段是传输层的传送单位,包括帧头和数据两部分。其中,帧头包含一些必要的控制信息,比如数据端口号、数据包发送或应答序列号、校验和等;数据部分则包含上一层传下来的应用数据,或从网络层接收的数据包。传输层的主要任务是将上层应用数据进行分段,形成报文,通过流量控制和差错检测往下传输,防止传输拥堵和保证传输可靠性。在传输层中,最为常见的两个协议分别是传输控制协议(Transmission Control Protocol,TCP)和用户数据报协议(User Datagram Protocol,UDP)。

5. 会话层

会话层位于 OSI 参考模型的第五层,它建立在传输层之上,利用传输层提供的服务,使应用建立和维持会话,并能使会话获得同步。会话层使用校验点可使会话在通信失效时从校验点继续恢复通信。这种能力对于传送大的文件极为重要。会话层支持通信方式的选择、用户间对话的建立和拆除,允许信息同时双向传输。在五层互联网模型中,会话层被合并到了应用层之中。

6. 表示层

表示层位于 OSI 参考模型的第六层,主要作用是为异种机通信提供一种公共语言,以便能进行互操作。主要任务包括数据格式转换、数据编码转换、数据加解密、数据压缩和解压等。这种类型的服务之所以需要,是因为不同的计算机体系结构使用的数据表示法不同,如 ASCII、EBCDIC 码等,所以需要表示层协议来保证不同的计算机可以彼此理解。表示层的主要协议包括 JPEG、ASCII、EBCDIC、AES 加密等。在五层互联网模型中,表示层被合并到了应用层之中。

7. 应用层

应用层是 OSI 参考模型的第七层。它向表示层发出请求,为应用程序接口提供常见的网络应用服务。应用层在实现多个系统应用进程相互通信的同时,主要完成一系列业务处理所需的服务。其服务元素分为两类:公共应用服务元素 CASE 和特定应用服务元素

SASE。其中,CASE 主要为应用进程通信、分布系统实现提供基本的控制机制;SASE 则提供文卷传送、访问管理、作业传送、银行事务、订单输入等一些特定的服务。

随着技术的发展,OSI 参考模型中的"会话层"和"表示层"已经被合并到"应用层"之中,所以,目前流行的计算机网络是五层互联网参考模型,如图 5-2(b)所示。

由于计算机网络功能不断壮大,应用种类不断增多,所以,五层互联网参考模型中的应用层协议发展最为迅速,各种新的应用协议不断涌现,这给应用层的功能标准化带来了复杂性和困难性。相比其他层,应用层的标准虽多,但也是最不成熟的一层。目前,应用层的主要协议包括支持网络搜索的超文本传输协议(Hypertext Transfer Protocol,HTTP)、支持文件共享的文件传输协议(File Transfer Protocol,FTP)、支持网络邮箱的简单邮件传输协议(Simple Mail Transfer Protocol,SMTP)等。

5.1.3　计算机网络的数据封装

通过上面 OSI 参考模型的介绍可以发现,计算机网络的每个层次各司其职,负责不同的功能。这些功能组合起来,就可以完成一次完整的数据发送或数据接收过程。数据发送时自顶向下,数据接收时自底向上。下面以五层互联网参考模型为例分别进行介绍。

1. 计算机网络的数据发送

在五层的互联网模型中,数据发送是一个典型的应用数据封装过程。所谓数据封装就是指将每层的协议数据单元(PDU)封装在一组协议头、数据和协议尾中的过程。

图 5-3 给出了计算机网络自顶向下进行数据发送时的数据封装过程。

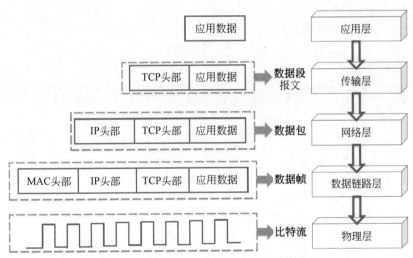

图 5-3　应用数据下发送时的数据封装过程

首先,用户数据通过应用层协议,封装上应用层首部,构成应用数据;应用数据作为整体,在传输层封装上 TCP 首部,成为报文;然后,报文传输到网络层,封装上 IP 首部,成为数据包;封装后的 IP 数据包作为整体传输到数据链路层,数据链路层将其封装上 MAC 头部,成为数据帧。数据帧传输到以太网卡(以太网卡包含了数据链路层的功能和物理层的功能)后,通过硬件加入以太网首部,然后在物理线路上传输。

接收方接到上述数据包后,从以太网卡开始依次解包,获得需要的应用数据。

具体数据发送过程如下。

(1) 在应用层,用户数据添加上一些控制信息(如用户数据大小、用户数据校验码等)后,形成应用数据。如果需要,将应用数据的格式转换为标准格式(如英文的 ASCII 或标准的 Unicode 码),或进行应用数据压缩、加密等,然后发往传输层。

(2) 传输层接收到应用数据后,根据流量控制需要,分解为若干数据段,并在发送方和接收方主机之间建立一条可靠的连接,将数据段封装成报文后依次传给网络层。每个报文均包括一个数据段及这个数据段的控制信息(如端口号、数据大小、序列号等)。

(3) 在网络层,来自传输层的每个报文首部被添加上逻辑地址(如 IP 地址)和一些控制信息后,构成一个网络数据包,然后发送到数据链路层。每个数据包增加逻辑地址后,都可以通过互联网络找到其要传输的目标主机。

(4) 在数据链路层,来自网络层的数据包的头部附加上物理地址(即网卡标识,以 MAC 地址呈现)和控制信息(如长度、校验码、类型等),构成一个数据帧,然后发往物理层。需要注意的是:在本地网段上,数据帧使用网卡标识(即硬件地址)可以唯一标识每一台主机,防止不同网络节点使用相同逻辑地址(即 IP 地址)而带来的通信冲突。

(5) 在物理层,数据帧通过网卡上的硬件单元增加链路标志(如 01111110B)后转换为比特流发送到物理链路。比特流的发送需要按照预先规定的数字编码方式和时钟频率进行控制。

2. 计算机网络的数据接收

与发送方的发送数据过程相反,接收方接收数据的过程就是从以太网卡开始逐层依次解包的过程,如图 5-4 所示。

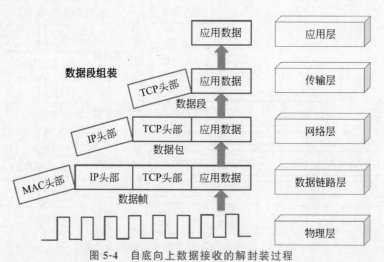

图 5-4　自底向上数据接收的解封装过程

具体过程如下。

(1) 在物理层,连接到物理链路上的网络节点通过网卡上的硬件单元,使用预先规定的数字编码方式和时钟频率对物理链路信息进行读取,形成数据帧,并发往数据链路层。

(2) 在数据链路层,对从物理层接收的数据帧进行校验和物理地址(MAC)比对,如果校验出错或地址比对不符,则抛弃该帧,否则去除物理地址、帧头、帧尾以及校验码后形成数据包,发送到网络层。

（3）在网络层，比对数据包头部的逻辑地址（如 IP 地址）与本机设置的 IP 地址是否一致，如果一致，则将数据包的 IP 头去除，形成一个数据报文，发往传输层，否则抛弃该数据包。

（4）传输层收到网络层的数据报文后，提取报文中的控制信息（如报文系列号等），将每个报文去除头部信息，构成数据段后进行缓存。并根据报文的系列号，将数据段组装成完整的应用数据，发送到应用层。

（5）在应用层，应用数据根据需要进行数据格式转换、解压、解密等处理，去除一些控制信息（如数据大小、校验码等）后，转换为用户数据。至此，数据接收过程完毕。

◈ 5.2　计算机网络协议

计算机网络作为一种"信息高速公路"，面临着"公路"管理同样的难题。在公路管理中，人、车、路如何协同工作，长期面临挑战。为了解决上述挑战，不仅需要通过技术来解决，更要通过法律、法规来疏导和预防。在计算机网络中也是如此，必须通过各种规程或协议（类似于法律法规）来保证网络安全、稳定、高效运行。其中就包括网络节点身份标识协议（用来对用户违规和网络故障进行追踪和溯源等）、网络数据传输协议（保证网络节点数据正确到达目标节点）、网络资源竞争协议（保证每个网络节点均有机会使用网络传输信息等）、网络资源共享协议（保证不同组织和个人的信息可以共享和共用等）等。

5.2.1　网络节点身份标识协议

计算机网络的发展是从局域网发展到互联网。为了唯一标识网络中的每个节点，局域网使用了网络硬件地址（MAC 地址）来标识网络节点，而由多个局域网互联而成的广域网网络，则使用了逻辑地址（IP 地址）来标识网络节点。

1. MAC 地址

局域网是计算机网络发展的第一个阶段。为了解决局域网中网络节点的身份标识问题，IEEE 标准规定，网络中每台设备都要有一个唯一的网络硬件标识，这个标识就是 MAC 地址。

MAC 地址的直译为媒体存取控制地址，也称为局域网地址、以太网地址、网卡地址或物理地址，它用来确认网络节点的身份（或位置），由网络设备制造商生产时写在硬件内部（一般是网卡内部）。

MAC 地址用于在网络中唯一标识一个网卡。一台设备若有多个网卡，则每个网卡都需要并会有一个唯一的 MAC 地址。MAC 地址由 48 位（6 字节）组成。书写时通常在每字节之间用"："或"-"隔开，如 08-00-20-0A-8C-6D 就是一个 MAC 地址。其中，前 3 字节是网络硬件制造商的编号，由 IEEE 分配，后 3 字节由制造商自行分配，代表该制造商所生产的某个网络产品（如网卡）的系列号。

查看网络节点的 MAC 地址的流程如下：控制面板→网络和共享中心→本地连接→详细信息→物理地址。这里的物理地址就是 **MAC 地址**。主要操作过程如图 5-5 所示。

2. IP 地址

随着计算机网络的快速发展，不同的局域网络连成一体，出现了互联网。为了屏蔽每个

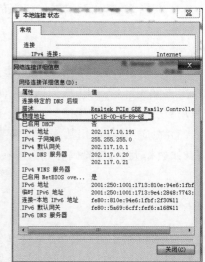

图 5-5　计算机的 MAC 地址查询方法

局域网络的差异性,做到不同物理网络的互联和互通,就需要提出一种新的统一编址方法,为互联网上每一个子网、每一个主机分配一个全网唯一的地址。

IP 地址被用来给网络上的主机一个编号。IP 地址是一个 32 位的二进制数,通常被分割为 4 字节,书写时用"点分十进制"表示成(a.b.c.d)的形式,其中,a、b、c、d 都是 0~255 的十进制整数。例如,点分十进 IP 地址(128.0.0.7),实际上是 32 位二进制数 10000000. 00000000.00000000.00000111。

在 Internet 中,由 NIC 组织统一负责全球 IP 地址的规划、管理,由其下属机构 Inter NIC、APNIC、RIPE 等网络信息中心具体负责美国及全球其他地区的 IP 地址分配。中国申请 IP 地址是通过负责亚太地区事务的 APNIC 进行的。

IP 地址一般包括网络号和主机号两部分。其中网络号的长度决定了整个网络中可包含多少个子网,而主机号的长度决定了每个子网能容纳多少台主机。根据网络号和主机号占用的长度不同,IP 地址可以分为 A、B、C、D 和 E 共 5 类。用二进制代码表示时,A 类地址最高位为 0,B 类地址最高 2 位为 10,C 类地址最高 3 位为 110,D 类地址的最高 4 位为 1110,E 类地址的最高 5 位为 11110。由于 D 类地址分配给多播,E 类地址保留,所以实际可分配的 IP 地址只有 A 类、B 类或 C 类,如图 5-6 所示。

	0 1		8		31
A类	0	网络标识符		主机标识符	

	0 1	2		16		31
B类	1	0	网络标识符		主机标识符	

	0 1	2	3		24		31
C类	1	1	0	网络标识符		主机标识符	

图 5-6　三类可分配的 IP 地址

其中:

A 类地址由最高位的"0"标志、7 位的网络号和 24 位的网内主机号组成。这样,在一个互联网中最多有 126 个 A 类网络(网络号 1～126,号码 0 和 127 保留)。而每一个 A 类网络允许有最多 $2^{24}\approx1677$ 万台主机,如表 5-1 所示。A 类网络一般用于网络规模非常大的地区网。

B 类地址由最高 2 位的"10"标志、14 位的网络号和 16 位的网内主机号组成。这样,在互连环境下大约有 16 000 个 B 类网络,而每一个 B 类网络可以有 65 534 台主机,如表 5-1 所示。B 类网络一般用于较大规模的单位和公司。

C 类地址由最高 3 位的"110"标志、21 位的网络号和 8 位的网内主机号组成。一个互联网中允许包含约 209 万个 C 类网络,而每一个 C 类网络中最多可有 254 台主机(主机号全 0 和全 1 有特殊含义,不能分配给主机),如表 5-1 所示。C 类网络一般用于较小的单位和公司。

此外,国际 NIC 组织对 IP 地址还有如下规定:32 位全"1"表示网络的广播地址,32 位全"0"表示网络本身;高 8 位为 1000000 表示回送地址(loopback address),用于网络软件测试以及本地机进程间通信。最常用的回送地址是 127.0.0.1。

此外,NIC 还为每类地址保留了一个地址段用作私有地址(private address),专门为组织机构内部使用。三类地址保留的私有地址范围如表 5-1 所示。这些私有地址主要用于企业内部网络之中。

表 5-1　三类地址保留的私有地址范围

类别	最大网络数	IP 地址范围	单个网段最大主机数	私有 IP 地址范围
A	126(2^7-2)	1.0.0.1～127.255.255.254	16777214	10.0.0.0～10.255.255.255
B	16384(2^{14})	128.0.0.1～191.255.255.254	65534	172.16.0.0～172.31.255.255
C	2097152(2^{21})	192.0.0.1～223.255.255.254	254	192.168.0.0～192.168.255.255

私有网络由于不与外部互连,因此可以使用任意的 IP 地址。保留这样的地址供其使用是为了避免以后接入 Internet 时引起的地址混乱。使用私有地址的私有网络在接入 Internet 时,要使用网络地址转换(Network Address Translation,NAT)协议将私有地址转换成公用合法 IP 地址。在 Internet 上,这类私有地址是不能出现的。

3. IP 地址和 MAC 地址的异同

由于 IP 地址只是逻辑上的标识,不受硬件限制,容易修改(如某些网络节点用户可能基于各种原因使用他人 IP 地址登录网络),从而出现 IP 地址盗用问题。例如,我们可以根据需要给一台主机指定任意的 IP 地址。例如,可以给局域网上的某台计算机分配 IP 地址 202.117.10.191,也可分配 202.117.10.192。修改网络节点的 IP 地址的具体流程:控制面板→网络和共享中心→本地连接→属性→Internet 协议版本 4(TCP/IPv4)→IP 地址,部分流程如图 5-7 所示。

为了解决 IP 地址任意修改或盗用问题,网络管理者可以将 IP 地址与 MAC 地址绑定。IP 地址和 MAC 地址最大的相同点就是地址都具有唯一性,主要差异如下。

(1)可修改性不同:IP 地址是基于网络拓扑设计的,在一台网络设备或计算机上,改动 IP 地址是非常容易的;而 MAC 则是网卡生产厂商烧录好的,一般不能改动。除非这个计算机的网卡坏了,在更换网卡之后,该计算机的 MAC 地址就变了。

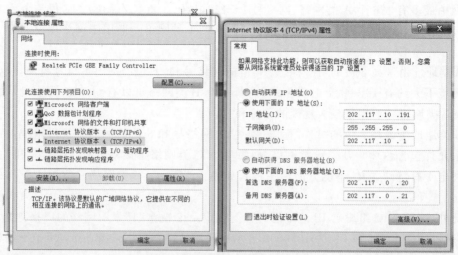

图 5-7　IP 地址查询与修改方法

（2）地址长度不同：IP 地址长度为 32 位，MAC 地址为 48 位。

（3）分配依据不同：IP 地址的分配是基于网络拓扑的，MAC 地址的分配是基于网卡制造商的。

（4）寻址协议层不同：IP 地址应用于 OSI 的网络层，而 MAC 地址应用在数据链路层。

（5）传输过程不同：数据链路层通过 MAC 地址将数据从一个节点传输到相同链路的另一个节点；网络层协议通过 IP 地址可以将数据从一个网络传递到另一个网络上，传输过程中可能需要经过路由器等中间节点。

5.2.2　网络节点数据传输协议

实现数据安全、可靠和高效传输是互联网的核心目标。在局域网内部，主要通过数据链路层协议来保障数据可靠传输；在广域网之中，主要通过传输层协议来进一步提高数据传输的可靠性，防止链路拥堵。下面重点介绍其中的 TCP。

1. TCP 报文

TCP 是一种面向连接的、可靠的、基于字节流的传输层通信协议。为了使 TCP 能够独立于特定的网络，TCP 对报文长度有一个限定，即 TCP 传送的数据报长度要小于 64B。因此，对长报文需要进行分段处理后才能进行传输。

TCP 报文是封装在 IP 分组中进行传输的。TCP 报头固定部分的长度为 20 字节，其具体格式如图 5-8 所示。各字段功能说明如下。

源端口和目的端口字段：各占 16 位，分别标志连接两端的应用进程。

序号字段：占 32 位。TCP 的序号不是对每个 TCP 报文的编号，而是对每字节的编号。这样，序号字段指的是该 TCP 报文中数据的起始字节的序号。由于序号长度为 32 位，它可对 2^{32}（4G）字节进行编号。因此，序号重复时，旧序号数据早已在网络中消失。TCP 在连接建立时还采用了三次握手协议，确保不会把旧的序号当成新的序号。

确认序号字段：占 32 位，采用附载应答方式，指出下一个期望接收的字节序号，也就是告诉对方，这个序号以前的字节都已经正确收到。例如，确认序号为 1024 表示序号为 1023

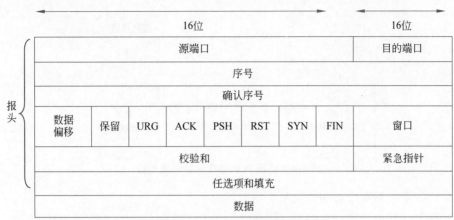

图 5-8　TCP 报文格式

及其之前的字节都已经收到,期望收到的下一字节的序号为 1024。

数据偏移字段:占 4 位,单位为 32 位(4 字节),用以指明报文头部的总长度。这个字段的出现是由于在报文头部中选项字段的长度是可变的。TCP 报头的最大长度为 60 字节。

保留字段:占 6 位,未使用。

标志位字段:由 6 位组成,用于说明 TCP 段的目的与内容。其中,URG 表示紧急指针字段有效;ACK＝1 表示确认序号字段有效,ACK＝0 表示确认字段无效;PSH 表示本 TCP 段请求一次 PUSH 操作,接收方应该尽快将这个报文交给应用层;RST 表示要求重新建立传输连接;SYN 表示发起一个新的连接;FIN 表示释放一个连接。

窗口字段:用于控制对方所能发送的数据量,单位为字节。

校验和字段:用于对 TCP 报文的首部和数据部分进行校验,与 UDP 类似的是校验和计算时也需要包含伪报头,TCP 伪报头的格式与 UDP 伪报头一样。

紧急指针字段:用于指出窗口中紧急数据位置,这些数据优先于其他数据进行传送。

选项字段:用于处理其他情况。目前被正式使用的有定义通信过程中最大报文长度的(Maximum Segment Size,MSS)选项,它只能在连接建立时使用。

填充字段:用于保证任选项长度为 32 位的整数倍。

2. TCP 的工作过程

图 5-9 给出了两个进程建立 TCP 连接时数据的传输过程(图中只给出了一个方向的数据传输)。由于 TCP 是基于字节流的,当上层发送进程的应用数据到达 TCP 发送缓冲后,原始数据的边界将淹没在字节流中。当 TCP 进行发送时,从发送缓冲中取一定数量的字节加上报头后组织成 TCP 报文进行发送。当 TCP 报文到达接收方的接收缓冲时,TCP 报文携带的数据也将被作为字节流处理,并提交给应用进程。这时,接收进程必须能从这些字节流中划分出原始的数据边界。

值得注意的是,TCP 在发送报文之前,必须首先通过三次握手建立连接。传输结束后,可以释放连接。TCP 的连接管理过程介绍如下。

1) TCP 连接管理

TCP 的连接管理包括建立连接和释放连接。在 TCP 中,为了提高连接的可靠性,在连接的建立阶段采用三次握手协议;在连接的释放阶段采用对称释放方式,即连接的每端只能

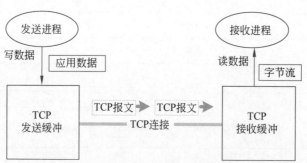

图 5-9　使用 TCP 连接进行数据传输

释放以自己为起点的那个方向的连接。

（1）TCP 连接的建立。

TCP 使用三次握手协议建立连接的过程如图 5-10 所示。在图中，主机 A 是连接的发起方（一般为客户端），主机 B 为连接的响应方（一般为服务器端）。

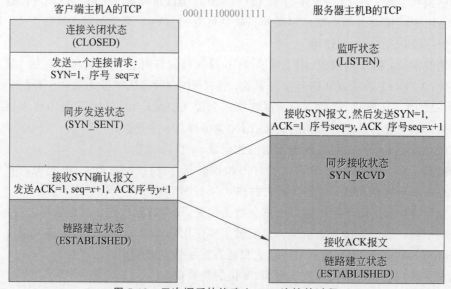

图 5-10　三次握手协议建立 TCP 连接的过程

第一次握手：客户端在连接关闭状态（CLOSED）后发送 SYN 包（SYN＝1，seq＝x）到服务器端，客户端进入同步发送状态（SYN_SENT），等待服务器端确认。这里 x 为一个随机数。

第二次握手：服务器收到 SYN 包后，结束监听状态（LISTEN），并返回一个 SYN 包（SYN＝1，ACK＝1，seq＝y，seq＝$x+1$，y 为随机数），此时服务器进入同步接收状态（SYN_RCVD），等待客户端确认。

第三次握手：客户端接收到来自服务器端的 SYN 包后，明确了数据传输是正常的，结束同步发送状态（SYN_SENT），并向服务器端返回一个 SYN 包（ACK＝1，seq＝$x+1$，ack＝$y+1$）。客户端进入链路建立状态（ESTABLISHED）。服务器端接收到来自客户端的确认之后，明确了数据传输是正常的，结束同步接收状态（SYN_RCVD），进入链路建立状态。

在客户端与服务器端传输的 SYN 包中，双方的确认号 ack 和序号 seq 的值，都是在彼此 ack 和 seq 值的基础上进行计算的,这样做保证了 TCP 报文传输的连贯性。一旦某一方发出的 SYN 包丢失,便无法继续"握手",以此确保"三次握手"的顺利完成。

TCP 是建立在不可靠的 IP 分组传输服务之上的,报文可能丢失、延迟、重复和乱序;并且,如果一个连接已经建立之后,某个延迟的连接请求才到达,就会出现问题。因此 TCP 建立连接所使用的三次握手协议必须使用超时和重传机制。

三次握手协议除了完成可靠连接的建立外,还使双方确认了各自的初始序号。从图 5-10 中可以看出,主机 A 在发送连接建立请求报文时,同时携带了序号 x;在主机 B 对连接请求进行响应时,一方面对主机 A 的起始序号 x 进行了确认(ACK＝x＋1),另一方面也发送了自己的起始序号 y。最后,主机 A 在确认中携带了对主机 B 的起始序号 y 的确认(ACK＝y＋1)。需要注意的是,第一次和第二次握手信号(SYN 报文)并不携带任何数据,但是需要消耗一个序号,下面介绍的 FIN 报文也是如此。

(2) TCP 连接的释放。

TCP 连接是全双工的,可以看作是两个不同方向的独立数据流的传输;因此,TCP 采用对称的连接释放方式,即对每个方向的连接单独释放。如果一个应用程序通知 TCP 数据已经发送完毕,TCP 将单独关闭这个方向的连接。在关闭一个方向的连接时,连接释放的发起方在数据发送完毕后首先等待最后报文段的确认,然后发送一个 FIN 标志位置 1 的 TCP 报文。响应方的 TCP 进程对 FIN 报文段进行确认,并通知应用程序,整个通信会话已结束。

一旦某一个方向上的连接关闭,TCP 将拒绝该方向上的数据。但是,在相反方向上,还可以继续发送数据,直到这个方向的连接也被释放。尽管连接已经释放,确认信息还是会反馈给发送方。当连接的两个方向都已关闭,该连接的两个端点的 TCP 进程将删除这个连接记录。

2) TCP 的传输控制

在 TCP 中,采用了基于字节流的传送方式,其基本特征是以字节为基本处理单位,不保留上层提交数据的边界。在上面的介绍中,我们已经看到 TCP 报文是按照字节编号、按照字节确认的。

在发送方,上层应用进程按照自己产生数据的规律,陆续将大小不等的数据块送到 TCP 的发送缓冲区中。在以下条件之一满足时,TCP 从缓存中取一定长度的字节流,封装成一个 TCP 报文段后发送。

(1) 缓冲区中数据的长度达到最大报文段长度 MSS,则从缓冲区中取 MSS 长度的数据封装成 TCP 报文后发送。

(2) 发送方应用进程要求立即发送报文,即要求 TCP 执行"推(push)"操作。

(3) 发送方的定时器超时,这时也需要将缓冲区中的数据封装成 TCP 报文,立即发送。

实际上,TCP 字节流的发送还需要遵循其他规则,例如 Nagle 算法、流量控制和拥塞控制的策略等。

下面简单介绍一下在 TCP 实现中被广泛采用的 Nagle 算法。其基本思想如下:当应用程序向传输实体传输数据时,传输实体封装并发出第一字节,对其后的所有字节进行缓存,直到收到对第一字节的确认;然后,将已缓存的所有字节封装成数据报文发出,并继续对后续收到的字节缓存,直至收到下一个确认。这样,当数据到达速度较快而网络速度较慢时,可以明显减轻对网络带宽的消耗。Nagle算法还规定,当到达的数据达到窗口大小的一半或者报文段的最大长度时,需要立即封装并发送一个报文段。

3. TCP 的流量控制

TCP的流量控制主要用于解决收发双方处理能力方面的不匹配问题。简单地说就是解决低处理能力(例如慢速、小缓存等)的接收方无法处理过快到达的报文的问题。最简单的流量控制解决策略是接收方通知发送方自己的处理能力,然后发送方按照接收方的处理能力来发送。由于接收方的处理能力是在动态变化的,因此这种交互过程也是个动态的过程。

在TCP中采用动态缓存分配和可变大小的滑动窗口协议来实现流量控制。在TCP报文中的窗口字段就是用于双方交换接收窗口的尺寸。该窗口尺寸说明了接收方的接收能力(以字节为单位的缓冲区大小),发送方允许连续发送未应答的字节数量不能超过该窗口尺寸。

4. TCP 的拥塞控制

由于通信子网中传输的分组过多,导致网络传输性能明显下降的现象称为拥塞。

当各主机输入到通信子网的分组数量未超过网络能承受的最大能力时,所有分组都能正常传送,并且子网传送的分组数量与主机注入通信子网的分组数量成正比。但当主机输入通信子网的分组数继续增大时,由于通信子网资源的限制,中间节点会丢掉一些分组;如果通信子网传送的分组数继续增大,性能会变得更差,例如递交给主机的分组数反而大大减少,响应时间急剧增加,网络反应迟钝,严重时还会导致死锁。为了最大限度地利用资源,网络工作在轻度拥塞状态时应该是较为理想的,但这也增加了滑向拥塞崩溃的可能性,因此需要一定的拥塞控制机制来加以约束和限制。

在计算机网络中,通常使用丢包率、平均队列长度、超时重传包的数目、平均包延迟、包延迟变化(Jitter)来衡量网络是否出现拥塞。在这些参数中,前两个参数是由中间节点(路由器)用来监测拥塞的指标,后三个参数是由源节点用来监测拥塞的指标。在TCP中通常选取丢包作为判定拥塞的指标。

拥塞产生的原因是用户需求大于网络的传输能力,因此,解决拥塞主要有以下两大类方法:增加网络资源和降低用户需求。增加网络资源一般指通过动态配置网络资源来提高系统容量;降低用户需求通过拒绝服务、降低服务质量和调度来实现。由于拥塞的发生是随机的,网络很难做到在拥塞发生时增加资源,因此网络中主要采用降低用户需求的方式。

最初的TCP只有基于滑动窗口的流量控制机制而没有拥塞控制机制;1986年初,Van Jacobson提出了"慢启动"算法,后来这个算法与拥塞避免算法、快速重传和快速恢复算法共同用于解决TCP中的拥塞控制问题。

5. TCP 与 UDP

在TCP/IP参考模型中,传输层主要包括两个协议,即传输控制协议TCP和用户数据报协议UDP。一般情况下,TCP和UDP可共存于一个互联网中,前者提供高可靠性的面向连接的服务,后者提供高效率的无连接的服务。与UDP相比,TCP最大的特点是以牺牲效率为代价换取高可靠的服务。为了达到这种高可靠性,TCP必须处理分组丢失、分组乱序以及由于延迟而产生的重复数据报等问题。

在对上层数据进行处理时,UDP是面向报文流的,而TCP是面向字节流的,即TCP以字节作为最小处理单位,所有的控制都是基于字节进行的。例如,为了保证数据传输的可靠性,TCP 为字节流中的每字节分配一个顺序号,并以此为基础,采用确认加超时重发的机制来保证可靠的数据传输。

在对下层数据处理时,UDP 基本不对 IP 层的数据进行任何的处理,而 TCP 需要加入复杂的传输控制,比如滑动窗口、接收确认和重发机制,以达到数据的可靠传送。因为,不管应用层看到的是怎样一个稳定的 TCP 数据流,下面传送的都是一个个的 IP 数据包,需要由 TCP 来进行数据重组。

在应用场景方面,TCP 用于在传输层有必要实现可靠传输的情况;UDP 主要用于那些对高速传输和实时性有较高要求的通信或广播通信,如 IP 电话。因为,如果使用 TCP,语音数据在传送途中如果丢失就会被重发,这样就会导致无法流畅地传输通话人的声音;而采用 UDP,虽然数据丢失会引起部分的通话质量,但不会出现声音大幅度延迟到达的问题。

6. IP 分组

IP 协议是 TCP/IP 网络层的核心协议,它提供无连接的数据报传送机制。IP 协议只负责将分组送到目的节点,至于传输是否正确,不做验证,不发确认,也不保证分组的正确顺序,因此不能保证传输的可靠性。传输可靠性工作交给传输层处理。例如,如果应用层要求较高的可靠性,可在传输层使用 TCP 来实现。简单地说,IP 协议主要完成了以下工作:无连接的数据报传输、数据报路由(IP 路由)、分组的分段和重组。

IP 分组由分组头和数据区两部分组成。其中,分组头用来存放 IP 协议的具体控制信息,而数据区则包含了上层协议(如 TCP)提交给 IP 协议传送的数据。整个 IP 分组的长度是 4 字节的整数倍,如图 5-11 所示。

0	4	8	16	19	31
版本	头部长度	服务类型		总长度	
标识符			标志	偏移量	
生存期		协议		校验和	
源地址					
目的地址					
选项(长度可变)				填充(长度可变)	
有效数据					

图 5-11　IP 分组格式

其中,IP 分组头部分由以下字段组成:

- 版本:长度为 4 比特,表示与 IP 分组对应的 IP 协议版本号,包括 IPv4 和 IPv6。
- 分组头长:长度为 4 比特,指明 IP 分组头的长度,其单位是 4 字节(32 比特)。由于包含任选项字段,IP 分组头长度是可变的。
- 服务类型:长度为 8 比特,用于指明 IP 分组所希望得到的有关优先级、可靠性、吞吐量、延时等方面的服务质量要求。大多数路由器不处理这个字段。
- 总长度:长度为 16 比特,用于指明 IP 分组的总长度,单位是字节,包括分组头和数据区的长度。由于总长度字段为 16 比特,因此 IP 分组最多允许有 2^{16}(65535)

字节。

- 标识符：长度为 16 比特，用于唯一标识一个 IP 分组。标识符字段是 IP 分组在传输中进行分段和重组所必需的。
- 标志：长度为 3 比特，在 3 比特中 1 比特保留，另两比特为：DF 用于指明 IP 分组是否允许分段，MF 用于表明是否有后续分段。
- 片偏移：长度为 13 比特，以 8 字节为 1 个单位，用于指明当前报文片在原始 IP 分组中的位置，这是分段和重组所必需的。
- 生存时间：长度为 8 比特，用于指明 IP 分组在网络中可以传输的最长"距离"，每经过一个路由器时该字段减 1，当减到 0 值时，该 IP 分组将被丢弃。这个字段用于保证 IP 分组不会在网络出错时无休止地传输。
- 协议类型：长度为 8 比特，用于指明调用 IP 协议进行传输的高层协议，ICMP 时值为 1（十进制），TCP 时值为 6，UDP 时值为 17。
- 分组头校验和：长度为 16 比特，对 IP 分组头以每 16 位为单位进行求异或和，并将结果求反，便得到校验和。
- 源 IP 地址：长度为 32 比特，用于指明发送 IP 分组的源主机的 IP 地址。
- 目的 IP 地址：长度为 32 比特，用于指明接收 IP 分组的目标主机的 IP 地址。
- 任选项：长度可变，该字段主要用于以后对 IP 协议的扩展。该字段的使用有一些特殊的规定，读者可以查阅网络资源获取相关信息。
- 填充：长度不定，由于 IP 分组头必须是 4 字节的整数倍，因此当使用任选项的 IP 分组头长度不足 4 字节的整数倍时，必须用 0 填入填充字段来满足这一要求。

7. IP 分组的分段传输

下面简单说明 IP 分组在转发过程中分段和重组的过程。IP 分组的分段和重组主要涉及标识符字段、标志字段、片偏移字段。

分段：当 IP 分组所经过的物理网络的 MTU（最大传输单元）比分组长度小时，IP 协议需要把该 IP 分组分割成若干满足 MTU 长度要求更小的 IP 分组（称为分段）后，再进行发送。由于偏移量字段的单位为 8 字节，因此除最后一个分段外，前面所有分段的长度必须为 8 字节的整数倍，且一般都取相同的长度。分段后的每个分段都是一个完整的 IP 分组，其 IP 分组头除片偏移、MF 标志位、总长度和校验和字段外，其他与原始 IP 分组头相同。

重组：重组是分段的反过程，根据片偏移和 MF 标志判断是否进行了分段。如果 MF＝0 并且 Offset＝0 则为一个完整分组；如果 MF＝1 并且 Offset≠0 则表示进行了分段，需要在目的节点进行重组。

例如，在以太网中 MTU 为 1500 字节，一个长度为 4000 字节的 IP 分组进入以太网后，按照图 5-12 所示进行分段。

在 Internet 中，每个 IP 分组都包含有目的主机的 IP 地址，用来唯一标识 Internet 中的一个物理网络，并至少有一个与之相连的路由器，通过路由器和其他物理网络相连，路由器负责在该物理网络和 Internet 上其他物理网络间转发分组。在路由器中，根据分组携带的目的 IP 地址进行路由转发。路由器中的路由表一般格式如表 5-2 所示。在路由表中，目的网络通常使用 IP 地址和子网掩码的形式来描述。

	长度	标识符	分段标志	偏移量	…　…
	= 4000	= X	= 0	= 0	

上述IP分组被分解为以下3个IP分组：

	长度	标识符	分段标志	偏移量	…　…
	= 1500	= X	= 1	= 0	

	长度	标识符	分段标志	偏移量	…　…
	= 1500	= X	= 1	= 185	

	长度	标识符	分段标志	偏移量	…　…
	= 1040	= X	= 0	= 370	

图 5-12　IP 分组分段过程

表 5-2　路由表一般格式

目 的 网 络	下 一 路 由 器	距　　离
20.0.0.0	直接投递	0
30.0.0.0	直接投递	0
10.0.0.0	20.0.0.5	1
40.0.0.0	30.0.0.7	1

例如，两个子网（子网 1：202.1.64.0 和子网 2：202.1.61.0）通过路由器连接，如图 5-13 所示。图中路由器的两个接口 202.1.64.5 和 202.1.61.6 分别与子网 1 和子网 2 相连，路由器在两个子网间完成数据转发。

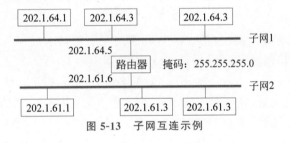

图 5-13　子网互连示例

5.2.3　网络资源共享协议

计算机网络的主要目标就是实现资源共享。可共享的资源主要包括存储资源、设备资源（如打印机）和程序资源等。针对不同的资源共享模式，由于历史原因和技术差异，导致存在多种协议共存的局面。表 5-3 给出了几种常用的网络资源共享协议的概要信息，本节只介绍其中的部分协议。

表 5-3　网络资源共享协议的概要信息

协 议 名 称	协 议 内 涵	协 议 应 用 背 景
HTTP	超文本传输协议	资源搜索
FTP	文件传输协议	用于文件上传和下载

续表

协议名称	协议内涵	协议应用背景
HTML	超文本标记语言	用于网页制作
SMTP	简单电子邮件传输协议	用于电子邮件的发送和邮箱间投递
POP	邮局协议	用于电子邮件的接收
Telnet	远程登录协议	用于用户登录远程主机系统

1. Web 服务模型

信息时代,我们总需要通过网络搜索各种资源。其中就离不开百度、谷歌等网络资源搜索引擎。那么,搜索引擎是如何工作的呢?首先需要了解的就是万维网(WWW)。

万维网又称 Web 网,是一种基于超文本传输协议(HTTP)的、全球性的、动态交互的、跨平台的分布式图形信息系统。该系统为用户在 Internet 上查找和浏览信息提供了图形化的、易于访问的直观界面。

万维网使用了一种全新的浏览器/服务器(B/S)模型,如图 5-14 所示。它是对客户/服务器(C/S)模型的一种改进。在 B/S 模型中,用户通过浏览器和 Internet 访问 WWW 应用服务器,应用服务器通过数据库访问网关请求数据库服务器的数据服务,然后由应用服务器把查询结果返回给用户浏览器显示出来。

图 5-14　B/S 模型

使用浏览器搜索资源时,就包括一次 Web 服务的资源请求过程。具体步骤如下。

(1) 在浏览器中输入域名(如 www.xjtu.edu.cn)。

(2) 使用 DNS(Domain Name Service)对域名进行解析,得到对应的 IP 地址。

(3) 根据这个 IP 地址,找到对应的 Web 应用服务器,发起 TCP 的三次握手。

(4) 建立 TCP 连接后,发起 HTTP 请求报文。

(5) 服务器响应 HTTP 请求,浏览器得到包括 HTML 代码的响应文档。

(6) 浏览器先对返回的 HTML 代码进行解析,再请求 HTML 代码中的资源,如 JS、CSS、图片等(这些资源是二次加载)。

(7) 浏览器对 HTML 代码及其资源进行渲染呈现给用户。

(8) 服务器释放 TCP 连接,一次访问结束。

2. Web 服务协议

Web 服务协议主要包括 HTTP、HTML 和 DNS 等协议。

1) HTTP

超文本传输协议(HTTP)是一个客户端和服务器端请求和应答的标准。通常由 HTTP 客户端发起一个请求,建立一个到服务器指定端口(默认是 80 端口)的连接。HTTP 服务器则在指定端口监听客户端发送过来的请求,一旦收到请求,服务器向客户端发回一个响应的消息。消息体可能是请求的文件、错误消息或者其他一些信息。客户端接收服务器所返回的信息通过浏览器显示在用户的显示屏上,然后客户机与服务器断开连接。

　　HTTP 报文包括客户机到服务器的请求、服务器到客户机的响应两部分。请求报文格式如图 5-15 所示,包括报文首部、空行和报文主体三大部分。其中,报文首部包括请求行(如请求方法、URL、HTTP 版本号等)、请求首部字段、通用首部字段、实体首部字段等。而请求首部字段、通用首部字段、实体首部字段统称为 HTTP 首部字段。

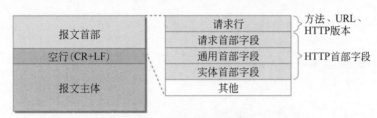

图 5-15　HTTP 的请求报文格式

　　请求行以"请求方法"字段开始,后面分别是 URL 字段和 HTTP 版本字段。

　　在 WWW 上,每一信息资源都有统一的且在网上唯一的地址,该地址就叫 URL(Uniform Resource Locator,统一资源定位器),它是 WWW 的统一资源定位标志,就是网络地址。

　　例如,在 HTTP 报文"GET /index.htm HTTP/1.1"中,GET 是方法,URL 是/index.htm,HTTP/1.1 是版本号。HTTP1.0 定义了 GET、POST 和 HEAD 三种请求方法,HTTP 1.1 新增了 5 种请求方法:OPTIONS、PUT、DELETE、TRACE 和 CONNECT 方法。

　　HTTP 的响应报文格式如图 5-16 所示,包括报文首部、空行和报文主体三大部分。其中,报文首部包括状态行(如 HTTP 版本号和主题码等)、响应首部字段、通用首部字段、实体首部字段等。而响应首部字段、通用首部字段、实体首部字段统称为 HTTP 首部字段。

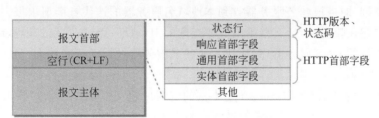

图 5-16　HTTP 的响应报文格式

2) DNS 协议

　　为了能够正确地定位到目的主机,HTTP 中需要指明 IP 地址。但这种 4 字节的 IP 地址很难记忆,因此,Internet 提供了域名系统(Domain Name System,DNS)。DNS 可以有效地将 IP 地址映射到一组用"."分隔的域名(Domain Name,DN),比如 202.117.1.13 对应的域名是 www.xjtu.edu.cn。DNS 最早于 1983 年由保罗·莫卡派乔斯(Paul Mockapetris)发明,原始的技术规范在 RFC 882 中发布。

　　Internet 中的域名空间为树状层次结构,如图 5-17 所示。最高级的节点称为"根",根以下是顶级域名,再以下是二级域名、三级域名,以此类推。每个域名对它下面的子域名或主机进行管理。Internet 的顶级域名分为两类:组织结构域名和地理结构域名。按照组织结构分,有 com、edu、net、org、gov、mil、int 等顶级域名,分别代表商业组织、大学等教育机构、网络组织、非商业组织、政府机构、军事单位和国际组织;按照地理结构分,美国以外的顶级域名,一般是以国家或地区的英文名称中的两个字母缩写表示,如 cn 代表中国、uk 代表英国、jp 代表日本等。一个网站的域名的书写顺序是由低级域到高级域依次通过点"."连接而成的,如 www.cctv.com,www.xjtu.edu.cn。

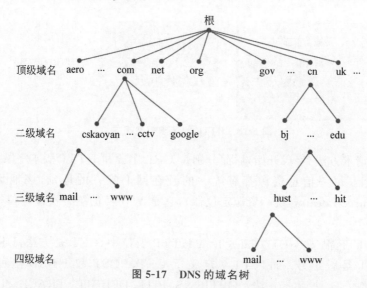

图 5-17　DNS 的域名树

相比 IP 地址,域名便于记忆,且 IP 地址和域名之间是一一对应的。DNS 查询有递归和迭代两种方式,一般主机向本地域名服务器的查询采用递归查询,即当客户机向本地域名服务器发出请求后,若本地域名服务器不能解析,则会向它的上级域名服务器发出查询请求,以此类推,最后得到结果后转交给客户机。而本地域名服务器向根域名服务器的查询通常采用迭代查询,即当根域名服务器收到本地域名服务器的迭代查询请求报文时,如果本地域名服务器中存在映射时,会直接给出所要查询的 IP 地址;否则,它仅告诉本地域名服务器下一级需要查找的 DNS 服务器,然后让本地域名服务器进行后续的查询。

3) HTML 协议

WWW 服务的基础是将 Internet 上丰富的资源以超文本(hypertext)的形式组织起来。1963 年,Ted Nelson 提出了超文本的概念。超文本的基本特征是在文本信息之外还能提供超链接,即从一个网页指向另一个目标的连接关系,这个目标可以是另一个网页,也可以是图片、电子邮件地址或文件,甚至是一个应用程序。当浏览者单击已经链接的文字或图片后,链接目标将显示在浏览器上,并根据目标的类型来打开或运行。

超文本标记语言(Hyper Text Markup Language,HTML)就是通过各种各样的"标记"来描述 Web 对象的外观、格式、多媒体信息属性位置和超链接目标等内容,将各种超文本链接在一起的语言。HTML 是目前网络上应用最为广泛的语言,也是构成网页文档的主要语言。一个 HTML 文档是由一系列的元素(element)和标签(tag)组成的,用于组织文件的内容和指导文件的输出格式。

一个元素可以有多个属性,HTML 用标签来规定元素的属性和它在文件中的位置。浏览器只要读到 HTML 的标签,就会将其解释成网页或网页的某个组成部分。HTML 标签从使用内容上通常可分为两种：一种用来识别网页上的组件或描述组件的样式，如网页的标题＜title＞、网页的主体＜body＞等；另一种用来指向其他资源，如＜img＞用来插入图片、＜applet＞用来插入 JavaApplets、＜a＞用来识别网页内的位置或超链接等。

HTML 提供数十种标签，可以构成丰富的网页内容和形式。通常标签是由一对起始标签和结束标签组成，结束标签和起始标签的区别是在小于字符的后面要加上一个斜杠字符。下面是一个网页中使用到的基本网页标签：

```
<html> 标记网页的开始
  <head>标记头部的开始：头部元素描述，如文档标题等
  </head>标记头部的结束
  <body> 标记页面正文开始
    页面实体部分
  </body>标记正文结束
</html>标记该网页的结束
```

早期，使用 HTML 语言开发网页是一个困难和费时的工作。随着各种网页开发工具的出现，设计网页已经变得非常轻松了。Dreamweaver 是集网页制作和管理网站于一身的所见即所得的网页编辑器，拥有可视化编辑界面，支持代码、拆分、设计、实时视图等多种方式来创作、编写和修改网页。对于初学者来说，无须编写任何代码就能快速创建 Web 页面。

3. 电子邮件服务与协议

电子邮件是一种用电子手段提供信息交换的通信方式，是互联网应用最广的服务。我们每天都在使用电子邮箱进行交流，发送或接收各种电子邮件（E-mail）。通过网络上的电子邮件系统，用户可以以非常低廉的价格（不管发送到哪里，都只需负担网费）、非常快速的方式（几秒之内可以发送到世界上任何指定的目的地），与世界上任何一个角落的网络用户联系。

在电子邮件系统中，邮件发送方和接收方作为客户端，一般通过用户代理（如 Hotmail、Foxmail）进行邮件的编辑、发送和接收。如图 5-18 所示，发送方的用户代理通过 SMTP 协议将邮件投递到发送端邮件服务器，发送服务器通过 Internet 投递到接收端邮件服务器，接收方的用户代理通过 POP3 协议读取邮件信息。

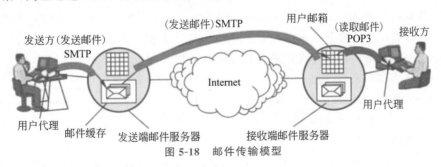

图 5-18　邮件传输模型

典型的电子邮件服务协议有以下两种：

（1）SMTP 是 Simple Mail Transfer Protocol（简单电子邮件传输协议）的英文缩写，用于电子邮件的发送。SMTP 是一种提供可靠且有效的电子邮件传输的协议。SMTP 是建立在 FTP（File Transfer Protocol）文件传输协议上的一种邮件服务，主要用于系统之间的

邮件信息传递,并提供来信通知。

(2) POP3 是邮局协议第 3 版(Post Office Protocol v3)的英文缩写,用于电子邮件的接收。POP3 是第一个离线的电子邮件协议,允许用户从服务器上接收邮件并将其存储到本地主机,同时根据客户端的操作,删除或保存在邮件服务器上的邮件。这样客户就不必长时间地与邮件服务器连接,很大程度上减少了服务器和网络的整体开销。

◆ 5.3　计算机网络设备

不论是局域网、城域网还是广域网,在网络互连时,一般要通过传输介质(网线)、网络接口(RJ45)和网络设备相连,这些设备可分为网内互连设备和网间互连设备,网内互连设备主要有网卡、中继器和交换机;网间互连设备主要有网桥、路由器和网关等。下面我们首先介绍网内互连设备,然后介绍网间互连设备。

5.3.1　网内互连设备

1. 网卡

网卡是网络接口卡的简称,又叫作网络适配器。网络传输的数据来源于计算机,并最终通过传输介质传送给另外的计算机,这个时候就需要有一个接口将计算机和传输介质连接起来,网卡就是这个作用。

网卡是工作在 OSI 的物理层和数据链路层的网络组件,相关标准由 IEEE 来定义。它是局域网中连接计算机和传输介质的接口,不仅能实现与局域网传输介质之间的物理连接和电信号匹配,还涉及帧的发送与接收、帧的封装与拆封、介质访问控制、数据的编码与解码以及数据缓存的功能等。

2. 网络传输介质

数据的传输最依靠传输介质,网络中常用的传输介质有双绞线、同轴电缆和光缆 3 种。其中,双绞线是经常使用的传输介质,它一般用于星形网络中,同轴电缆一般用于总线型网络,光缆一般用于主干网的连接。

1) 双绞线

双绞线是将一对或一对以上的双绞线封装在一个绝缘外套中而形成的一种传输介质(如图 5-19 所示),广泛用于局域网。为了降低信号的干扰程度,双绞线中的每一对都由两根绝缘铜导线相互缠绕而成。

双绞线分为非屏蔽双绞线(UTP)和屏蔽双绞线(STP)两大类,局域网中非屏蔽双绞线分为 3 类、4 类、5 类和超 5 类 4 种,屏蔽双绞线分为 3 类和 5 类两种。

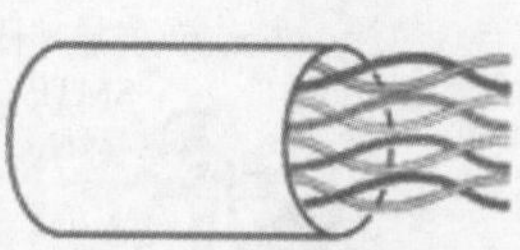

图 5-19　双绞线

2) 同轴电缆

同轴电缆是由一根空心的外圆柱导体(铜网)和一根位于中心轴线的内导线(电缆铜芯)组成,内导线和圆柱导体及圆柱导体和外界之间用绝缘材料隔开,如图 5-20 所示,具有抗干扰能力强,传输数据稳定,价格便宜等优点,广泛使用于早期的计算机网络。

同轴电缆从用途上分可分为基带同轴电缆和宽带同轴电缆(即网络同轴电缆和视频同轴电缆)。同轴电缆分 50Ω 基带电缆和 75Ω 宽带电缆两类。基带电缆又分为细同轴电缆和粗同轴电缆。基带电缆仅用于数字传输,传输率可达 10Mb/s。

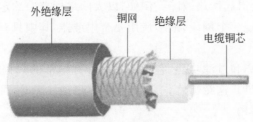

图 5-20　同轴电缆

3）光缆和光纤

光缆(optical fiber cable)是由一定数量的光导纤维(简称光纤)按照一定方式组成缆芯,外包有护套,有的还包覆外护层,用以实现光信号传输的一种通信线路,如图 5-21 所示。光纤是由细如发丝的玻璃丝、塑料保护套管及塑料外皮构成,没有金、银、铜、铝等金属,一般无回收价值。

1966 年,高锟发表的《光频率介质纤维表面波导》论文指出:用石英基玻璃纤维进行长距离信息传递,将带来一场通信事业的革命,并提出当玻璃纤维损耗率下降到每千米 20 分贝时,光纤通信即可成功。他的研究为人类进入光导新纪元打开了大门,并由此荣膺 2009 年度诺贝尔物理学奖。

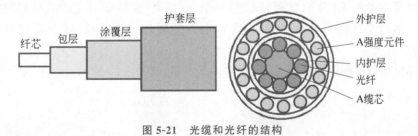

图 5-21　光缆和光纤的结构

光纤裸纤一般分为 4 层:中心是高折射率玻璃纤芯,芯径一般为 $50\mu m$ 或 $62.5\mu m$;中间为低折射率硅玻璃光缆;再外面是加强用的树脂涂层包层,直径一般为 $125\mu m$;最外层是护套层。

入射到光纤断面的光并不能全部被光纤所传输,只有在某个角度范围内的入射光才可以。这个角度称为光纤的数值孔径。光纤的数值孔径大些对于光纤的对接是有利的。不同厂家生产的光纤的数值孔径不同。

3. 中继器

中继器是局域网互连的最简单设备,它工作在 OSI 体系结构的物理层,用来连接不同的物理介质,并在各种物理介质中传输数据包。要保证中继器能够正确工作,首先要保证每一个分支中的数据包和逻辑链路协议是相同的。例如,在 802.3 以太局域网和 802.5 令牌环局域网之间,中继器是无法使它们通信的。

中继器也叫转发器,是扩展网络最廉价的方法,主要负责在两个节点的物理层上按位传递信息,完成信号的复制调整和放大功能,以此来延长网络的长度。当扩展网络的目的是要突破距离和节点的限制,并且连接的网络分支都不会产生太多的数据流量,成本又不能太高时,就可以考虑选择中继器。

采用中继器连接网络分支的数目要受具体的网络体系结构的限制,只能在规定范围内进行有效的工作,否则会引起网络故障。例如,以太网络标准中约定了"5-4-3 规则",即一个以太网上最多只允许出现 5 个网段,最多使用 4 个中继器,其中只有 3 个网段可以挂接计算机终端。

由于中继器没有隔离和过滤功能,它不能阻挡含有异常的数据包从中继器的一个分支端口传到另一个分支端口。这意味着,一个分支端口出现故障时,可能影响到连接在该中继器上的其他网络分支端口。

4. 交换机

交换机(switch)是一种在通信系统中完成信息交换功能的设备。它可以为接入交换机的任意两个网络节点提供独享的电信号通路,在同一时刻可进行多个端口对之间的数据传输。每一端口都可视为独立的网段,连接在其上的网络设备独自享有全部的带宽,无须同其他设备竞争使用。

交换机拥有一条很高带宽的背部总线和内部交换矩阵来支持每个端口的带宽独享。交换机的所有端口都挂接在这条背部总线上,控制电路收到数据包以后,处理端口会查找内存中的地址对照表以确定目的 MAC(网卡的硬件地址)的网卡挂接在哪个端口上,通过内部交换矩阵迅速将数据包传送到目的端口,若目的 MAC 不存在,则广播到所有的端口,接收端口回应后交换机会"学习"新的地址,并把它添加入内部 MAC 地址表中。使用交换机也可以把网络"分段",通过对照 MAC 地址表,交换机只允许必要的网络流量通过交换机。通过交换机的过滤和转发,可以有效地隔离广播风暴,减少误包和错包的出现,避免共享冲突。

交换机根据其在网络中的位置,可分为如下 3 类,如图 5-22 所示。

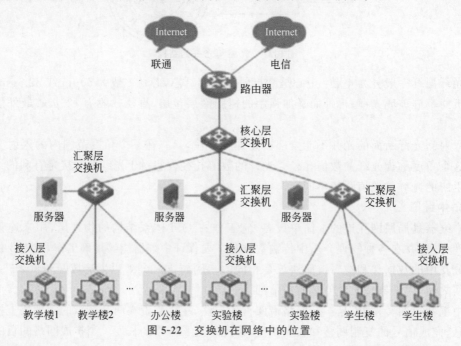

图 5-22　交换机在网络中的位置

(1) 接入层交换机:接入层交换机直接面向用户,将用户终端连接到网络。接入层交换机具有低成本和高端口密度特性,一般应用在办公室、小型机房和业务受理较为集中的业务部门、多媒体制作中心、网站管理中心等部门。在传输速度上,接入层交换机大都提供多个具有 10M/100M/1000M 自适应能力的端口。

(2) 汇聚层交换机:汇聚层交换机一般用于楼宇之间的多台接入层交换机的汇聚,它必须能够处理来自接入层设备的所有通信量,并提供到核心层的上行链路,因此,与接入层交换机比较,汇聚层交换机需要更高的性能、更少的接口和更高的交换速率。

(3) 核心层交换机:核心层交换机用来连接多个汇聚层交换机,其主要目的在于通过高速转发通信,提供优化、可靠的骨干传输结构,因此核心层交换机应拥有更高的可靠性、性能和吞吐量。

5.3.2 网间互连设备

1. 网桥

网桥是在数据链路层上实现网络互连的设备,它工作在以太网的 MAC 子层上,是基于数据帧的存储转发设备,用于两个或两个以上具有相同通信协议、传输介质及寻址结构的局域网。

网桥具有寻址和路径选择功能,它能对进入网桥数据的源/目的地址进行检测。若目的地址是本地网工作站,则删除;若目的地址是另一个网络,则发送到目的网工作站。这种功能称为筛选/过滤功能,它隔离掉不需要在网间传输的信息,大大减少网络的负载,改善网络的性能。

网桥具有网络管理功能,对扩展网络的状态进行监督,以便更好地调整网络拓扑逻辑结构,有些网桥还可以对转发和丢失的帧进行统计,以便进行系统维护。

网桥对广播信息不能识别,也不能过滤,于是容易产生 A 网络广播给 B 网络工作站的数据,又被重新广播回 A 网络,这种往返广播,使网络上出现大量冗余信息,最终形成广播风暴。

2. 路由器

路由和交换之间的主要区别就是交换发生在 OSI 参考模型第二层(数据链路层),而路由发生在第三层,即网络层。这一区别决定了路由和交换在传输信息的过程中需使用不同的控制信息,所以两者实现各自功能的方式是不同的。

路由器(Router)是互连网络的枢纽,是一种用来连接互联网中各局域网、广域网的设备,它会根据信道的情况自动选择和设定路由,以最佳路径,按前后顺序发送信号。目前路由器已经广泛应用于各行各业,各种不同档次的产品已成为实现各种骨干网内部连接、骨干网间互连和骨干网与互连网互连互通业务的主力军。

1) 路由器的结构

路由器是一种具有多个输入端口和多个输出端口的分组交换设备,其基本任务是实现 IP 分组的存储转发。这就是说,IP 路由器要从各个输入端口接收 IP 分组,分析每个分组的首部,按照分组的目的地址的网络前缀(即目的网络地址)查找路由表,获得分组的下一节点地址,将分组从某个合适的输出端口转发给下一跳路由器。下一跳路由器也按照同样的方法处理分组,直到该分组到达目的网络。

2) 路由器的功能

路由器的基本作用是连通不同的网络,核心作用是选择信息传送的线路。选择通畅快捷的近路,能大大提高通信速度,减轻网络系统通信负荷,节约网络系统资源,提高网络系统畅通率,从而让网络系统发挥出更大的效益。路由器的主要功能如下。

互连功能:路由器支持单段局域网间的通信,并可提供不同类型(如局域网或广域网)、不同速率的链路或子网接口,如在互连广域网时,可提供 X.25、FDDI、帧中继、SMDS 和 ATM 等接口。

选择路径功能:路由器能在多网络互连环境中,建立灵活的连接,路由器可根据网络地址对信息包进行过滤和转发,将不该转发的信息(包括错误信息)都过滤掉,从而可避免广播风暴,比网桥具有更强的隔离作用和安全保密性能,并且能够使网络传输保持最佳带宽,更适合于复杂的、大型的、异构网互连。

网络管理功能:路由器可利用通信协议本身的流量控制功能来控制数据传输,有效地解决拥挤问题。还可以支持网络配置管理,容错管理和性能管理。

通过路由器,可在不同的网段之间定义网络的逻辑边界,从而将网络分成各自独立的广播网域,把一个大的网络划分为若干子网。另外,路由器也可用来作流量隔离以实现故障诊断,并将网络中潜在的问题限定在某一局部,避免扩散到整个网络。

3)无线路由器

无线路由器是一种用来连接有线和无线网络的通信设备,它可以通过 Wi-Fi 技术收发无线信号来与个人数码助理和笔记本等设备通信。无线网络路由器可以在不设电缆的情况下,方便地建立一个网络。但是,一般在户外通过无线网络进行数据传输时,它的速度可能会受到天气的影响。其他的无线网络还包括红外线、蓝牙及卫星微波等。

每个无线路由器都可以设置一个业务组标识符(SSID),移动用户通过 SSID 可以搜索到该无线路由器,通过输入登录密码后可进行无线上网。SSID 是一个 32 位的数据,其值是区分大小写的。它可以是无线局域网的物理位置标志、人员姓名、公司名称、部门名称或其他自己偏好标语等。

无线路由器在计算机网络中有着举足轻重的地位,是拓展计算机网络互连的桥梁。通过它不仅可以连通不同的网络,还能将各种智能终端连接起来,方便用户移动访问。因此,安全性至关重要。

相对于有线网络来说,通过无线网发送和接收数据更容易被窃听。设计一个完善的无线网络系统,加密和认证是需要考虑的安全因素。针对这个目标,IEEE 802.11 标准中采用了 WEP(Wired Equivalent Privacy)协议来设置专门的安全机制,进行业务流的加密和节点的认证。为了进一步提高无线路由器的安全性,一种新的保护无线网络安全的 WPA(Wi-Fi Protected Access)协议得到广泛应用,它包括 WPA、WPA2 和 WPA3 三个标准。

无线路由器的配置对初学者来说并不是一件十分容易的事。请读者找一个无线路由器,学习进行无线路由器的配置过程。

3. 网关

网关(gateway)是一种充当转换重任的计算机系统或设备,既可以用于广域网互连,也可以用于局域网互连。在使用不同的通信协议、数据格式或语言,甚至体系结构完全不同的两种系统之间,网关是一个翻译器。与网桥只是简单地传达信息不同,网关对收到的信息要重新打包,以适应目的系统的需求。同时,网关也可以提供过滤和安全功能。

网关的主要功能包括:完成互联网间协议的转换、完成报文的存储转发和流量控制、完成应用层的互通及互联网间网络管理功能和提供虚电路接口及相应的服务。

网关又称网间连接器、协议转换器。网关在传输层上可以实现网络互连,是最复杂的网络互连设备,能使不同类型的计算机所使用的协议相互兼容;大多数网关运行在 OSI 参考模型的顶层,即应用层。因此,根据所处位置和作用的不同,网关可以分为如下三大类。

协议网关:主要功能是在不同协议的网络之间的协议转换。不同的网络(如 Ethernet、WAN、FDDI、Wi-Fi、WPA 等)具有不同的数据封装格式、不同的数据分组大小、不同的传输率。然而,这些网络之间相互进行数据共享、交流却是必不可少的。为消除不同网络之间的差异,使得数据能顺利进行交流,就需要一个专门的翻译人员,也就是协议网关。依靠协议网关,一个网络能够连接和理解另一个网络。

应用网关:主要是针对专门的应用而设置的网关,其作用是将同一类应用服务的一种数据格式转化为另一种数据格式,从而实现数据交流。这种网关通常与特定服务关联,也称网关服务器。最常见的网关服务器就是邮件服务器了。例如,SMTP 邮件服务器就提供了多种邮件格式(如 POP3、SMTP、FAX、X.400、MHS 等)转换的网关接口功能,从而保证通过 SMTP 邮件服务器可以向其他服务器发送邮件了。

安全网关:最常用的安全网关就是包过滤器,实际上就是对数据包的原地址、目的地址、端口号、网络协议进行授权。通过对这些信息的过滤处理,让有许可权的数据包通过网关传输,而对那些没有许可权的数据包进行拦截甚至丢弃。相比软件防火墙,安全网关的数据处理量大,处理速度快,可以在对整个网络保护的同时而不给网络带来瓶颈。

除此之外,还有数据网关(主要用于进行数据吞吐的简单路由器,为网络协议提供传递支持)、多媒体网关(除了数据网关具有的特性外,还提供针对音频和视频内容传输的特性)、集体控制网关(实现网络上的家庭控制和安全服务管理)等。

◇ 5.4 物联网的概念与体系

目前,物联网的研究尚处于发展阶段,物联网的确切定义尚未完全统一。物联网的英文名称为 Internet of Things,简称 IoT。顾名思义,物联网就是一个将所有物体连接起来所组成的物-物相连的互联网络。显然,物联网的信息流动离不开互联网的支撑。

5.4.1 物联网的概念与特征

1. 物联网的概念

物联网,作为新技术,定义千差万别。

一个普遍可接受的定义为:物联网是通过使用 RFID、传感器、红外感应器、全球定位系统、激光扫描器等信息采集设备,按约定的协议,把任何物品与互联网连接起来,进行信息交换和通信,以实现智能化识别、定位、跟踪、监控和管理的一种网络(或系统)。

从该定义可以看出,物联网是对互联网的延伸和扩展,其用户端延伸到世界上任何的物品。在物联网中,一个牙刷、一条轮胎、一座房屋,甚至是一张纸巾都可以作为网络的终端,即世界上的任何物品都能连入网络;物与物之间的信息交互不再需要人工干预,物与物之间可实现无缝、自主、智能的交互。换句话说,物联网以互联网为基础,主要解决人与人、人与物和物与物之间的互连和通信。

除了上面的定义外,物联网在国际上还有如下几个代表性描述。

国际电信联盟:从时-空-物三维视角看,物联网是一个能够在任何时间(anytime)、任何地点(anyplace),实现任何物体(anything)互连的动态网络,它包括了个人计算机(PC)之间、人与人之间、物与人之间、物与物之间的互连。

欧盟委员会:物联网是计算机网络的扩展,是一个实现物物互连的网络。这些物体可以有 IP 地址,嵌入复杂系统中,通过传感器从周围环境获取信息,并对获取的信息进行响应和处理。

中国物联网发展蓝皮书:物联网是一个通过信息技术将各种物体与网络相连,以帮助人们获取所需物体相关信息的巨大网络;物联网通过使用 RFID、传感器、红外感应器、视频监控、全球定位系统、激光扫描器等信息采集设备,通过无线传感网、无线通信网络(如 Wi-Fi、WLAN 等)把物体与互联网连接起来,实现物与物、人与物之间实时的信息交换和通信,以达到智能化识别、定位、跟踪、监控和管理的目的。

2. 物联网的特征

尽管对物联网概念还有其他一些不同的描述,但内涵基本相同。经过近十年的快速发展,物联网展现出了与互联网、无线传感网不同的特征。物联网主要特征包括全面感知、可靠传递、智能处理和广泛应用 4 方面,如图 5-23 所示。

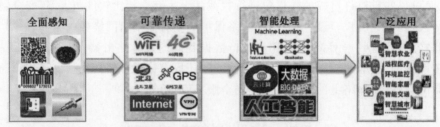

图 5-23　物联网的主要特征示意图

1) 全面感知

"感知"是物联网的核心。物联网是具有全面感知能力的物品和人所组成的,为了使物品具有感知能力,需要在物品上安装不同类型的识别装置,例如电子标签(Tag)、条形码与二维码等,或者通过传感器、红外感应器等感知其物理属性和个性化特征。利用这些装置或设备,可随时随地获取物品信息,实现全面感知。

2) 可靠传递

数据传递的稳定性和可靠性是保证物-物相连的关键。由于物联网是一个异构网络,因此不同的实体间协议规范可能存在差异,需要通过相应的软硬件进行转换,保证物品之间信息的实时、准确传递。为了实现物与物之间的信息交互,将不同传感器的数据进行统一处理,必须开发出支持多协议格式转换的通信网关。通过通信网关,将各种传感器的通信协议转换成预先约定的统一的通信协议。

3) 智能处理

物联网的目的是实现对各种物品(包括人)进行智能化识别、定位、跟踪、监控和管理等功能。这就需要智能信息处理平台的支撑,通过云(海)计算、人工智能等智能计算技术,对海量数据进行存储、分析和处理,针对不同的应用需求,对物品实施智能化的控制。由此可见,物联网融合了各种信息技术,突破了互联网的限制,将物体接入信息网络,实现了"物-物相连的互联网"。物联网支撑信息网络向全面感知和智能应用两个方向拓展、延伸和突破,从而影响国民经济和社会生活的方方面面。

4) 广泛应用

应用需求促进了物联网的发展。早期的物联网只是在零售、物流、交通和工业等应用领域使用。近年来,物联网已经渗透到智能农业、远程医疗、环境监控、智能家居、自动驾驶等与老百姓生活密切相关的应用领域之中。物联网的应用正向广度和深度两个维度发展。特别是大数据和人工智能技术的发展,使得物联网的应用向纵深方向发展,产生了大量的基于大数据深度分析的物联网应用系统。

5.4.2　物联网的起源与发展

物联网的起源可以追溯到 1995 年。比尔·盖茨在《未来之路》一书中对信息技术未来的发展进行了预测,其中描述了物品接入网络后的一些应用场景,这可以说是物联网概念最早的雏形。但是,由于受到当时无线网络、硬件及传感器设备发展水平的限制,未能引起足够的重视。

1998 年,麻省理工学院(MIT)提出基于 RFID 技术的唯一编号方案,即产品电子代码(EPC),并以 EPC 为基础,研究从网络上获取物品信息的自动识别技术。在此基础上,1999年,美国自动识别技术(AUTO-ID)实验室首先提出"物联网"的概念。研究人员利用物品编码和 RFID 技术对物品进行编码标志,再通过互联网把 RFID 装置和激光扫描器等各种信息传感设备连接起来,实现物品的智能化识别和管理。当时对物联网的定义还很简单,主要是指把物品编码、RFID 与互联网技术结合起来,通过互联网实现物品的自动识别和信息共享。

2005 年,国际电信联盟 ITU 发布《ITU 互联网研究报告 2005:物联网》,描述了网络技术正沿着"互联网→移动互联网→物联网"的轨迹发展,指出无所不在的"物联网"通信时代即将来临,信息与通信技术的目标已经从任何时间、任何地点连接任何人,发展到连接任何物品的阶段,而万物的连接就形成了物联网。

在中国,1999 年中国科学院启动了传感网的研究。2009 年提出了"感知中国"。2010年 3 月,国务院首次将物联网写入两会政府工作报告。2010 年 6 月,教育部开始开设"物联网工程"本科专业。2017 年 1 月,工业和信息化部发布了《物联网发展规划(2016—2020年)》,提出到 2020 年,具有国际竞争力的物联网产业体系基本形成,包含感知制造、网络传输、智能信息服务在内的总体产业规模突破 1.5 万亿元,智能信息服务的比重大幅提升。2020 年 5 月,工业和信息化部发布了《关于深入推进移动物联网全面发展的通知》,提出建立 NB-IoT(窄带物联网)、4G 和 5G 协同发展的移动物联网综合生态体系。

1. 物联网推动工业 4.0

在 2011 年 4 月的汉诺威工业博览会上,德国政府正式提出了工业 4.0 (Industry 4.0)战略。工业 4.0 的核心就是物联网,其目标就是实现虚拟生产和与现实生产环境的有效融合,提高企业生产率。

从 18 世纪中叶以来,人类历史上先后发生了三次工业革命,主要发源于西方国家,并由他们所创新所主导。中国第一次有机会在第四次工业革命中与世界同步,并立于浪潮。

前三次工业革命使得人类发展进入了空前繁荣的时代,与此同时,也造成了巨大的能源、资源消耗,付出了巨大的环境代价、生态成本,急剧地扩大了人与自然之间的矛盾。进入21世纪,人类面临空前的全球能源与资源危机、全球生态与环境危机、全球气候变化危机的多重挑战,由此引发了第四次工业革命,即绿色的工业革命。物联网技术的出现是第四次工业革命的主要标志。21世纪发动和创新的第四次绿色工业革命,中国第一次与美国、欧盟、日本等发达国家站在同一起跑线上,并在某些领域引领世界。

2. 物联网支撑中国制造2025

中国制造2025是中国政府实施制造强国战略的第一个十年行动纲领。2015年3月,李克强总理在《政府工作报告》中首次提出"中国制造2025"的宏大计划,并审议通过了《中国制造2025》。围绕实现制造强国的战略目标,《中国制造2025》提出坚持"创新驱动、质量为先、绿色发展、结构优化、人才为本"的基本方针,坚持"市场主导、政府引导,立足当前、着眼长远,整体推进、重点突破,自主发展、开放合作"的基本原则,通过"三步走"实现制造强国的战略目标。即第一步,到2025年迈入制造强国行列;第二步,到2035年中国制造业整体达到世界制造强国阵营中等水平;第三步,到新中国成立一百年时,综合实力进入世界制造强国前列。

事实上,最近几年,中国制造取得了辉煌成就。

1) 空中造楼机

面对超高建筑的挑战,建造者们使用了一个神奇的机器,该机器是一台足有四五层楼高的红色巨型机器,使用了诸多传感与控制器,它就是中国最新一代的空中造楼机。空中造楼机拥有4000多吨(1吨=1000千克)的顶升力,使用它在千米高空进行施工作业毫无难度。而且它还能在八级大风中平稳进行施工,四天一层的施工速度更是让国内外惊艳,这台空中造楼机完美地展现了中国超高层建筑施工技术,在全世界拥有领先的地位。

2) 穿隧道架桥机

近几年,中国高铁的发展速度令世人瞩目,逢山开路、遇水架桥,中国速度的背后,离不开一种独一无二的机械装备——穿隧道架桥机。架桥机上,前后左右共有上百个传感器,实现转向、防撞、测速等功能。根据这些传感器数据,可以判断架桥机的运行情况,进行精准控制。穿隧道架桥机,让中国高铁的建设不断提速。2018年刚刚通车的渝贵铁路,全长345千米,桥梁209座,历时5年修建完成,如果没有穿隧道架桥机,工期将成倍增加。

3) 隧道掘进机

2015年12月,中国首台双护盾硬岩隧道掘进机研制成功,该机器具有掘进速度快、适合较长隧道施工的特点。每台隧道掘进机上包括使用物联网技术的探测系统和控制系统,如激震系统、接收传感器、破岩震源传感器、噪声传感器等。现代盾构掘进机采用了类似机器人的技术,如控制、遥控、传感器、导向、测量、探测、通信技术等,集机、电、液、传感、信息技术于一体,具有开挖切削土体、输送土渣、拼装管片、隧道衬砌、测量导向纠偏等功能,是目前最先进的隧道掘进设备。

显然,随着物联网的发展,中国智能制造技术不断被激发,呈现出蓬勃生机。

◆ 5.5　物联网感知技术

传感与检测是实现物联网系统的基础。传感技术是把各种物理量转变成可识别的信号量的过程,检测是指对物理量进行识别和处理的过程。例如,我们用湿敏电容把湿度信号转变成电容信号的过程就是传感;我们对传感器得来的信号进行处理的过程就是检测。本节重点介绍传感检测模型、传感器的分类、技术原理以及典型应用。

5.5.1　物联网感知模型

在生产和生活中,我们经常要和各种物理量和化学量打交道,例如经常要检测长度、重量、压力、流量、温度、化学成分等。在生产过程中,生产人员往往依靠仪器、仪表来完成检测任务。这些检测仪表都包含有或者本身就是敏感元件,能很敏锐地反映待测参数的大小。在为数众多的敏感元件中,我们把那些能将非电量形式的参量转换成电参量的元件叫作传感器。通常,传感器输出的电信号(如电压和电流)不能在计算机中直接使用和显示,还要借助模数转换器(A/D 变换器)将这些信号转换为计算机能够识别和处理的信号。只有经过变换的电信号,才容易显示、存储、传输和处理。

传感检测模型的功能结构如图 5-24 所示。它包括传感器部件和信号处理部件两大部分。其中,传感器部件由敏感元件、转换元件和信号调理转换电路组成。敏感元件是指传感器中能直接感受或响应被测对象的部分;转换元件是指传感器中能将敏感元件感受或响应的被测量转换成适于传输或测量的电信号的部分。由于传感器输出信号一般都很微弱,所以,还需要一个信号调理转换电路对微弱信号进行放大或调制等。此外传感器的工作必须有辅助电源,因此,电源也是传感器组成的一部分。随着半导体器件与集成技术在传感器中的应用,传感器的信号调理转换电路与敏感元件和转换元件通常会集成在同一芯片上,安装在传感器的壳体里。传感器部件的输出电量有很多种形式,如电压、电流、电容、电阻等,输出信号的形式由传感器的原理确定。通常,信号处理部件由信号变换电路和信号处理系统及辅助电源构成。信号变换电路负责对传感器输出的电信号进行数字化处理(即转换为二进制数据),一般由模/数转换电路构成。信号处理系统按照相关处理方法将二进制数据转换为用户容易识别的信息,一般由单片机或微处理器组成。

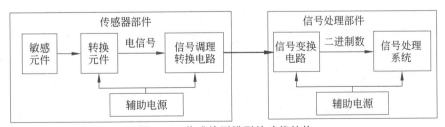

图 5-24　传感检测模型的功能结构

5.5.2　传感器的分类

传感器是实现自动检测和自动控制的首要环节,如果没有传感器对原始参数进行精确可靠的测量,那么无论是信号转换、信息处理,还是数据显示、精确控制,都是不可能实现的。

传感器一般是根据物理学、化学、生物学等特性、规律和效应设计而成的,其种类繁多,往往同一种被测量可以用不同类型的传感器来测量,而同一原理的传感器又可测量多种物理量,因此传感器有许多种分类方法。

1. 按照测试对象分类

根据被测对象划分,常见的有温度传感器、湿度传感器、压力传感器、位移传感器、加速度传感器。

(1)温度传感器:它是利用物质各种物理性质随温度变化的规律将温度转换为电量的传感器。温度传感器是温度测量仪表的核心部分,品种繁多。按测量方式可分为接触式和非接触式两大类,按照传感器材料及电子元件特性可分为热电阻和热电偶两类。

(2)湿度传感器:它是能感受气体中水蒸气含量,并将其转换成电信号的传感器。湿度传感器的核心器件是湿敏元件,它主要有电阻式、电容式两大类。湿敏电阻的特点是在基片上覆盖一层用感湿材料制成的膜,当空气中的水蒸气吸附在感湿膜上时,元件的电阻率和电阻值都发生变化,利用这一特性即可测量湿度。湿敏电容则是用高分子薄膜电容制成的。常用的高分子材料有聚苯乙烯、聚酰亚胺、醋酸醋酸纤维等。

(3)压力传感器:它是能感受压力并将其转换成可用输出信号的传感器,主要是利用压电效应制成的。压力传感器是工业实践中最为常用的一种传感器,广泛应用于各种工业自控环境,涉及水利水电、铁路交通、智能建筑、生产自控、航空航天、军工、石化、油井、电力、船舶、机床、管道等众多行业。

(4)位移传感器:位移传感器又称为线性传感器,它分为电感式位移传感器、电容式位移传感器、光电式位移传感器、超声波式位移传感器、霍尔式位移传感器。电感式位移传感器是属于金属感应的线性器件,接通电源后,在开关的感应面将产生一个交变磁场,当金属物体接近此感应面时,金属中产生涡流而吸收了振荡器的能量,使振荡器输出幅度线性衰减,然后根据衰减量的变化来完成无接触检测物体。

(5)加速度传感器:加速度传感器是一种能够测量加速度的电子设备。加速度计有两种:一种是角加速度计,是由陀螺仪(角速度传感器)改进的;另一种就是线加速度计。

除上述介绍的传感器外,还有流量传感器、液位传感器、力传感器、转矩传感器等。根据测试对象命名的优点是可以比较明确地表达传感器的用途,便于使用者根据用途选用。但是这种分类方法将原理互不相同的传感器归为一类,很难找出每种传感器在转换机理上有何共性和差异。

2. 按照工作原理分类

传感器按照工作原理可以分为电学式、磁学式、谐振式、化学式等传感器。

(1)电学式传感器。

电学式传感器是应用范围最广的一种传感器,常用的有电阻式、电容式、电感式、磁电式、电涡流式、电势式、光电式、电荷式等传感器。

电阻式传感器是利用变阻器将被测非电量转换为电阻信号的原理制成的。电阻式传感器一般有电位器式、触点变阻式、电阻应变片式及压阻式传感器等。电阻式传感器主要用于位移、压力、力、应变、力矩、气流流速、液位和液体流量等参数的测量。

电容式传感器是利用改变电容的几何尺寸或改变介质的性质和含量,从而使电容量发生变化的原理制成的,主要用于压力、位移、液位、厚度、水分含量等参数的测量。

电感式传感器是利用电磁感应把被测的物理量,如位移、压力、流量、振动等转换成线圈的自感系数和互感系数的变化,再由电路转换为电压或电流的变化量输出,实现非电量到电量的转换。

磁电式传感器是利用电磁感应原理,把被测非电量转换成电量制成的,主要用于流量、转速和位移等参数的测量。

电涡流式传感器是利用金属在磁场中运动切割磁力线,在金属内形成涡流的原理制成的,主要用于位移及厚度等参数的测量。

电势式传感器是利用热电效应、光电效应、霍尔效应等原理制成的,主要用于温度、磁通、电流、速度、光强、热辐射等参数的测量。

光电式传感器是利用光电器件的光电效应和光学原理制成的,主要用于光强、光通量、位移、浓度等参数的测量。光电式传感器在非电量电测及自动控制技术中占有重要的地位。

电荷式传感器是利用压电效应原理制成的,主要用于力及加速度的测量。

（2）磁学式传感器。

磁学式传感器是利用铁磁物质的一些物理效应而制成的,主要用于位移、转矩等参数的测量。

（3）谐振式传感器。

谐振式传感器是利用改变电或机械的固有参数来改变谐振频率的原理制成的,主要用来测量压力。

（4）化学式传感器。

化学式传感器是以离子导电为基础制成的。根据其电特性的形成不同,化学传感器可分为电位式传感器、电导式传感器、电量式传感器、极谱式传感器和电解式传感器等。化学式传感器主要用于分析气体、液体或溶于液体的固体成分,液体的酸碱度、电导率及氧化还原电位等参数的测量。

上述分类方法是以传感器的工作原理为基础,将物理和化学等学科的原理、规律和效应作为分类依据。这种分类方法的优点是对于传感器的工作原理比较清楚,类别少,利于对传感器进行深入的分析和研究。

3. 手机中的各类传感器

随着智能手机硬件配置不断提高,内置的传感器种类越来越多,如图 5-25 所示。这些传感器不仅提高了手机的智能化,还让手机的功能越来越强大。正是这些传感器,让手机具备良好的人机交互性。那么,手机中有哪些传感器呢？它们有什么作用呢？下面介绍手机中常见的几种传感器的功能及其应用场景。

（1）重力传感器。

重力传感器是一种运用压电效应实现的可测量加速度的电子设备,所以又称为加速度传感器。重力传感器内部的重力感应模块由一片"重力块"和压电晶体组成,当手机发生动作的时候,重力块会和手机会被施加同一个加速度,这样重力块作用于不同方向的压电晶体上的力也会改变,输出的电压信号也就发生改变,根据输出电压信号就可以判断手机的方向了。这种重力感应装置常用于自动旋转屏幕以及一些游戏。例如,我们晃动手机就可以完成赛车类游戏的转弯动作,主要就是靠重力传感器。

图 5-25　手机中的传感器

（2）光线传感器。

光线传感器可能是我们最为熟悉的了，它是控制屏幕亮度的传感器。在阳光下，光线传感器就会让手机变亮，从而让我们能在任何环境下都可以清晰地看见手机屏幕上面的字。光线感应器由投光器和受光器组成，投光器将光线聚焦，再传输至受光器，最后通过感应器接收变成电器信号。

（3）距离传感器。

距离传感器就是用来测量距离的，距离传感器会向外发射红外光，物体能反射红外光，所以当物体靠近的时候，物体反射的红外光就会被元件监测到，这时就可以判断物体靠近的距离。当拿起手机接电话时，手机会黑屏，从而防止我们误操作，这种功能的实现靠的就是距离传感器。

（4）磁感应传感器。

磁感应传感器就是可以测量地磁场的传感器，由各向异性磁致电阻材料构成，这些材料感受到微弱的磁场变化时会导致自身电阻产生变化，输出的电压就会改变，就可以以此判断出地磁场的朝向。磁感应传感器主要用于手机指南针、辅助导航系统，而且使用前需要手机旋转或者摇晃几下才能准确指示磁场方向。

（5）角度传感器。

角度传感器主要通过陀螺仪实现。陀螺仪是一种用于测量角度以及维持方向的设备，原理是基于角动量守恒原理。陀螺仪主要应用于手机摇一摇，或者在某些游戏中可以通过移动手机改变视角，如 VR。另外，当我们进入隧道之后，卫星定位系统很可能没有信号，而这时候的导航仍能继续工作，其功能也是靠陀螺仪实现的。

（6）气压传感器。

气压传感器主要用于检测大气压，通过对大气压的检测，判断海拔和高程。其主要用于辅助导航定位系统和显示楼层高度。尽管之前的手机中并没有这个传感器，但是现在上市的手机大部分配备了这个传感器。

（7）声音和图像传感器。

声音传感器用来支持手机语言录制和语音通话，图像传感器用来拍照和录制视频。这两种传感器是手机中使用最早、应用最广泛的传感器。

◆ 5.6　物联网标识技术

随着商品经济的快速发展,物品标识与管理逐渐形成一门科学。在物联网系统中,如何标识物体的身份是一项重要工作。本节重点阐述物联网的标识技术,主要包括一维码技术、二维码技术和 RFID 技术等。

5.6.1　一维码

如今,为了便于结算,每种商品上都印制了条形码(bar code)。条形码是由宽度不同、反射率不同的条(黑色)和空(白色),按照一定的编码规则编制而成的,用以表达一组数字或字母符号信息的图形标识符,已经广泛应用于商品流通、工业生产、图书管理、仓储标识管理、信息服务等领域。

条形码是集条形码理论、光电技术、计算机技术、通信技术、条形码印制技术于一体的物品身份自动识别方法,其作为自动识别技术中应用较早的一类,诞生于 20 世纪 40 年代,并于 70 年代在国际上得到推广和应用。

1980 年左右,中国开始引入条形码的自动识读技术。首先在一些关键部门建立条形码识读和管理系统,包括邮局、图书馆、国家银行以及运输行业等,并于 1988 年成立中国物品编码中心,专门负责国内商品的编码分配和日常管理工作。1991 年 4 月,中国物品编码中心正式成为国际物品编码协会的会员,负责向国内的企业和组织推广通用的国际编码标识系统和供应链管理标准,并提供标准化解决方案和公共服务平台。

目前,中国物品编码中心日渐发展壮大,已成立 47 个分支部门,拥有 20 万家以上的企业注册会员和超过 10 亿条的商品信息,覆盖了日用百货、办公用品、食品饮料、日化用品和服装等数百个行业,这些重要的数据信息为中国商品的流通管理和质量监管提供有效的支持,极大地促进了商品经济的发展。

1. 一维码的组成

一个完整的一维码的组成如图 5-26 所示,从左到右依次是左侧空白区、起始符、数字字符、校验符、终止符和右侧空白区,下面分别进行说明。

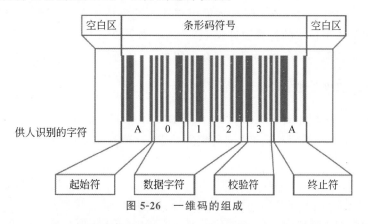

图 5-26　一维码的组成

(1) 空白区:位于条形码符号起始符和终止符的外侧,包括左侧空白区和右侧空白区,其反射率与空的反射率相同,对其宽度有一个最小值限定。空白区与起始符或者终止符结合才能确定一维码检测的开始或结束。

(2)起始符:位于一维码起始位置,由若干条、空按照固定规则排列而成,表示条形码的开始。

(3)数据字符:位于起始符与终止符(或校验符)之间,由若干条、空按照条形码字符集的编码规则进行排列,表示若干字符。

(4)校验符:通常位于一维码数据字符与结束符之间,由条、空排列表示的字符用于对数据字符区的字符进行校验。

(5)终止符:位于一维码的结束位置,由若干条、空按照固定规则排列而成,表示条形码的终止。

(6)供人识别的字符:位于条形码字符的下方,对应于条形码数据字符的区域,是整个条形码的字符表示,方便人们识别。

2. 一维码的编码

一维码利用反射率不同的"条"和"空",以不同的宽度和规则的排列,来构成具有一定排列规则的二进制 0 和 1,并借以表示某个字符或者数字,最后将 0 和 1 连在一起反映一定的信息。在一维码中,不同码制的编码方式不同。主要编码方式包括以下几种。

(1)宽度调节编码法。

宽度调节编码法就是指一维码符号中的"条"和"空"均有宽、窄两种类型的条形码编码方法。根据宽度调节编码法制定的码制,通常是用窄单元的"条"或者"空"来表示计算机二进制的 0,而用宽单元的条或者空来表示计算机二进制的 1。

编码标准规定,宽单元应该至少是窄单元的 2~3 倍,同时,两个相邻的二进制数位,无论是由空到条或者是由条到空,都应该印刷有明显的边界。交叉二五码、库德巴码和 39 码都属于宽度调节编码法的一维码。

(2)模块组配编码法。

模块组配编码法是指一维码的字符结构由规定数量的数个模块组成的编码方式。该码制的"条"和"空"是由不同数量的模块组合而成的,二进制的 1 是由 1 个单位模块宽度的"条"来表示的,而二进制的 0 是由 1 个单位模块宽度的"空"来表示的。

国际流行的 UPC 码和 EAN 码都是采用模块组配编码法的一维码。相关编码标准规定,商品条形码的单个模块的标准宽度是 0.33mm。如果表示字符的条形码间存在间隔的,属于非连续条形码,而字符条形码间不存在间隔的,属于连续性条形码。

5.6.2 一维码实例:EAN

目前,常用的一维码主要有 EAN、UPC、ISBN、ISSN 和 39 码等,不同的码制有各自的应用领域。本节介绍一维商品码 EAN 的编码技术,对于其他条形码,读者可以通过网络进行学习。

一维码 EAN(European Article Number)又称为欧洲商品条形码,诞生于 1977 年,是当时的欧洲各个工业国为了提高商品在国家之间流通的便利性,联合开发并推广使用了这种一维商品码,极大地促进欧洲区域内的经济增长。如今 EAN 商品码已经在世界各地范围得到普遍应用,成为国际性的条形码标准。国际物品编码协会负责进行 EAN 商品码的管理,并为各国成员分配国家代码,再由各自成员国的商品码管理机构对国内的制造商和经销商等授予厂商代码。

EAN 商品码具有以下几方面的特性。

(1) EAN 商品码编码范围仅包含 10 个阿拉伯数字(0～9),而且编码长度最多为 13 个。

(2) EAN 商品码支持双向扫描的功能,使识读设备可以从左右两个方向开始进行扫描解码。

(3) EAN 商品码支持一个校验字符,以判断条形码内容是否被正确解出。

(4) EAN 商品码的编码内容又分为左右两个部分,即左侧数据符及右侧数据符,使用不同的编码机制。

(5) 根据数据结构和编码长度的不同,EAN 商品码又分为 EAN-13 码(13 个编码字符)和 EAN-8 码(8 个编码字符),如图 5-27 所示。

图 5-27　EAN-13 码与 EAN-8 码

1. EAN-13 商品码的编码规则

EAN-13 商品码的编码内容为一组 13 位的阿拉伯数字,用来标识某种商品。其中,国家代码占 3 位,厂商代码占 4 位,产品代码占 5 位,校验码占 1 位。EAN-13 码的结构与编码方式如图 5-28 所示。

(1) 国家代码由国际商品条形码总会授权。中国的国家代码为 690～691,凡由中国核发的号码,均须冠以 690～691 的字头,以区别于其他国家;国家代码中的第 1 位称为前缀码,不参与编码。

(2) 厂商代码由中国物品编码中心核发给申请厂商,占 4 个码,代表申请厂商的号码。

(3) 产品代码占 5 个码,系代表单项产品的号码,由厂商自由编定。

(4) 校验码占一个码,用于防止条形码扫描器误读的自我检查。

图 5-28　EAN-13 码的结构与编码方式

2. EAN-13 商品码的编码方法

EAN-13 采取模块单元组合法进行字符编码。包括 0～9 共 10 个数字。每个数字包括“条”“空”组合而成的 7 个模块单元,其中,“条”对应二进制 1,“空”对应二进制 0。因此,EAN-13 的每个数字实际上对应一个 7 位二进制序列。

根据 EAN-13 标准规定,每个数字的条空组合有三套字符集可选,即 A、B 和 C。在这三套字符集中,每个数字的条空组合的规则如表 5-4 所示(表中 S 表示空,B 表示条),根据条空规则转换为二进制后,每个数字对应的二进制序列如表 5-5 所示。例如,在选用字符集 A 时,数字"2"的条空组合为 2 个 S、1 个 B、2 个 S、2 个 B,即"SSBSSBB",对应二进制 0010011。

从表中可以发现,三套字符集编码规则具有相关性,字符集 A 和字符集 C 中编码的"条"和"空"是刚好反向的,而字符集 B 和字符集 C 中编码的二进制表示是倒序的。而作为EAN-13 的起始符、中间分隔符和终止符因为都是固定的,因此不包含在编码表里。

表 5-4　EAN 商品码的字符集编码表示

数字字符	字符集 A				字符集 B				字符集 C			
	S	B	S	B	S	B	S	B	B	S	B	S
0	3	2	1	1	1	1	2	3	3	2	1	1
1	2	2	2	1	1	2	2	2	2	2	2	1
2	2	1	2	2	2	2	1	2	2	1	2	2
3	1	4	1	1	1	1	4	1	1	4	1	1
4	1	1	3	2	2	3	1	1	1	1	3	2
5	1	2	3	1	1	3	2	1	1	2	3	1
6	1	1	1	4	4	1	1	1	1	1	1	4
7	1	3	1	2	2	1	3	1	1	3	1	2
8	1	2	1	3	3	1	2	1	1	2	1	3
9	3	1	1	2	2	1	1	3	3	1	1	2

说明:"S"表示空(0),"B"表示"条"(1)

表 5-5　EAN 商品码的字符集编码后对应的二进制序列

数 字 字 符	字符集 A	字符集 B	字符集 C
0	"0001101"	"0100111"	"1110010"
1	"0011001"	"0110011"	"1100110"
2	"0010011"	"0011011"	"1101100"
3	"0111101"	"0100001"	"1000010"
4	"0100011"	"0011101"	"1011100"
5	"0110001"	"0111001"	"1001110"
6	"0101111"	"0000101"	"1010000"
7	"0111011"	"0010001"	"1000100"
8	"0110111"	"0001001"	"1001000"
9	"0001011"	"0010111"	"1110100"

EAN-13 商品码由 8 部分组成,包括左右两侧的空白区域、起始符及终止符、两侧数据

符、中间分隔符和校验符。EAN-13 商品码构成示例如图 5-29 所示。

图 5-29　EAN-13 商品码构成示例

具体编码方法如下。

（1）左侧空白区域：位置在条形码图形的最左边，一般包括 9 个及以上"空"单元。

（2）起始符：由"条""空""条"三个模块单元组成，表示条形码符号的开始，并且据此可以计算条形码符号的模块单元宽度。

（3）左侧数据符：包含 6 个数字字符的编码，每个字符包含 7 个模块单元，共有 42 个模块单元。数字字符的编码规则为：当前缀码为 0、1、2、3、4 时，左侧的每个数字字符的 7 个模块在编码时使用的字符集依次为 AAAAAA、AABABB、AABBAB、AABBBA、ABAABB；当前缀码为 5、6、7、8、9 时，每个字符的 7 个模块编码使用的字符集依次为 ABBAAB、ABBBAA、ABABAB、ABABBA、ABBABA。

（4）中间分隔符：是平分整个条形码的特殊符号，位置在左右两侧数据符的中间，由"空""条""空""条""空"5 个模块单元组成。

（5）右侧数据符：包含 5 个数字字符的编码，每个字符包含 7 个模块单元，共有 35 个模块单元。右侧数字字符的编码规则为：不管前缀码为多少，每个字符的 7 个模块编码均使用字符集 C。

（6）校验符：通过对左侧数据符和右侧数据符计算得到，占用 1 个数符，包含 7 个模块单元，采用字符集 C 进行编码。其作用是校验条形码的正确性，后面会介绍校验符的计算方法。

（7）终止符：和起始符一样，由"条""空""条"3 个模块单元组成，表示条形码符号的结束。

（8）右侧空白区域：位置在条形码图形的最右边，包括最少 7 个"空"单元。

另外，为避免打印的条形码被忽略，可以在右侧空白区域的右下角增加字符">"（不参与条形码的字符编码），并在条形码的正下方，打印一行供人识别的条形码数字，目的是当条形码无法正确识读时，可以进行人工输入。

3. EAN-13 校验码的计算方法

在 EAN-13 中，有 1 位校验码用来验证编码的可靠性。该校验码的计算方法如下。

（1）设置校验码所在位置为序号 1，按从右至左的逆序分配位置序号 2～13（对应正序的 12～1）；按照序号将条形码符号中的任一个数字码表示为 X_i，其中 i 为位置序号 1，2，…，13。

（2）从位置序号 2 开始，计算全部序号为偶数的数字之和，结果乘以 3，得到乘积 N_1。

$$N_1 = 3 \times \sum_{i=1}^{n} X_{2i} \quad i = 1,2,3,4,5,6$$

（3）从位置序号 3 开始，计算全部序号为奇数的数字之和，得到乘积 N_2。

$$N_2 = \sum_{i=1}^{n} X_{2i-1} \quad i = 1, 2, 3, 4, 5, 6$$

（4）对 N_1 和 N_2 求和，得到 N_3，即 $N_3 = N_1 + N_2$。

（5）将 N_3 除以 10，求得余数 M，计算 $10 - M$ 的差，并将差值进行模 10 运算，其结果即为校验码的值。

例如，要计算 EAN 条形码 696609011820 的校验码，其计算方法如下。

（1）求偶数位的和，然后乘以 3：$N_1 = (9+6+9+1+8+0) \times 3 = 33 \times 3 = 99$。

（2）求奇数位的和：$N_2 = 6+6+0+0+1+2 = 15$。

（3）计算 N_1 与 N_2 之和，然后除以 10，得余数 $M = (99+15)\%10 = 4$。

（4）计算 $10 - M$ 的校验码：$10 - 4 = 6$。

在实际应用中，当进行编码时，使用上述方法计算校验码；当进行解码时，先对条形码进行识读，提取校验码，并将该校验码之前的、已经识别出的 12 个数字按照上述方法进行计算，得到计算的校验码。比较提取的校验码和计算的校验码是否一致，如果相同，则条形码识读结果正确，否则，识读失败。

我们可以通过设计一段简单的 Python 程序来计算校验码。

数据结构设计：可以通过一个列表来存储条形码，例如，EANList $= [6, 9, 6, 6, 0, 9, 0, 1, 1, 8, 2, 0, 6]$；也可以用一个字符串来存储条形码，如 EANString $=$ '6966090118201'。由于列表和字符串的起始位均从 0 开始，所以程序中的奇偶位跟前面的算法是相反的。

程序设计：基于列表数据结构的 EAN 条形码的校验码程序如下。

程序 5-1　基于 Python 的 EAN-13 校验码计算程序

```
#EAN 校验码计算
EANList=[6,9,6,6,0,9,0,1,1,8,2,0,6]
N1=0; N2=0
for i in range(6):
    N1 +=  EANList[2*i+1]              #对应算法中的偶数位
    N2 +=  EANList[2*i]                #对应算法中的奇数位
M = (3 * N1 + N2) % 10
CheckBit = 10 - M
print(CheckBit)
```

4. 基于 Python 的 EAN-13 编码

为了实现 EAN-13 条形码的编码程序，首先，需要为 EAN-13 的编码规则设置一个数据结构，这里用列表类型 rule 表示；然后，为三个字符集 A、B、C 设置一个数据结构，这里用列表类型 charset 表示；最后，设计一个 EAN 编码函数 EAN13()。具体 Python 程序如下。

程序 5-2：基于 Python 的 EAN-13 码的二进制序列编码程序

```
rule =[#根据前缀码,确定候选字符集。0为字符集 A,1为字符集 B,2为字符集 C。
    [0,0,0,0,0,0,2,2,2,2,2,2],[0,0,1,0,1,1,2,2,2,2,2,2], [0,0,1,1,0,1,2,2,2,
2,2],[0,0,1,1,1,0,2,2,2,2,2,2],
    [0,1,0,0,1,1,2,2,2,2,2,2],[0,1,1,0,0,1,2,2,2,2,2,2], [0,1,1,1,0,0,2,2,2,
2,2],[0,1,0,1,0,1,2,2,2,2,2,2],
```

```
        [0,1,0,1,1,0,2,2,2,2,2,2], [0,1,1,0,1,0,2,2,2,2,2,2] ]
charset=[                                   #数字 0-9 对应的条空组合,有 A、B、C 三种字符集
    #字符集 A       #字符集 B       #字符集 C
    "0001101",   "0100111",   "1110010",   #对应字符 0
    "0011001",   "0110011",   "1100110",   #对应字符 1
    "0010011",   "0011011",   "1101100",   #对应字符 2
    "0111101",   "0100001",   "1000010",   #对应字符 3
    "0100011",   "0011101",   "1011100",   #对应字符 4
    "0110001",   "0111001",   "1001110",   #对应字符 5
    "0101111",   "0000101",   "1010000",   #对应字符 6
    "0111011",   "0010001",   "1000100",   #对应字符 7
    "0110111",   "0001001",   "1001000",   #对应字符 8
    "0001011",   "0010111",   "1110100" ]  #对应字符 9 #列表结束


def EAN13(EAN_nums):     #生成条形码的函数,前缀有两位,除了 6,还有一个 9,也需要进行编码
    number1 = int(EAN_nums[0]); print(EAN_nums)
    j = len(EAN_nums)
    nums = EAN_nums[1:j-1]                   #去掉 EAN 码第 1 位前缀码和最后 1 位校验码
    EANbin = "000000000"                     #左边 9 个空白
    odd = int(EAN_nums[0])                   #奇数位初值为 EAN 码第 1 位,一般为 6
    even = 0                                 #偶数位初值为 0
    for i in range(len(nums)):
        if i == 0:
            EANbin += "00101"                #添加起始符
        if i == 6:
            EANbin += "01010"                #添加中间分隔符
        if i % 2 == 1:
            odd += int(nums[i])              #校验码计算 1
        else:
            even += int(nums[i])             #校验码计算 2
        index = int(nums[i]) * 3 + rule[number1][i]
        EANbin += charset[index]
    checkcode = 10 - (even * 3 + odd) % 10   #求校验码
    print("校验码为:", checkcode)
    EANbin += charset[checkcode * 3 + 2]
    EANbin += "10100"                        #添加结束符
    EANbin += "000000000"                    #右边 9 个空白
    print(EANbin)                            #输出显示编码后的二进制序列

def main():                                  #主程序
    print("EAN-13:")
    EAN13("6903244981002")                   #调用编码函数,对 EAN-13 进行编码
    print("New ISBN:")
    EAN13("9787121405419")                   #调用编码函数,对 ISBN 进行编码
main()
```

上述程序运行后得到的结果如下。

```
EAN-13:
6903244981002
```

```
校验码为: 2
0000000000010100010110100111010000100110110100011010001101010111010010010001100
110110010111001011011001010000000000
New ISBN:
9787121405419
校验码为: 9
0000000000010101110110001001001001001100100111011001100100101010101110011100101001
11010111001100110111010001010000000000
```

在上面的程序中,如果需要打印一维码图形,则需要调用 Python 的图形化函数库 turtle 或 matplotlib,具体代码请参见第 6 章。

5. 基于 Python 库的 EAN-13 编码

显然,基于 EAN-13 编码规则实现条形码生成,程序较为复杂。实际上,为了简化编程,我们也可以直接引用 Python 中 pyStrich 库来实现条形码的生成。具体方法如下:①安装 pyStrich 库(pip install pyStrich);②引用 pyStrich 库中 EAN13 编码器;③输入条形码;④调用 EAN13Encoder()函数;⑤生成条形码图形。具体程序如下所示。

程序 5-3:基于 Python 库的 EAN-13 编码程序

```python
from pystrich.ean13 import EAN13Encoder        #引用条形码库中 EAN13 编码器
import os                                       #引用 os 库,用于生成条形码时进行查看
code = input("输入条码 ean13:")
if  len(code) < 12 or len(code) > 13:
    print('输入有误,EAN-13 条形码长度必须为 13 位')
else:                                           #生成条形码
    if code.isdigit() == True:                  #判断是否为数字
        encoder = EAN13Encoder(code)
        encoder.save("ean13.png", bar_width=4)  #保存为图片
        os.system("ean13.png")                  #用系统默认的看图软件打开生成的条形码图片
    else:
        print("输入的不是数字,请输入数字!")
#程序结束
```

5.6.3 二维码

目前,一维码技术在商业、交通运输、医疗卫生、快递仓储等行业得到了广泛应用。但是,一维码存在非常多的缺陷。首先,其表征的信息量有限,每英寸(1 英寸=2.54 厘米)只能存储十几个字符信息。其二,一维码只能表达字母和数字,而不能表达汉字和图像。其三,一维码不具备纠错功能,比较容易受外界污染的干扰。二维码的诞生解决了一维码不能解决的问题。

1. 二维码的特点

国外对二维码技术的研究始于 20 世纪 80 年代末。中国对二维码技术的研究开始于 1993 年。中国物品编码中心对几种常用的二维码的技术规范进行了跟踪研究,制定了两个二维码的国家行业标准,并将两项二维码行业标准的修订版统一称为 GB/T 23705—2009,从而大大地促进了中国具有自主知识产权技术的二维码的研发。

二维码是用某种特定的几何图形按一定规律在相应元素位置上用"点"表示二进制"1"，用"空"表示二进制"0"，由"点"和"空"的排列组成的代码。二维码是一种比一维码更高级的条形码格式。一维码只能在一个方向(一般是水平方向)上表达信息，而二维码在水平和垂直方向上都可以存储信息。一维码只能由数字和字母组成，而二维码能存储汉字、数字和图片等信息，因此二维码的应用领域要广得多。二维码的优越性体现在以下几方面。

（1）信息容量大：根据不同的条空比例每平方英寸可以容纳 250～1100 个字符。在国际标准的证卡有效面积上，二维码条形码可以容纳 1848 个字母字符或 2729 个数字字符，约 500 个汉字信息。这种二维码比普通条形码信息容量高几十倍。

（2）编码范围广：二维码条形码可以将照片、指纹、掌纹、签字、声音、文字等凡可数字化的信息进行编码。

（3）保密、防伪性能好：二维码条形码具有多重防伪特性，它可以采用密码防伪、软件加密及利用所包含的信息如指纹、照片等进行防伪，因此具有极强的保密防伪性能。

（4）译码可靠性高：普通条形码的译码错误率为百万分之二左右，而二维码条形码的误码率不超过千万分之一，译码可靠性极高。

（5）修正错误能力强：二维码条形码采用了世界上最先进的数学纠错理论，只要破损面积不超过 50％，条形码由于沾污、破损等所丢失的信息就可以照常被破译。

（6）容易制作且成本低：利用现有的点阵、激光、喷墨、热敏/热转印、制卡机等打印技术，即可在纸张、卡片、PVC，甚至金属表面上印出二维码。

（7）条形码符号的形状可变：同样的信息量，二维码条形码的形状可以根据载体面积及美工设计等进行自我调整。

2. 二维码的分类

按原理来分，二维码可以分为堆叠式/行排式二维码和矩阵式二维码。

1）堆叠式/行排式二维码

堆叠式/行排式二维码又称堆积式二维码或层排式二维码，其编码原理是建立在一维码基础之上，按需要堆积成两行或多行。它在编码设计、校验原理、识读方式等方面继承了一维码的一些特点，识读设备与条形码印刷与一维码技术兼容。但由于行数的增加，需要对行进行判定，其译码算法与软件也不完全相同于一维码。有代表性的行排式二维码有 Code 16K、Code 49、PDF417、MicroPDF417 等。

2）矩阵式二维码

矩阵式二维码又称棋盘式二维码。它是在一个矩形空间通过黑、白像素在矩阵中的不同分布进行编码。在矩阵相应元素位置上，用点(方点、圆点或其他形状)的出现表示二进制"1"，点的不出现表示二进制的"0"，点的排列组合确定了矩阵式二维码所代表的意义。矩阵式二维码是建立在计算机图像处理技术、组合编码原理等基础上的一种新型图形符号自动识读处理码制。具有代表性的矩阵式二维码有 Code One、MaxiCode、QR Code、Data Matrix、Han Xin Code、Grid Matrix 等。图 5-30 给出了一个 QR Code 示例。

图 5-30　QR Code 示例

3. 二维码的构成

二维码是在一维码的基础上扩展出另一维具有可读性的条形码，使用黑白矩形图案表示二进制数据,被设备扫描后可获取其中所包含的信息。每一种二维码都有其编码规则。按照这些编码规则,通过编程即可实现条形码生成器。目前,我们所看到的二维码绝大多数是 QR 码,QR 码是 Quick Response 的缩写。QR 码一共有 40 个尺寸,包括 21×21 点阵、25×25 点阵,最高的是 177×177 点阵。一个标准的 QR Code 的结构如图 5-31 所示。

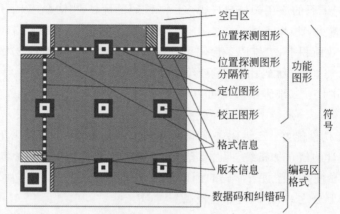

图 5-31　QR Code 的结构图

图中各个位置模块具有不同的功能,各部分的功能介绍如下。

- 位置探测图形:用于标记二维码的矩形大小,个数为 3,因为 3 个图形即可标识一个矩形,同时可以用于确认二维码的方向。
- 位置探测图形分隔符:留白是为了更好地识别图形。
- 定位图形:二维码有 40 种尺寸,尺寸过大时需要有一根标准线,以免扫描的时候扫歪了。
- 校正图形:只有 25×25 点阵及以上的二维码才需要。点阵规格确定后,校正图形的数量和位置也就确定了。
- 格式信息:用于存放一些格式化数据,表示二维码的纠错级别,分为 L、M、Q、H 四个级别。
- 版本信息:即二维码的规格信息。QR 码共有 40 种规格的矩阵。
- 数据码和纠错码:存放实际保存的二维码信息(数据码)和纠错信息(纠错码),其中,纠错码用于修正二维码损坏带来的错误。

目前,QR Code 支持数字编码(从 0～9)、字母编码(大写的 A～Z)、符号编码(如 $、%、*、+、-、.、/、:)、字节编码(0～255)、汉字编码和一些特殊行业用字符编码等。

4. 基于 Python 的二维码生成

二维码的生成可以基于上面的"二维码的数据编码"规则来实现。但该方法工作量大,对于普通用户没有必要从零开始编程实现二维码。实际上,Python 语言提供了强大的二维码函数库,用户可以通过引用其中的库函数,完成二维码的实现。

1) 基于 qrcode 库的二维码生成

qrcode 库不是 Python 解释器自带的函数库,需要使用 pip 工具进行安装。具体方法为:使用 cmd 命令进入命令行状态,找到 pip.exe 所在目录,在该目录下输入 pip install qrcode,按 Enter 键后系统会进行自动安装。安装完成后就可以使用 qrcode 库了。下面给出的是基于 qrcode 库的二维码生成程序。

程序 5-4　基于 **qrcode** 库的二维码生成程序

```
方法 1:利用 qrcode 库生成 QR 二维码
import qrcode                                      #导入 qrcode 库
img = qrcode.make('http://www.xjtu.edu.cn')        #生成二维码图片并存储在 img 中
img.save('qr1.png')                                #将 img 存储在硬盘上当前目录下的 qr1.png 文件中
img.show()                                         #显示二维码
```

程序运行结束后,找到 qr1.png 文件,打开后即可看见所生成的二维码。当然,也可以在程序最后利用"img.show()"语句来显示生成的二维码。读者使用手机微信或支付宝扫描上面生成的二维码后,将会自动识别出 http://www.xjtu.edu.cn,并转入西安交通大学网站。

上面是使用默认参数生成的二维码。读者也可以自己设置参数来生成二维码,具体程序如下所示。

程序 5-5　基于 **qrcode** 库的自定义参数的二维码生成程序

```
import qrcode                                         #导入 qrcode 库
qr = qrcode.QRCode(version=10,                        #设置版本号
        error_correction=qrcode.constants.ERROR_CORRECT_L,    #设置容错级别
        box_size=20, border = 10 )                   #设置二维码图大小、图的边界
img = qr.add_data('http://www.xjtu.edu.cn')          #添加二维码数据
qr.make()                                            #将数据编译成 qrcode 数组
img=qr.make_image()                                  #生成二维码图片存储在 img 对象中
img.save('qr2.png')                                  #将 img 存储在硬盘上当前目录下的 qr2.png 文件中
img.show()                                           #显示二维码
```

2) 基于 pyStrich 库的二维码生成

另外,读者也可以利用 pyStrich 库生成 QR Code,具体程序如下。

程序 5-6　基于 **pyStrich** 库的二维码生成程序片段

```
import os
from pystrich.qrcode import QRCodeEncoder
code = input("输入条形码 qrcode:")        #可输入 http://www.xjtu.edu.cn
encoder = QRCodeEncoder(code)             #调用库模块进行 QR 编码
encoder.save("QR2.png", cellsize=15)      #保存 QR 码图片
os.system("QR2.png")                      #用系统默认看图软件打开图片
```

3) 基于网络平台的二维码生成

互联网上有很多二维码生成工具,读者如果需要,可以使用在线工具生成所需要的二维码。

5.6.4　射频识别技术

1948 年,Harry Stockman 发表了《利用反射功率进行通信》一文,奠定了 RFID 系统的理论基础。RFID 是一种非接触式全自动识别技术,通过射频信号自动识别目标对象并获

取相关数据,无须人工干预,可以工作于各种恶劣环境。

1. RFID 的特点

RFID 技术的特点是利用电磁信号和空间耦合(电感或电磁耦合)的传输特性实现对象信息的无接触传递,从而实现对静止或移动物体的非接触自动识别。

目前,RFID 技术被广泛应用于工业自动化、智能交通、物流管理和零售业等领域。尤其是近几年,借物联网的发展契机,RFID 技术展现出新的技术价值。

2. RFID 系统的组成

通常,RFID 系统由电子标签、读写器和数据管理系统组成,其组成结构如图 5-32 所示。

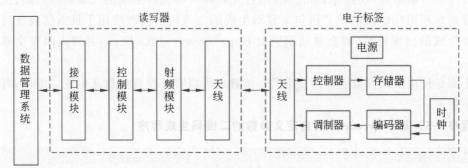

图 5-32　RFID 系统的组成结构

1) 电子标签

电子标签由耦合元件及芯片组成,每个标签都具有全球唯一的电子编码,将它附着在物体目标对象可实现对物体的唯一标识。标签内编写的程序可根据应用需求的不同进行实时读取和改写。通常,标签的芯片体积很小,厚度一般不超过 0.35mm,可以印制在塑料、纸张、玻璃等外包装上,也可以直接嵌入商品内。

标签与读写器间通过电磁耦合进行通信,与其他通信系统一样,标签可以看成一个特殊的收发信机,标签通过天线收集读写器发射到空间的电磁波,芯片对标签接收到的信号进行编码、调制等各种处理,实现对信息的读取和发送。

根据标签的供电方式、工作方式等的不同,RFID 的标签可以分为 6 种基本的类型。

- 按标签供电方式分类:无源和有源。
- 按标签工作模式分类:主动式、被动式和半主动式。
- 按标签读写方式进行分类:只读式和读写式。
- 按标签工作频率分类:低频、中高频、超高频和微波。
- 按标签封装材料分类:纸质封装、塑料封装和玻璃封装。

标签的工作频率决定着 RFID 系统的工作原理、识别距离。典型的工作频率有 125kHz、134kHz、13.56MHz、27.12MHz、433MHz、900MHz、2.45GHz、5.8GHz 等。

低频电子标签的典型工作频率有 125kHz、134kHz,一般为无源标签,其工作原理主要是通过电感耦合方式与读写器进行通信,阅读距离一般小于 10cm。低频标签的典型应用有动物识别、容器识别、工具识别和电子防盗锁等。与低频标签相关的国际标准有 ISO 11784/11785、ISO 18000-2。低频标签的芯片一般采用 CMOS 工艺,具有省电、廉价的特点,工作频率段不受无线电频率管制约束,可以穿透水、有机物和木材等,适合近距离、低速、数据量较少的应用场景。

中高频电子标签的典型工作频率为 13.56MHz,其工作方式同低频标签一样,也通过电感耦合方式进行。高频标签一般做成卡状,用于电子车票、电子身份证等。相关的国际标准有 ISO 14443、ISO 15693、ISO 18000-3 等,适用于较高的数据传输率。

超高频与微波频段的电子标签,简称为微波电子标签,其工作频率为 433.92MHz、862～928MHz、2.45GHz、5.8GHz。微波电子标签可分为有源标签与无源标签两类。当工作时,电子标签位于读写器天线辐射场内,读写器为无源标签提供射频能量,或将有源标签唤醒。超高频电子标签的读写距离可以达到几百米以上,其典型特点主要集中在是否无源、是否支持多标签读写、是否适合高速识别等应用上。微波电子标签的数据存储量在 2Kb 以内,应用于移动车辆、电子身份证、仓储物流等领域。

2) 读写器

读写器是利用射频技术读写电子标签信息的设备,通常由天线、射频模块、控制模块和接口模块 4 部分组成。读写器是标签和后台系统的接口,其接收范围受多种因素影响,如电波频率、标签的尺寸和形状、读写器功率、金属干扰等。读写器利用天线在周围形成电磁场,发射特定的询问信号,当电子标签感应到这个信号后,就会给出应答信号,应答信号中含有电子标签携带的数据信息。读写器在读取数据后对其进行梳理,最后将数据返回给后台系统,进行相应的操作处理。读写器的主要功能是:

(1) 与电子标签通信,对读写器与电子标签之间传送的数据进行编码、解码。

(2) 与后台程序通信,对读写器与电子标签之间传送的数据进行加密、解密。

(3) 在读写作用范围内实现多标签的同时识读,具有防碰撞功能。

由于 RFID 可以支持"非接触式自动快速识别",所以标签识别成为相关应用的最基本功能,广泛应用于物流管理、安全防伪、食品行业和交通运输等领域。实现标签识别功能的典型的 RFID 应用系统包括 RFID 标签、读写器和交互系统三部分。当物品进入阅读器天线辐射范围后,物品上的标签接收到阅读器发出的射频信号,标签可以发送存储在芯片中的数据。阅读器读取数据、解码并直接进行数据处理,发送到交互系统,交互系统根据逻辑运算判断标签的合法性,针对不同设定进行相应的处理和控制。

3. RFID 的识读协议

随着物联网的广泛应用,RFID 识读时的安全问题日益突出。为了阻止非授权的 RFID 读写器访问非授权的电子标签,多种基于 RFID 安全认证的识读协议相继提出。在这些安全认证协议中,比较流行的是基于 Hash 运算的安全认证协议,它对消息的加密通过 Hash 算法实现。

Hash Lock 协议是一种经典的隐私增强的 RFID 识读协议。该协议是 MIT 的 Sarma 等提出的,它不直接使用真正的节点 ID,取而代之的是一种短暂性的节点,即临时节点 ID。这样做的好处是保护了真实的节点 ID。

该协议在 RFID 系统中存储了两个标签 ID:metaID 与真实标签 ID。其中,metaID 通过一个给定的密钥 key,利用 Hash 函数计算得到,即 metaID=hash(key)。metaID 与真实 ID 的对应关系通过后台应用系统中的数据库获取。即数据库中存储了三个参数:metaID、真实 ID 和 key。

当阅读器向标签发送认证请求时,标签先用 metaID 代替真实 ID 发送给阅读器,然后标签进入锁定状态,当阅读器收到 metaID 后发送给后台应用系统,后台应用系统查找相应的 key 和真实 ID 最后返还给标签,标签将接收到的 key 值进行 Hash 函数取值,然后判断其与自身存储的 metaID 值是否一致。如果一致,标签就将真实 ID 发送给阅读器开始认证;如果不一致,则认证失败。Hash Lock 协议的流程如图 5-33 所示。

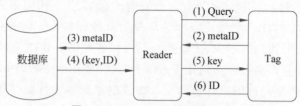

图 5-33　Hash Lock 协议的流程

Hash Lock 协议的执行过程如下。

(1) 读写器向标签发送 Query 认证请求。

(2) 标签将内部的 metaID 发送给读写器 Reader。

(3) 读写器将收到的 metaID 转发给后台数据库。

(4) 后台数据库管理系统查询其数据库中是否有与 metaID 匹配的项,如果找到,则将该 metaID 对应的(key, ID)发送给读写器。其中,ID 为待认证标签的标识,metaID＝Hash(key);否则,返回给读写器认证失败信息。

(5) 读写器将接收到的(key, ID)中的 key 发送给标签。

(6) 标签验证内部的 metaID 是否等于 Hash(key),如果等于,则将其 ID 发送给读写器。

(7) 读写器比较从标签接收到的 ID 是否与后台数据库发送过来的 ID 一致,如一致,则认证通过;否则,认证失败。

由上述过程可以看出,Hash Lock 协议中没有 ID 动态刷新机制,并且 metaID 也保持不变,因此,研究者又提出了很多改进的 RFID 安全识读协议。这里就不一一论述了。

4. RFID 防碰撞技术

在 RFID 系统应用中,经常会遇到多读写器、多标签的情况,这就会造成标签之间或读写器之间在工作时的相互干扰,这种干扰被称为碰撞或者冲突(collision)。为了保证 RFID 系统能够正常地工作,这种碰撞应予以避免。避免碰撞的方法或者操作过程就被称为防碰撞算法。RFID 碰撞可以分为标签碰撞和读写器碰撞两种,下面分别予以简单介绍。

1) 标签碰撞

在只有一个标签处于读写器工作范围的情况下,标签内的信息会被正常读取。但是,当多个标签同时处于同一个读写器的工作范围内时,则多个标签之间的应答信号就会相互干扰,导致标签内的信息无法被读写器正常读取,形成碰撞。图 5-34 所示为标签碰撞的过程。当读写器发出识别指令后,各标签都在某一时间做出应答。当出现两个以上标签同时应答,或者在一个标签应答未完成时,另一个标签开始应答,这样标签之间的应答信号就会相互干扰,这就是标签碰撞的过程。

在无线通信技术中,碰撞是长久以来一直存在的一个问题,人们也研究出了许多相应的解决方法。目前基本上分为 4 种,即空分多址(SDMA)、频分多址(FDMA)、码分多址(CMDA)和时分多址(TDMA)。具体技术这里不做介绍,感兴趣的读者可以参考网络相关

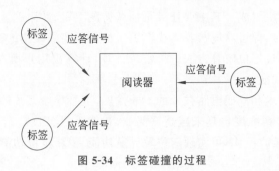

图 5-34　标签碰撞的过程

资源。

2）读写器碰撞

传统上，很多 RFID 系统都被设计成只有一个读写器，但是，随着 RFID 相关技术的发展和应用规模的扩大，大多数情形下一个读写器满足不了实际应用中的需求，有些应用场景需要在一个很大的范围内的任何地方都可以阅读标签。由于读写器和标签通信有范围限制，必须在这个范围内高密度地布置读写器才能满足系统应用的要求。高密度的读写器必然会导致读写器的询问区域出现交叉，那么询问交叉区域的读写器之间就可能会发生相互干扰，甚至在读写器询问区域没有重叠的情况下，也有可能会发生相互干扰。这些由读写器引发的干扰都称为读写器碰撞。

◆ 5.7　卫星定位技术

卫星定位系统是利用卫星来测量物体位置的系统。由于对科技水平要求较高且耗资巨大，所以世界上只有少数的几个国家能够自主研制卫星定位导航系统。目前已投入运行的主要包括：美国的全球定位系统（GPS）、俄罗斯的格洛纳斯系统（GLONASS）、中国的北斗导航系统（BDS）和欧洲的伽利略系统（GALILEO）。此外，还有日本的准天顶卫星系统（QZSS）和印度的区域导航卫星系统（IRNSS）等。

5.7.1　卫星定位系统的构成

1. 卫星定位系统的组成

卫星定位系统一般由空间部分、地面控制部分和用户接收设备三部分构成。

（1）空间部分。空间部分由 24 颗距地球表面约 20200km 的卫星所组成，其中包括 3 颗备用卫星。这些卫星以 60°等角均匀地分布在六个轨道面上，每条轨道上均匀分布 4 颗卫星，并以 11 小时 58 分钟（12 恒星时）为周期环绕地球运转。在每一颗卫星上都载有位置及时间信号，只要客户端装设 GPS 设备，就能保证在全球的任何地方、任何时间都可同时接收到至少 4 颗卫星的信号，并能保证良好的定位计算精度。每颗卫星都对地表发射涵盖本身轨道面的坐标、运行时间等数据信号，地面的接收站通过对这些数据处理分析，实现定位、导航、地标等精密测量，提供全球性、全天候和高精度的定位和导航服务。

（2）地面控制部分。地面控制部分包括 1 个主控站、3 个注入站和 5 个监控站，负责对整个系统进行集中控制管理，实现卫星时间同步，同时对卫星的轨道进行监测和预报等。

（3）用户接收设备部分。用户接收设备部分主要包括各种型号的卫星信号接收机，由接收机天线、接收机主机组成。其主要任务是捕获待测卫星,并跟踪这些卫星的运行。接收卫星发射的无线电信号,即可获取接收天线至卫星的伪距离和距离的变化率,解调出必要的定位信息及观测量,通过定位解算方法进行定位计算,计算出用户所在地的地理位置信息,从而实现定位和导航功能。

如今,随着电子技术和集成电路技术的不断发展,卫星导航系统的客户端接收器体积不断缩小,接收器的接收精准度也越来越高。例如,智能手机、PDA、笔记本电脑等电子产品已经集成了卫星定位接收模块,可实现定位及导航功能,卫星定位功能已经成为这些电子设备的标准配备之一。

2. 北斗卫星导航系统

中国北斗卫星导航系统(BDS)是中国自行研制的全球卫星导航系统,也是继 GPS、GLONASS 之后的第三个成熟的卫星导航系统。

2020 年 7 月 31 日上午,北斗三号全球卫星导航系统正式开通。对于保护国家安全具有重要意义。

北斗卫星导航系统由空间段、地面段和用户段三部分组成,可在全球范围内全天候、全天时为各类用户提供高精度、高可靠定位、导航、授时服务,并且具备短报文通信能力,已经初步具备区域导航、定位和授时能力,定位精度为分米、厘米级别,测速精度为 0.2m/s,授时精度为 1ns。

北斗卫星定位系统包括 5 颗静止轨道卫星、27 颗中地球轨道卫星、3 颗倾斜同步轨道卫星。5 颗静止轨道卫星定点位置为东经 58.75°、80°、110.5°、140°、160°,中地球轨道卫星运行在 3 个轨道面上,轨道面之间为相隔 120°均匀分布。由于北斗卫星分布在离地面 2 万多千米的高空上,以固定的周期环绕地球运行,使得在任意时刻,在地面上的任意一点都可以同时观测到 4 颗以上的卫星。

5.7.2　卫星定位的原理

卫星定位系统是在已知卫星每一时刻的位置和速度的基础上,以卫星为空间基准点,通过测站接收设备测定至卫星的距离或通过多普勒频移等观测量来确定测站的位置、速度。利用基本的三角定位原理,根据观测时刻卫星的所在位置、速度和每颗卫星到接收机间的距离,通过计算就能获得接收机所在位置的三维空间坐标值和速度。

一般情况下,接收机只需要接收到 3 颗卫星信号,就可以获得使用者与每个卫星之间的距离。在实际运行中,由于大气中电离层的干扰,这一距离并不是用户与卫星间的真实距离,而是伪距。为保证信号的可靠性,消除和减少误差,卫星定位系统都是利用接收装置接收到 4 颗以上的卫星信号,利用卫星钟差来消除时间不同步带来的计算误差,获取使用者精确的位置和速度等信息。

所谓卫星钟差是指导航卫星时钟与导航系统标准时间之间的差值。尽管导航卫星采用了高精度的原子钟来保证时钟的精度,具有比较长期的稳定性;但原子钟依然有频率偏移和老化的问题,导致它们与导航系统标准时之间会存在一个差异。这个偏差可以通过差分的方式来消除。具体方法可参考卫星定位相关技术文档。

假设待测定用户坐标为 (x,y,z),它与 4 颗卫星 $S_i(i=1,2,3,4)$ 之间的距离 $d_i=c\Delta t_i$ $(i=1,2,3,4)$,c 为 GPS 信号的传播速度(即光速),$\Delta t_i(i=1,2,3,4)$ 为卫星信号到达待测

定位置所需要的时间差。根据 4 颗卫星的位置$(x_i, y_i, z_i)(i=1,2,3,4)$，利用空间中任意两点间的距离公式，可得

$$\begin{cases} \sqrt{(x_1-x)^2+(y_1-y)^2+(z_1-z)^2}+c(\tau_1-\tau)=d_1 \\ \sqrt{(x_2-x)^2+(y_2-y)^2+(z_2-z)^2}+c(\tau_2-\tau)=d_2 \\ \sqrt{(x_3-x)^2+(y_3-y)^2+(z_3-z)^2}+c(\tau_3-\tau)=d_3 \\ \sqrt{(x_4-x)^2+(y_4-y)^2+(z_4-z)^2}+c(\tau_4-\tau)=d_4 \end{cases}$$

在上式中，4 颗卫星的位置以及它们与待测用户的距离是已知的。因此，通过上式可计算出待测定用户的位置坐标(x, y, z)，其中，$\tau_i(i=1,2,3,4)$表示每一颗卫星$S_i(i=1,2,3,4)$的钟差，τ 为接收设备与标准卫星时钟的钟差。

◈ 5.8 物联网的典型应用

与其说物联网是一种网络，不如说物联网是互联网的应用。物联网的发展，已经无时无刻不渗透在我们的生活中。二维码支付、刷卡乘车、不停车收费、手机导航和计步等，无不跟物联网技术密切相关。

5.8.1 二维码支付

如今，当我们在购物付款时，使用手机中的微信、支付宝扫一扫即可完成支付，无须像以前那样支付现金并等着商户找零钱。扫码支付大大地提高了我们付款的效率。那么，扫描支付是如何完成的呢？其中就离不开二维码。

扫码支付都是从二维码开始的。二维码在这里承担的角色是信息的载体。二维码携带的信息，我们无法通过肉眼识别，不同的支付机构在二维码中注入的信息规则不一致，需要对应的服务器根据其编码规则进行解析和校验（例如，微信识别出是支付宝的链接会屏蔽、支付宝识别出是微信的链接也会屏蔽）。图 5-35 给出了主动式扫码支付的流程。

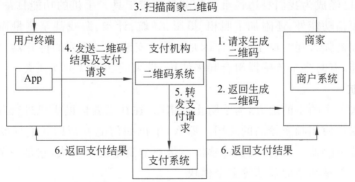

图 5-35　主动式扫码支付的流程

步骤 1 和 2：商家事先按支付宝或微信支付协议生成支付二维码，显示在商户 POS 终端或者打印在纸上进行张贴。

步骤 3：用户用支付宝或微信钱包客户端的"扫一扫"功能完成对商家二维码的扫描。

步骤 4：用户 App 识别商家二维码，将二维码中的商家信息（如网络链接）和支付价格

（用户自行输入）发送到支付机构（即微信和支付宝平台）。

步骤 5 和 6：商家对支付进行验证，然后向支付系统发起支付请求，支付系统完成支付结算后，将支付结果通知用户和商家，告知支付结果。

该模式适用于餐馆、酒店、停车场、医院自助挂号等没有专人值守的应用场景。

5.8.2　刷卡乘车

随着中国经济的快速发展，高铁遍布全国，居于世界首位。以前，我们进出火车站必须凭借火车票，但是现在只要刷一下身份证就可以快速进站，如图 5-36 所示。这种便捷的刷卡进站乘车的方式不仅极大地减少了人员排队时间和拥堵风险，而且在验票环节可以节省大量的人力和物力。

图 5-36　刷身份证进站

使用身份证能够刷卡进站乘车，主要得益于二代身份证也使用了 RFID 卡技术，防伪程度高，破解困难。第一代身份证采用聚酯膜塑封，后期使用激光图案防伪，但总体防伪效果不佳，容易被犯罪分子恶意复制，所以很难实现个人身份的唯一性验证。为了提高防伪效果，中国政府启用了第二代身份证。第二代身份证采用非接触式 IC 芯片卡，通过专门的密码技术才能读取，而且外观上还采用了定向光变色"长城"图案、防伪膜、光变光存储"中国 CHINA"字样、缩微字符串"JMSFZ"、紫外灯光显现的荧光印刷"长城"图案等防伪技术。

第二代身份证内藏的非接触式 IC 芯片是具有高科技含量的 RFID 芯片。该芯片可以存储个人的基本信息，可近距离读取卡内资料。需要时，在专用读写器上扫一扫，即可显示出身份的基本信息。而且芯片的信息编写格式和内容等只由特定厂提供，只有通过认证的读卡器才能读取其中的内容，因此防伪效果显著，不易伪造。

5.8.3　手机导航与计步

目前，手机已经成为我们身边最重要的随身携带工具。手机的功能日益强大，除了传统的打电话和发短信功能外，还附加了照相、摄影、导航、计步、游戏甚至测量血压等功能。手机为什么功能如此强大呢？最主要的原因是：手机安装了一系列的传感器。每种传感器都有其特色的功能，有时多个传感器组合起来使用，带来的功能就更加强大。

1. 手机导航

当我们要去一个陌生的地方，为了防止走错路，往往需要借助手机进行导航。导航已经成为我们出差途中使用频率较高的应用。那么，手机如何能够帮助我们导航呢？那是因为手机内置了位置传感器。目前，位置传感器不是一个简单的小模块，它是一个复杂的集成系统，包括手机端、卫星和地面基站等多个模块。

为了完成导航功能，首先，需要部署导航卫星，目前能够部署导航卫星的国家只有少数几个；其次，手机端需要安装有导航软件（如百度地图、高德等），并集成位置导航模块，如北斗、GPS、伽利略等导航模块，这些模块通过接收导航卫星通信信号，确定手机位置。

为了进一步提高导航精度，在目前的中高端手机中，位置传感器已经升级为 A-GPS。在 A-GPS 中除了利用 GPS 信号定位外，还可以利用移动网络来辅助定位和确定 GPS 卫星的位置,提高了定位速度和效率,在很短的时间内就可以快速地定位手机。

2. 手机计步

健康是每个人都非常关心的事情。保障健康离不开运动。而运动量的把握就离不开手机的计步器软件了。手机计步主要依托如下传感器。

陀螺仪:又叫角速度传感器。用来测量物体偏转、倾斜时的转动角速度,其作用是检测手机角度的动态变化。当我们在走路的时候,手中或者口袋中的手机是会随着运动而出现角度偏移,当陀螺仪检测到持续而且有规律的角度偏移时,就会自动判断我们正在走路,然后进行计数。

加速度传感器:其作用是检测手机运动中的加速度动态变化。当我们在走路的时候,手中或者口袋中的手机是会随着运动而出现加速度变化的,当加速度传感器检测到持续而且有规律的加速度变化时,就会自动判断我们正在走路,然后进行计数。

图 5-37　智能手机中的
计步功能截图

重力传感器:通过测量重力加速度方向来判断重力的方向,以此提供手机计步能力。

上述三种传感器可以单独工作,但计步精度不足。为了提高计步精度,通常将三个传感器的数据进行统筹分析,这样,手机端计步程序计步结果就越来越准确了。另外,某些时候为了使计步结果更准确,计步程序还会调用卫星定位系统(如北斗卫星导航系统)进行辅助计步,这样可以进一步判断是步行还是跑步。图 5-37 给出了智能手机中的计步功能截图。

◆ 5.9　本章小结

本章讲述了计算机网络的概念和分类、计算机网络体系结构、计算机网络的数据封装过程、计算机网络的身份标识协议、数据传输协议、链路争用协议和资源共享协议,讲解了计算机网络的主要互连设备,包括网卡、中继器、交换机、路由器和网关等。介绍了物联网的概念与特征、物联网的起源与发展和物联网体系结构,从物联网感知维度讲解了传感检测模型、传感器的主要类型和典型传感器的工作原理,从物联网标识技术维度讲解了一维码和二维码的原理和识读方法,RFID 的工作原理和识读方法;从空间定位的维度,讲解了卫星定位技术,最后介绍了物联网的几种典型应用。

◆ 习　题　5

一、选择题

1. OSI(开放系统互联参考模型)的最底层是(　　)。

　　A. 传输层　　　　　　B. 网络层　　　　　　C. 物理层　　　　　　D. 应用层

2. 在 Internet 中,用来进行数据传输控制的协议是(　　)。

　　A. IP　　　　　　　　B. TCP　　　　　　　C. HTTP　　　　　　D. FTP

3. Internet 的域名中,顶级域名为 gov 代表(　　)。

    A. 教育机构　　　　B. 商业机构　　　　C. 政府部门　　　　D. 军事部门

4. 在 Web 服务网址中,http 代表(　　)。

    A. 主机　　　　　　B. 地址　　　　　　C. 协议　　　　　　D. TCP/IP

5. 用 Internet 访问某主机可以通过(　　)。

    A. 地理位置　　　　B. IP 地址　　　　　C. 域名　　　　　　D. 从属单位名

6. 在 Internet 电子邮件系统中(　　)。

    A. 发送邮件和接收邮件都使用 SMTP 协议

    B. 发送邮件使用 POP3 协议,接收邮件使用 SMTP 协议

    C. 接收邮件使用 POP3 协议,发送邮件使用 SMTP 协议

    D. 发送邮件和接收邮件都使用 POP3 协议

7. 网络层、数据链路层和物理层传输的数据单位分别是(　　)。

    A. 报文、帧、比特　　　　　　　　　　B. 包、报文、比特

    C. 包、帧、比特　　　　　　　　　　　D. 数据块、分组、比特

8. 基于 RFID 技术的唯一编码方案,即产品电子编码(EPC)最早提出的是(　　)。

    A. 斯坦福大学　　　B. 麻省理工学院　　C. 哈佛大学　　　　D. 西安交通大学

9. RFID 系统中,无源标签的能耗来自(　　)。

    A. 光照　　　　　　B. 磁场　　　　　　C. 电池　　　　　　D. 振动

10. 目前流行的智能手机的计步功能,主要通过(　　)传感器实现。

    A. 加速度　　　　　B. 温度　　　　　　C. 光　　　　　　　D. 声音

11. 利用支付宝进行地铁支付,其技术实现主要是基于(　　)。

    A. 一维码　　　　　B. 二维码　　　　　C. RFID　　　　　　D. 图像

12. 2008 年 8 月,美国麻省理工学院的三名学生宣布成功破解了波士顿地铁资费卡。主要原因是(　　)。

    A. 密码过于简单　　　　　　　　　　B. 物理保护措施不力

    C. 机器故障　　　　　　　　　　　　D. 内部泄密

13. 不属于电子钱包的是(　　)。

    A. 微信零钱　　　　B. 支付宝花呗　　　C. 银行信用卡　　　D. 京东白条

14. 关于空间单位描述准确的是(　　)。

    A. GPS 可以进行室内定位　　　　　　B. 北斗可以进行室外定位

    C. Wi-Fi 只能室内定位　　　　　　　D. 蜂窝只能室外定位

二、简答题

1. 简述 OSI 分层模型中各层的主要功能。

2. 局域网与广域网相比,主要特点是什么?

3. 什么是物联网?

4. 物联网的三个主要特征是什么? 简述每个特征的含义。

5. 简述传感器的主要分类方法。

6. 简述一维码和二维码的主要区别。

7. 调研生活中使用二维码的场合,思考利用二维码在景区进行自助导游的原理。

8. 简述北斗卫星定位的基本原理,说明其主要应用。

9. 什么是 RFID 技术? RFID 系统的基本组成部分有哪些?

10. 简述 RFID 的识读原理,给出一种安全的 RFID 识读方法。

三、综合应用题

1. 在以太网中,位串 01110111110011111101 需要在数据链路层上被发送,请问经过位填充后实际被发送出去的是什么?

2. 若要将一个 B 类的网络 202.117.0.0 划分为 14 个子网,请计算每个子网的子网掩码,以及在每个子网中主机 IP 地址的范围。

3. 若要将一个 B 类的网络 202.117.0.0 划分子网,其中包括 3 个能容纳 16000 台主机的子网,7 个能容纳 2000 台主机的子网,8 个能容纳 254 台主机的子网,请写出每个子网的子网掩码和主机 IP 地址的范围。

4. 对于一个从 192.168.0.0 开始的超网,假设能够容纳 4000 台主机,请写出该超网的子网掩码以及所需使用的每一个 C 类的网络地址。

5. 已知《物联网技术导论》的国际标准书号 978-7-302-51064-2,给出其校验码计算方法。

6. 已知《计算机学报》的国际标准期刊号 ISSN 0254-4164,给出校验码的计算方法。

7. 利用 Python 程序实现 EAN-13 的校验码计算。

8. 利用网络平台生成字符串"西安交通大学"的二维码。

四、实验题

1. 利用 Python 程序实现 EAN-13 的二进制序列编码,并以 6966090118201 为例进行测试。

2. 利用 Python 的 qrcode 库生成网络链接"https://www.xjtu.edu.cn/"的二维码。

3. 使用 Foxmail 配置一个客户端邮件系统。

第6章

大数据分析与可视化

学习目标:

(1) 理解大数据的概念和特征。

(2) 理解关系数据库的特点和行、列存储方法。

(3) 了解云存储的数据分块技术和并行处理方法。

(4) 理解大数据的预处理和分析方法,能够对给定的数据集合进行分类和聚类。

(5) 能够使用问卷网站设计调查问卷并进行可视化分析。

(6) 能够使用电子表格进行数据的可视化分析。

(7) 理解 Turtle 模块的作用,能够基于该模块进行分形图绘制和游戏设计。

(8) 理解 matplotlib 模块的作用,能够基于该模块绘制各类统计图和实现条形码可视化。

学习内容:

物联网的快速发展和各种感知设备的大量应用,使数据出现爆发式的快速增长。这些感知数据凸显了异构、多源和时序等特征,给数据存储、管理和可视化带来巨大挑战。本章讲述大数据的概念和基本特征,论述大数据的两类存储方法和多种分析方法,并利用 Python 程序给出了多种对数据实现可视化的方案。

◆ 6.1 大数据的概念与特征

大数据,至今还没有一个被业界广泛认同的明确定义,对"大数据"概念的认识可谓"仁者见仁,智者见智"。

根据麦肯锡全球研究所的定义,大数据(big data)是一种规模大到在获取、存储、管理、分析方面大大超出了传统数据库软件工具能力范围的数据集合,具有海量的数据规模、快速的数据流转、多样的数据类型和价值密度低四大特征。

根据 Gartner 给出的定义,大数据是需要新的处理模式才能具有更强的决策力、洞察发现力和流程优化能力来适应海量、高增长率和多样化的信息资产。

根据 IBM 公司的观点,大数据是指所涉及的资料量规模巨大到无法通过目前主流软件工具,在合理时间内达到撷取、管理、处理、并整理成为帮助企业经营决策更积极目的的资讯。并认为大数据正在呈现出 5V 特征,即 Volume(海量性)、Velocity(高速性)、Variety(多样性)、Veracity(真实性)、Value(低价值密度),如图 6-1 所示。

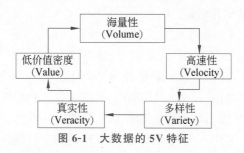

图 6-1　大数据的 5V 特征

(1)海量性。随着视频感知设备的快速发展,图片和视频的分辨率不断提升,数据量呈现指数增长。特别是在一些用来应急处理的实时监控系统中,数据是以视频流(Video stream)的形式实时、高速、源源不断地产生的,数据具有明显的海量性特征。

例如,当图片分辨率从 $800×600$ 上升到 $3840×2160$ 时,一张 24 位色彩的图片的存储空间从 $(800×600×24b)/(1024×8)=1406KB$ 上升到 $24300KB$。而同样情况下 10 分钟的视频(假设每秒 25 帧)的存储空间从 $(800×600×24b×25×10×60)/(1024×8)=2109375KB=2059MB$ 上升到 $355957MB=347GB$。

(2)高速性。由于数据的海量性,必然要求骨干网能够汇聚更多的数据,从各种类型的数据中快速获取高价值的信息。例如在智能交通的应用中,既要保障车辆的畅通行驶,又要通过保持车距来保证车辆的安全,这就需要在局部空间的车辆之间实时通信和及时决策,需要数据的高速传输和处理。在这样的应用中,数据的传输、存储都要求有更高的实时性。

(3)多样性。在不同领域、不同行业,需要面对不同类型、不同格式的应用数据,这些数据包括文本、状态、音频、视频、图片、地理位置等。另外,在物联网系统中,由于存在不同来源的传感器、电子标签、读写器、摄像头等,它们的数据结构也不可能遵循统一模式,具有明显的异构多样特征。

(4)真实性。由于物联网感知的是真实物理世界的各种信息,这些信息如果没有受到人工干扰和系统故障影响,所获取的信息是真实和可信的。特别是基于视频监控的数据,通常用来作为法律判断的依据,更是对真实世界的现实反映。

(5)低价值密度。在视频监控实际应用中,存在采样频率过高以及不同的感知设备对同一个物体同时感知等情况,这类情况导致了大量的冗余数据,所以相对来说数据的价值密度较低,但是只要合理利用并准确分析,将会带来很高的价值回报。尽管感知数据种类繁多、内容海量,但这些数据在时间、空间上存在潜在关联和语义联系,通过挖掘关联性就会产生丰富的语义信息。

◆ 6.2　大数据的存储方法

由于物联网感知的数据种类较多,有文本、图片、语音、视频等,而不同的类型数据如果采用相同的存储方法,将会导致数据存储效率和检索性能快速下降。因此,需要采用差异化的数据存储技术,即关系数据库技术和云存储技术等。例如,对于文本类数据,采用关系数

224

据库存储效率更高;对于图片特别是视频信息,可能使用云存储架构更加高效。

6.2.1 大数据的关系数据库存储

1. 结构化数据和非结构化数据

数据(data)是反映客观事物存在方式和运动状态的记录,是信息的载体。数据表现信息的形式是多种多样的,不仅有数字、文字符号,还可以有图形、图像和音频视频文件等。

根据数据的不同特征,我们可以把数据分为结构化数据和非结构化数据。

结构化数据也称作行数据,是由二维表结构来逻辑表达和实现的数据,严格地遵循数据格式与长度规范,主要通过关系数据库进行存储和管理。

非结构化数据是数据结构不规则或不完整,没有预定义的数据模型,不方便用数据库的二维逻辑表来表现的数据。如各类报表、图片、音频和视频信息等。

非结构化数据的格式多样,标准也多样,而且在技术上非结构化信息比结构化信息更难标准化和理解。所以存储、检索、发布以及利用需要更加智能化的 IT 技术,比如海量存储、智能检索、知识挖掘等。

2. 数据库

所谓数据库(Date Base,DB),是以一定的组织方式将相关的数据组织在一起,长期存放在计算机内,可为多个用户共享,与应用程序彼此独立,统一管理的数据集合。

数据库的组织严格依赖数学模型,在数学模型的支撑下,进行数据存储和操作。数学模型的主要功能是描述数据间的逻辑结构,确定数据间的关系,即数据库的"框架"。有了数据间的关系框架,再把表示客观事物具体特征的数据按逻辑结构输入"框架"中,就形成了有组织结构的"数据"的"容器"。

数据库的性质是由数据模型决定的,数据的组织结构如果支持关系模型的特性,则该数据库为关系数据库。

关系数据库分为两类:一类是桌面数据库,例如 Access、FoxPro 和 dBase 等;另一类是客户/服务器数据库,例如 SQL Server、Oracle 和 Sybase 等。一般而言,桌面数据库用于小型的、单机的应用程序,它不需要网络和服务器,实现起来比较方便,但它只提供数据的存取功能。客户/服务器数据库主要适用于大型的、多用户的数据库管理系统,应用程序包括两部分:一部分驻留在客户机上,用于向用户显示信息及实现与用户的交互;另一部分驻留在服务器中,主要用来实现对数据库的操作和对数据的计算处理。

3. 行式数据库和列式数据库

数据库类似于我们日常生活中使用的表格,以行、列的二维表的形式呈现数据,但存储时却是以一维字符串的方式存储。根据存储方式的不同,可以分为行式数据库和列式数据库两种。

行式数据库是以行相关存储架构进行数据存储的数据库。行式数据库把一行中的数据值串在一起存储起来,然后再存储下一行的数据,以此类推。对于表 6-1 所示的数据,采用行数据库时,其存储方式为:1, Smith, F, 3400; 2, Jones, M, 3500; 3, Johnson, F, 3600。

行数据库通常用在联机事务的批量数据处理中,主要的行式数据库包括 MySQL、Sybase 和 Oracle 等。

表 6-1　包含 4 个字段的表格

用 户 号	用 户 名	性 别	工 资
1	Smith	F	3400
2	Jones	M	3500
3	Johnson	F	3600

列式数据库是以列相关存储架构进行数据存储的数据库。列式存储以流的方式在列中存储所有的数据，即把一列中的数据值串在一起存储起来，然后再存储下一列的数据，以此类推。针对表 6-1 中的数据，采用列式数据库时，其存储方式为：1，2，3；Smith，Jones，Johnson；F，M，F；3400，3500，3600。

列式数据库的特点是查询快、数据压缩比高。主要适合于批量数据处理和即时查询。典型的列式数据库包括 Sybase IQ、C-Store、Vertica、Hbase 等。

4. 数据库系统

数据库系统（Date Base System，DBS）是指支持数据库运行的计算机支持系统，即数据处理计算机系统。数据库是数据库系统的核心和管理对象，每个具体的数据库及其数据的存储、维护以及为应用系统提供数据支持，都是在数据库系统环境下运行完成的。

数据库系统是实现有组织、动态地存储大量相关的结构化数据、方便各类用户访问数据库的计算机软硬件资源的集合，是由支持数据库的硬件环境、软件环境（操作系统、数据库管理系统、应用开发工具软件、应用程序等）、数据库、开发使用和管理数据库应用系统的人员组成。

5. 数据库管理系统

数据库管理系统（Date Base Management System，DBMS）是位于用户与操作系统之间，具有数据定义、管理和操纵功能的软件集合。

数据库是数据库系统的核心部分，是数据库系统的管理对象。数据库管理系统提供对数据库资源进行统一管理和控制的功能，使数据与应用程序隔离，数据具有独立性；使数据结构及数据存储具有一定的规范性，减少了数据的冗余，并有利于数据共享；提供安全性和保密性措施，使数据不被破坏，不被窃用；提供并发控制，在多用户共享数据时保证数据库的一致性；提供恢复机制，当出现故障时，数据恢复到一致性状态。

数据库管理系统的主要功能包括：数据定义、数据操纵、数据库的运行管理和创建维护数据库。为实现数据库上述管理功能，DBMS 提供了数据定义、数据操纵和数据控制三个子语言，以确保数据的数据定义、管理和操纵正确有效。

目前，数据库管理系统有很多，如 Access、SQL Server、MySQL、Oracle、GuassDB、KingbaseES 和 PolarDB 等。

6. 数据库的关系运算

数据库的关系运算有三类：一类是传统的集合运算（并、差、交等）；另一类是专门的关系运算（选择、投影、连接等）；再一类是查询运算，通常是几个运算的组合，要经过若干步骤才能完成。下面简单介绍三种专门的关系运算。

1）选择运算

从关系模式中找出满足给定条件的那些元组称为选择。其中的条件是以逻辑表达式给出的,值为真的元组将被选取。这种运算是从水平方向抽取元组。

在关系数据库中,关系是一张表,表中的每行（即数据库中的每条记录）就是一个元组（tuple）,每列就是一个属性。在二维表里,元组也称为行。

在很多数据库系统中,短语 FOR 和 WHILE 的作用相当于进行条件选择运算。

如:

```
LIST   FOR   出版单位='人民出版社'   AND   单价<=50
```

2）投影运算

从关系模式中挑选若干属性组成新的关系称为投影。这是从列的角度进行的运算,相当于对关系进行垂直分解。

在很多数据库系统中,短语 FIELDS 相当于投影运算。

如:

```
LIST   FIELDS   单位,姓名
```

3）连接运算

连接运算是从两个关系模式的广义笛卡儿积中选取属性间满足一定条件的元组形成一个新关系。在关系代数中,连接运算是由一个笛卡儿积运算和一个选取运算构成的。首先用笛卡儿积完成对两个数据集合的乘运算,然后对生成的结果集合进行选取运算,这样能够确保只把分别来自两个数据集合并且具有重叠部分的行合并在一起。连接的意义在于在水平方向上合并两个数据集合（通常是表）,并产生一个新的结果集合。其方法是将一个数据源中的行与另一个数据源中和它匹配的行组合成一个新元组。

7. 数据库的操作

虽然关系数据库有很多,但是大多数都遵循结构化查询语言 SQL（Structured Query Language）标准。在标准 SQL 语言中,常见的操作有查询、新增、更新、删除、去重、排序等。

（1）查询语句:

```
SELECT param FROM table WHERE condition
```

该语句可以理解为从 table 中查询出满足 condition 条件的字段 param。

（2）新增语句:

```
INSERT INTO table (param1, param2, param3) VALUES (value1, value2, value3)
```

该语句可以理解为向 table 中的 param1,param2,param3 字段中分别插入 value1,value2,value3。

（3）更新语句:

```
UPDATE table SET param=new_value WHERE condition
```

该语句可以理解为将满足 condition 条件的字段 param 更新为 new_value 值。

（4）删除语句：

```
DELETE FROM table WHERE condition
```

该语句可以理解为将满足 condition 条件的数据全部删除。

（5）去重查询：

```
SELECT DISTINCT param FROM table WHERE condition
```

该语句可以理解为从表 table 中查询出满足条件 condition 的字段 param，但是 param 中重复的值只能出现一次。

（6）排序查询：

```
SELECT param FROM table WHERE condition ORDER BY param1
```

该语句可以理解为从表 table 中查询出满足 condition 条件的 param，并且要按照 param1 升序的顺序进行排序。

总体来说，数据库的 SELECT，INSERT，UPDATE，DELETE 对应了我们常用的增删改查4种操作。

8. 分布式数据库

所谓分布式数据库技术，就是数据库技术与分布式技术的一种结合。具体指的是把那些在地理意义上分散的、逻辑上又是属于同一个系统的各个数据库节点的数据结合起来的一种数据库技术。这种系统并不注重集中控制，而是注重每个数据库节点的独立性和自治性。

数据独立性在分布式数据库管理系统中十分重要，其作用是让数据进行转移时使程序正确性不受影响，就像数据并没有在编写程序时被分布一样，这也称为分布式数据管理系统的透明性。和集中式数据库系统不同，分布式数据库里的数据一般会通过拷贝引入冗余，目的是保证分布节点故障时数据检索的正确率。将集中存储转换为分布存储有很多方法，包括分类分块存储和字段拆分存储等方式。如图 6-2 所示是一种字段拆分存储方式。

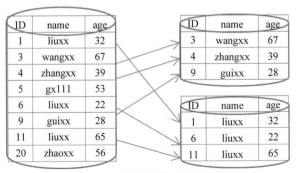

图6-2 一种字段拆分存储方式

6.2.2　大数据的云存储

在 2006 年的搜索引擎大会上,谷歌公司的首席执行官埃里克·施密特首次提出"云计算(cloud computing)"这一概念。云计算一经提出,发展极为迅速,不仅受到工业界的高度重视,也得到了学术界的广泛关注。2007 年,谷歌公司与 IBM 公司在美国的各大名校的校园内,开始推广基于云计算的项目开发工作。除此之外,世界各国政府都将云计算作为重点发展的战略区域。我国政府对云计算的发展给予了有力的支持,在 2015 年印发的《国务院关于促进云计算创新发展培育信息产业新业态的意见》中,明确了我国云计算产业的发展目标、主要任务和保障措施。

随着人们对云计算认识的不断发展变化,云计算的定义没有完全统一,主要观点包括:

(1)云计算是一种计算模式,它能够按需地、便利地、可用地从可配置的计算资源共享池中获取所需要的资源。其中,这些资源主要包括网络、存储、应用软件、服务器和各种服务等,并且这些资源可以用最省力和无人干预的方式获取和释放,使得对资源的使用和管理所进行的操作与服务提供商之间的交互很少。(美国国家标准与技术研究院)

(2)云计算是一种新的基于互联网的计算方式,虚拟化的资源在互联网上通过服务的形式提供给用户,而用户不需要知道这些支持云计算的基础设施的具体管理方法。(维基百科)

(3)云计算是一种新的计算模型,它通过互联网以及"即付即用"的模式进行资源和应用的交付。云计算服务提供商能够给用户提供快速、弹性的资源访问,用户能够简单地通过互联网访问存储、数据库以及服务器等而无须了解底层架构和具体的实现细节。(亚马逊公司)

(4)云计算是一种共享的网络交付信息的服务模式,用户看到的只是服务本身,可以按照实际使用量付费,不用去关心实现服务的底层基础设施。(IBM 公司)

通俗地讲,云计算就是组织互联网中的各类服务器集群上的资源进行协同计算和服务共享的一种计算模式。这些资源包括硬件资源和软件资源,其中硬件资源如处理器、存储器、服务器等,软件资源包括开发平台、各种应用等。用户通过互联网发送需求,云服务提供商为用户提供其所需要的资源,并通过网络返回给用户处理结果。所有的处理是由云计算服务提供商所提供的计算机集群来完成的,本地计算机一般不参与处理过程。

云计算作为一种新型的网络计算服务模式,将计算和数据资源从用户桌面或企业内部迁移到 Web 上,几乎所有 IT 资源都可以作为云服务来提供:应用程序、编程工具、计算能力、存储容量,以至于通信服务和协作工具等。

在云计算平台中,用户只需通过网络终端(例如手机、PDA、PC 等)即可使用云计算提供的各种服务,包括软件、存储、计算等。因此,云计算平台不仅能够减少企业对 IT 设备的成本支出,同时可以大规模节省企业预算,以一种相比传统 IT 更经济的方式提供 IT 服务。

由于云计算的发展理念符合当前低碳经济与绿色计算的总体趋势,它也被世界各国政府、企业所大力倡导与推动,正在带来计算领域、商业领域的巨大变革。

目前,云计算所提供的服务在日常网络应用中随处可见,比如谷歌搜索服务、谷歌DOCS、Gmail、百度云盘、阿里云、微信和 QQ 服务等。下面分别从服务类型和服务方式这两方面对云计算进行分类。

按照服务类型,云计算可分为如下三类。

(1)基础设施即服务(IaaS):为用户提供底层的基础设施资源和管理服务,其中底层的基础设施主要有 CPU、I/O 设备、服务器、存储设备等。用户无须对底层的系统管理机制进行了解,可以通过网络租赁或者购买所需要的资源,大大减少硬件的购买和管理成本。但是除了提供基础设施资源和管理服务外,IaaS 不再提供其他类型的服务,因此需要用户通过自己的设计和实现来完成所需的应用。

(2) 平台即服务(PaaS):在硬件设施的基础之上,面向专业应用软件开发人员,为用户提供可定制的系统软件平台。其允许用户使用平台支持的编程语言进行软件开发,并提供 SDK 和运行库、服务以及由服务提供者支持的工具。开发者不用关心平台的部署问题,可以加快应用系统的开发效率。

(3) 软件即服务(SaaS):位于服务模式的最上层,最接近普通用户,以应用软件的形式向用户提供服务。用户能够通过网络连接,并运用各种客户端设备访问这些应用软件。用户不用关注这些应用软件实现和运行的具体细节,只需要对相关的参数进行简单的配置就能够获得自己所需要的、特定的软件功能。

按照服务方式,云计算分为如下三类。

(1) 公有云(Public Cloud):是若干企业和若干个人用户使用的形式。在公有云中,用户所需要的服务(包括数据访问、存储和管理等服务)都是由第三方云计算服务提供商通过在全球范围内构建的分布式数据中心提供,所有的用户共享云服务提供商提供的所有资源。

(2) 私有云(Private Cloud):是指在某个企业或者组织机构内部构建独立的云计算环境。私有云是一种专有的云计算服务,它为企业或组织机构提供其所需要的服务。企业或组织机构内部的工作人员都可以获取私有云内部的所有服务资源,有利于优化其内部数据访问和管理的效率,提高其业务能力。这种方式类似于构建管理系统,通过设置一定的权限,公司或者组织机构以外的用户无法通过网络获取这个云计算所提供的资源。

(3) 混合云(Hybrid Cloud):是上述公有云和私有云相结合的一种云计算形式,具有数据安全性和资源共享性的优势。通过公有云的形式提供给外部用户公开的服务和未涉密的数据。为了保证内部数据的隐私性和业务服务的高效性,通过搭建私有云设施存储企业或者组织内部的隐私数据,并通过一定的机制,将公有云和私有云结合在一起协同工作。

按照云计算所承担的功能,云计算包括虚拟化和云存储两大关键技术。

(1) 虚拟化(Virtualization):虚拟化技术是云计算的基础。云计算与传统 IT 的实质差异就在于云计算是虚拟的计算模式。虚拟化技术是一种调配计算资源的方法,它实现了在一台物理机上运行多个虚拟机,并为每个虚拟机分配独立的虚拟化的软硬件资源,然后在这些资源上部署不同的操作系统和应用程序。虚拟化实现了集中管理,动态使用物理资源和虚拟资源,这些都是由虚拟机监控器的软件层实现的,虚拟机监控器位于虚拟机系统中。在计算机系统上添加一个虚拟机监控器,然后利用它对计算机系统的软硬件进行虚拟化并在其上部署一个操作系统,这就是一个最简单的云环境。

(2) 云存储(Cloud Storage):传统的基于文件存储服务器实现文件共享和存储的方式,通常采用 C/S 模式提供共享文件的访问,当文件访问量比较大时,会带来单机 I/O 负载很大,网络带宽利用率低的问题。除此之外,其扩展性差,并且需要依靠硬件来保证系统可靠性和实现数据容错。随着网络技术的发展,为了解决传统的基于文件存储服务器的存储方案所带来的问题,通常采用网络存储技术,将数据从通用的服务器中分离出来,并进行集中管理。网络存储技术分为两类：网络连接存储和存储区域网络。网络连接存储将服务器和存储资源进行整合，统一管理，能够简化管理任务，并对传统的存储方案中具有的可扩展性问题进行了优化。但是网络连接存储也存在以下一些缺点：网络连接状况会影响文件访问的性能，不适合对存储介质进行复杂操作，并且存储资源的利用率低。存储区域网络通常采用虚拟化技术整合分散的存储资源，通过资源池的形式为用户提供数据存储服务，可以提高存储资源的利用率。基于存储区域网络的分布式存储结构是一种典型的云存储模式。云存储通常采用去中心化的结构，不会存在单点故障的情况，可用性高，但是一致性管理比较复杂，节点查询效率低。目前典型的分布式云存储系统主要有百度云、阿里云、HDFS、GFS 等。

云存储（也称云数据存储）是在云计算概念上延伸和发展出来的一个新概念，是指通过集群应用、分布式文件系统等功能，将网络中大量各种不同类型的存储设备通过应用软件集合起来协同工作，共同对外提供数据存储和业务访问功能的一个系统。

云存储的发展推动了 NoSQL 的发展。传统的关系数据库具有较好的性能，高稳定性，久经历史考验，而且使用简单，功能强大，同时也积累了大量的成功案例，为互联网的发展做出了卓越的贡献。最近几年，Web 应用快速发展，数据库访问量大幅上升，存取越发频繁，几乎大部分使用 SQL 架构的网站在数据库上都开始出现了性能问题，需要复杂的技术来对 SQL 进行扩展。新一代数据库产品应该具备分布式的、非关系型的、可以线性扩展以及开源 4 个特点。因此，云存储成为一种新的数据存储方式。

云存储技术并非特指某项技术，而是一大类技术的统称，具有以下特征的数据库都可以被看作是云存储技术：首先是具备几乎无限的扩展能力，可以支撑几百 TB 直至 PB 级的数据；然后是采用了并行计算模式，从而获得海量运算能力，其次，是高可用性，也就是说，在任何时候都能够保证系统正常使用，即便有机器发生故障。

云存储不是一种产品，而是一种服务，它的概念始于 Amazon 公司提供的简单存储服务（S3），同时还伴随着亚马逊弹性计算云（EC2），在 Amazon 公司的 S3 的服务背后，它还管理着多个商业硬件设备，并捆绑着相应的软件，用于创建一个存储池。

目前常见的符合这样特征的系统有 Google 的 GFS（Google File System）以及 BigTable，Apache 基金会的 Hadoop（包括 HDFS 和 HBase），此外还有 Mongo DB、Redis 等。

1. Hadoop 的概念与特点

Hadoop 是具有可靠性和扩展性的一个开源分布式系统的基础框架，被部署到一个集群上，使多台机器可彼此通信并能协同工作。Hadoop 为用户提供了一个透明的生态系统，用户在不了解分布式底层细节的情况下，可开发分布式应用程序，充分利用集群的威力进行数据的高速运算和存储。

Hadoop 的核心是分布式文件系统 HDFS 和 MapReduce。HDFS 支持大数据存储，MapReduce 支持大数据计算。

Hadoop 最核心的功能是在分布式软件框架下处理 TB 级以上巨大的数据业务，具有可靠、高效、可伸缩等特点。具体如下。

（1）高可靠性：主要体现在 Hadoop 能自动地维护多个工作数据副本，并且在任务失败后能自动地重新部署计算任务，因为 Hadoop 采用的是分布式架构，多副本备份到一个集群的多态机器上，因此，只要有一台服务器能够工作，理论上 HDFS 仍然可以正常运转。

（2）高效性：主要体现在 Hadoop 以并行的方式处理大规模数据，能够在节点之间动态地迁移数据，并保证各节点的动态平衡，数据处理速度非常快。

（3）成本低：主要体现在 Hadoop 集群可以由廉价的服务器组成，只要一般等级的服务器就可搭建出高性能、高容量的集群，由此可以方便地组成数以千计的节点集簇。

（4）高可扩展性：Hadoop 利用计算机集簇分配存储数据并计算，通过添加节点或者集群，存储容量和计算虚拟可以得到快速提升，使得性价比得以最大化。

（5）高容错性：Hadoop 因为其采用分布式存储数据方式，数据通常有多个副本，加上采用备份、镜像等方式保证了节点出故障时，能够进行数据恢复，确保数据的安全准确。

（6）支持多种编程语言：Hadoop 提供了 Java 以及 C/C++ 等编程方式。

2. Hadoop 的生态系统

Hadoop 是在分布式服务器集群上存储海量数据并运行分布式分析应用的一个开源的软件框架，具有可靠、高效、可伸缩的特点。先后经历了 Hadoop1 时期和 Hadoop2 时期。

图 6-3 和图 6-4 给出 Hadoop1 和 Hadoop2 的生态系统。从图中可以看出，Hadoop2 相比较于 Hadoop1 来说，HDFS 的架构与 MapReduce 都有较大的变化，且速度和可用性上都有了很大的提升，Hadoop2 中有两个重要的变更：HDFS 的名称节点（NameNodes）可以以集群的方式部署，增强了名称节点的水平扩展能力和可用性；MapReduce 被拆分成两个独立的组件，即 YARN（Yet Another Resource Negotiator）和 MapReduce。

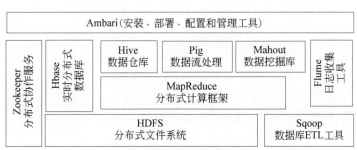

图 6-3　Hadoop 生态系统 1.0

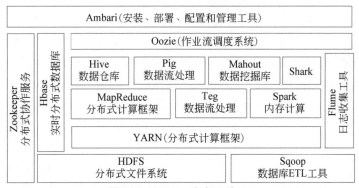

图 6-4　Hadoop 生态系统 2.0

下面首先介绍 Hadoop1 的主要组件，然后对 Hadoop2 新增的组件进行说明。

MapReduce 是一种分布式计算框架。它的特点是扩展性、容错性好，易于编程，适合离线数据处理,不擅长流式处理、内存计算、交互式计算等领域。MapReduce 源自 Google 公司的 MapReduce 论文(发表于 2004 年 12 月),是 Google MapReduce 克隆版。

Hive 定义了一种类似 SQL 的查询语言——HQL,但与 SQL 相比差别很大。Hive 是为方便用户使用 MapReduce 而在外面包了一层 SQL。由于 Hive 采用了 SQL,它的问题域比 MapReduce 更窄,因为很多问题 SQL 表达不出来,比如一些数据挖掘算法、推荐算法、图像识别算法等,这些仍只能通过编写 MapReduce 完成。

Pig 是使用脚本语言的 MapReduce,为了突破 Hive SQL 表达能力的限制,采用了一种更具表达能力的脚本语言 Pig。由于 Pig 语言强大的表达能力,Twitter 甚至基于 Pig 实现了一个大规模机器学习平台。Pig 是由 Yahoo 开源,构建在 Hadoop 之上的数据仓库。

Mahout 是数据挖掘库,是基于 Hadoop 的机器学习和数据挖掘的分布式计算框架,实现了三大类算法,即推荐(recommendation)、聚类(clustering)、分类(classification)。

Hbase 是一种分布式数据库,源自 Google 公司的 Bigtable 论文(2006 年 11 月),是 Google Bigtable 的克隆版。

Zookeeper 提供分布式协作服务,源自 Google 公司的 Chubby 论文(2006 年 11 月),是 Chubby 的克隆版。它负责解决分布式环境下的数据管理问题,包括统一命名、状态同步、集群管理、配置同步等。

Sqoop 是一款开源的工具,主要用于在 Hadoop(Hive)与传统的数据库(如 MySQL、PostgreSQL 等)间进行数据的传递,可以将一个关系数据库(例如 MySQL ,Oracle ,PostgresSQL 等)中的数据导入 Hadoop 的 HDFS 中,也可以将 HDFS 的数据导入关系数据库中。

Flume 是一个高可用的、高可靠的分布式海量日志采集、聚合和传输的系统。

Apache Ambari 是一种基于 Web 的工具,支持 Apache Hadoop 集群的供应、管理和监控。Ambari 已支持大多数 Hadoop 组件,包括 HDFS、MapReduce、Hive、Pig、Hbase、Zookeeper、Sqoop 和 Hcatalog 等,是 Hadoop 的顶级管理工具之一。

下面是 Hadoop2 新增的功能组件:

- YARN 是 Hadoop 2 新增加的资源管理系统,负责集群资源的统一管理和调度。YARN 支持多种分布式计算框架在一个集群中运行。

- Tez 是一个 DAG(Directed Acyclic Graph)计算框架,该框架可以像 MapReduce 一样用来设计 DAG 应用程序。但需要注意的是,Tez 只能运行在 YARN 上。Tez 的一个重要应用是优化 Hive 和 Pig 这种典型的 DAG 应用场景,它通过减少数据读写 I/O,优化 DAG 流程使得 Hive 速度大幅提高。

- Spark 是基于内存的 MapReduce 实现。为了提高 MapReduce 的计算效率,伯克利大学开发了 Spark,并在 Spark 基础上包裹了一层 SQL,产生了一个新的类似 Hive 的系统 Shark。

- Oozie 是作业流调度系统。目前计算框架和作业类型繁多,包括 MapReduce Java、Streaming、HQL 和 Pig 等。Oozie 负责对这些框架和作业进行统一管理和调度,包括分析不同作业之间存在的依赖关系(DAG)、定时执行作业、对作业执行状态进行监控与报警(如发邮件、短信等)。

3. HDFS 的体系结构

HDFS 是一种高度容错的分布式文件系统模型,由 Java 语言开发实现。HDFS 可以部署在任何支持 Java 运行环境的普通机器或虚拟机上,而且能够提供高吞吐量的数据访问。HDFS 采用主从式(master/slave)架构,由一个名称节点(namenode)和一些数据节点(datanode)组成。其中,名称节点作为中心服务器控制所有文件操作,是所有 HDFS 元数据的管理者,负责管理文件系统的命名空间(namespace)和客户端访问文件。数据节点则提供存储块,负责本节点的存储管理。HDFS 公开文件系统的命名空间,以文件形式存储数据。

HDFS 将存储文件分为一个或多个数据单元块,然后复制这些数据块到一组数据节点上。名称节点执行文件系统的命名空间操作,负责管理数据块到具体数据节点的映射。数据节点负责处理文件系统客户端的读写请求,并在名称节点的统一调度下创建、删除和复制数据块,如图 6-5 所示。

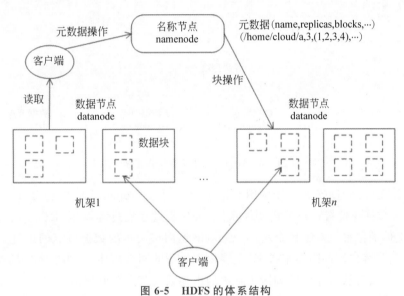

图 6-5　HDFS 的体系结构

HDFS 支持层次型文件组织结构。用户可以创建目录,并在该目录下保存文件。名称节点负责维护文件系统的命名空间,任何对 HDFS 命名空间或属性的修改都将被名称节点记录。DHFS 通过应用程序设置存储文件的副本数量,称为文件副本系数,由名称节点管理。HDFS 命名空间的层次结构与现有大多数文件系统类似,即用户可以创建、删除、移动或重命名文件。区别在于,HDFS 不支持用户磁盘配额和访问权限控制,也不支持硬连接和软连接。

4. HDFS 的数据组织与操作

与磁盘的文件系统采用分块的思想类似,HDFS 中文件被分割成单元块大小为 64MB 的区块,而磁盘文件系统的单元块大小为 512B。需要注意的是,如果 HDFS 中的文件小于单元块大小,该文件并不会占满该单元块的存储空间。HDFS 采用大单元块的设计目的是尽量减少寻找数据块的开销。如果单元块足够大,数据块的传输时间会明显大于寻找数据块的时间。因此,HDFS 中文件传输时间基本由组成它的每个组成单元块的磁盘传输速率决定。例如,假设寻块时间为 10ms,数据传输速率为 100MBps,那么当单元块为 100MB 时,寻块时间是传输时间的 1%。

下面通过对文件读取和写入操作的分析介绍基于 HDFS 的文件系统的文件操作流程。

1) Hadoop 文件读取

HDFS 客户端向名称节点发送读取文件请求,名称节点返回存储文件的数据节点信息,然后客户端开始读取文件信息,具体操作步骤如图 6-6 所示。

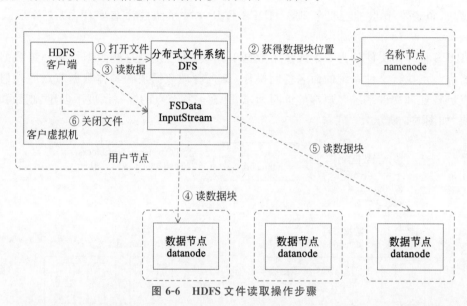

图 6-6　HDFS 文件读取操作步骤

(1) 打开文件:HDFS 客户端调用 FileSystem 对象的 open()方法,打开要读取的文件。

(2) 获得数据块位置:分布式文件系统 DFS 通过远程过程调用(RPC)来访问名称节点,以获取文件的位置。对于每个块,namenode 返回该副本的数据节点的地址。这些数据节点根据它们与客户端的距离来排序(主要根据集群的网络拓扑)。如果客户端本身就是一个数据节点,那么会从保存相应数据块副本的本地数据节点读取数据。

(3) 读数据块:分布式文件系统 DFS 返回一个 FSDataInputStream 对象(该对象是支持文件定位的数据流)给客户端以便读取数据。FSDataInputStream 转而封装 DFSInputStream 对象,它管理数据节点和名称节点的 I/O。接着客户端对这个数据流调用 read()方法进行读取。

(4) 读数据块:存储着文件的数据块的数据节点地址的 DFSInputStream 会连接距离最近的文件中第一个块所在的数据节点,并反复调用 read()方法将数据从数据节点传输到客户端。

(5) 读数据块:读到块的末尾时,DFSInputStream 关闭与前一个数据节点的连接,然后寻找下一个块的最佳数据节点。

(6) 关闭文件:客户端的读写顺序是按打开的数据节点的顺序读的,一旦读取完成,就对 FSDataIputStream 调用 close()方法进行读取关闭。

在读取数据的时候,数据节点一旦发生故障,DFSInputStream 会尝试从这个块邻近的数据节点读取数据,同时也会记住那个故障的数据节点,并把它通知给名称节点。客户端还可以验证来自数据节点的单元块数据的校验和,如果发现单元块损坏就通知名称节点,然后从其他数据节点中读取该单元块副本。

在名称节点的管理下,HDFS 允许客户端直接连接最佳数据节点读取数据,数据传输相对均匀地分布在所有数据节点上,名称节点只负责处理单元块位置信息请求,使得 HDFS 可以扩展大量并发的客户端请求。这种处理方案不会因为客户端请求的增加出现访问瓶颈。

2) Hadoop 文件写入

HDFS 客户端向名称节点发送写入文件请求,名称节点根据文件大小和文件块配置情况,向客户端返回所管理数据节点信息。客户端将文件分割成多个单元块,根据数据节点的地址信息,按顺序写入每个数据节点中。文件写入的具体操作步骤如图 6-7 所示。

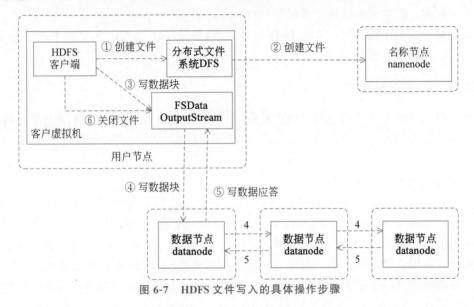

图 6-7　HDFS 文件写入的具体操作步骤

(1) 创建文件:客户端通过调用分布式文件系统 DFS 的 create()方法新建文件。

(2) 创建文件:分布式文件系统 DFS 对名称节点创建远程调用 RPC,在文件系统的命名空间新建一个文件,此时该文件还没有相应的数据块。

(3) 写数据块:名称节点执行各种检查以确保这个文件不存在,并有在客户端新建文件的权限。如果各种检查都通过,就创建这个文件;否则抛出 I/O 异常。这时,分布式文件系统 DFS 向客户端返回一个 FSDataOutputStream 对象,由此客户端开始写入数据;FSDataOutputStream 会封装一个 DFSoutPutstream 对象,负责名称节点和数据节点之间的通信。

(4) 写数据块:DFSOutPutstream 将数据分成一个个的数据包(packet),并写入内部队列,即数据队列(data queue);DataStreamer 处理数据队列,并选择一组数据节点,据此要求名称节点重新分配新的数据块。这一组数据节点构成管道,假设副本数是 3,说明管道有 3 个节点。DataStreamer 将数据包以流的方式传输到第一个数据节点,该数据节点存储数据包并发送给第二个数据节点,以此类推,直到最后一个数据节点。

(5) 写数据应答:DFSOutPutstream 维护一个数据包确认队列(ack queue),每个数据节点收到数据包后都会返回一个确认回执,然后放到这个 ack queue,等所有的数据节点确认信息后,该数据包才会从队列 ack queue 删除。

(6) 关闭文件:完成数据写入后,对数据流调用 close()方法关闭写入过程。

在写入过程中,如果数据节点发生故障,将执行以下操作:

① 关闭管道,把队列的数据包都添加到队列的最前端,以确保故障节点下游的数据节点不会漏掉任何一个数据包。

② 为存储在另一个正常的数据节点的当前数据块指定一个新的标识,并把标识发送给名称节点,以便在数据节点恢复正常后可以删除存储的部分数据块。

③ 从管道中删除故障数据节点,基于正常的数据节点构建一条新管道。余下的数据块写入管道中正常的数据节点。名称节点注意到块副本数量不足时,会在另一个节点上创建一个新的副本。后续的数据块正常接收处理。

只要写入了副本数(默认 1),写操作就会成功,并且这个块可以在集群中异步复制,直到达到其目的的副本数(默认值 3)。

6.2.3 大数据的并行处理

大数据已经成为当今信息时代的重要组成部分,如何高效地处理和分析大规模的数据是当前技术发展的关键问题。MapReduce 并行编程模型为大规模数据处理提供了一条有益途径。

1. MapReduce 并行编程模型

MapReduce 是一种面向大数据处理的并行编程模型,用于大规模数据集(大于 1TB)的并行运算。主要反映了 Map(映射)和 Reduce(归约)两个概念,分别完成映射操作和归约操作。映射操作按照需求操作独立元素组里面的每个元素,这个操作是独立的,然后新建一个元素组保存刚生成的中间结果。因为元素组之间是独立的,所以映射操作基本上是高度并行的。归约操作对一个元素组的元素进行合适的归并。虽然有可能归约操作不如映射操作并行度那么高,但是求得一个简单答案,大规模的运行仍然可能相对独立,所以归约操作同样具有并行的可能。

MapReduce 是一种非机器依赖的并行编程模型,可基于高层的数据操作编写并行程序,MapReduce 框架的运行时系统自动处理调度和负载均衡问题。MapReduce 把并行任务定义为两个步骤:首先 Map 阶段把输入数据元素划分为区块,映射生成中间结果<key,value>对;然后在 Reduce 阶段按照相同键值归约生成最终结果。

映射归约模型的核心是 Map 和 Reduce 两个函数,由用户自定义,它们的功能是按一定的映射规则将输入的<key,value>对转换成一组<key,value>对输出。

Map 操作是一类将输入记录集转换为中间格式记录集的独立任务,将输入键值对(key,value)映射为一组中间格式的键值对。该中间格式记录集不需要与输入记录集的类型一致。一个给定的输入键值<key,value>对可以映射成 0 个或多个输出键值<key,value>对。Reduce 操作将 key 相同的一组中间数值集归约为一个更小的数值集。通常,Reduce 操作包括 shuffle 操作和排序操作。

MapReduce 计算模型认为大部分操作和映射操作相关,映射对输入记录的每个逻辑"record"进行运算,产生一组中间值<key,value>对,然后对具有相同 key 的中间值<key,

value＞执行归约操作来合并数据。

2. MapReduce 的工作流程

MapReduce 具有唯一的主节点(master node)，实现对从节点群(slave nodes)的管理。存储在分布式文件系统上的输入文件，被分割为可复制的块来解决容错问题。Hadoop 把每个 MapReduce 作业划分为一组任务集合。对每个输入块，首先由映射任务处理，并输出一个键值对列表。映射函数由用户定义。当所有的映射任务完成时，归约任务对按键组织的映射输出列表进行归约操作。

Hadoop 在每个从节点上同时运行一些映射任务和归约任务，映射和归约任务之间的计算和 I/O 操作重叠进行。一旦从节点的任务区有空位，它就通知主节点，然后调度器就分配任务给它。用户程序调用 Map、Reduce 函数时，Hadoop 模型 Map、Reduce 的数据流的具体操作细节如图 6-8 所示。

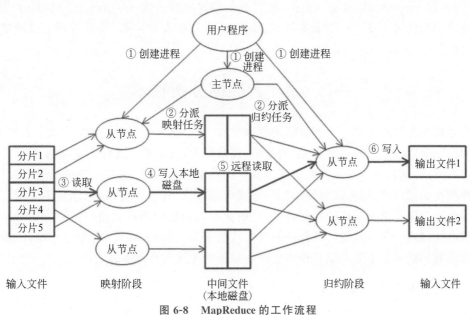

图 6-8　MapReduce 的工作流程

(1) 创建进程：用户程序利用 fork 进程派生主节点和从节点，调用 MapReduce 引擎将输入文件分成 M 块(如 5 块)，每块大概 16MB 到 64MB(可自定义参数)。

(2) 分派映射任务：主节点分派映射任务和归约任务。假设有 M 个映射任务和 R 个归约任务，选择空闲的从节点分配这些任务。

(3) 读取分片：分配了映射任务的从节点从收入文件读取并处理相关的分片，解析出中间结果＜key,value＞，传递给用户自定义的映射函数；映射函数生成的中间结果＜key,value＞暂时缓冲到内存中。

(4) 写入本地磁盘：缓冲在内存中的中间结果＜key,value＞周期性地写入本地磁盘。这些数据通过分区函数(partition)划分为 R 个区块。从节点将中间结果＜key,value＞在本地磁盘的位置信息发送到主节点，然后统一由主节点传送给后续执行归约操作的从节点。

(5) 远程读取：当执行归约任务的从节点收到主节点所通知的中间结果＜key,value＞

对的位置信息时,该从节点通过远程调用读取存储在映射任务节点的本地磁盘上的中间数据。从节点对读取的所有的中间数据按照中间结果中的 key 进行排序,使得 key 相同的 value 集中在一起。如果中间结果集合过大,可能需要使用外排序。

(6) 写入输出文件:执行归约任务的从节点根据中间结果中的 key 来遍历所有排序后的中间结果<key,value>,并且把 key 和相关的中间结果集合传递给用户自定义的归约函数,由归约函数将本区块输出到一个最终输出文件,该文件存储到 HDFS 中。

当所有的映射和归约任务完成时,主节点通知用户程序,返回用户程序的调用点,MapReduce 操作执行完毕。

3. MapReduce 的应用

使用 Python 写 MapReduce 的"诀窍"是利用 Hadoop 流的 API,通过 STDIN(标准输入)、STDOUT(标准输出)在 Map 函数和 Reduce 函数之间传递数据。读者需要做的是利用 Python 的 sys.stdin 读取输入数据,并把我们的输出传送给 sys.stdout。Hadoop 流将会帮助处理别的任何事情。由于需要涉及 Hadoop 系统的安装问题,读者可以通过网络学习完成上述工作。

◆ 6.3 大数据分析技术

数据获取有多种手段。主要包括物联网感知、网络爬虫和问卷调查等方式。其中,通过物联网感知获取的数据种类繁多、结构复杂、冗余性大,通常需要进行清洗,然后进行分析加工,最后进行可视化展示。通过网络爬虫获取的数据,由于预先制定了明确的获取目标,因此数据的种类相对单一,但数据量相比传感器而言更大、冗余性更强,因此也需要进行数据清洗。而通过问卷调查获取的数据,因为是由获取人制定的调查表格,目标明确和清晰,数据种类可控,数据冗余小,但问卷信息的真实性受多方面影响,因此,需要通过统计、回归等分析手段取其精华。本节介绍几种主要的数据预处理技术及分析方法。

6.3.1 数据预处理

不管是通过什么方式获取数据,在进行存储和分析之前,一般都需要进行预处理,取其精华,去其糟粕,目标是减少存储空间、提高存储与服务效率。

1. 数据预处理方法

数据预处理方法有很多,主要包括数据清洗、数据集成、数据转换和数据归约等。

1) 数据清洗

数据清洗是删去数据中重复的记录,消除数据中的噪声数据,纠正不完整和不一致数据的过程。在这里,噪声数据是指数据中存在着错误或异常(偏离期望值)的数据;不完整(incomplete)数据是指数据中缺乏某些属性值;不一致数据则是指数据内涵出现不一致情况(如作为关键字的同一部门编码出现不同值)。

数据清洗处理过程通常包括:填补遗漏的数据值,平滑有噪声的数据,识别或除去异常值(outlier)以及解决不一致问题。数据的不完整、有噪声和不一致对现实世界的大规模数据库来讲是非常普遍的情况。

不完整数据的产生大致有以下几个原因:①有些属性的内容有时没有,如参与销售事务数据中的顾客信息。②有些数据当时被认为是不必要的。③由于误解或检测设备失灵导致相关数据没有被记录下来。④与其他记录内容不一致而被删除。⑤历史记录或对数据的修改被忽略了。⑥遗失数据(Missing Data),尤其是一些关键属性的遗失或许需要被推导出来。

噪声数据产生的原因有：①数据采集设备有问题。②数据录入过程发生了人为或计算机错误。③数据传输过程中发生错误。④由于命名规则(Name Convention)或数据代码不同而引起的数据不一致。

2) 数据集成

数据集成是指将来自多个数据源的数据合并到一起构成一个完整的数据集。由于描述同一个概念的属性在不同数据库取了不同的名字,在进行数据集成时就常常会引起数据的不一致或冗余。例如,在一个数据库中一个顾客的身份编码为 custom id,而在另一个数据库则为 cust id;如在一个数据库中一个人取名 Bill,而在另一个数据库中则取名为 B。命名的不一致常常会导致同一属性值的内容不同。相同属性的名称不一致,会给数据集成带来困难。因此,数据集成前,先要对同一属性的名称进行归一化处理,然后再将同一属性名称的各类数据进行合并处理。

3) 数据转换

数据转换是指将一种格式的数据转换为另一种格式的数据。数据转换主要是对数据进行规格化(normalization)操作。在正式进行数据挖掘之前,尤其是使用基于对象距离的挖掘算法时,如神经网络、最近邻分类等,必须进行数据的规格化。也就是将其缩至特定的范围之内(如[0,1],[−1,1],[0,10]等)。例如,对于一个顾客信息数据库中的年龄属性或工资属性,由于工资属性的取值比年龄属性的取值要大许多,如果不进行规格化处理,基于工资属性的距离计算值显然将远超过基于年龄属性的距离计算值,这就意味着工资属性的作用在整个数据对象的距离计算中被错误地放大了。

将数据统一映射到[0,1]区间上的规格化方法,称为归一化处理。归一化处理方法有多种,主要包括"均值方差法""极值"处理法等。其中,最容易理解的、使用最多的是"极值"处理法,在"极值"处理法中,又包括"标准型""极大型""极小型"等不同类型。具体思路是：针对所有相似度指标,求出其中的最大值或最小值;然后根据三种不同方法对集合中的元素进行归一化处理。

4) 数据归约

数据归约是指在尽可能保持数据原貌的前提下,最大限度地精简数据量(完成该任务的必要前提是理解挖掘任务和熟悉数据本身内容)。数据归约也称为数据消减,它主要有两个途径：属性选择和数据采样,分别针对原始数据集中的属性和记录,目的就是缩小所挖掘数据的规模,但却不会影响(或基本不影响)最终的挖掘结果。

现有的数据归约包括：①数据聚合,如构造数据立方(cube)。②消减维数,如通过相关分析消除多余属性。③数据压缩,如采用编码方法(如最小编码长度或小波)来减少数据处理量。④数据块消减,如利用聚类或参数模型替代原有数据。

需要强调的是,以上所提及的各种数据预处理方法并不是相互独立的,而是相互关联的。如消除数据冗余既可以看成是一种形式的数据清洗,也可以认为是一种数据归约。

由于现实世界的数据常常是含有噪声、不完全的和不一致的,数据预处理能够帮助改善数据的质量,进而帮助提高数据挖掘进程的有效性和准确性。

2. 数据归一化处理实例

数据归一化是数据预处理中最重要的环节。下面以网络节点行为数据的归一化处理为例,说明多维数据的归一化处理方法。

在网络节点行为可信监控系统中,为了保证网络节点安全可靠运行,需要动态地实时获取网络节点可用属性、可靠属性和安全属性。其中,网络节点可用属性包括 CPU 利用率、内存利用率、带宽利用率;可靠属性包括执行过程错误率;安全属性包括扫描重要端口次数、访问敏感文件次数、尝试越权次数、恶意操作数、创建文件数等。具体指标及其含义如表 6-2 所示。

表 6-2　行为指标数据特性分析

指标编号	指标代号	行 为 指 标	指 标 含 义	指标规格化目标
0	P1	CPU 利用率	正向递减百分比	全部指标均在[0,1]之间正向递增无量纲值
1	P2	内存利用率	正向递减百分比	
2	P3	带宽利用率	正向递减百分比	
3	R1	执行过程错误率	正向递减百分比	
4	S1	扫描重要端口次数	正向递减量纲值	
5	S2	访问敏感文件次数	正向递减量纲值	
6	S3	尝试越权次数	正向递减量纲值	
7	S4	恶意操作数	正向递减量纲值	
8	S5	创建文件数	正向递减量纲值	

上述属性指标取值范围差异较大,有按照百分比计算的、有按照次数计算的。例如,CPU 利用率、内存利用率和带宽利用率都是在 $0 \sim 100\%$ 范围内的具体值,尝试越权次数和扫描重要端口次数都是在某一范围内的具体值,而且这些值都是沿正向递减的,即取值越小越好。显然,由于网络节点行为监测数据的表示范围和方式不同,为了便于融合计算,需要把数据表示进行归一化,即把它们全部表示为在[0,1]区间沿正向递增的无量纲值,这样不仅便于数值融合计算,而且也与网络节点行为可信范围和方向相一致。

已知在某个时间 T 共有 n 组需要处理的行为数据,这 n 组数据中的每一组数据称为一个样本。这样,共有待处理的 n 个样本 $X = \{x_1, x_2, \cdots, x_n\}$,每个样本 i 的属性集合表示为 $x_i = \{x_{i1}, x_{i2}, \cdots, x_{im}\}$,则 X 可用一个 $n \times m$ 阶矩阵表示如下:

$$X = \begin{bmatrix} x_{11} & x_{12} & \cdots & x_{1m} \\ x_{21} & x_{22} & \cdots & x_{2m} \\ & & \ddots & \\ x_{n1} & x_{n2} & \cdots & x_{nm} \end{bmatrix}$$

要对上面矩阵中的数据进行归一化处理,可以有多种方法。现假设规范化后的矩阵为 $B = (b_{ij})_{m \times n}$,则对矩阵 X 中每一列可以采用如下 4 种方法之一实现数据的正向递增归一化处理,可以得到矩阵 B。

$$b_{ij} = \begin{cases} x_{ij} & \text{(a)} \\ 1 - x_{ij} & \text{(b)} \\ (x_{ij} - r^j_{\min})/(r^j_{\max} - r^j_{\min}) & \text{(c)} \\ (r^j_{\max} - x_{ij})/(r^j_{\max} - r^j_{\min}) & \text{(d)} \end{cases}$$

其中，$r^j_{\max} = \max^n_{i=1}\{x_{ij}\}$，$r^j_{\min} = \min^n_{i=1}\{x_{ij}\}$。

在上面的实现正向递增归一化处理公式中，公式(a)表示 x_{ij} 是正向递增百分比时的计算公式；公式(b)表示 x_{ij} 是正向递减百分比时的计算公式；公式(c)和(d)均表示 x_{ij} 是正向递增量纲值时采用的计算公式，两个公式稍有差异。

通过归一化处理，所有的行为证据都可以转换为[0,1]范围内的正向递增值。这样每个行为属性的值越大，该行为证据对网络节点的可信性的贡献也就越大。

假设表 6-3 是某时刻获取的网络节点行为指标属性原始数据，则经过上面的正向递增归一化方法处理后，可以转换成为表 6-4 所示的行为指标属性归一化数据。其中，$P1$、$P2$、$P3$ 和 $R1$ 采用公式(b)计算；$S1$、$S2$、$S3$、$S4$、$S5$ 采用公式(d)计算。

表 6-3　网络节点行为指标属性的原始数据

样本	P1	P2	P3	R1	S1	S2	S3	S4	S5
样本 1	0.1	0.1	0	0.18	2	0	0	0	0
样本 2	0.2	0.1	0	0.1	0	1	0	0	0
样本 3	0.1	0.2	0.1	0.14	0	1	1	0	0
样本 4	0.1	0.2	0.1	0.14	0	1	1	1	0
样本 5	0	0	0	0.2	1	0	0	0	0
样本 6	0.2	0.1	0	0.12	0	1	1	1	2
样本 7	0.7	0.3	0	0	0	0	0	0	0

表 6-4　行为指标属性归一化数据

样本	P1	P2	P3	R1	S1	S2	S3	S4	S5
样本 1	0.9	0.9	1	0.82	0	1	1	1	1
样本 2	0.8	0.9	1	0.90	1	0	1	1	1
样本 3	0.9	0.8	0.9	0.86	1	0	0	1	1
样本 4	0.9	0.8	0.9	0.86	1	0	0	0	1
样本 5	1	1	1	0.80	0.5	1	1	1	1
样本 6	0.8	0.9	1	0.88	1	0	0	0	0
样本 7	0.3	0.7	1	1	1	1	1	1	1

进行数据归一化处理的 Python 程序如下。

程序 6-1　进行数据归一化处理的 Python 程序

```
matrix=[  [2,3,4,5,6,7,8],                    #样本1
          [1,2,2,4,5,6,7],                    #样本2
          [2,3,4,2,6,8,0],                    #样本3
          [3,4,6,7,9,0,6]]                    #样本4
samnum = len(matrix)                          #计算行数
itmnum = len(matrix[0])                       #计算列数
maxj=[]; minj=[]                              #初始化
for j in range(itmnum):
    temp=[]
    for i in range(samnum):
        temp.append(matrix[i][j])            #将每列转换为临时列表
    maxj.append(max(temp))                    #计算并保存每个指标的最大值
    minj.append(min(temp))                    #计算并保存每个指标的最小值
print(maxj, minj)                             #显示每个指标的最大、最小值

newmatrix=[]                                  #归一化矩阵初始化
for i in range(samnum):
    temp=[]
    for j in range(itmnum):
        temp.append((maxj[j]-matrix[i][j])/(maxj[j]-minj[j]))   #归一化计算
    newmatrix.append(temp)                    #生成归一化矩阵
print(newmatrix.I)                            #显示归一化矩阵
```

程序运行结果如下：

```
[3, 4, 6, 7, 9, 8, 8] [1, 2, 2, 2, 5, 0, 0]
[[0.5, 0.5, 0.5, 0.4, 0.75, 0.125, 0.0], [1.0, 1.0, 1.0, 0.6, 1.0, 0.25, 0.125],
[0.5, 0.5, 0.5, 1.0, 0.75, 0.0, 1.0], [0.0, 0.0, 0.0, 0.0, 0.0, 1.0, 0.25]]
```

6.3.2　大数据分析方法

　　数据分析也称为数据挖掘，是指从大量的数据中挖掘出令人感兴趣的知识。令人感兴趣的知识是指：有效的、新颖的、潜在有用的和最终可以理解的知识。

　　实际应用中，数据分析和数据预处理是融合为一体化实现的。具体分析手段包括：关联分析、分类分析以及聚类分析等。

1. 关联分析

　　首先通过一个有趣的"尿布与啤酒"的故事来了解关联分析。在一家超市里，有一个有趣的现象：尿布和啤酒赫然摆在一起出售。但是这个奇怪的举措却使尿布和啤酒的销量双双增加了。这是发生在美国沃尔玛连锁店超市的真实案例。

　　沃尔玛数据仓库里集中了其各门店的详细原始交易数据，在这些原始交易数据的基础上，沃尔玛利用数据挖掘方法对这些数据进行分析。一个意外的发现是：跟尿布一起购买最多的商品竟是啤酒！

　　经过大量实际调查和研究，揭示了一个隐藏在"尿布与啤酒"背后的美国人的一种行为模式：在美国，一些年轻的父亲下班后经常要到超市去买婴儿尿布，而他们中有30%～40%

的人同时也会为自己买一些啤酒。产生这一现象的原因是：美国的太太们常叮嘱她们的丈夫下班后为小孩买尿布，而丈夫们在买尿布后又随手带回了他们喜欢的啤酒。

虽然尿布与啤酒风马牛不相及，但正是借助数据挖掘技术对大量交易数据进行分析，使得沃尔玛超市发现了隐藏在数据背后的这一有价值的规律。

2. 分类分析

分类是一种已知分类数量基础上的数据分析方法。它使用类电子标签已知的样本建立一个分类函数或分类模型（也常常称分类器）。应用分类模型，能把数据库中的类电子标签未知的数据进行归类。若要构造分类模型，则需要有一个训练样本数据集作为输入，该训练样本数据集由一组数据库记录或元组构成，还需要一组用以标识记录类别的标记，并先为每个记录赋予一个标记（按标记对记录分类）。一个具体的样本记录形式可以表示为$(V_1, V_2, \cdots, V_i, C)$，其中，$V_i$ 表示样本的属性值，C 表示类别。对同类记录的特征进行描述有显式描述和隐式描述两种。显式描述如一组规则定义；隐式描述如一个数学模型或公式。

数据分类有两个步骤，即构建模型和模型应用。

（1）构建模型就是对预先确定的类别给出相应的描述。该模型是通过分析数据库中各数据对象而获得的。先假设一个样本集合中的每个样本属于预先定义的某一个类别，这可由一个类标号属性来确定。这些样本的集合称为训练集，用于构建模型。由于提供了每个训练样本的类标号，故称为有指导的学习。最终的模型即是分类器，可以用决策树、分类规则或者数学公式等来表示。

（2）模型应用就是运用分类器对未知的数据对象进行分类。先用测试数据对模型分类准确率进行估计，例如使用保持方法进行估计。保持方法是一种简单估计分类规则准确率的方法。在保持方法中，把给定数据随机地划分成两个独立的集合——训练集和测试集。通常，2/3 的数据分配到训练集，其余 1/3 分配到测试集。使用训练集导出分类器，然后用测试集评测准确率。如果学习所获模型的准确率经测试被认为是可以接受的，那么就可以使用这一模型对未知类别的数据进行分类，产生分类结果并输出。

3. 聚类分析

聚类是一种根据数据对象的相似度等指标进行数据分析的方法。俗话说："物以类聚，人以群分"。所谓类，通俗地说就是指相似元素的集合。聚类分析又称集群分析，它是研究样品或指标分类问题的一种统计分析方法。聚类是将物理或抽象对象的集合分成由类似的对象组成的多个类的过程。由聚类所生成的簇是一组数据对象的集合，这些对象与同一个簇中的对象彼此相似，与其他簇中的对象相异。

传统的聚类分析计算方法主要有如下几种。

1）基于划分的方法

给定一个有 N 个元组或者记录的数据集，基于划分的方法将构造 K 个分组，每一个分组就代表一个聚类，$K < N$。而且这 K 个分组满足下列条件：①每一个分组至少包含一个数据记录。②每一个数据记录属于且仅属于一个分组（注意：这个要求在某些模糊聚类算法中可以放宽）。③对于给定的 K，算法首先给出一个初始的分组方法，以后通过反复迭代的方法改变分组，使得每一次改进之后的分组方案都较前一次好。而所谓好的标准就是：同一分组中的记录相似度越近越好，而不同分组中的记录相似度越远越好。使用这个基本思想的算法有：K-MEANS 算法、K-MEDOIDS 算法、CLARANS 算法。

2）基于层次的方法

这种方法对给定的数据集进行层次式的分解，直到某种条件满足为止。具体又可分为"自底向上"和"自顶向下"两种方案。例如在"自底向上"方案中，初始时每一个数据记录都组成一个单独的组，在接下来的迭代中，它把那些相互邻近的组合并成一个组，直到所有的记录组成一个分组或者某个条件满足为止。使用这个基本思想的算法有：BIRCH 算法、CURE 算法、CHAMELEON 算法等。

3）基于密度的方法

这种方法与其他方法的一个根本区别是：它不是基于相似度计算（如距离），而是基于密度计算的。这样就能克服基于相似度的算法只能发现"类圆形"聚类的缺点。这个方法的指导思想就是，只要一个区域中的点的密度大过某个阈值，就把它加到与之相近的聚类中去。使用这个基本思想的算法有：DBSCAN 算法、OPTICS 算法、DENCLUE 算法等。

4）基于网格的方法

这种方法首先将数据空间划分成有限个单元（cell）的网格结构，所有的处理都是以单个的单元为对象的。这样处理的一个突出的优点就是处理速度很快，通常这是与目标数据库中记录的个数无关的，只与把数据空间分为多少个单元有关。代表算法有：STING 算法、CLIQUE 算法、WAVE-CLUSTER 算法。

5）基于模型的方法

该方法给每一个聚类假定一个模型，然后去寻找能够很好地满足这个模型的数据集。这样一个模型可能是数据点在空间中的密度分布函数。它的一个潜在的假定就是：目标数据集是由一系列的概率分布所决定的。通常有两种尝试方向：统计的方案和神经网络的方案。

其他的聚类方法还有：传递闭包法、最大树聚类法、布尔矩阵法、直接聚类法等。

6.3.3 大数据分析的典型实例

下面以 K-MEANS 算法和最大树聚类算法为例介绍数据聚类分析的具体过程。

1. K-MEANS 算法

K-MEANS 算法又称 k 均值聚类算法（k-means clustering algorithm），它是一种通过迭代求解的聚类分析算法，也是应用广泛的基于划分的方法。

假设参与聚类的对象有 N 个，需要将其分为 K 个分组，$K \leqslant N$，则 K-MEANS 算法的聚类思想如下：

（1）随机选取 K 个对象作为初始聚类中心，并计算每个聚类中心的值。

（2）计算每个对象与这 K 个聚类中心之间的距离，并把这些对象划分给距离它最近的聚类中心的数据集合中，这个数据集合就代表一个聚类。

（3）每给一个聚类中心新增一个对象，重新计算每个聚类中心的值。

（4）重复步骤（2）和（3），直到满足某个给定的终止条件。

这里的终止条件通常包括：①没有对象可以重新划分给不同的聚类中心。②没有聚类中心值发生变化。③聚类误差满足给定要求。

K-MEANS 算法使用 Python 语言代码描述如下。

程序 6-2　*K*-MEANS 算法的 Python 程序

```python
import numpy as np
import pandas as pd
import random
import sys
import time
class KMeansClusterer:
    def __init__(self,ndarray,k):
        self.ndarray = ndarray                       #n 维数组
        self.k = k                                   #聚类数
        self.groups=self.__pick_start_point(ndarray,k)


    def cluster(self):                               #聚类函数
        result = []
        for i in range(self.k):                      #每个聚类初始化为空'[]'
            result.append([])
        for obj in self.ndarray:                     #在 n 维数据找距离中心最小的元素
            distance_min = sys.maxsize
            index = -1
            for i in range(len(self.groups)):        #聚类数
                distance = self.__distance(obj, self.groups[i]) #计算距离
                if distance < distance_min:          #找出最小距离及其点的编号
                    distance_min = distance
                    index = i
            result[index] = result[index] + [obj.tolist()]    #更新聚类结果
        new_center=[]
        for obj in result:
            new_center.append(self.__center(obj).tolist()) #计算新聚类中心
        if (self.groups==new_center).all():          #聚类中心点未改变,结束递归
            return result
        print("新的聚类中心=", new_center)
        self.groups=np.array(new_center)
        return self.cluster()                        #递归调用


    def __center(self,list):
        return np.array(list).mean(axis=0)           #对各列求均值返回 1 * n 矩阵


    def __distance(self,p1,p2):                       #计算两点间距离的欧氏距离
        tmp=0
        for i in range(len(p1)):
            tmp += pow(p1[i]-p2[i],2)                 #求平方和
        return pow(tmp, 0.5)
    #随机选取 k 个对象,作为初始聚类分组
    def __pick_start_point(self,ndarray,k):
        if k <0 or k > ndarray.shape[0]:
            raise Exception("组数设置有误")
        lst1= np.arange(0,ndarray.shape[0],step=1).tolist()   #将阵列转为列表
        indexes = random.sample(lst1, k)             #随机选取 k 个对象
        groups=[]
```

```
        for i in indexes:
            groups.append(ndarray[i].tolist())
        return np.array(groups)
#主程序
if __name__ == '__main__':
    sample=[ [2,3,5,6,2,1], [4,6,6,7,9,2],
                    [3,4,5,1,1,4], [0,5,5,8,5,5], [7,6,5,4,3,2] ]
    a = np.array(sample)                    #列表转换为数组
    art = KMeansClusterer(a, 3)             #将 5 个对象分为 3 组
    res = art.cluster()
    print("分类结果如下:")
    for i in range(len(res)):
        print("第", i, "组:", res[i])
```

该程序的运行结果如下。

```
新的聚类中心= [[2.5, 3.5, 5.0, 3.5, 1.5, 2.5], [7.0, 6.0, 5.0, 4.0, 3.0, 2.0], [2.0,
5.5, 5.5, 7.5, 7.0, 3.5]]
分类结果如下:
第 0 组: [[2, 3, 5, 6, 2, 1], [3, 4, 5, 1, 1, 4]]
第 1 组: [[7, 6, 5, 4, 3, 2]]
第 2 组: [[4, 6, 6, 7, 9, 2], [0, 5, 5, 8, 5, 5]]
```

在上面的 k 均值聚类算法中,聚类中心的值采用了该聚类中心的一个或多个对象的均值方法来求得,而聚类中心与每个对象的距离则采用了欧氏距离来计算。事实上,有很多种方法可以用来计算两个对象(或集合)间的距离,包括海明距离、欧氏距离和闵可夫斯基距离等。其中,海明距离、欧氏距离主要用来计算两个离散集合间的距离,而闵可夫斯基距离主要用来计算两个连续对象(即连续函数)间的距离。

下面简单介绍这些距离的计算公式。

(1) 海明距离:

设集合 $A=\{x_1,x_2,\cdots,x_n\}$,$B=\{y_1,y_2,\cdots,y_n\}$,则 $d(A,B)=\sum\limits_{k=1}^{n}|(x_k)-(y_k)|$ 称为海明距离,记为 $d_H(A,B)$。

(2) 欧氏距离:

设集合 $A=\{x_1,x_2,\cdots,x_n\}$,$B=\{y_1,y_2,\cdots,y_n\}$,则 $d(A,B)=\sqrt{\sum\limits_{k=1}^{n}(x_k-y_k)^2}$ 称为欧氏距离,记为 $d_E(A,B)$。

例如,设集合 $A=(0.6,0.8,1.0,0.8,0.6,0.4)$,$B=(0.4,0.6,0.8,1.0,0.9,0.8)$,计算 A 与 B 间的海明距离和欧氏距离。

解:海明距离计算如下:
$$d_H(A,B)=(0.2+0.2+0.2+0.2+0.3+0.4)=1.5$$

欧氏距离计算如下:
$$d_E(A,B)=\sqrt{(0.2^2+0.2^2+0.2^2+0.2^2+0.3^2+0.4^2)}=0.64$$

2. 最大树聚类算法

最大树聚类法是模糊聚类方法的一种,首先需要规格化,然后通过标准步骤建立相似系数构成的相似矩阵。该方法的具体步骤如下:

(1) 数据规格化并建立相似矩阵。设被分类的 n 样本集为 $(X_1, X_2, X_3, \cdots, X_n)$;每个样本 i 有 m 个指标 $(X_{i1}, X_{i2}, \cdots, X_{im})$。对每个样本的各项指标(注:可以先规格化)选取适当的公式(如海明距离、欧氏距离)计算 n 个样本中全部样本对之间的相似系数(注:也可以这时候规格化),建立包含 n 行 n 列的相似关系矩阵 $\boldsymbol{R}$。

(2) 利用关系矩阵构建最大树。将每个样本看作图的一个顶点,当关系矩阵 $\boldsymbol{R}$ 中的元素 $r_{ij} \neq 0$ 时,样本 i 与样本 j 就可以连一条边,但是否进行连接这条边,应遵循下述规则:先画出样本集中的某一个样本 i 的顶点,然后按相似系数 r_{ij} 从大到小的顺序依次将样本 i 和样本 j 的顶点连成边,如果连接过程出现了回路,则删除该边;以此类推,直到所有顶点连通为止。这样就得到了一棵最大树(最大树不是唯一的,但不影响分类的结果)。

(3) 利用 λ-截集进行分类。选取 λ 值($0 \leqslant \lambda \leqslant 1$),去掉权重低于 λ 的连线,即把图中 $r_{ij} < \lambda$ 的连线去掉,互相连通的样本就归为一类,即可将样本进行分类。这里,聚类水平 λ 大小表示把不同样本归为同一类的严格程度。当 $\lambda = 0$ 时,表示聚类非常严格,n 个样本各自成为一类;当 $\lambda = 1$ 时,表示聚类很宽松,n 个样本成为一类。

例如,已知 5 个样本,每个样本有 6 个指标。如表 6-5 所示。请利用最大树方法进行聚类。

表 6-5　5 个样本的 6 个指标一览表

样本	指标 1	指标 2	指标 3	指标 4	指标 5	指标 6
样本 X_1	2	3	5	6	2	1
样本 X_2	4	6	6	7	9	2
样本 X_3	3	4	5	1	1	4
样本 X_4	5	5	5	5	5	5
样本 X_5	7	6	5	4	3	2

问题分析:首先利用海明距离来度量 n 个样本中任意两个样本 i 和 j 之间的相似度 S_{ij},其中 x_{ik} 是第 i 个样本的第 k 个指标,y_{ik} 是第 j 个样本的第 k 个指标。具体计算公式如下:

$$S_{ij} = \sum_{k=1}^{m} |x_{ik} - y_{ik}|$$

5 个样本间的相似度计算结果如下:

$$
\begin{bmatrix}
0, 15, 11, 13, 12, \\
15, 0, 20, 12, 13, \\
11, 20, 0, 12, 13, \\
13, 12, 12, 0, 9, \\
12, 13, 13, 9, 0
\end{bmatrix}
$$

然后,对海明距离进行归一化处理(即将数据统一映射到 $[0,1]$ 区间上)。具体思路是:首先,针对所有相似度指标,求出其中的最大值和最小值,即 $S_{\max} = \max\limits_{i,j=1}^{n} \{S_{ij}\}$,$S_{\min} = \min\limits_{i,j=1}^{n} \{S_{ij}\}$,

然后,利用公式 $S'_{ij} = \dfrac{S_{max} - S_{ij}}{S_{max} - S_{min}}$ $(i, j = 1, 2, \cdots, n)$ 计算每个样本的每个指标的归一化数值,得到一个模糊相似矩阵:

$$R = \begin{bmatrix} 1 & 0.25 & 0.45 & 0.35 & 0.40 \\ 0.25 & 1 & 0.0 & 0.4 & 0.35 \\ 0.45 & 0.0 & 1 & 0.4 & 0.35 \\ 0.35 & 0.4 & 0.4 & 1 & 0.55 \\ 0.40 & 0.35 & 0.35 & 0.55 & 1 \end{bmatrix}$$

其次,用最大树法把矩阵中的 5 个样本进行分类。即按照模糊相似矩阵 R 中的 r_{ij} 值由大到小的顺序依次把这些元素用直线连接起来,并标上 r_{ij} 的数值,如图 6-9(a)所示。当取 $0.4 <\lambda < 0.45$ 时,得到聚类图(如图 6-9(b)所示),即 X 分成三大类:$\{X_1, X_3\}, \{X_4, X_5\}, \{X_2\}$。

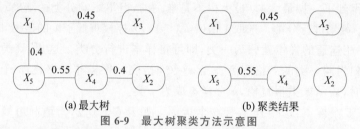

(a) 最大树   (b) 聚类结果

图 6-9 最大树聚类方法示意图

最大树聚类算法很容易使用 Python 程序代码进行实现,如下所示。

程序 6-3 最大树聚类算法的 Python 程序

```python
#已知样本 1、2、3、4、5 的 6 个指标,将其放在列表 sample 中
sample=[ [2,3,5,6,2,1], [4,6,6,7,9,2], [3,4,5,1,1,4], [5,5,5,5,5,5], [7,6,5,4,3,2] ]
result =[]                              #设置空列表 result,用来存储相似度
for i in range(5):
    s1 = sample[i]                      #取出样本 i 的 6 个指标
    for j in range(5):
        s2 = sample[j]                  #取出样本 j 的 6 个指标
        sum1= 0
        for k in range(6):
            p  = abs(s1[k] - s2[k])
            sum1 += p
        result.append(sum1)
max1 = max(result)                      #求海明距离的最大值
for i in range(len(result)):
    result[i] = 1 - result[i]/max1      #求相似度
print(result)                           #显示聚类前结果
lamuta= 0.41                            #给出阈值为 0.41
for i in range(len(result)):
    if result[i]<lamuta:
        result[i]=0
matrix = []; temp = []
for i in range(len(result)):
    temp.append(result[i])
```

```
    if (i+1)%5 == 0:
        matrix.append(temp)
        temp=[]
print(matrix)                          #显示聚类后最终矩阵
```

该程序的运行结果如下：

```
[[1.0, 0, 0.45, 0, 0], [0, 1.0, 0, 0, 0], [0.45, 0, 1.0, 0, 0], [0, 0, 0, 1.0, 0.55],
[0, 0, 0, 0.55, 1.0]]
```

◆ 6.4　大数据分析可视化

数据分析结果的使用有多种方式，其中可视化呈现在大数据时代变得非常重要。下面介绍几种典型的数据分析的可视化方法。

6.4.1　调查问卷的设计与分析可视化

问卷调查是我们日常生活中一种非常重要的数据获取手段。在问卷调查之前，我们首先要掌握调查问卷的类型与结构，学会科学、合理地设计调查问卷。通过调查问卷的设计，培养我们利用数据进行综合分析问题的能力。

调查问卷又称调查表或询问表，是以问题的形式系统地记载调查内容的一种印件。问卷可以是表格式、卡片式或簿记式等。

1. 问卷设计

问卷设计，是问卷调查的关键。完美的问卷必须具备两个功能，即能将问题传达给被问的人和使被问者乐于回答。要完成这两个功能，问卷设计时应当遵循一定的原则和程序，运用一定的技巧。具体包括：

（1）有明确的主题。根据主题，从实际出发拟题，问题目的明确，重点突出，没有可有可无的问题。

（2）结构合理、逻辑性强。问题的排列应有一定的逻辑顺序，符合应答者的思维程序。一般是先易后难、先简后繁、先具体后抽象。

（3）通俗易懂。问卷应使应答者一目了然，并愿意如实回答。问卷中语气要亲切，符合应答者的理解能力和认识能力，避免使用专业术语。对敏感性问题采取一定的技巧调查，使问卷具有合理性和可答性，避免主观性和暗示性，以免答案失真。

（4）控制问卷的长度。回答问卷的时间控制在 20 分钟左右，问卷中既不浪费一个问句，也不遗漏一个问句。

（5）便于资料的校验、整理和统计。

随着信息技术的快速发展，传统的纸质问卷方式逐渐遭到淘汰，代之而起的是电子问卷方式。电子问卷方式通过问卷网站开展问卷调查，问卷设计有模板，问卷发布多方式，问卷答题可随时。

常见的问卷网站包括问卷网和腾讯问卷等。

以腾讯问卷为例，单击网站链接，使用微信扫描绑定身份后就可以使用。腾讯问卷支持

AI生成问卷、问卷调查、投票评选、在线考试等功能。通过选择"问卷调查"，有三种方式进行快速创建，包括空白创建、批量编辑、Excel导入三种方式，如图6-10所示。如果选用"空白创建"，则会出现问卷设计所需要的选择项，如图6-11所示，包括单选、多选、下拉等。问卷创建过程中可以使用"选择项"编辑问卷。

图6-10　创建问卷界面

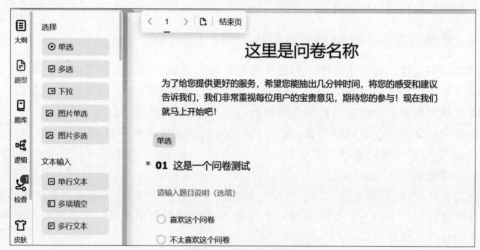

图6-11　问卷模板清单

一个空白问卷首先需要输入"问卷标题"，然后根据左边的"题目控件"选择题型，包括单选题、下拉题、多选题、单行文本题、多行文本题等。在文本题中，我们还可以通过"高级设置"选择文本字数、文本验证类型（如数字、日期、电子邮箱、身份证号码、手机号码、QQ号码、网络地址等）。通过文本验证类型，防止用户输入错误的数据信息。例如，当要求输入身份证号码时，如果输入的身份证号码不正确，将会提示出错。

问卷编辑完成后，我们可以通过"皮肤"功能进行问卷美化，通过"设置"管理问卷，包括问卷显示方式（如编号显示、随机选题等）、回收设置（如问卷结束时间、登录验证、回答次数约束等）和答题奖品（如红包奖励等）。

通过"投放"功能发布问卷。问卷发布链接方式有二维码方式、网站嵌入方式和网络链接方式等多种形式。

同理，问卷星的功能基本类似，但使用方式稍有不同。读者可以根据自己的喜好选择不同的问卷网站，提高自己的问题设计能力。

2. 问卷分析与可视化

问卷投放之后，大部分网站可以随时对已经提交的问卷进行分析（也有少部分网站在问卷结束后才能开展问卷分析），包括统计图表分析，交叉分析等。由于设计目标类似，所以不同的问卷网站的数据分析和可视化功能基本相同，只是细节上稍有差异。

　　下面以我们在问卷星上进行的"大学计算机课程改革情况调查"作为实例进行分析。该调查参与问卷的教师 567 人，可以通过表格、饼状图、圆环图、柱状图、条形图来对数据分析进行可视化，如图 6-12 所示。在生成前，还可以根据自己的爱好进行配色。如图 6-13 所示。当然，我们也可利用右侧功能将数据以 Excel 电子表格的形式导出，或以数据分析可视化的形式导出报告。导出到电子表格中的数据，我们还可以在线下进行更加丰富的可视化分析。

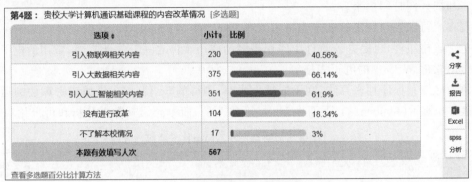

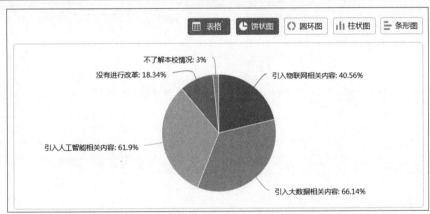

图 6-12　问卷网站的多种数据可视化功能

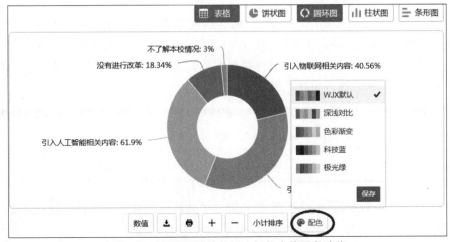

图 6-13　问卷网站的数据可视化中的配色功能

6.4.2 电子表格的数据分析可视化

电子表格,又称电子数据表,是一类模拟纸上计算表格的计算机程序。它会显示由一系列行与列构成的网格。电子版表格可以输入数值、计算式或文本、显示数据,帮助用户制作各种复杂的表格文档,进行加减乘除等复杂的数据计算,并能对输入的数据进行各种复杂统计运算后显示为可视性极佳的表格,同时它还能形象地将大量枯燥无味的数据变为多种漂亮的彩色商业图表显示出来,极大地增强了数据的可视性。另外,电子版表格还能将各种统计报告和统计图打印出来。

现在流行和大众使用的电子表格主要有 Excel 和 WPS。Excel 是微软公司 Office 软件中的电子表格组件,也是办公软件中应用最多的应用软件之一。除此之外,常用的电子表格还有金山软件 WPS 中的电子表格等。

例如已知某保序加密算法,在不同桶大小时,测得的 64 位、256 位加解密算法的运算时间如表 6-6 所示(单位 ms)。下面以 Excel 表格为例,简单介绍其数据分析和可视化功能。

表 6-6 某保序加密算法在不同条件下的运行时间

序号	桶大小/B	64 位加密/ms	256 位加密/ms	64 位解密/ms	256 位解密/ms
1	50	2	160	0	70
2	100	70	192	0	30
3	150	102	272	32	30
4	200	132	360	62	70
5	250	190	440	66	96
6	300	258	674	102	130
7	350	322	666	162	202
8	400	390	936	228	222
9	450	488	1082	266	310
10	500	542	1178	366	362

单击电子表格 Excel 中的"插入"菜单,将会出现图 6-14 所示的主要数据可视化分析方式,包括柱形图、折线图、饼图、条形图、散点图、其他图表等,可视化功能非常丰富。图 6-15还给出了柱形图、条形图和其他图表的可视化细分方式。其中,其他图表包括股价图、曲面图、圆环图、气泡图、雷达图等可视化细分方式。

图 6-14 Excel 中的数据可视化功能

通过对表 6-6 的数据进行分析,图 6-16 给出了其柱形图和折线图的可视化示例。读者可以根据自己的需要选择其他样式进行数据可视化。

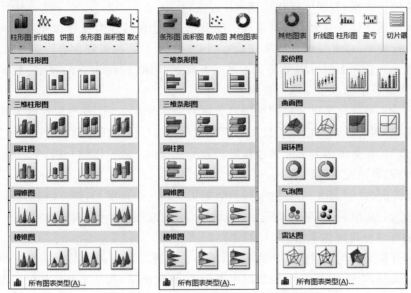

图 6-15　Excel 中的数据可视化功能的细分模式

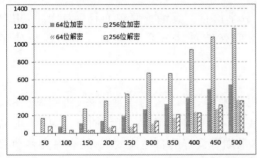
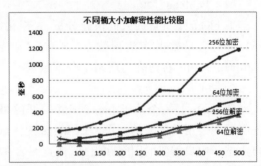

图 6-16　柱形图和折线图的可视化示例

除了 Excel 外,还可以使用 SPSS、SAS 来实现数据可视化。

(1) SPSS。SPSS 是世界上最早采用图形菜单驱动界面的统计软件,它最突出的特点就是操作界面极为友好,输出结果美观漂亮。用户只要掌握一定的 Windows 操作技能,精通统计分析原理,就可以使用该软件为特定的科研工作服务。SPSS 采用类似 Excel 表格的方式输入与管理数据,数据接口较为通用,能方便地从其他数据库中读入数据。其包括了常用的、较为成熟的统计过程,完全可以满足非统计专业人士的工作需要。

(2) SAS。SAS 是全球最大的软件公司之一,是全球商业智能和分析软件与服务领袖。SAS 由于其功能强大而且可以编程,很受高级用户的欢迎,也正是基于此,它是最难掌握的软件之一,多用于企业工作之中。缺点是需要编写 SAS 程序来处理数据,进行分析。如果在一个程序中出现一个错误,找到并改正这个错误比较困难。

6.4.3　基于平台的数据分析可视化

大数据应用范围越来越广,人们对数据进行可视化的需求就越来越强烈,以数据驱动方式来获取、处理和使用数据,来为组织和个人创造效益,是数据使用程度不断内化的过程。

如何有效地使用数据,数据可视化应用程度是关键。

大数据可视化是指对大型数据集合中的数据,通过利用数据分析和开发工具,以图形、图像形式进行表示,以此发现其中未知信息的处理过程。数据可视化有许多方法,这些方法根据其可视化的原理不同可以划分为:基于几何的技术、面向像素的技术、基于图标的技术、基于层次的技术和基于图像的技术等。

大数据分析可视化可以帮助用户透过数据看清事物的本质,发现跟数据密切关联的事物的发展规律,理解行业真相。大数据分析可视化已经广泛运用于政府、社会团体的业务经营分析,如政府、社会团体内部业务进程管理和分析、财务分析、供给分析、生产管理与分析、营销管理分析、客户关系分析等。

如果将政府、社会团体、个人的有价值数据集中在一个系统里,统一展现,可用于政府决策、商业智能、公众服务、市场营销等领域,大大提升政府、组织和个人的决策效率。

1. 大数据分析可视化平台

大数据分析可视化是目前的研究热点,很多企业开发了相关产品为广大用户使用。从使用模式上来分,包括基于 Web 的数据可视化平台(如网站)和基于客户端的数据可视化工具(如软件)。下面介绍几种常用的数据分析可视化平台或工具。

(1) Tableau 工具。

Tableau 工具帮助人们快速分析、可视化并分享信息。其编程简单而且容易上手,用户可以先将大量数据拖放到数字"画布"上,转眼间就能创建好各种图表。很多用户使用 Tableau Public 在博客与网站中分享数据。

(2) ECharts 平台。

ECharts 是一个基于 JavaScript 的开源可视化平台,可以运用于散点图、折线图、柱状图等这些常用的图表的制作。ECharts 的优点在于:文件体积较小,打包的方式灵活,可以自由选择用户需要的图表和组件,而且图表在移动端有良好的自适应效果,还有专为移动端打造的交互体验。

(3) Highcharts 软件。

Highcharts 的图表类型是很丰富的,线图、柱形图、饼图、散点图、仪表图、雷达图、热力图、混合图等类型的图表都可以制作,也可以制作实时更新的曲线图。另外,Highcharts 是对非商用免费的,对于个人网站、学校网站和非营利机构,可以不经过授权直接使用 Highcharts 系列软件。Highcharts 还有一个好处在于,它完全基于 HTML5 技术,不需要安装任何插件,也不需要配置 PHP、Java 等运行环境,只需要两个 JS 文件即可使用。

(4) 魔镜。

魔镜是中国企业开发的大数据可视化分析挖掘平台,帮助企业处理海量数据价值,实现数据分析。魔镜基础企业版适用于中小企业内部使用,基础功能免费,可代替报表工具和传统 BI,使用更简单化,可视化效果更好。

(5) 图表秀。

图表秀操作简单,站内包含多种图表案例,支持编辑和 Excel、CSV 等表格导入,可以实现多个图表之间的联动,使数据在软件辅助下变得更生动直观,是国内企业开发的图表制作工具。

2. ECharts 平台的功能

ECharts 是一个基于 JavaScript 的开源可视化平台及图表库,使用方便。读者可以在其官网上快速入门、下载教程和示例,如图 6-17 所示。

图 6-17　ECharts 网站首页

单击图中的"示例"按钮,可以发现 ECharts 的丰富的绘图功能,如图 6-18 所示。这些绘图功能包括折线图、柱状图、饼图、散点图、地理坐标/地图、k 线图、雷达图、盒须图、热力图、关系图、路径图、树图、矩形树图、旭日图、平行坐标系、桑基图、漏斗图、仪表盘、象形柱图、主题河流图、日历坐标系等。

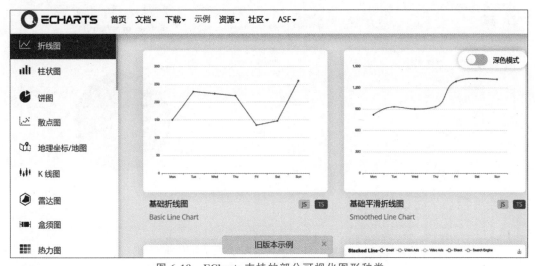

图 6-18　ECharts 支持的部分可视化图形种类

3. 基于 ECharts 平台的可视化实践

因为 ECharts 是一款可视化开发库,底层使用的是 JavaScript 封装,所以可以在网页 HTML 中嵌入 ECharts 代码来显示数据图表。除了可在本地编写 ECharts 代码外,也可以直接在 ECharts 官网上在线编程。

单击图 6-18 中的"饼图",进入饼图界面后,单击"圆角环形图",得到图 6-19 所示的可视化示例。图中左边是 JavaScript 代码窗口,右边是选择了"无障碍花纹"模式时的圆角环形图。

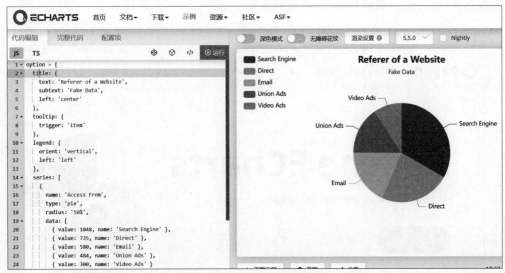

图 6-19　ECharts 的"圆角环形图"示例

单击图中的 TS,从新界面的左边窗口可以复制显示该"圆角环形图"的 JavaScript 代码。通过对这些代码及其包含的数据进行修改,可以获得一个用户自定义的"圆角环形图",如图 6-20 所示。

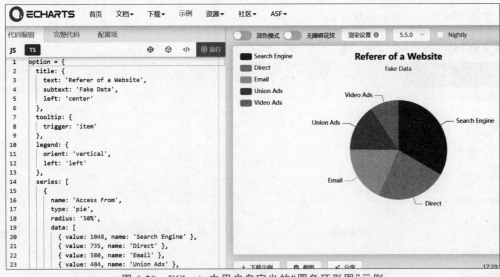

图 6-20　ECharts 中用户自定义的"圆角环形图"示例

例如,已知某高校 2020 年 6 个专业的报考人数和实际招生人数如表 6-7 所示,要求绘制一个 6 个专业的招生人数与报考人数的饼图。

表 6-7　某高校 6 个专业的招生人数和报考人数

专业名称	专业 1	专业 2	专业 3	专业 4	专业 5	专业 6
招生人数	210	212	180	60	89	121
报考人数	750	212	220	346	539	363

在上面的 TS 示例窗口中，输入下面的代码，可以得到一个饼图，如图 6-19 所示。

程序 6-4 基于 ECharts 平台的可视化的 JavaScript 程序

```
option = {
    angleAxis: {
        type: 'category',
        data: ['专业 1', '专业 2', '专业 3', '专业 4', '专业 5', '专业 6']
    },
    radiusAxis: {
    },
    polar: {
    },
    series: [{
        type: 'bar',
    data: [358, 212, 220, 346, 339, 363],
        coordinateSystem: 'polar',
        name: '报考人数',
    },
{
        type: 'bar',
    data: [210, 212, 180, 160, 189, 121],
        coordinateSystem: 'polar',
        name: '招生人数',
    }],
    legend: {
        show: true,
        data: ['报考人数', '招生人数']
    }
};
```

该程序的运行结果如图 6-21 所示。

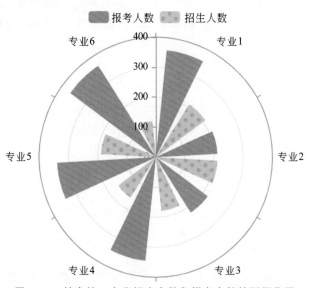

图 6-21 某高校 6 专业招生人数和报考人数的可视化图

其他可视化图形的绘制可以参照上述方法来实现。

显然,如果生成可视化图形的数据能够自动地从数据库中动态抽取的话,则网页中的图形就会跟随数据变化而动态变化,从而实现数据动态可视化显示的目的。

基于上述原因,如果需要在自己构建的 Web 网站中进行数据可视化,只需要在网站的相关网页中嵌入"示例"提供的有关代码,并进行适当修改即可,编程变得非常简单而且快捷。

例如,我们要将物联网的温度传感器所感知的数据按照采样时间在 Web 界面上显示,则可以通过以下步骤实现。

(1)构建一个关系数据库,用来存放温度传感器收集的数据。

(2)构建一个 Web 服务器网站。

(3)将 Web 服务器与关系数据库进行连接。

(4)开发一个 Web 网页,嵌入 ECharts 代码。

(5)在浏览器中输入网页地址,即可完成数据的可视化显示。

◆ 6.5 基于 turtle 模块的大数据可视化

turtle 库是 Python 的标准库之一,属于入门级的图形绘制函数库。其绘制原理为:有一只海龟在窗体正中心,在画布上游走,走过的轨迹形成了绘制的图形,海龟由程序控制,可以自由改变颜色、方向、宽度等。下面首先介绍 turtle 库的主要函数,然后以分形图的绘制为例,说明 turtle 库实现数据可视化的方法。

6.5.1 turtle 模块的主要函数

使用 turtle 库进行绘图时,需要通过如下步骤并使用下列函数(即方法)。

(1)turtle 库的安装和调用。

首先,我们需要在程序中使用 import turtle 语句,调用 turtle 库。运行时如果没有报错,就说明成功引用了 turtle 库;如果报错的话,则需要在 cmd 命令行中输入 pip install turtle,安装 turtle 库。

(2)turtle 库的坐标设置和方向控制函数。

turtle.position()函数:获取当前箭头的位置,初始位置为(0,0)。

turtle.home()函数:返回原点,并且箭头方向为 0°。

turtle.setpos(x,y)或 turtle.goto(x,y) 或 turtle.setposition(x,y)函数:让海龟直接去到某个坐标(x,y)。

turtle.setx(x)函数:设置 x 坐标。

turtle.sety(y)函数:设置 y 坐标。

Turtle.setheading(x) 或者 turtle.seth(x)函数:设置角度 x。

turtle.heading():获取当前箭头的角度,一开始为 0°。

(3)Turtle 库的绘图控制。

turtle.forward(x)或者 turtle.fd(x)函数:沿着箭头方向前进 x 个点的距离。

turtle.backward(x)或者 turtle.bk(x)函数:沿着箭头反方向前进 x 点的距离。

turtle.right(x)或者 turtle.rt(x)函数：箭头方向向右旋转 x°。

turtle.left(x)或者 turtle.lt(x)函数：箭头方向向左旋转 x°。

turtle.circle(r,angle)函数：绘制半径为 r 的圆形。

turtle.penup()函数：表示抬起画笔，海龟在飞行，可以简写成 turtle.pu()。

turtle.pendown()函数：表示画笔落下，海龟在爬行，可以简写成 turtle.pd()。

turtle.pensize(width) 或者 turtle.width(width)函数：设置画笔的宽度。

turtle.pencolor(color)函数：设置画笔颜色。

6.5.2　基于 turtle 库的分形图绘制

1973 年，曼德布罗特(B. B. Mandelbrot)在法兰西学院讲课时，首次提出了分维和分形几何的设想。分形的原意具有不规则、支离破碎等意义。

分形几何学是一门以非规则几何形态为研究对象的几何学。由于不规则现象在自然界是普遍存在的，因此分形几何又称为描述大自然的几何学。

分形几何建立以后，很快就引起了来自其他学科的很多学者的关注。分形几何可以模拟自然界存在的，以及科学研究中出现的那些看似无规律的各种现象。例如，从整体上看，一个国家海岸线和山川形状，从远距离观察，其形状是极不规则的，但从近距离观察，其局部形状又和整体形态相似，它们从整体到局部，都是自相似的。在过去的几十年里，分形几何在物理学、材料科学、地质勘探乃至股价的预测等方面都得到了广泛的应用。

我们在互联网上，可以搜索到各种美丽的分形图案。图 6-22 给出了几个简单的分形几何图。

图 6-22　简单的分形几何图形（蕨类植物、树叶、树形）

其中，相当部分的分形图案我们通过 Python 语言中的 turtle 库的调用可方便地予以实现。下面介绍几种简单的分形图的 Python 程序实现方法。

【示例 1】　科克曲线的绘制。

科克曲线(Koch curve)是一种典型的分形曲线，是 1904 年构造出来的，最早出现在科克的论文《关于一条连续而无切线，可由初等几何构作的曲线》中。完整的 Koch 曲线像雪花。它的定义如下，给定线段 AB，Koch 曲线可以由以下步骤生成。

步骤 1：将线段分成三等份(AC,CD,DB)。

步骤 2：以 CD 为底向外(内外随意)画一个等边三角形 DMC。

步骤 3：将线段 CD 移去。

步骤 4：分别对 AC,CM,MD,DB 重复步骤 1～步骤 3。

通过观察，我们可能注意到一个有趣的事实：整个线条的长度每一次都变成了原来的 4/3。如果最初的线段长为一个单位，那么第一次操作后总长度变成了 4/3，第二次操作后总长增加到 16/9, 第 n 次操作后长度为 $(4/3)^n$。毫无疑问,操作无限进行下去,这条曲线将达到无限长。难以置信的是这条无限长的曲线却始终只占用相同大小的面积。下面给出 Koch 曲线的 Python 程序代码。

程序 6-5　Koch 曲线的绘制程序

```python
from turtle import *
def koch(size, n):
    if n==0:
        forward(size)                    #前进
    else:
        for angle in [0,60,-120,60]:
            left(angle)                  #左转
            koch(size/3, n-1)            #递归调用
def main():                              #主函数
    setup(600,600)                       #设置视窗大小
    speed(0)                             #设置绘制速度
    penup()                              #抬笔
    goto(-200,200)                       #起笔处
    pendown()                            #落笔
    pensize(2)                           #线宽度
    color('blue')
    koch(300,0)                          #零阶 Koch 曲线(参数为曲线长度和阶数)
    penup()                              #抬笔
    goto(-200,100)                       #起笔处
    pendown()                            #落笔
    level=2
    color('red')
    koch(300,1)                          #一阶 Koch 曲线
    penup()                              #抬笔
    goto(-200,0)                         #起笔处
    pendown()                            #落笔
    color('blue')
    koch(300,2)                          #二阶 Koch 曲线
    hideturtle()                         #隐藏笔
main()
```

该程序运行后得到的零、一、二阶 Koch 曲线如图 6-23(a)所示。通过修改程序中 Koch(300,?)函数中的阶数,可得到图 6-23(b)所示的 3、4、5 阶的 Koch 曲线。图 6-23(c)表示的是一个三阶和两个二阶相连接后形成的 Koch 曲线,请读者自行编制程序予以实现。

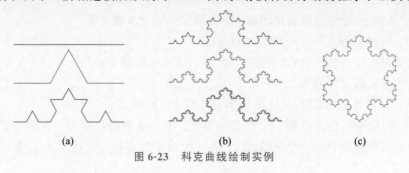

(a)　　　　　　　　　　(b)　　　　　　　　　　(c)

图 6-23　科克曲线绘制实例

【**示例 2**】　分形树的绘制。

分形树是一种典型的分形图形，一般包括二分形树、三分形树和四分形树等。下面给出一种二分形树的 Python 代码实现。

程序 6-6　绘制二分形树的 Python 程序

```
import turtle
def draw_brach(brach_length):
    if brach_length > 5:
        turtle.pencolor("brown")
        turtle.pensize(3)
        turtle.forward(brach_length)          #画线功能
        turtle.right(30)
        draw_brach(brach_length-10)           #调用画右边
        turtle.left(60)                       #向左边
        draw_brach(brach_length-8)            #调用画左边
        turtle.right(30)                      #回到之前的树枝
        turtle.up()
        turtle.backward(brach_length)
        turtle.down()
#主程序
def main():
    turtle.left(90)
    turtle.up()
    turtle.backward(200)
    turtle.down()
    turtle.pensize(20)                        #线条宽度
    turtle.speed(0)                           #绘制速度设置为最快
    draw_brach(80)
main()
```

该程序的运行结果如图 6-24 所示。

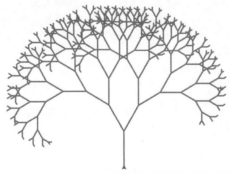

图 6-24　利用 Python 程序生成的树形分形图

6.5.3　基于 turtle 库的中文点阵汉字绘制

在第 1 章中，我们讨论了中文点阵字库的字形编码方式，那么，如何将字形编码变成可视化的字形，还需要通过软件来实现。下面介绍使用 turtle 库实现中文点阵字形可视化显示的方法。

数据结构：引入列表数据结构 zm 存储中文点阵字模。

程序实现：每次读取列表 zm 中的两字节，当值为 1、0 时，分别使用 turtle 库的画笔函数 pendw() 和 penup() 在计算机屏幕上绘制汉字的一行（即若干小线段）。根据字模大小，循环若干次后最终形成汉字。下面是 16×16 中文点阵字形"你"的可视化显示的 Python 程序。

程序 6-7　绘制中文"你"字的 Python 程序

```
from turtle import *
zm = [0x08,0x80,0x08,0x80,0x08,0x80,0x11,0xfe,
      0x11,0x02,0x32,0x04,0x54,0x20,0x10,0x20,
      0x10,0xa8,0x10,0xa4,0x11,0x26,0x12,0x22,
      0x10,0x20,0x10,0x20,0x10,0xa0,0x10,0x40]
def draw2Byte(zmdig, size):              #画一行的函数(16 位)
    x = 0x8000
    for i in range(16):                  #从高到低按位获取数值
        dig = zmdig // x                 #取整
        zmdig = zmdig%x                  #模 x 运算
        if dig ==0 :                     #点的数值为 0
            penup()                      #抬笔
        else:                            #点的数值为 1
            pendown()                    #落笔
        forward(size)                    #前行
        penup()                          #抬笔
        x = x//2                         #右移
#主程序
penup()
size = 10                                #字体大小
line = 100                               #字的行位置
goto(-100,line)                          #画笔起点
pensize(size)                            #画笔大小
speed(0)                                 #画笔速度
for i in range(0,32,2):
    zmdig16 = zm[i] * 2**8 + zm[i+1]     #两字节显示一行
    draw2Byte(zmdig16,size)
    line = line - size + 1               #缩小行间距
    goto(-100,line)
```

程序输出结果如下：

如果将上面的字模数据修改为：

```
zm = [0x06,0x40,0x38,0x50,0x08,0x48,0x08,0x48,
      0x08,0x40,0xFF,0xFE,0x08,0x40,0x08,0x48,
      0x0E,0x28,0x38,0x30,0xC8,0x20,0x08,0x50,
      0x09,0x92,0x08,0x0A,0x28,0x06,0x10,0x02]
```

则上述程序的输出结果为：

6.5.4 基于 turtle 库的同切圆绘制

利用 Python 的 turtle 库可以方便地绘制图 6-25 所示的多同切圆图形。该多同切圆图形由四组同切圆图形构成，每组同切圆的绘制可以通过控制圆的半径来实现。

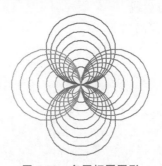

图 6-25 多同切圆图形

具体 Python 程序如下。

程序 6-8 绘制 4 组同切圆图形的 Python 程序

```python
import turtle
def drawcir(cor):
    turtle.color(cor)
    turtle.pensize(2)
    turtle.circle(20)
    turtle.circle(30)
    turtle.circle(40)
    turtle.circle(50)
    turtle.circle(60)
    turtle.circle(70)
    turtle.circle(80)
#主程序
drawcir('black')
turtle.left(180)
drawcir('blue')
```

```
turtle.left(90)
drawcir('blue')
turtle.left(180)
drawcir('red')
turtle.penup()
turtle.goto(320,0)
turtle.pendown()
drawcir('black')
turtle.left(120)
drawcir('gold')
turtle.left(120)
drawcir('blue')
turtle.hideturtle()
```

6.5.5　基于 turtle 库的"贪吃蛇"游戏设计

"贪吃蛇"(也叫作贪食蛇)游戏是一款休闲益智类游戏。该游戏通过键盘或操作杆控制蛇头方向在一个确定大小的方框内吃水果,每吃一个水果,蛇就变长一个格,因此,蛇会变得越来越长。当蛇头碰到方框边缘或蛇体时,游戏结束。在游戏过程中,每吃掉一个水果后,新的水果通过位置随机函数进行生成。

贪吃蛇游戏的 Python 程序代码如下。

程序 6-9　贪吃蛇游戏的 Python 程序

```
#贪吃蛇
from turtle import *
from random import randrange
from time import sleep
#定义变量
snake = [[0,0],[10,0],[20,0],[30,0],[40,0],[50,0]]
fruit_x = randrange(-20,20) * 10
fruit_y = randrange(-20,20) * 10
aim_x = 10
aim_y = 0
def squre(x,y,size,color_name):          #绘制方框
    up()                                 #抬笔
    goto(x,y)
    down()                               #落笔
    color(color_name)
    begin_fill()
    forward(size)
    left(90)
    forward(size)
    left(90)
    forward(size)
    left(90)
    forward(size)
    left(90)
```

```
        end_fill()
#控制蛇的方向
def change(x,y):
    global aim_x,aim_y
    aim_x = x;
    aim_y = y;

def inside():                                              #判断蛇是否在画布里面
    if -210 <= snake[-1][0]<=200 and -210 <= snake[-1][1]<=200:
        return True
    else:
        return False

def gameLoop():
    global fruit_x,fruit_y,aim_x,aim_y,snake
    snake.append([snake[-1][0]+aim_x,snake[-1][1]+aim_y])   #增加一个元素
    if not inside():
        sleep(2)
        return
    #吃水果
    if snake[-1][0] != fruit_x or snake[-1][1]!=fruit_y:
        snake.pop(0)                        #加一个元素后删除第 0 个元素,蛇就往前运行了
    else:                                   #吃掉水果后,随机生成一个新的水果的坐标位置
        fruit_x = randrange(-20,20) * 10
        fruit_y = randrange(-20,20) * 10

    clear()                                 #清除之前画的痕迹
    squre(fruit_x,fruit_y,10,'red')         #随机生成水果(水果位置、大小、颜色)
    for n in range(len(snake)):
            squre(snake[n][0],snake[n][1],10,'black')
    ontimer(gameLoop,200)                   #每 200 毫秒运行一次
    update()
#主程序
setup(420,420,0,0)
hideturtle()                                #隐藏箭头
tracer(False)                               #延时
listen()                                    #监听
onkey(lambda: change(0,10), "w")            #UP 键
onkey(lambda: change(0,-10), "s")           #DOWN 键
onkey(lambda: change(-10,0), "a")           #LEFT 键
onkey(lambda: change(10,0), "d")            #RIGHT 键
gameLoop()
done()
```

该程序输出的中间结果如图 6-26 所示。

图 6-26　贪吃蛇游戏的中间结果

◇ 6.6　基于 matplotlib 模块的大数据可视化

使用 turtle 图形库进行图形绘制,可以通过设置绘制速度,给用户以动态绘制的感觉。但需要快速获得图像效果时,使用 matplotlib 图形库是一种更好的选择。matplotlib 图形库的设计借鉴了商业化程序语言 MATLAB 的功能,因此名称中还有 MATLAB 的前三个字符。

6.6.1　matplotlib 的主要函数

matplotlib 有一套完全仿照 MATLAB 的函数形式的绘图接口,放在 matplotlib.pyplot 模块中。这套函数接口方便 MATLAB 用户过渡到 matplotlib 包。matplotlib 是最早的 Python 可视化程序库,其他很多程序库都是建立在它的基础上或者直接调用它。比如 pandas 和 Seaborn 就是 matplotlib 的外包库,它让我们能用更少的代码去调用 matplotlib 的方法,简化程序设计。

1. matplotlib 的安装和 pyplot 库模块的引用

首先,需要在程序中使用 import matplotlib 语句,调用该库模块。运行时如果没有报错,就说明成功引用了该模块了;如果报错,则需要在 cmd 命令行中输入:pip install matplotlib,安装 matplotlib 库。

与引用 turtle 函数库相同,在使用 matplotlib.pyplot 绘图模块时,程序需要显式声明对该模块的引用。例如 import matplotlib.pyplot as plt。

该声明有两个作用,一个是声明调用 matplotlib 函数库中的 pyplot 模块,另一个是将这个函数库模块 matplotlib.pyplot 取一个别名 plt,简化编程时引用函数的复杂性。也就是说,可以用“plt.函数()”代替“matplotlib.pyplot.函数()”,减少编程时的字符输入工作量。

2. matplotlib.pyplot 模块的主要函数

matplotlib.pyplot 模块能提供三大功能函数,包括绘图区域设置函数、绘图函数和电子标签设置函数。下面进行扼要介绍,具体功能可以通过网络进一步学习。

1) 绘图区域设置函数

plt.figure():创建一个全局绘图区域。

plt.axes(参数):创建一个坐标系风格的绘图区域,该函数将轴添加到当前图形并将其作为当前轴。其输出取决于所使用的参数。

plt.subplot(参数):在全局绘图区域内创建一个子绘图区域。

2) 绘图函数

plt.plot(x,y,fmt):根据 x,y 绘制符合 fmt 要求的直线或曲线。

plt.boxplot(data,notch,position):绘制一个箱形图。

plt.bar(left,height,width,bottom):绘制一个条形图。

plt.barh(width,bottom,left,height):绘制一个横向条形图。

plt.polar(theta,r):绘制一个极坐标图。

plt.pie(data,explode):绘制一个饼图。

plt.scatter(x,y):绘制一个散点图。

plt.hist(x,bings,normed):绘制一个直方图。

3) 电子标签设置函数

plt.legend():为当前坐标图放置圆柱(给出位置或指出内容)

plt.xlable(s):设置当前 x 轴的电子标签。

plt.ylable(s):设置当前 y 轴的电子标签。

plt.xticks(array,参数):设置当前 x 轴刻度位置的电子标签和值。

plt.yticks(array,参数):设置当前 y 轴刻度位置的电子标签和值。

plt.title():设置标题。

matplotlib 是 Python 提供的一个绘图库,通过该库我们可以很容易地绘制出折线图、直方图、散点图、饼图等丰富的统计图,安装使用 pip install matplotlib 命令即可,matplotlib 经常会与 NumPy 一起使用。

在进行数据分析时,可视化工作是一个十分重要的环节,数据可视化可以让我们更加直观、清晰地了解数据,matplotlib 就是一种可视化实现方式。

6.6.2　matplotlib 绘制统计图

调用 matplotlib 库函数,可以绘制各类统计图。如折线图、散点图、直方图、条形图和饼图等。

1. 单折线图

折线图可以显示随某一指标变化的连续数据。首先,我们来看一下如何使用 matplotlib 绘制一个简单的折线图,具体实现如下:

程序 6-10　绘制单折线的 Python 程序

```
from matplotlib import pyplot as plt
from pylab import *                          #支持中文
mpl.rcParams['font.sans-serif'] = ['SimHei']
x = range(1, 10)                             #设置 x 坐标
y = [23, 15, 24, 16, 35, 67, 24, 16, 35]    #设置 y 坐标
```

```
plt.title('折线图')                      #上方正中间设置标题名称
plt.xlabel('x轴')                       #设置 x 轴的名称
plt.ylabel('y轴')                       #设置 y 轴的名称
plt.plot(x, y)                          #绘制图形
plt.show()                              #显示图形
```

具体效果如图 6-27 所示。

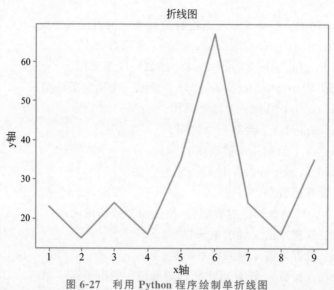

图 6-27　利用 Python 程序绘制单折线图

为了让图形更加美观，还可以控制画布大小，改变折线的样式、颜色等。

程序 6-11　绘制单个折线的 Python 程序

```
from matplotlib import pyplot as plt
x = range(1, 7)
y = [13, 25, 17, 16, 15, 21]
plt.figure(figsize=(8, 5), dpi=80)          #设置图片宽、高和分辨率 dpi
plt.title('折线图')
plt.xlabel('x轴')
plt.ylabel('y轴')
plt.plot(x, y, color='red', marker='o', linewidth='1', linestyle='--')
#设置 color:颜色,linewidth:线的宽度,marker:折点样式
#设置 linestyle:线的样式,如'-'、'--'、'-.'、':'
plt.savefig('test.png')                     #保存图片
plt.show()                                  #显示图片
```

具体效果如图 6-28 所示。

2. 多折线图

有时候需要对多个指标进行对比，也就是需要在一个图中绘制多条折线。例如需要了解张三、李四 15～25 岁间随着年龄增长体重的变化情况，可以使用如下程序代码实现。

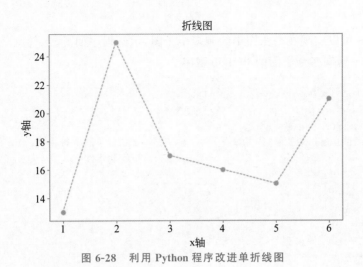

图 6-28　利用 Python 程序改进单折线图

程序 6-12　绘制双折线的 Python 程序

```
from matplotlib import pyplot as plt
x = range(15, 25)
y1 = [50, 54, 58, 65, 70, 68, 70, 72, 75, 70]
y2 = [52, 53, 59, 63, 65, 68, 75, 80, 85, 80]
plt.figure(figsize=(10, 6), dpi=80)
plt.title('体重年龄折线图')
plt.xlabel('年龄(岁)')
plt.ylabel('体重(kg)')
plt.plot(x, y1, color='red', marker='o',label='张三')
plt.plot(x, y2, color='blue', marker='+',label='李四')
plt.grid(alpha=0.5)                        #添加网格,alpha 为透明度
plt.legend(loc='upper right')              #添加图例
plt.show()
```

具体效果如图 6-29 所示。

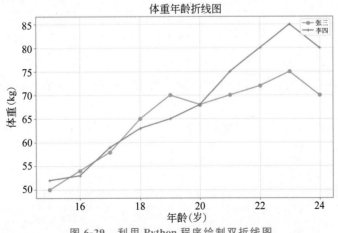

图 6-29　利用 Python 程序绘制双折线图

3. 子图

matplotlib 可以实现在一张图中绘制多个子图，示例程序如下。

程序 6-13　绘制多个子图的 Python 程序

```
from matplotlib import pyplot as plt
import numpy as np
a = np.arange(1, 30)
fig, axs = plt.subplots(2, 2)              #划分子图 2 行 2 列
axs1 = axs[0, 0]                           #绘制子图
axs2 = axs[0, 1]
axs3 = axs[1, 0]
axs4 = axs[1, 1]
axs1.plot(a, a)
axs2.plot(a, np.sin(a))
axs3.plot(a, np.log(a))
axs4.plot(a, a ** 2)
plt.show()
```

具体效果如图 6-30 所示。

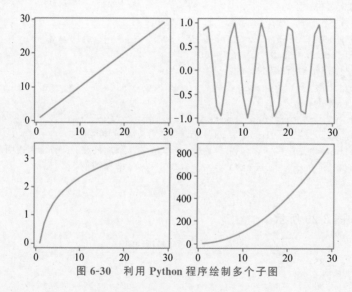

图 6-30　利用 Python 程序绘制多个子图

4. 散点图

散点图表示因变量随自变量的变化而变化的大致趋势，下面通过示例来具体看一下如何绘制散点图。

程序 6-14　绘制散点图的 Python 程序

```
from matplotlib import pyplot as plt
    import numpy as np
from pylab import *                        #支持中文
mpl.rcParams['font.sans-serif'] = ['SimHei']
    x = np.arange(0, 18)
y = np.random.randint(0, 18, size=18)      #生成随机数
```

```
plt.title('散点图')
plt.xlabel('x 轴')
plt.ylabel('y 轴')
plt.plot(x, y, 'ob')                              #用圆点 o 绘制,选用蓝色 b
plt.show()
```

具体效果如图 6-31 所示。

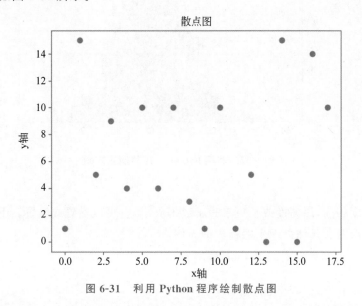

图 6-31　利用 **Python** 程序绘制散点图

5. 直方图

直方图也被称为质量分布图,主要用来表示数据的分布情况。下面通过示例来看如何绘制直方图。

程序 6-15　绘制直方图的 Python 程序

```
import matplotlib.pyplot as plt
import numpy as np
from pylab import *  .                            #支持中文显示
mpl.rcParams['font.sans-serif'] = ['SimHei']
d1 = np.random.randn(3000)                        #生成随机数
d2 = np.random.randn(2000)
#bins:直方图条目数, alpha:透明度, label:图例名
plt.hist(d1, bins=50, label = 'label1', alpha=0.8)
plt.hist(d2, bins=50, label = 'label2', alpha=0.5)
plt.grid(alpha=0.3)
plt.title('直方图')
plt.xlabel('x 轴')
plt.ylabel('y 轴')
plt.show()                                        #显示图例
```

具体效果如图 6-32 所示。

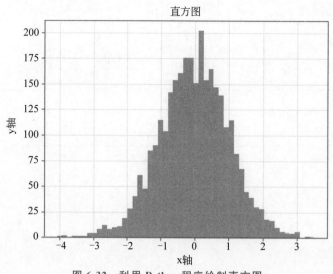

图 6-32 利用 Python 程序绘制直方图

6. 条形图

条形图宽度相同,用高度或长短来表示数据大小,它可以横置或纵置。下面首先讨论如何绘制纵向条形图。具体以学生课程成绩为例。

程序 6-16 绘制条形图的 Python 程序

```python
import matplotlib.pyplot as plt
import numpy as np
arr = np.arange(4)
x = ['张三', '李四', '王二', '马六']
y = [81, 75, 89, 67]
#width:长条形宽度,label:图例名
rects = plt.bar(arr, y, width=0.3, label='高等数学')
#参数1:中点坐标,   参数2:显示值
plt.xticks([idx for idx in range(len(x))], x)
plt.title('学生课程成绩条形图')
plt.xlabel(' 姓名 ')
plt.ylabel(' 成绩 ')
plt.legend()
for rect in rects:                         #在条形图上加标注
    height = rect.get_height()
    plt.text(rect.get_x() + rect.get_width() / 2, height, str(height), ha=
'center', va='bottom')
plt.show()
```

具体效果如图 6-33 所示。

横置条形图的绘制方法与纵置条形图基本类似,只需要将 x 和 y 互换即可。这里不再赘述。

在实际应用中,通常要比较学生不同课程的成绩,这时候就需要通过 matplotlib 来绘制多条形图。

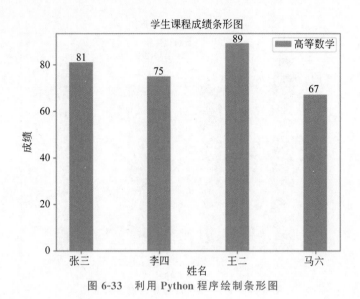

图 6-33　利用 Python 程序绘制条形图

程序 6-17　绘制多条形图的 Python 程序

```
import matplotlib.pyplot as plt
import numpy as np
arr = np.arange(4)
x = ['张三', '李四', '王二', '马六']
y1 = [88, 75, 77, 86]
y2 = [76, 79, 95, 79]
#width:长条形宽度;label:图例名
rects1 = plt.bar(arr, y1, width=0.3, label='高等数学')
rects2 = plt.bar(arr + 0.3, y2, width=0.3, label='普通物理')
#参数 1:中点坐标;参数 2:显示值;参数 3:间距
plt.xticks([idx + 0.15 for idx in range(len(x))], x, rotation=10)
plt.title('学生成绩条形图')
plt.xlabel('姓名')
plt.ylabel('成绩')
plt.legend()
#编辑文本
for rect in rects1:
    height = rect.get_height()
    plt.text(rect.get_x() + rect.get_width() / 2, height, str(height), ha=
'center', va='bottom')
for rect in rects2:
    height = rect.get_height()
    plt.text(rect.get_x() + rect.get_width() / 2, height, str(height), ha=
'center', va='bottom')
plt.show()
```

具体效果如图 6-34 所示。

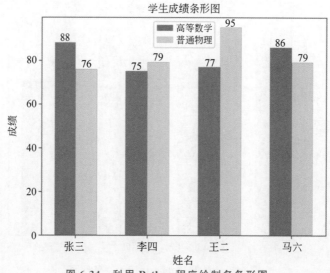

图 6-34 利用 Python 程序绘制多条形图

7. 饼图

饼图用来显示一个数据系列的占比。可以通过下面示例来讨论如何绘制饼图。

程序 6-18 绘制饼图的 Python 程序

```
import matplotlib.pyplot as plt
label_list = ['第一部分', '第二部分', '第三部分']
size = [50, 30, 20]
color = ['red', 'green', 'gray']                 #饼图各部分的颜色
explode = [0.0, 0.0, 0.05]                       #饼图各部分的突出值
#label:设置图例显示内容;labeldistance:设置图例内容距圆心的距离
#autopct:设置圆里面的文本;shadow:设置是否有阴影
#startangle:起始角度,默认从 0 开始逆时针旋转
#pctdistance:设置圆内文本距圆心的距离
#l_text:圆内部文本;p_text:圆外部文本
patches, l_text, p_text = plt.pie(size, explode=explode, colors=color, labels=
label_list, labeldistance=1.1, autopct="%1.1f%%", shadow=False, startangle=
90, pctdistance=0.6)
#设置横轴和纵轴大小相等,这样饼才是圆的
plt.axis('equal')
plt.legend(loc='upper left')
plt.show()
```

具体效果如图 6-35 所示。

8. Pandas 的绘图功能

此外,Pandas 的 Series 和 DataFrame 的绘图功能是包装了 matplotlib 库的 plot()方法实现的,也可以用来绘制折线图、条形图、直方图、散点图、饼图、热力图等。下面对其中部分图形绘制进行简单介绍。

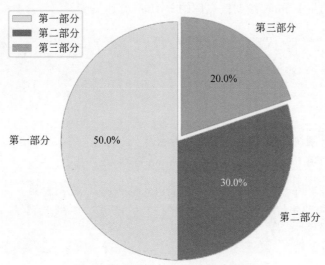

图 6-35 利用 Python 程序绘制饼图

1）折线图

利用 Pandas 进行折线图绘制的代码实现如下所示。

程序 6-19 利用 Pandas 绘制折线图的 Python 程序

```
import pandas as pd, numpy as np, matplotlib.pyplot as plt
df = pd.DataFrame(np.random.randn(10,2), columns=list('AB'))
df.plot()
plt.show()
```

2）条形图

利用 Pandas 进行纵置条形图绘制的代码实现如下所示。

程序 6-20 利用 Pandas 绘制条形图的 Python 程序

```
import pandas as pd, numpy as np, matplotlib.pyplot as plt
df = pd.DataFrame(np.random.rand(5,3), columns=list('ABC'))
df.plot.bar()
plt.show()
```

3）直方图

利用 Pandas 进行直方图绘制的代码实现如下所示。

程序 6-21 利用 Pandas 绘制直方图的 Python 程序

```
import pandas as pd, numpy as np, matplotlib.pyplot as plt
df = pd.DataFrame({'A':np.random.randn(800)+1, 'B':np.random.randn(800)},
columns=list('AB'))
df.plot.hist(bins=10)
plt.show()
```

4）散点图

利用 Pandas 绘制散点图的代码实现如下所示。

程序 6-22 利用 Pandas 绘制散点图的 Python 程序

```python
import pandas as pd, numpy as np, matplotlib.pyplot as plt
df = pd.DataFrame(np.random.rand(20, 2), columns=list('AB'))
df.plot.scatter(x='A', y='B')
plt.show()
```

5）饼图

利用 Panda 绘制饼图的代码实现如下所示。

程序 6-23 利用 Pandas 绘制饼图的 Python 程序

```python
import pandas as pd, numpy as np, matplotlib.pyplot as plt
df = pd.DataFrame([30, 20, 50], index=list('ABC'), columns=[''])
df.plot.pie(subplots=True)
plt.show()
```

通过上面的介绍可以发现，使用 Pandas 的 Series 和 DataFrame 的绘图功能，比使用 matplotlib 的绘图功能的代码要简洁得多。

6.6.3 matplotlib 绘制一维条形码

在第 5 章介绍了 EAN-13 码的编码规则，并给出了输出 EAN-13 码的二进制序列的程序。但如何输出 EAN-13 码的一维条形码，还需要使用 Python 的可视化编程库 matplotlib 来实现。

具体方法为：根据第 5 章方法所输出的 EAN-13 码的二进制序列，当二进制为 1 时，绘制一个黑色直方图，当二进制为 0 时绘制白色直方图（或不绘制任何图形）。

具体 Python 程序代码如下。

程序 6-24 绘制 EAN-13 条形码的程序

```python
import numpy as np
import matplotlib.pyplot as plt
#这里省略的代码请参见第 5 章的程序 5-1
#使用 Matplolib 快速绘制条形码
def DrawAllBar():
    plt.figure(figsize=(6,2))                     #设置画布大小
    nums = res
    StartX=0
    for i in range(len(nums)):
        Flags = int(nums[i])
        if Flags==1:
            rects = plt.bar(StartX,3,width=1,facecolor='black') #绘制黑色直方图
        else:
            rects = plt.bar(StartX,3,width=1,facecolor='white') #绘制白色直方图
        StartX += 1
    #设置 X、Y 轴的数据电子标签位置
    for rect in rects:
        rect_x = rect.get_x()                     #得到的是直方块左边线的值
        rect_y = rect.get_height()                #得到直方块的高
```

```
    plt.text(rect_x+0.5/4, rect_y+0.5, str(int(rect_y)), ha='left',size = 5)
    plt.xlabel('Digital')
    plt.ylabel('Heigth')
    plt.title('EAN13:6903244981002')
    plt.show()
#主程序
def main():
    print("EAN-13:")
    EAN13("6903244981002")                #函数 EAN13 具体代码见第 5 章的程序 5 - 1
    DrawAllBar()                          #绘制条形码函数
main()
```

该程序的运行结果如图 6-36 所示。

图 6-36　EAN-13 条形码的程序输出

6.7　本 章 小 结

　　本章首先给出了大数据的基本概念,探讨了大数据的 5V 特征,然后讲述了大数据的存储的两种方法,即关系数据库存储和云数据存储;讲解了大数据分析和可视化中的数据预处理方法、典型数据分析方法,并以问卷调查、电子表格为例,讲述了基于工具的数据分析可视化方法,以 ECharts 平台为例,讲解了基于平台的数据分析可视化方法;并从实用性出发,介绍了几种典型函数的 Python 数据可视化编程方法。

习 题 6

一、选择题

1. 下列选项中,不属于大数据的特征的是(　　　)。

　　A. 海量　　　　　　　B. 高速　　　　　　　C. 多样　　　　　　　D. 实时

2. SQL 语句中,创建基本表的命令是(　　　)。

　　A. ALTER　　　　　　B. GRANT　　　　　　C. CREATE　　　　　　D. DELETE

3. 当图片的分辨率为 1024 * 768,色彩为 16 位时,则该图片占用的存储空间为(　　　)。

　　A. 1536KB　　　　　　B. 1536MB　　　　　　C. 12288KB　　　　　　D. 以上都不是

4. 下面属于结构化的数据的是(　　　)。

　　A. 图片　　　　　　　B. 姓名　　　　　　　C. 视频　　　　　　　D. 音频

5. 从关系模式中找出满足给定条件的那些元组称为(　　　)。

　　A. 选择　　　　　　　B. 投影　　　　　　　C. 连接　　　　　　　D. 查询

6. 从关系模式中挑选若干属性组成新的关系称为(　　　)。

　　A. 选择　　　　　　　B. 投影　　　　　　　C. 连接　　　　　　　D. 查询

二、问答题

1. 什么是大数据？简要说明物联网大数据的 5V 特征。

2. 什么是关系数据库？

3. 什么是云存储？举例说明两种典型的云存储方式。

4. 什么是数据预处理？预处理包括哪几个过程？

5. 简要说明分类和聚类的主要区别和联系。

三、综合应用题

1. 通过腾讯问卷或问卷星设计一个包含 10 道考试题的问卷，每题 20 分。

2. 利用电子表格对表 6-8 中的数据进行分析，给出拟合曲线和拟合函数。

表　6-8

X	1	2	3	4	5	6	7	8	9
Y	51	23	43	62	71	123	221	133	46

3. 利用 Python 的 turtle 库绘制一个方波图形。

4. 利用 Python 的 matplotlib 库绘制一个如下所示的散点图形。

5. 利用 Python 的 matplotlib 库针对表 6-9 绘制一个彩色柱状图。

表　6-9

X	1	2	3	4	5	6	7	8	9
Y	515	761	323	161	128	136	101	108	309

四、实验题

1. 使用 turtle 库函数实现点阵字符"汉"的显示。

2. 使用 turtle 库函数，设计一个能够判定自我碰撞的贪吃蛇游戏。

3. 使用 matplotlib 库函数，设计一个条形码生成程序。

第7章

人工智能与大模型

学习目标：

(1) 理解人工智能的基本概念，了解人工智能的产生与发展历程。

(2) 理解专家系统的概念，并能够在专业实践中进行应用。

(3) 理解神经网络的概念，区分不同类型神经网络的应用场景。

(4) 理解机器学习的概念，区分不同类型机器学习模型的应用场景。

(5) 了解自然语言处理的主要方法，区分不同大模型的应用效果。

(6) 了解人工智能的典型应用，能够在机器视觉、对战游戏等领域进行具体编程实验。

学习内容：

由于物联网、大数据技术的快速发展，数据驱动的新一代人工智能得以蓬勃发展。本章讲述人工智能的基本概念、产生与发展历程，介绍人工智能中的主要技术，包括专家系统、神经网络、机器学习和自然语言理解等，并对当前流行的 AI 大模型进行展示。

◆ 7.1 人工智能的产生与发展

人工智能（Artificial Intelligence，AI）是计算机科学的一个分支领域，致力于让机器模拟人类思维，执行学习、推理等工作。下面主要介绍人工智能的产生、发展过程和人工智能的三大学派。

7.1.1 人工智能的产生

1942 年，科幻作家阿西莫夫（Isaac Asimov）在小说《我，机器人》中提出了机器人三定律：

第一，机器人不得伤害人，也不得见人受到伤害而袖手旁观。

第二，机器人应服从人的一切命令，但不得违反第一定律。

第三，机器人应保护自身的安全，但不得违反第一、第二定律。

但机器人三定律中隐含着两个逻辑悖论：机器人可以杀害正在行凶杀人的人吗？人类自我伤害而不自知时，机器人该怎么做？

1950 年，图灵（Alan Turing）发表了《计算机器与智能》的研究论文，探讨了智能的本质,以及机器智能能否实现。论文的开篇第一句话是:我提议考虑这个问题,"机器能够思考吗?"而结尾最后一句是:我们只能看到前面一小段距离,但可以看到有大量要做的事情。

在论文中,图灵提出了"模仿游戏"(即图灵测试)的概念,用来检测机器智能水平。比较流行的图灵测试标准版本为:A 是计算机,但要假装是真人;B 是真人,要向 C 证明自己是真人;C 是质问者,只能通过书面问答来考察。通过图灵测试的条件是:质问者无法区分计算机和真人。

图灵测试,用图灵的话总结起来就是:"如果一台计算机可让人误认为它是人,则可称它具有智能"。

1955 年,达特茅斯学院的教师约翰·麦卡锡(John McCarthy),首次提出了"人工智能"的概念来概括神经网络、自然语言等各类机器智能技术。

1956 年夏季,麦卡锡推动召开了称为"人工智能夏季研究项目"的达特茅斯会议,与明斯基、罗切斯特、纽厄尔、西蒙和香农等一起共同研究和探讨用机器模拟智能的一系列有关问题,标志着"人工智能"这门新兴学科的正式诞生。达特茅斯会议上的主要参会者,就有 4 位获得过图灵奖,西蒙还是诺贝尔经济学奖的获得者。

7.1.2　人工智能的发展

人工智能技术的发展不是一帆风顺的,主要经历了 5 个阶段,分为三大学派。

1. 人工智能的 5 个发展阶段

1) 第 1 阶段(1956—1960):AI 兴起

人工智能概念正式出现,各种设想不断涌现。1957 年,弗兰克·罗森布莱特(Frank Rosenblatt)提出感知器(Perceptron)概念,并建造了感知器的机电模型"Mark Ⅰ"。感知器通过监督学习算法,迭代地解决线性的二分类问题,极大地拓展了机器可求解问题的种类。感知器的出现激起一股人工智能热潮。学术界和大众都寄予厚望。

1958 年,西蒙预测 10 年之内,数字计算机将成为国际象棋世界冠军,发现并证明一个重要的数学定理。但直到 39 年后的 1997 年,IBM 深蓝才战胜国际象棋世界冠军卡斯帕罗夫。18 年后的 1976 年,计算机通过暴力计算证明了四色定理。

2) 第 2 阶段(1974—1980):AI 进入第一次寒冬

1969 年,马文·明斯基和西蒙·派珀特(Seymour Papert)写了《感知器》一书,对罗森布莱特的感知器提出了质疑。书中指出:单层感知器本质上是一个线性分类器,无法求解非线性分类问题,甚至连简单的异或(XOR)问题都无法求解。

明斯基对感知器的批评导致神经网络研究停滞了 10 年。当然,这也一定程度上要归咎于 AI 研究者们低估了 AI 课题的研究难度,做出各种不切实际的承诺,而且当时的模型和硬件计算能力的限制,也使得这些承诺完全无法按预期实现。

3) 第 3 阶段(1980—1987):AI 复兴

AI 的第一次寒冬,研究者们将研究热点转向了专家系统。专家系统是模仿人类专家决策能力的计算机系统。依据一组从专门知识中推演出的逻辑规则来回答特定领域中的问题。专家系统包含若干子系统:知识库、推理引擎、用户界面。

因此,知识库系统和知识工程成为 20 世纪 80 年代 AI 研究的主要方向,出现了许多有名的专家系统,专家系统开始流行并商用。

4)第 4 阶段(1987—1993):AI 进入第二次寒冬

在专家系统快速发展的过程中,其劣势也逐渐显露出来。专家系统的知识采集和获取的难度很大,系统建立和维护费用高昂;专家系统仅限应用于某些特定情景,不具备通用性;使用者需要花很长时间来熟悉系统的使用。

专家系统的这些劣势使得商业化面临重重困境,从而直接引发了 AI 的第二次寒冬。在人工智能的第二次寒冬期,神经网络的研究出现了一系列的突破性进展,深度学习开始萌芽。主要有以下几个代表性成果:

(1)霍普菲尔德网络:1982 年,由约翰·霍普菲尔德(John Hopfield)提出。离散霍普菲尔德网络是一个单层网络,各节点对称地连接,但没有自反馈,权重确定后,网络具有状态记忆功能。

(2)受限玻尔兹曼机:1985 年,由杰弗里·辛顿(Geoffrey Hinton)提出。受限玻耳兹曼机是一种二分图结构,包含可见单元和隐藏单元。其训练算法是基于梯度的对比分歧算法,可用于降维、分类、回归和特征学习等任务。

(3)多层感知器:1986,由鲁姆尔哈特(Rumelhart)提出。这是一种前向结构的人工神经网络。包含三层:输入层、隐藏层和输出层。模型训练的算法是反向传播算法。

5)第 5 阶段(1993 年至今):AI 再次崛起

一方面,互联网的不断发展提供了大量数据源与高效标注工具及平台,由此产生了许多高质量公开数据集。由于数据的爆发式增长,高性能算力出现并变得廉价,算力提升拓宽了算法的探索空间,神经网络变体也不断涌现,深度学习理论取得突破。其间出现了卷积神经网络(CNN)、循环神经网络(RNN)、长短期记忆网络(LSTM)等复杂模型。这些模型对训练数据的质量和数量的需求越来越迫切,导致算力需求不断增长。而 GPU 集群、专用 AI 芯片、绿色能源的快速发展,推动了算力革命,又为 AI 算法创新提供了巨大动力。算法、数据和算力,相辅相成,推动着人工智能的发展进入了快车道。

总之,60 多年来,人工智能取得长足的发展,成为一门应用广泛的交叉和前沿科学。人工智能的目的就是让计算机这台机器能够像人一样思考。如果希望做出一台能够思考的机器,那就必须知道什么是思考,更进一步讲就是什么是智慧。

什么样的机器才是智慧的呢?科学家已经制造出了汽车、火车、飞机、收音机等,它们模仿我们身体器官的功能,但是能不能模仿人类大脑的功能呢?

到目前为止,我们也仅仅知道这个装在我们大脑里面的东西是由数十亿个神经细胞组成的器官,我们对这个东西知之甚少,模仿它或许是天下最困难的事情了。

当计算机出现后,人类开始真正有了一个可以模拟人类思维的工具,无数科学家都在为实现人工智能这个目标不断努力着。如今,人工智能已经不再是几个科学家的专利了,全世界几乎所有大学都有人在研究这门学科,所有大学生都在享受人工智能带来的诸多好处。如网络上的人机对战游戏、汽车导航的路径规划、百度双语翻译、刷脸支付和指纹解锁等。

如今,各类计算机系统在物联网感知、大数据分析和智能控制联合作用下,已经变得越来越聪明。大家或许还会注意到,在一些地方,计算机开始帮助人们进行其他原来只属于人类的工作(如用机器视觉代替站岗、巡视、值勤等),计算机正在以它的高速和准确为人类发挥着其积极作用。

2. 三大学派

在人工智能的发展过程中,涌现了从不同的学科背景出发的如下三大学派。

(1) 连接主义:又称为仿生学派或生理学派,包含感知器,人工神经网络,深度学习等技术。代表人物有罗森布莱特(Frank Rosenblatt)等。连接主义的代表主要包括多层神经网络。

(2) 符号主义:又称为逻辑主义、心理学派或计算机学派。包含决策树,专家系统等技术。代表人物有西蒙和纽厄尔、马文·明斯基等。各类决策树相关的算法,均受益于符号主义流派。符号主义的代表主要包括判断动物类型的决策树。

(3) 行为主义:又称为进化主义或控制论学派,包含控制论、马尔科夫决策过程、强化学习等技术。代表人物有萨顿(Richard Sutton)等。行为主义代表观点是智能体通过与环境进行交互获得智能。行为主义的典型代表是感知器。

7.1.3　人工智能的定义

对人工智能的理解因人而异。一些人认为人工智能是通过非生物系统实现的任何智能形式的同义词;他们坚持认为,智能行为的实现方式与人类智能实现的机制是否相同是无关紧要的。而另一些人则认为,人工智能系统必须能够模仿人类智能。

即便是以模仿人类智能为目标的人工智能,其定义也千差万别。

有人认为,人工智能是研究理解和模拟人类智能、智能行为及其规律的一门学科。其主要任务是建立智能信息处理理论,进而设计可以展现某些近似于人类智能行为的计算系统。

有人认为,人工智能是研究、开发用于模拟、延伸和扩展人的智能的理论、方法、技术及应用系统的一门新的技术科学。

有人认为,人工智能是研究使计算机来模拟人的某些思维过程和智能行为(如学习、推理、思考、规划等)的学科,主要包括计算机实现智能的原理、制造类似于人脑智能的计算机,使计算机能实现更高层次的应用。

还有人(尼尔逊教授)认为,人工智能是关于知识的学科——怎样表示知识以及怎样获得知识并使用知识的科学。

还有人(MIT 的温斯顿教授)认为,人工智能就是研究如何使计算机去做过去只有人才能做的智能工作。

这些说法反映了人工智能学科的基本思想和基本内容。即人工智能是研究人类智能活动的规律,构造具有一定智能的人工系统,研究如何让计算机去完成以往需要人的智力才能胜任的工作,也就是研究如何应用计算机的软硬件来模拟人类某些智能行为的基本理论、方法和技术。

目前,关于是否需要研究人工智能或实现人工智能系统,仍然存在争论。但争论主要还是围绕人工智能的社会伦理方面,对人工智能技术实现社会普遍认可。

因此,我们要了解人工智能,首先应该理解人类如何获得智能行为。人工智能按照其智能程度可以分为弱人工智能、强人工智能和超人工智能三个层次。

(1) 弱人工智能指的是擅长于解决特定领域问题的人工智能。比如,能战胜象棋世界冠军的人工智能 AlphaGo,它只会下象棋,如果问它怎样更好地在硬盘上存储数据,它就无法回答。

（2）强人工智能，指的是能够在任何领域都能够胜任人类所有工作。它能够进行思考、计划、解决问题、抽象思维、理解复杂理念、快速学习和从经验中学习等操作，并且和人类一样得心应手。

（3）超人工智能，是一种超越人类的存在，牛津哲学家、知名人工智能思想家 Nick Bostrom 把超级智能定义为"在几乎所有领域都比最聪明的人类大脑都聪明很多，包括科学创新、通识和社交技能"。

人工智能涉及计算机科学、心理学、哲学和语言学等多个学科。可以说几乎是自然科学和社会科学的所有学科，其范围已远远超出了计算机科学的范畴，人工智能与思维科学的关系是实践和理论的关系，人工智能处于思维科学的技术应用层次，是它的一个应用分支。

从思维观点看，人工智能不仅限于逻辑思维，要考虑形象思维、灵感思维才能促进人工智能的突破性发展，数学常被认为是多种学科的基础科学，数学也进入语言、思维领域，人工智能学科也必须借用数学工具，数学不仅在标准逻辑、模糊数学等范围发挥作用，数学进入人工智能学科，它们将互相促进而更快地发展。

◆ 7.2　人工智能的核心技术

人工智能的研究范畴非常广泛，其核心技术涉及了专家系统、神经网络、机器学习、自然语言处理和视觉认知等诸多领域。这些技术并不是孤立存在的，经常相互交叉，且不断进行融合并向前发展。下面简单介绍人工智能的几个主要研究领域。

7.2.1　专家系统

专家系统是基于知识的系统，用于在某种特定的领域中运用领域专家多年积累的经验和专业知识，求解需要专家才能解决的困难问题。专家系统作为一种计算机系统，继承了计算机快速、准确的特点，在某些方面比人类专家更可靠、更灵活，可以不受时间、地域及人为因素的影响。所以，专家系统的专业水平能够达到甚至超过人类专家的水平。

专家系统的奠基人、斯坦福大学的费根鲍姆（E.A.Feigenbaum）教授，把专家系统定义为："专家系统是一种智能的计算机程序，它运用知识和推理来解决只有专家才能解决的复杂问题。"也就是说，专家系统是一种模拟专家决策能力的计算机系统。

1. 专家系统的构成

专家系统的核心是知识库和推理机，其工作过程是根据知识库中的知识和用户提供的事实进行推理，不断地由已知的事实推出一些结论即中间结果，并将中间结果放到数据库中，作为新的事实进行推理。在专家系统的运行过程中，会不断地通过人机接口与用户进行交互，向用户提问，并向用户作出解释。

推理机的功能是模拟领域专家的思维过程，控制并执行对问题的求解。它能根据当前综合数据库中的已知事实，利用知识库中的知识，按一定的推理方法和控制策略进行推理，直到得出相应的结论为止。

知识库主要用来存放领域专家提供的专门知识。知识库中的知识来源于知识获取机构，同时它又为推理机提供求解问题所需的知识。知识获取机构通过人机接口与领域专家及知识工程师进行交互，然后更新、完善、扩充知识库中存储的知识。

2. 知识表示

人工智能研究的目的是要建立一个能模拟人类智能行为的系统,知识是一切智能行为的基础,但计算机不能直接处理人类语言和文字。因此,首先要研究适合计算机的知识表示方法。只有这样才能把知识存储到计算机中去,供求解现实问题使用。

世界上的每一个国家或民族都有自己的语言和文字。它是人们表达思想、交流信息的工具,促进了人类的文明及社会的进步。人类语言和文字是人类知识表示的最优秀、最通用的方法。

目前,知识表示可以分为如下两大类:符号表示法,连接机制表示法。

符号表示法是用各种包含具体含义的符号表示知识,主要用来表示逻辑性知识,目前用得较多的知识表示方法有产生式表示法、框架表示法、知识图谱等。

连接机制表示法是用神经网络表示知识的一种方法。连接机制表示法是一种隐式的知识表示方法。在这里,知识并不像在产生式系统中表示为若干条规则,而是将某个问题的若干知识在同一个网络中表示,这就如同我们人类脑子里存储知识一样。因此,特别适用于表示各种形象性的知识,如图片、视频等。

3. 知识图谱

2006 年,伯纳斯·李提出链接数据的概念,希望建立起数据之间的链接,从而形成一张巨大的数据网。谷歌公司为了提升网络信息搜索引擎返回的答案质量和用户查询的效率,于 2012 年 5 月 16 日首先发布了知识图谱(Knowledge Graph),这也标志着知识图谱正式诞生。

知识图谱是一种互联网环境下的知识表示方法。在表现形式上,知识图谱和语义网络相似,但语义网络更侧重于描述概念与概念之间的关系,而知识图谱则更偏重于描述实体之间的关联。

知识图谱的目的是提高搜索引擎的能力,改善用户的搜索质量以及搜索体验。随着人工智能的技术发展和应用,知识图谱已被广泛应用于智能搜索、智能问答、个性化推荐、内容分发等领域。现在的知识图谱已被用来泛指各种大规模的知识库。谷歌、百度和搜狗等搜索引擎公司为了改进搜索质量,纷纷构建自己的知识图谱,分别称为知识图谱、知心和知立方。

知识图谱以结构化的形式描述客观世界中概念、实体间的复杂关系,将互联网的信息表达成更接近人类认知世界的形式,提供了一种更好地组织、管理和理解海量信息的能力。目前,知识图谱还没有一个标准的定义。简单地说,知识图谱是由一些相互连接的实体及其属性构成的;知识图谱也可被看作是一张图,图中的节点表示实体或概念,而图中的边则由属性或关系构成。一个典型的知识图谱结构如图 7-1 所示。

在知识图谱中,包括实体、关系、属性和属性值 4 个概念,下面进行简要介绍。

(1) 实体。实体是具有可区别性且独立存在的某种事物。如某个国家,某个人、某个城市、某种植物、某种商品等。实体是知识图谱中的最基本元素,不同的实体间存在不同的关系。实体的内容通常作为实体和语义类的名字、描述、解释等,可以由文本、图像、音视频等来表达。具有同种特性的实体可以构成一个集合。如国家、民族、书籍、计算机等。

(2) 关系。关系用来描述不同实体之间的关联关系。如国与国的关系,人与人的关系等。

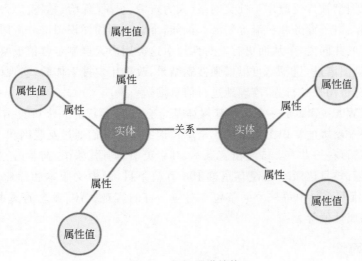

图 7-1　知识图谱结构

（3）属性。属性是指实体具备的某种属性。如人的属性包括年龄、性别；城市的属性包括面积、人口、所在国家、地理位置等；不同的属性类型对应于不同类型属性的值。

（4）属性值。属性值是指实体具备的某种属性的值。人的年龄大小、国家的国土面积、城市的地理位置、学校的在校生人数等。

在知识图谱中，通常使用三元组的方式来进行知识表示。根据知识所在位置，有两种形式的三元组知识表示方法。

方法 1：（实体 1-关系-实体 2）

例如，（中国-首都-北京）是一个（实体 1-关系-实体 2）的三元组样例。

方法 2：（实体-属性-属性值）

北京是一个实体，人口是一种属性，2100 万是其属性值，则（北京-人口-2100 万）构成一个（实体-属性-属性值）的三元组样例。

图 7-2 给出了一个关于高校信息的知识图谱。该知识图谱给出了两个高校的本科生、研究生、教师人数以及所在位置和校区数量。

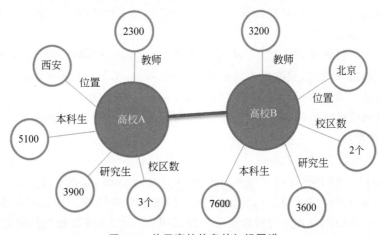

图 7-2　关于高校信息的知识图谱

目前,知识图谱被广泛应用于社交网络、人力资源、金融、保险、零售、广告、信息技术、制造业、传媒、医疗、电子商务和物流等领域。例如,金融公司用知识图谱分析用户群体之间的关系,发现他们的共同爱好,从而更有针对性地对这类用户人群制定营销策略。

如果对知识图谱进行扩展,可以增强搜索结果,改善用户搜索体验,实现语义搜索,还可以更加精准地分析用户的行为,准确地进行信息推送。

维基百科(Wikipedia)是一个由维基媒体基金会负责运营的一个可自由编辑的多语言知识库,也是一个超级的知识图谱系统。全球各地的志愿者们通过互联网和 Wiki 技术合作编撰。目前维基百科一共有 285 种语言版本,其中英语、德语、法语、荷兰语、意大利语、波兰语、西班牙语、俄语、日语版本已经有超过 100 万篇条目,而中文版本和葡萄牙语也有超过 90 万篇条目。维基百科中每一个词条包含对应语言的客观实体、概念的文本描述,以及各自丰富的属性、属性值等。

7.2.2　神经网络

人类大脑约有 10^{11} 个神经元,每个神经元又与 1000 多个其他神经元进行连接,这样,大脑就是一个内有 10^{14} 个连接的生物神经网络系统。人的思想、智慧和行为都是由这些高度互联的生物神经网络产生的。

如果能够构造一种仿造人类大脑结构的复杂网络系统,那么,机器智能将向前迈出一大步。科学家们经过不断尝试,开创了人工神经网络(Artificial Neural Network,ANN)的研究。ANN 是一个用大量简单处理单元经广泛连接而组成的人工网络,是对人脑或生物神经网络若干基本特性的抽象和模拟。

1. 生物神经网络

在生物神经网络中,生物神经元的主体部分为细胞体。细胞体由细胞核、细胞质、细胞膜等组成。神经元还包括树突和一条长的轴突。由细胞体向外伸出的最长的一条分支称为轴突即神经纤维。轴突末端部分有许多分支,叫轴突末梢。一个神经元通过轴突末梢与 10 到 10 万个其他神经元相连接,组成一个复杂的神经网络。轴突是用来传递和输出信息的,其端部的许多轴突末梢为信号输出端子,将神经冲动传给其他神经元。由细胞体向外伸出的其他许多较短的分支称为树突。树突相当于细胞的输入端,树突的全长各点都能接收其他神经元的冲动。神经冲动只能由前一级神经元的轴突末梢传向下一级神经元的树突或细胞体,不能作反方向的传递。

神经元具有两种常规工作状态:兴奋与抑制,即满足"0-1"律。当传入的神经冲动使细胞膜电位升高超过阈值时,细胞进入兴奋状态,产生神经冲动并由轴突输出;当传入的冲动使膜电位下降低于阈值时,细胞进入抑制状态,没有神经冲动输出。

生物神经网络的理论研究为人工智能的实现提供了一条全新的思路。

2. BP 神经网络

1957 年,美国康奈尔大学的弗兰克·罗森布拉特(Frank Rosenblatt),提出了由两层神经元组成的人工神经网络,并将其命名为感知器(Perceptron),并在一台 IBM-704 计算机上模拟实现了感知器神经网络模型,完成一些简单的视觉处理任务。1962 年罗森布拉特在理论上证明了单层神经网络在处理线性可分的模式识别问题时,可以做到收敛,并以此为基础做了若干感知器有学习能力的实验。这在国际上引起了轰动,掀起了人工神经网络研究的第一次高潮。

1969 年,图灵奖得主明斯基等经过理论研究,指出了感知器无法解决"非线性可分"问题,并列举了异或问题这个反例。感知器之所以无法解决这样的问题,原因就是一个单层神经网络的结构过于简单。如果想提升感知器神经网络的表征能力,网络结构要向复杂网络进行,即在输入层和输出层之间,添加一层或者多层神经元,将其称之为隐层(hidden layer),构成多层感知器。

1974 年,哈佛大学博士生保罗·沃波斯(Paul Werbos)在其博士论文中证明,在感知器神经网络中再多加一层,并利用误差的反向传播(Back Propagation,BP)来训练人工神经网络,可以解决 XOR 异或问题。1985 年,加拿大多伦多大学教授杰弗里·辛顿和戴维·鲁梅尔哈特(David Rumelhart)等重新设计了 BP 学习算法,在多层感知器中使用 Sigmoid 激活函数代替原来的阶跃函数,以"人工神经网络"模仿大脑工作机理,发表了具有里程碑意义的论文;通过误差反向传播学习表示,实现了 Minsky 多层感知器的设想。BP 学习算法唤醒了沉睡多年的人工智能研究,又一次掀起了神经网络研究的高潮。

7.2.3 深度神经网络

2006 年 7 月,加拿大多伦多大学杰弗里·辛顿教授等受动物视觉机理的启发,提出深度神经网络(Deep Neural Networks,DNN)的概念。深度神经网络的提出得益于高性能计算和大数据技术的快速发展。特别是图形处理器(Graphics Processing Unit,GPU)和大规模集群的应用。因为深度神经网络的训练需要耗费大量的计算资源。

循环神经网络(Recurrent Neural Network,RNN)和卷积神经网络(Convolutional Neural Networks,CNN)都属于多层的深度神经网络。CNN 的每层由多个二维平面组成,而每个平面由多个独立神经元组成。CNN 输入层是一个矩阵,如一幅图像的像素组成的矩阵,适合图形处理应用。相比 BP 神经网络这是一个重大进步。

1. 循环神经网络

循环神经网络是一种对序列数据建模的神经网络,即一个序列当前的输出与前面的输出也有关,会对前面的信息进行记忆并应用于当前输出的计算中。循环神经网络适合处理和预测语言这类序列数据。可以将一个序列上不同次序的数据依次传入循环神经网络的输入层,而输出可以是对序列中下一个时刻的预测,也可以是对当前时刻信息的处理结果。

1)长短期记忆神经网络

长短期记忆神经(Long Short-Term Memory,LSTM)网络是一种特殊的循环神经网络,用于解决长序列数据的建模问题。相较于传统的 RNN,LSTM 通过引入三个门控结构,即输入门、输出门和遗忘门,能够更好地控制信息的输入和输出,有效地避免了梯度消失和梯度爆炸的问题。

LSTM 在语音识别、自然语言处理、机器翻译等领域得到广泛应用。LSTM 的基本原理是将过去的信息存储在细胞状态(cell state)中,并根据当前的输入和门控信息,决定哪些信息需要保留,哪些信息需要遗忘。

具体来说,LSTM 的每个单元包含四个主要部分:输入门、遗忘门、输出门和细胞状态。其中,输入门控制新的信息进入细胞状态,遗忘门控制旧的信息从细胞状态中被遗忘,输出门决定从细胞状态中输出哪些信息。

2) 双向长短期记忆网络

相比于 LSTM,双向长短期记忆网络(Bi-LSTM)能够处理文本序列的前向和后向双向上下文信息,而不是只能处理单向上下文信息。

Bi-LSTM 的结构包括两个 LSTM,一个前向 LSTM 和一个后向 LSTM。前向 LSTM 按照时间步的顺序依次读取序列中的词向量,而后向 LSTM 则按照时间步的相反顺序读取。具体而言,前向 LSTM 从第一个时间步开始,依次读取每个时间步的输入,同时更新状态和输出,直到最后一个时间步。而后向 LSTM 则从最后一个时间步开始,依次读取每个时间步的输入,同时更新状态和输出,直到第一个时间步。

在每个时间步,LSTM 单元会接收当前时刻的输入和上一时刻的状态,并计算出新的状态和输出。具体来说,每个 LSTM 单元包括三个门(输入门、遗忘门和输出门)和一个记忆单元。输入门控制输入信息的流入,遗忘门控制上一时刻状态的遗忘,输出门控制新的状态信息的输出。记忆单元则负责记忆历史信息,并根据输入和遗忘门的控制,更新当前时刻的状态。

在 Bi-LSTM 中,前向 LSTM 和后向 LSTM 的输出被连接起来,形成了一个新的特征表示,称为 Bi-LSTM 的输出。

3) 注意力机制

注意力机制(Attention Mechanism)是一种人工智能技术,它可以让神经网络在处理序列数据时,专注于关键信息的部分,同时忽略不重要的部分。在自然语言处理、计算机视觉、语音识别等领域,注意力机制已经得到了广泛的应用。

注意力机制的主要思想是:在对序列数据进行处理时,通过给不同位置的输入信号分配不同的权重,使得模型更加关注重要的输入。例如,在处理一句话时,注意力机制可以根据每个单词的重要性来调整模型对每个单词的注意力。这种技术可以提高模型的性能,尤其是在处理长序列数据时。

在深度学习模型中,注意力机制通常是通过添加额外的网络层实现的,这些层可以学习到如何计算权重,并将这些权重应用于输入信号。常见的注意力机制包括自注意力机制(self-attention)、多头注意力机制(multi-head attention)等。

注意力机制通过给予不同位置的输入数据不同的权重,使得模型能够更加关注重要的信息点,来提高模型的性能。通过对输入的序列数据赋予权重,并将这个注意力权重作为加权系数进行加权求和,得到最终的特征向量。注意力机制可以使得模型更加关注输入序列中的重要信息点,在保证模型性能的同时提高泛化能力。

注意力机制的作用是帮助本文的模型能够更好地关注时序特征中的重要部分,在应用流行度分类任务上使用注意力机制,能提高模型对时序特征提取的效果并提高 Bi-LSTM 模型的一个表征能力。引入注意力机制后,模型能够根据当前的输入和隐藏状态自适应地调整权重,使模型更关注序列特征数据中的一些重要信息。

在自然语言处理中,引入注意力机制是为了更好地理解句子中单词的含义和上下文。在流行度分析中,会有一些序列输入问题,这类输入数据的序列具有一定的长度,其中会有一些关键的信息点,注意力机制就是进行这些信息的有效利用。

4) 自注意力机制

自注意力机制也称为内注意力机制,是一种将单个序列的不同位置联系起来以计算序列表示的注意力机制。例如,在做自然语言处理时,我们期望机器能够像人一样看到全局,但是又要聚焦到重点信息上。因为句子中的一个词往往不是独立的,是跟它的上下文相关的,但是跟上下文中不同的词具有相关性的词是不同的,所以在处理这个词的时候,机器在看到它的上下文的同时,也要更加聚焦与它相关性更高的词。这就是自注意力机制的一种应用。

5）多头注意力机制

多头注意力是注意力机制的一种扩展形式,可以在处理序列数据时更有效地提取信息。在标准的注意力机制中,我们计算一个加权的上下文向量来表示输入序列的信息。而在多头注意力中,我们使用多组注意力权重,每组权重可以学习到不同的语义信息,并且每组权重都会产生一个上下文向量。最后,这些上下文向量会被拼接起来,再通过一个线性变换得到最终的输出。

2. 卷积神经网络

卷积神经网络是一种前馈神经网络（Feedforward Neural Networks）,它由卷积层（Convolutional Layer）、池化层（Pooling Layer）、全连接层（Fully Connected Layer）等组成,它拥有局部连接、权值共享、平移不变性等特点,能够对图像、语音、文本等复杂数据进行高效的特征提取和分类,因此被广泛应用于计算机视觉、自然语言处理、语音识别等领域并做出重大贡献。

CNN 模型的核心是卷积层,其使用了一组可学习的滤波器对输入数据进行卷积操作。卷积操作是指将滤波器应用于输入数据的每个位置,得到不同的输出值,卷积操作的输出称为特征图。通过改变滤波器的大小和数量,卷积层可以捕获数据的不同特征。

池化层是 CNN 的另一个重要的层,用于降低特征图的维度,同时保留重要的特征,它可以有效降低模型过拟合的风险。池化层可以通过不同的方法对特征图进行降维,常用的方法包括最大池化（Max Pooling）和平均池化（Average Pooling）。最大池化可以对特征图进行最大值操作,将特征图中的最大值作为池化操作的输出。平均池化则可以对特征图进行平均值操作,将特征图中的平均值作为池化操作的输出。

在卷积层和池化层之后,通常使用激活函数对特征图进行非线性变换,常见的激活函数包括 Sigmoid、ReLU 和 Tanh 等。最后,将特征图输入全连接层。全连接层是 CNN 的最后一层,它是一种传统的神经网络结构,用来将模型前几层的输出转换为向量形式。全连接层的输出通常被用作分类、回归等任务的预测结果。

CNN 作为一种强大的特征提取方法,已经被广泛应用于图像处理、语音识别、自然语言处理等领域,并且在许多任务上取得了显著的成果。对于用电数据的特征提取,CNN 也具有很大的潜力。

3. 神经计算

长期以来,人脑一直给研究者们提供着灵感,因为它从某种程度上以有效的生物能量支持我们的计算能力,并且以神经元作为基础激发单位。受人脑的低功耗和快速计算特点启发的神经形态芯片在计算界已经不是一个新鲜主题了。

但是,随着基于神经元模型的深度学习的兴起,神经形态芯片再度兴起,研究人员一直在开发可直接实现神经网络架构的硬件芯片,这些芯片被设计成在硬件层面上模拟大脑。在普通芯片中,数据需要在中央处理单元和存储单元之间进行传输,从而产生时间开销和能耗。而在神经形态的芯片中,数据既以模拟方式处理并存储在芯片中,又可在需要时产生突触,从而节省时间和能量。

7.2.4　机器学习

简单地说,机器学习就是对计算机的一部分数据进行学习,然后对另一部分数据进行预测或者判断,换句话说,就是让机器去分析数据找规律,并通过找到的规律对新的数据进行处理。机器学习的核心任务是"选择某种算法解析数据,从数据中学习,然后对新的数据做出决定或者预测"。

例如,假设有一天你去购买芒果,你是希望挑选相对更成熟更甜一些的芒果,所以你应该怎么挑选芒果呢?你想起来网上有人提出的一种选择芒果的方法,亮黄色的芒果比暗黄色的芒果更甜一些,所以你有了一个简单的规则:只挑选亮黄色的芒果。

你回家吃了这些芒果之后,也许会觉得有的芒果味道并不好。很显然,你选择的这个方法很片面,挑选芒果的因素有很多而不只是根据颜色。

在经过大量思考,并且试吃了很多不同类型的芒果之后,你又得出一个结论:相对更大的亮黄色芒果肯定是甜的,同时,相对较小的亮黄色芒果只有一半是甜的。你得到了一个新的挑选芒果的方法。你会很开心自己得出的结论,然后下次去买芒果的时候就根据这个结论去买芒果。

在这个过程中,我们会根据试吃自己挑选的芒果,从而得到不同特性的芒果的品质,然后我们就可以在以后的生活中通过看芒果的特性就能知道这个芒果的品质。这个过程就是人类不断学习的过程,机器学习也是如此。

近十年,随着高性能计算技术特别是图形处理器的发展和应用,机器学习的研究范畴不断扩大,如深度学习、联邦学习和强化学习。

1. 深度学习

深度学习是基于神经网络的机器学习。神经网络就是由许多的神经元组成的系统,每个神经元就是一个简单的分类器,当输入一个数据时,它会给出分类结果。比如,我们有一些猫狗图像,把每幅图像放到机器中,机器需要判断这幅图像中的动物是猫还是狗。

那么,什么是深度学习呢?深度学习简单点说就是一种为了让层数较多的多层神经网络可以训练,能够运行起来、并演化出来一系列新的结构和新的方法的过程。

普通的神经网络可能只有几层,深度学习可以达到十几层。深度学习中的深度二字也代表了神经网络的层数。现在流行的深度学习网络结构有卷积神经网络(CNN)、循环神经网络(RNN)、深度神经网络(DNN)等。

2. 联邦学习

联邦学习又称联邦机器学习,也称为联合学习、联盟学习。联邦学习是一个机器学习的框架,能有效帮助多个机构在满足用户隐私保护、数据安全和政府法规的要求下,进行数据使用和机器学习建模。举例来说,假设有两个不同的企业 A 和 B,它们拥有不同数据。比如,企业 A 有用户特征数据,企业 B 有产品特征数据和标注数据。这两个企业按照《通用数据保护条例》是不能粗暴地把双方的数据加以合并的,因为数据的原始提供者,即它们各自的用户可能不同意这样做。

但是,如果现在双方要建立一个任务模型进行分类或预测,那么,如何在 A 和 B 各端建立高质量的分类模型以面临挑战？由于企业 A 缺少电子标签数据,企业 B 缺少用户特征数据,理论上,在 A、B 两端可能无法建立出理想的模型。

联邦学习的提出,就是为了解决这个问题:即企业 A、B 的自有数据不出本地,联邦系统可以在不违反数据隐私法规的情况下,建立一个虚拟的共有模型。该虚拟模型保证各方数据不迁移,只是通过加密机制交换参数,既不泄露隐私,也不影响数据的合规使用。在这样一个联邦机制下,各个参与者的身份和地位相同,而联邦系统帮助大家建立了"共同富裕"的策略。这就是"联邦学习"名称的由来。

联邦学习是一种分布式机器学习技术,旨在解决在隐私敏感数据不能共享的情况下,多方合作训练机器学习模型的问题。其基本思想是将训练任务分发到各个参与方(边缘检测站),让每个参与方在本地训练模型,并将模型更新传递给数据中心进行聚合,以形成全局模型。图 7-3 描述了典型的联邦学习训练过程,包括全局模型下载、本地模型训练、本地参数上传和参数聚合。

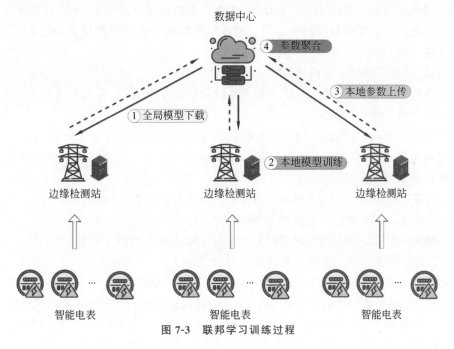

图 7-3 联邦学习训练过程

(1) 全局模型下载:联邦学习的训练过程从全局模型的初始化开始。数据中心初始化一个全局模型,从 K 个边缘检测站中随机选择 F 个参与本轮训练,并将全局模型发送给被选中的 F 个参与方,以便每个参与方在本地进行训练。

(2) 本地模型训练:每个参与方使用本地数据集在本地进行模型训练。这些数据集通常是私有的,并且不会共享给其他边缘检测站或数据中心。训练的过程可以采用不同的优化算法和超参数,但模型的基本结构和初始参数都是相同的。

(3) 本地参数上传:每个参与方在训练完成后,将其更新的模型参数发送给数据中心。

(4) 参数聚合:数据中心对接收到的所有参数通过一定的算法进行聚合,从而更新全局模型。重复执行步骤(1)到步骤(4),直到模型收敛。

3. 强化学习

强化学习如同人类学习方式,是一种封闭形式的学习。它由一个智能代理组成,该代理与它的环境进行巧妙的交互以获得一定的回报。代理的目标是学习顺序操作,这就像一个从现实世界中学习经验、不断探索新事物、不断更新价值观和信念的人一样,强化学习的智能代理也遵循着类似的原则,并从长远角度获得最大化的回报。例如,在 2017 年谷歌公司的 AlphaGo 计算机程序使用强化学习打败了围棋世界冠军。

7.2.5 自然语言处理

比尔·盖茨说过:"语言理解是人工智能皇冠上的明珠"。如果计算机能够理解、处理自然语言,将是计算机技术的一项重大突破。

1. 自然语言处理的定义

简单地说,自然语言处理就是用计算机来处理、理解以及运用人类语言。由于语言是人类区别于其他动物的根本标志。没有语言,人类的思维也就无从谈起,所以自然语言处理体现出了现阶段人工智能的最高任务。只有当计算机具备了处理自然语言的能力时,机器才算实现了真正的智能。

那么,怎样才算理解了人的语言?

由于自然语言具有多义性、上下文相关性、模糊性、非系统性、环境相关性等,因此自然语言理解至今尚无统一的定义。

从微观角度来说,自然语言理解是指从自然语言到机器内部的一个映射。

从宏观角度来说,自然语言理解是指机器能够执行人类所期望的某种语言功能。这些功能主要包括如下几方面。

(1) 回答问题:计算机能正确地回答用自然语言输入的有关问题。

(2) 文摘生成:机器能产生输入文本的摘要。

(3) 释义:机器能用不同的词语和句型来复述输入的自然语言信息。

(4) 翻译:机器能把一种语言翻译成另一种语言。

从研究内容来看,自然语言处理包括语法分析、语义分析、篇章理解等。从应用角度来看,自然语言处理具有广泛的应用前景。特别是在信息时代,自然语言处理的应用包罗万象。例如:机器翻译、手写体和印刷体字符识别、语音识别及文语转换、信息检索、信息抽取与过滤、文本分类与聚类、舆情分析和观点挖掘等。目前,自然语言处理的研究还包括开发可与人类动态互动的聊天机器人等。

2. 自然语言处理的发展

自然语言理解的研究可以追溯到 20 世纪 40 年代末至 50 年代初。随着第一台计算机的问世,英国的 A.Donald Booth 和美国的 W.Weaver 就开始了机器翻译方面的研究。美国、苏联等国展开的俄、英互译研究工作开启了自然语言理解研究的早期阶段。由于 20 世纪 50 年代单纯地使用规范的文法规则,再加上当时计算机处理能力的低下,使得机器翻译工作没有取得实质性进展。

从 20 世纪 60 年代开始,已经产生一些以关键词匹配技术为主的自然语言理解系统,但都没有真正意义上的文法分析。20 世纪 70 年代后,自然语言理解的研究在句法-语义分析技术方面取得了重要进展,出现了若干有影响的自然语言理解系统。20 世纪 80 年代后,自然语言理解研究借鉴了许多人工智能和专家系统中的思想,引入了知识的表示和推理机制,使自然语言处理系统不再局限于单纯的语言句法和词法的研究,提高了系统处理的正确性,从而出现了一批商品化的自然语言人机接口和机器翻译系统。

为了处理大规模的真实文本,研究人员提出了基于大规模语料库的自然语言理解。20 世纪 80 年代,英国 Leicester 大学 Leech 领导的 UCREL 研究小组,利用已带有词类标记的语料库,开发了 CLAWS 系统,对 LOB 语料库的 100 万词的语料进行词类的自动标注,准确率达 96%。

近年来迅速发展起来的神经机器翻译是模拟人脑的翻译过程,目前已经远远超过统计机器翻译,成为机器翻译的主流技术。LSTM 是一种对序列数据建模的神经网络,适合处理和预测序列数据。而且,LSTM 使用"累加"的形式计算状态,这种累加形式导致导数也是累加形式,避免了梯度消失,因此在神经机器翻译中得到了广泛应用。目前,神经机器翻译领域主要研究如何提升训练效率、编解码能力以及双语对照的大规模数据集。

目前市场上已经出现了一些可以进行一定自然语言处理的商品软件,但要让机器能像人类那样自如地运用自然语言,仍是一项长远而艰巨的任务。

3. 基于机器学习的自然语言处理

自然语言处理(NLP)主要通过学习通用语言,使得模型具备语言理解和生成能力。在 AI 的感知层(识别能力),目前机器在语音识别(Speech Recognition)的水平基本达到甚至超过了人类的水平。然而,机器在处理自然语言时还是非常困难,主要是因为自然语言具有高度的抽象性,语义组合性,理解语言需要背景知识和推理能力。

自 2018 年以来,以 BERT 和 GPT 为代表的语言大模型,弥补了自然语言处理标注数据的缺点,促进了 NLP 技术的发展。从技术的角度,这些大模型的训练,透过事先遮住一些文本片段,让 AI 模型通过自监督学习,通过海量语料库的预训练,逐步掌握上下文语境,把这些被遮住的片段,尽可能以合乎逻辑的方式填上去。

◆ 7.3 人工智能大模型

近几年,随着深度神经网络的兴起,人工智能进入统计分类的深度模型时代,这种模型比以往的模型更加泛化,可以通过提取不同特征值应用于不同场景。但随着模型参数增多、模型增大,过拟合导致模型的误差会先下降后上升,这使得找到精度最高误差最小的点成为模型调整的目标。而随着人工智能算法可依托的算力不断发展,研究者发现如果继续不设上限地增大模型,模型误差会在升高后第二次降低,并且误差下降会随着模型的不断增大而降低,从而出现了模型越大、准确率越高的现象。因此,人工智能研究进入到了大模型时代。

7.3.1 人工智能大模型的发展

人工智能模型(AI 模型)最初是针对特定应用场景需求进行训练(即小模型)。小模型的通用性差,换到另一个应用场景中可能并不适用,需要重新训练,这牵涉很多调参、调优的工作及成本。同时,由于模型训练需要大规模地标注数据,在某些应用场景的数据量少,训练出来的模型精度不理想,这使得 AI 研发成本高,效率低。

随着数据、算力及算法的提升,AI 技术也有了变化,从过去的小模型到大模型的兴起。大模型就是基础模型(Foundation Model),指通过在大规模宽泛的数据上进行训练后能适应一系列下游任务的模型。大模型兼具"大规模"和"预训练"两种属性,面向实际任务建模前需在海量通用数据上进行预先训练,能大幅提升人工智能的泛化性、通用性、实用性,是人工智能迈向通用智能的里程碑技术。

大模型的本质依旧是基于统计学的语言模型,"突现能力"赋予其强大的推理能力。通俗来讲,大模型的工作就是对词语进行概率分布的建模,利用已经说过的话预测下一个词出现的分布概率,而并不是人类意义上的"理解"。较过往统计模型不同的是,"突现能力"使得大模型拥有类似人类的复杂推理和知识推理能力,这代表更强的零样本学习能力、更强的泛化能力。

1. 人工智能大模型的优势

相比传统 AI 模型,大模型的优势体现在以下几方面。

(1) 解决 AI 过于碎片化和多样化的问题,极大提高模型的泛用性。

应对不同场景时,AI 模型往往需要进行针对化的开发、调参、优化、迭代,需要耗费大量的人力成本,导致了 AI 手工作坊化。大模型采用"预训练+下游任务微调"的方式,首先从大量标记或者未标记的数据中捕获信息,将信息存储到大量的参数中,再进行微调,极大提高模型的泛用性。

(2) 具备自监督学习功能,降低训练研发成本。

大模型具备自监督学习功能。可以将自监督学习功能表观理解为降低对数据标注的依赖,大量无标记数据能够被直接应用。这样一来,一方面降低人工成本,另一方面,使得小样本训练成为可能。

(3) 摆脱结构变革桎梏,打开模型精度上限。

过去想要提升模型精度,主要依赖网络在结构上的变革。随着神经网络结构设计技术逐渐成熟并开始趋同,想要通过优化神经网络结构从而打破精度局限变得困难。而研究证明,更大的数据规模确实提高了模型的精度上限。

2. 人工智能大模型的发展

人工智能大模型的发展主要经历了 Bert 模式、GPT 模式和混合模式三个阶段。

1) Bert 模式

2018 年,谷歌公司的 Devlin 等提出了具有划时代意义的预训练模型 Bert。Bert 采用遮蔽语言模型(Masked LM)来解决在完全双向编码中的"自己看见自己"的问题,同时采用连续句子预测(Next Sentence Prediction)的方法将适用范围扩展到句子级别。这两项创新点使得 Bert 能够充分挖掘海量的语料库信息,从而大幅提升包括情感分析在内的 11 项自然语言处理领域下游任务的性能。

2) GPT 模式

GPT(Generative Pre-trained Transformer)即生成式预训练 Transformer 模型,模型被设计为对输入的单词进行理解和响应并生成新单词,能够生产连贯的文本段落。预训练代表着 GPT 通过填空方法来对文本进行训练。在机器学习里,存在判别式模型和生成式模型两种类型,相比之下,生成式模型更适合大数据学习,判别式模型更适合人工标注的有效数据集,因而,生成式模型更适合实现预训练。

3) 混合模式

各类大语言模型各有侧重,Bert 模式有两阶段(双向语言模型预训练+任务 Fine-tuning),适用于理解类以及某个场景的具体任务,表现得"专而轻";GPT 模式是由两阶段到一阶段(单向语言模型预训练＋zero-shot prompt),比较适合生成类任务、多任务,表现得"重而通"。2019 年之后,Bert 模式的技术路线基本没有标志性的新模型更新,而 GPT 技术路线则趋于繁荣。

混合模式则将 Bert 模式、GPT 模式两者结合,包含有两阶段(单向语言模型预训练＋Fine-tuning)。根据当前的研究结论,如果模型规模不是特别大,面向单一领域的理解类任务,适合用混合模式。但综合来看,当前几乎所有参数规模超过千亿的大型语言模型都采取 GPT 模式。特别是在 2022 年底产生了基于 GPT-3.5 的 ChatGPT 后,由于模型越来越大,所以模型的效能也越来越通用。

7.3.2　Transformer 模型

2017 年,谷歌公司提出了 Transformer 网络结构,成为过去数年来人工智能大模型领域中 GPT 模型的底层架构。

GPT 模型利用 Transformer 网络作为特征提取器,是第一个引入 Transformer 的预训练模型。传统的神经网络模型例如 RNN(循环神经网络)在实际训练过程中由于输入向量大小不一,且向量间存在相互影响关系导致模型训练结果效果较差。Transformer 模型的三大技术突破解决了这个问题。

(1) Transformer 模型的 Self-Attention(自注意力)机制使人工智能算法注意到输入向量中不同部分之间的相关性,从而大大提升了精准性。

(2) 模型采用属于无监督学习的自监督学习,无须标注数据,模型直接从无标签数据中自行学习一个特征提取器,大大提高了效率。

(3) 在执行具体任务时,微调旨在利用其标注样本对预训练网络的参数进行调整。也可以针对具体任务设计一个新网络,把预训练的结果作为其输入,大大增加了其通用泛化能力。

Transformer 有 6 个编码器和 6 个解码器。每个编码器包含 2 个子层:多头自注意层和一个全连接层。每个解码器包含 3 个子层:一个多头自注意层,一个能够执行编码器输出的多头自注意的附加层,以及一个全连接层。编码器和解码器中的每个子层都有一个残差连接,然后进行层标准化(Layer Normalization)。

所有编码器、解码器的输入和输出标记都使用学习过的嵌入转换成向量,然后将这些输入嵌入传入进行位置编码。

位置编码被添加到模型中,以帮助注入关于句子中单词的相对或绝对位置的信息。因为 Transformer 的架构不包含任何递归或卷积,因此没有词序的概念。输入序列中的所有单词都被输入网络中,没有特殊的顺序或位置,因为它们都同时流经编码器和解码器堆栈。要理解一个句子的意思,理解单词的位置和顺序是很重要的。

位置编码与输入嵌入具有相同的维数,因此可以将二者相加。

7.3.3　GPT 模型

GPT 相比于 Transformer 等模型进行了显著简化。相比于 Transformer 模型,GPT 模型仅训练了一个 12 层的解码器,原 Transformer 模型中包含编码器和解码器两部分(编码器和解码器作用在于对输入和输出的内容进行操作,成为模型能够认识的语言或格式)。同时,相比于 Google 公司的 Bert,GPT 仅采用上文预测单词,而 Bert 采用了基于上下文双向的预测手段。

GPT-1 采用无监督预训练和有监督微调,证明了 Transformer 对学习词向量的强大能力,在 GPT-1 得到的词向量基础上进行下游任务的学习,能够让下游任务取得更好的泛化能力。不足也较为明显,该模型在未经微调的任务上虽然有一定效果,但是其泛化能力远远低于经过微调的有监督任务,说明了 GPT-1 只是一个简单的领域专家,而非通用的语言学家。

GPT-2 实现执行任务多样性,开始学习在不需要明确监督的情况下执行数量惊人的任务。GPT-2 在 GPT 的基础上进行诸多改进,在 GPT-2 阶段,OpenAI 去掉了 GPT 第一阶段的有监督微调(fine-tuning),成为了无监督模型。GPT-2 大模型是一个 1.5B 参数的 Transformer,在其论文中它在 8 个测试语言建模数据集中的 7 个数据集上实现了当时最先进的结果。GPT-2 模型中,Transformer 堆叠至 48 层,数据集增加到 800 万量级的网页、大小为 40GB 的文本。

GPT-2 通过调整原模型和采用多任务方式来让 AI 更贴近“通才”水平。机器学习系统通过使用大型数据集、高容量模型和监督学习的组合,在训练任务方面表现出色,然而这些系统较为脆弱,对数据分布和任务规范的轻微变化非常敏感,因而使得 AI 表现更像狭义专家,并非通才。考虑到这些局限性,GPT-2 要实现的目标是转向更通用的系统,使其可以执行许多任务,最终无须为每个任务手动创建和标记训练数据集。而 GPT-2 的核心手段是采用多任务模型(Multi-task),其跟传统机器学习需要专门地标注数据集不同(从而训练出专业 AI),多任务模型不采用专门 AI 手段,而是在海量数据喂养训练的基础上,适配任何任务形式。

GPT-3 取得突破性进展,任务结果难以与人类作品区分开来。相比于 GPT-2 采用零次学习(zero-shot),GPT-3 采用了少量样本(few-shot)加入训练。GPT-3 是一个具有 1750 亿个参数的自回归语言模型,比之前的任何非稀疏语言模型多 10 倍,GPT-3 在许多 NLP 数据集上都有很强的性能(包括翻译、问题解答和完形填空任务),以及一些需要动态推理或领域适应的任务(如解译单词、在句子中使用一个新单词或执行 3 位数算术)、GPT-3 也可以实现新闻文章样本生成等。GPT-3 论文中论述到,虽然少量样本学习稍逊色于人工微调,但在无监督下是最优的,证明了 GPT-3 相比于 GPT-2 的优越性。

GPT-3.5(InstructGPT)模型是 GPT-3 的进一步强化。使语言模型更大并不意味着它们能够更好地遵循用户的意图,例如大型语言模型可以生成不真实、有毒或对用户毫无帮助的输出,即这些模型与其用户不一致。另外,GPT-3 虽然选择了少量样本学习和继续坚持了 GPT-2 的无监督学习,但基于少量样本学习的效果也稍逊于监督微调的方式,仍有改良空间。基于以上背景,OpenAI 在 GPT-3 基础上根据人类反馈强化学习(reinforcement learning from human feedback,RLHF)方案,训练出奖励模型(reward model)去训练学习模型(即用 AI 训练 AI 的思路)。InstructGPT 使用 RLHF 方案,通过对大语言模型进行微调,从而能够在参数减少的情况下,实现优于 GPT-3 的功能。

InstructGPT 与 ChatGPT 属于相同代际模型,但 ChatGPT 的发布率先引爆市场。GPT-3 只解决了知识存储问题,尚未很好地解决“知识怎么调用”的问题,而 ChatGPT 解决了这一部分问题，所以 GPT-3 问世两年所得到的关注远不及 ChatGPT。ChatGPT 是在 InstructGPT 的基础上增加了 Chat 属性，且开放了公众测试，ChatGPT 提升了理解人类思维的准确性的原因也在于利用了基于人类反馈数据的系统进行模型训练。

GPT-4 是 OpenAI 在深度学习扩展方面的最新里程碑。根据微软公司发布的 GPT-4 论文，GPT-4 已经可被视为一个通用人工智能的早期版本。GPT-4 是一个大型多模态模型（接收图像和文本输入、输出），虽然在许多现实场景中的能力不如人类，但在各种专业和学术基准测试中表现出人类水平的性能。例如，它在模拟律师资格考试中的成绩位于前 10% 的考生，而 GPT-3.5 的成绩在后 10%。GPT-4 不仅在文学、医学、法律、数学、物理科学和程序设计等不同领域表现出高度熟练程度，而且它还能够将多个领域的技能和概念统一起来，并能理解其复杂概念。

除了生成能力，GPT-4 还具有解释性、组合性和空间性能力。在视觉范畴内，虽然 GPT-4 只接受文本训练，但 GPT-4 不仅从训练数据中的类似示例中复制代码，而且能够处理真正的视觉任务，充分证明了该模型操作图像的强大能力。另外，GPT-4 在草图生成方面，能够综合运用 Stable Diffusion 的能力，同时 GPT-4 针对音乐以及编程的学习创造能力也得到了验证。

7.3.4 典型大模型系统

自 2018 年以来，以 Bert 和 GPT 为代表的语言大模型，弥补了自然语言处理标注数据的缺点，促进了 NLP 技术的发展。从技术的角度，这些大模型的训练，透过事先遮住一些文本片段，让 AI 模型通过自监督学习，通过海量语料库的预训练，逐步掌握上下文语境，把这些被遮住的片段，以尽可能合乎逻辑的方式填上去。

1. ChatGPT

OpenAI 正是基于 Transformer 基础模型推出了 GPT 系列大模型。而 OpenAI GPT 使用了 Transformer 的 Decoder 结构，利用了 Decoder 中的 Mask，只能顺序预测。Bert 无须调整结构就可以在不同的任务上进行微调，在当时是 NLP 领域最具有突破性的一项技术。

OpenAI 正是基于 Transformer 基础模型推出了 GPT 系列大模型。GPT 即生成式预训练 Transformer 模型，模型被设计为对输入的单词进行理解和响应并生成新单词，能够生产连贯的文本段落。预训练代表着 GPT 通过填空方法来对文本进行训练。在机器学习里，存在判别式模型和生成式模型两种类型，相比之下，生成式模型更适合大数据学习，判别式模型更适合人工标注的有效数据集，因而生成式模型更适合实现预训练。

GPT 模型依托于 Transformer 解除了顺序关联和对监督学习的依赖性的前提。在自然语言处理（NLP）领域，基于原始文本进行有效学习的能力能够大幅降低对于监督学习的依赖，而很多深度学习算法要求大量手动标注数据，该过程极大地限制了其在诸多特定领域的适配性。在考虑以上局限性的前提下，通过对未标记文本的不同语料库进行语言模型的生成式预训练，然后对每个特定任务进行区分性微调，可以实现这些任务上的巨大收益。与之前方法不同，GPT 在微调期间使用任务感知输入转换，以实现有效的传输，同时对基础模型架构的更改最小。

2. 百度文心一言

2023 年 3 月 16 日,百度官方发布"文心一言"。"文心一言"是百度公司研发的知识增强大语言模型,拥有文学创作、商业文案创作、数理逻辑推理、中文理解和多模态生成五大能力。文心一言在百度 ERNIE 及 PLATO 系列模型基础上研发而成,关键技术包括监督精调、人类反馈强化学习、提示、知识增强、检索增强及对话增强。其中,百度公司在知识增强、检索增强和对话增强方面实现技术创新,使得文心一言在性能上实现重大进步。

文心一言展现五大核心能力,对中文的深度理解以及多模态能力值得关注。百度针对文心一言的五大能力进行测试,模型在各项测试中展现出良好性能,其中对成语的理解和解释,以及音频(有方言版本)、视频生成样例,反映了文心一言在中文深度理解以及多模态生成方向的探索和实践,未来随着模型算法的持续优化,以及高质量训练数据的持续输入,文心一言有望在中文 AI 以及多模态领域不断进步,为未来的商业化落地奠定坚实基础。

文心一言或将提供大模型 API 相关功能。从技术上来说,文心一言大模型已经具备了搜索、文图生成等功能,并成功得到应用,这些能力或将集成于文心一言。

◇ 7.4 人工智能的典型应用

人工智能的应用领域非常宽广。从模糊控制、车牌识别、人员识别、场景认知、自动阅卷、智能问答、机器翻译、人机对战、无人驾驶、物运机器狗、工业机器人到智能家电,无不都是人工智能的应用。在每种应用背后,都包含有前面提到的一种到多种人工智能技术。

7.4.1 模糊控制专家系统

在日常生活中,经常要碰到有关模糊控制的问题,只是没有引起我们注意罢了。其中最典型的例子莫过于用桶装水。

一般地,人们用桶装水时总是有意无意地这样做:
- 当水桶是空的或有很少的水时,将水龙头开到最大。
- 当水桶中的水较多时,把水龙头拧小一些。
- 当水桶里的水快满时,将水龙头拧到很小。
- 当水桶满时,关掉水龙头,以节约用水。

上述规则就是我们控制装自来水的经验知识。它们是用语言来表达的。在这里,"很少""较多""快满"等均为模糊词,可以把模糊词定义为模糊集合。

在模糊控制中,规则起关键作用,它是模糊控制系统的核心。一个模糊控制系统的控制规则的优劣直接决定了整个系统的控制精度。控制规则的完整与合乎现实是构成模糊控制器知识库的最终目标。

模糊控制系统的知识库主要由控制规则构成,要构成一个完美的知识库,首先必须了解有关控制系统的知识,将这些初始知识进行优化、组合,形成初始控制规则,然后,通过对系统的理论分析和实际调试结果来确定知识库的控制规则。

1. 知识的获取

获取知识不外乎理论联系实际,密切联系群众,其主要途径有三条,其一是获取从事控制系统设计的专家的经验,其二是提炼系统操作者的经验,其三是对系统进行理论分析。三者相辅相成,不可分割。

首先,通过了解从事控制系统设计的专家的设计思想,结合自己的控制经验,从已经有的控制系统中挖掘出有益的东西,经过提炼,从而获得系统的有关控制经验或方法。

操作者手工控制对象系统时的经验十分重要,它是实现一个工业自动控制系统必须获得的知识之一。这些人在工业现场从事控制操作多年,对一个系统的"脾气"摸得相当清楚。他们有一套完整的经验和方法来保证系统的有效运行。他们的经验是宝贵的,是设计模糊控制系统的控制规则知识的重要来源。另外,控制软件设计者本身对控制对象的熟悉程度也是设计模糊控制系统的重要知识来源。

在获得了控制的经验知识后,就必须将这些知识用某种方法表示出来。通常使用的方法是语义网络表示法、框架表示法以及规则表示法。其中,规则表示法是一种最简便的知识表示形式。也是使用最广泛的一种方法。一条规则通常由两部分组成,即前件(如果部分)和后件(结论部分)。前件和后件都可以包含很多条件子句。然而在实际应用系统中,为了保证逻辑描述的规整性、简洁性,往往限制前、后件中条件子句的数目。其中每条规则都是一个精练的知识模块,可以对它进行修改或替换而不影响其他规则。

知识是组成知识库的基本构件,这些基本构件开始很不完善,更不完美。必须对它们进行理论分析,并适当进行调整、补充、完善与优化,从而生成知识库的控制规则。建立一个知识库的一般步骤如图 7-4 所示。

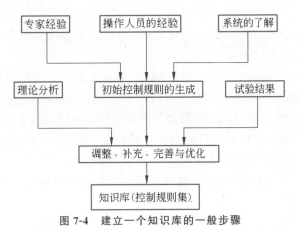

图 7-4　建立一个知识库的一般步骤

2. 控制规则的生成

众所周知,二阶惯性系统是一类较常见而又重要的控制系统,通过对二阶系统的过渡过程的分析,我们可以发现:要实现小超调甚至无超调的控制,使系统的响应既快又稳,即迅速而稳定地向设定值靠拢并能迅速稳定下来,若采用经典的 PID 控制是很难实现的。而采用模糊控制方法,则可以实现这种目标。模糊控制是一种优化的 PID 控制,是仿人智能的控制方法,它实现了连续变速微分、积分及可变增益的 PID 控制。

图 7-5 是典型二阶惯性系统的过渡过程,我们将其划分为 4 个阶段来分析。这 4 个阶段是:上升段 AB,超调段 BC,回调段 CD 及下降段 DE。

对于上升段 AB,控制的首要目标是使系统的采样值快速接近设定值而稳定地下来,使超调尽量少。该段是过程控制中最关键的部分。通常,若测量值离设定值较远,必须加大控

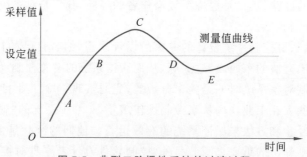

图 7-5　典型二阶惯性系统的过渡过程

制量,使上升速度加快;若接近设定值,必须使控制量减少,以防止由于惯性而超调。在模糊控制中,对 AB 段的控制规则包括:

　　如果偏差较大,则加大控制量,使温度加速上升;

　　如果偏差中等,而上升速度较大,则稍微减小上升速度;

　　如果偏差中等,而上升速度较小,则保持上升速度不变;

　　如果偏差中等,而上升速度接近零,则稍微增加上升速度;

　　如果偏差较小,而上升速度较大,则较大地减小上升速度;

　　如果偏差较小,而上升速度较小,则稍微减小上升速度;

　　如果偏差较小,而上升速度接近零,则使上升速度为零,以惯性接近设定值;

　　如此等等。

　　对于超调段 BC,由于实际值超过设定值,这时的控制目标是使实际值回调到设定值。一般需要减少控制量。

　　对于回调段 CD,其控制方法与上升段相似,也就是要保证回调速度快而稳定,并且不出现继续下降温度的趋势。控制规则与 AB 段类似,但力度稍微减弱。

　　对于下调段 DE,由于控制系统的控制量不能维持实际值在设定值附近或之上,而使得温度下降到了设定温度下。这时应该稍微增加控制量,维持温度回稳是必须的。该段的控制规则与 CD 段有些类似,但是控制变化的力度稍微减弱。

　　通过对上述二阶惯性系统的分析,可以生成一组初始控制规则。进一步的试验和理论分析可以完善这些规则。

　　一些复杂的专家系统开发仍然存在许多问题,如 2013 年,IBM 与世界顶级肿瘤治疗与研究机构——MD 安德森癌症中心合作开发的癌症诊断与治疗的专家系统 Watson,用于辅助医生开展抗癌药物的临床测试。在 IBM 和 MD 安德森癌症中心这两大机构合作之初,福布斯杂志发表了题为《在 MD 安德森癌症中心,IBM Watson 解决了临床测试难题》的评论,对 Watson 寄予厚望。在当时看来,一扇新的大门正被人类打开,而支撑这一切的正是 AI 与现代医疗技术的无缝结合。然而,4 年之后的 2017 年 7 月,福布斯杂志同样发表了一篇关于 Watson 的文章,但标题则是《Watson 是不是一个笑话?》,这表明 Watson 近几年进展缓慢、难以大用。Watson 系统面临的窘境,其实也是整个专家系统现状的缩影。造成专家系统发展乏力的因素有很多,主要原因在于专家数据匮乏而昂贵,也就是知识获取成了问题。因此,目前专家系统研制的目的不是研制 AI 专家代替人类专家,而是研制人类专家的AI 助手。

7.4.2　计算机视觉

斯坦福人工智能实验室主任李飞飞说过,如果我们想让机器思考,我们需要教它们看见。人类是一种被赋予了视觉的动物,所以我们就考虑如何能够让机器也能看见,拥有它们自身的视觉功能。计算机视觉就是一门研究如何使机器"看"的学科。更进一步地说,就是指用摄影机和计算机代替人眼对目标进行识别、跟踪和测量等。

计算机视觉的主要任务就是:物体检测、物体识别、图像分类、物体定位、图像分割。计算机视觉关注的是计算机如何在视觉上感知周围的世界。然而,具有讽刺意味的是,计算机擅长做一些庞大的任务,比如寻找 100 位数字的第十次根,但在识别和区分对象等简单的任务上却很吃力。近年来,随着深度学习、标记数据集的可用性以及高性能计算的进步,计算机视觉系统在可视对象分类等狭义定义的任务中已经超越了人类。

1. 智能车辆

智能车辆是一个集环境感知、规划决策、多等级辅助驾驶等功能于一体的综合系统,它集中运用了计算机、现代传感、信息融合、通信、人工智能及自动控制等技术,是典型基于视觉等多种高新技术的综合体。

近年来,智能车辆已经成为世界车辆工程领域研究的热点和汽车工业增长的新动力,很多发达国家都将其纳入各自重点发展的智能交通系统当中。

智能车辆根据智能等级的不同,可以划分为 L0、L1、L2、L3、L4、L5 共 6 个级别,其中,L0 为最低级别,定义为由驾驶员执行全部的动态驾驶操作任务,但在行驶过程中驾驶者可以得到相关系统的警告和保护系统的辅助;L1 定义为驾驶辅助,驾驶系统只可持续执行横向或纵向的车辆运动控制的某一子任务,由驾驶员执行其他的动态驾驶任务;L2 定义为部分自动驾驶,自动驾驶系统可持续执行横向或纵向的车辆运动控制任务,驾驶者负责执行物体和事件的探测及响应任务并监督自动驾驶系统;L3 定义为有条件自动驾驶,自动驾驶系统可以持续执行完整的动态驾驶任务,驾驶者需要在系统失效时接受系统的干预请求,并及时做出响应;L4 定义为高度自动驾驶,自动驾驶系统可以自动执行完整的动态驾驶任务和动态驾驶任务支援,用户无须对系统请求做出回应;L5 定义是完全自动驾驶,自动驾驶系统能在所有道路环境下执行完整的动态驾驶任务和动态驾驶任务支援,无须人类驾驶者的介入,即完全无人驾驶状态。L5 是智能驾驶等级最高的级别。

除了传统的汽车生产商,像 Google、Apple、百度、腾讯、华为、阿里巴巴等国际互联网和通信企业也都成立了独立的智能汽车业务部门,专门进行智能驾驶等业务的拓展,可见智能驾驶发展前景诱人。

我们有理由相信,随着人工智能、网络、芯片技术的快速发展,智能驾驶功能会不断集成、提高和健全,在不久的将来会给人们带来更多、更好、更安全的智能体验。

2. 智能机器人

一提到机器人,大家心目中想到的可能是科幻电影中的人形机器人,拥有高智能大脑、手脚灵活、为人类执行艰难任务。相信大家也看过不少这种类型的电影,如《终结者》《变形金刚》《我,机器人》《机械公敌》等。这些机器人都是有鼻子、眼睛、手、脚,类似于人类的一种机器。事实上,仿人形机器人只是机器人的一种。

然而,"机器人"是一个广义的词语,机器人是自动执行工作的机器装置。它既可以接受人类指挥,又可以运行预先编排的程序,也可以根据人工智能技术制定的原则为纲领来行动。它的任务是协助或取代人类工作,例如生产业、建筑业或是危险的工作。

2015年,波士顿动力(Boston Dynamics)公司研制出机器狗 Spot,Spot 是一款电动液压机器狗,它能走能跑,另外还能爬楼梯、上坡下坡。2018年,发布了 Atlas 人形机器人和机器狗 SpotMini。2020年,波士顿动力公司的四足机器狗 Spot 正式入职挪威石油公司 Aker,成为该石油公司第一台拥有员工编号的机器人。

当今社会,机器人大致可以分为5大种类:工业机器人、娱乐机器人、家用机器人、竞赛机器人、军事机器人。

工业机器人是广泛用于工业领域的多关节机械手或多自由度的机器装置,具有一定的自动性,可依靠自身的动力能源和控制能力实现各种工业加工制造功能。

娱乐机器人是以供人观赏、娱乐为目的的机器人。除具有机器人的外部特征,可以像人,像某种动物,像童话或科幻小说中的人物等;还可以行走或完成动作,可以有语言能力,会唱歌,有一定的感知能力。

家用机器人是为人类服务的特种机器人,主要从事家庭服务,维护、保养、修理、运输、清洗、监护等工作。

军事机器人是指为了军事目的而研制的自动机器人。在未来战争中,自动机器人士兵会成为对敌作战的军事行动的绝对主力。

7.4.3 人机对战

1997年5月,IBM 公司的"深蓝"计算机击败了人类的世界国际象棋冠军卡斯帕洛夫(KASPAROV),标志着人工智能技术开启了新的应用浪潮。

2016年3月,阿尔法狗(AlphaGo)机器与围棋世界冠军、职业九段棋手李世石进行围棋人机大战,以4比1的总比分获胜。2017年5月,在中国乌镇围棋峰会上,它与排名世界第一的世界围棋冠军柯洁对战,以3比0的总比分获胜。

AlphaGo 是一款围棋人工智能程序。其主要工作原理是采用多层的人工神经网络进行训练。一层神经网络会把大量矩阵数字作为输入,通过非线性激活方法取权重,再产生另一个数据集合作为输出。这就像生物神经大脑的工作机理一样,通过合适的矩阵数量,多层组织链接一起,形成神经网络"大脑"进行精准复杂的处理,就像人们识别物体标注图片一样。

路径搜索是人机对战游戏软件中最基本的问题之一。有效的路径搜索方法可以让角色看起来很真实,使游戏变得更有趣味性。当前,棋类游戏几乎都使用了搜索的方式来完成决策。现代游戏设计中,特别需要研究路径搜索方法。

搜索算法是一种启发式搜索策略,其中有一种称为 A* 的搜索算法(简称 A* 算法)能保证在任何起点与终点之间找到最佳路径。例如,在人机对战游戏中,以两点间欧氏距离为启发函数,采用 A* 算法能够保证以最少的搜索时间找到最优的路径。但是,当 CPU 功能不太强,尤其是解决多角色游戏的路径选择问题时,则 A* 算法得到的结果不一定是最优路径,因此会影响游戏效果。由于路径的类型很多,寻求路径的方法应与路径的类型和需求有关,A* 算法不一定适合所有场合。例如,如果起点和终点之间没有障碍物,有明确的可见视线,就没有必要使用 A* 算法。

　　遗传算法已经广泛用于智能游戏。例如,游戏设计中经常需要为某个角色寻找最优路径,往往只考虑距离是远远不够的。游戏设计中利用了一个 3D 地形引擎,需要考虑路径上的地形坡度。当角色走上坡路时应该慢些,而且更费油料。当在泥泞里跋涉应该比行驶在公路上慢。采用遗传算法进行游戏设计时,可以定义一个考虑所有这些要素的适应度函数,从而在移动距离、地形坡度、地表属性之间达到较好的平衡。可以为游戏中不同的地表面创建不同的障碍值或者惩罚值加入适应度函数。如果道路泥泞则惩罚值大,该道路总的适应度就小,选择这条路径的可能性就小。当然,如果这条路径比较短,使得适应度增加,选择这条路径的可能性变大。对地形坡度的处理也是类似的。最终路径的选择是所有因素的折中考虑。

　　另外,百度公司基于多年的深度学习技术研究和业务应用基础,研究开发了一种基于深度学习的应用框架——飞桨。飞桨集深度学习核心训练和推理框架、基础模型库、端到端开发套件、丰富的工具组件于一体,是中国自主研发、功能完备、开源开放的产业级深度学习平台,可以用来对文本、语音、图像等进行学习和训练。

7.4.4　机器翻译

　　机器翻译,又称为自动翻译,是利用计算机将一种自然语言(源语言)转换为另一种自然语言(目标语言)的过程。它是计算语言学的一个分支,是人工智能的终极目标之一,具有重要的科学研究价值。

　　如今,当我们要获得某个术语或某段文字的英文表述时,很多人都会使用网络在线翻译器。机器翻译肩负着架起语言沟通桥梁的重任。百度翻译自 2011 年上线,十余年来,翻译质量大幅提升。如图 7-6 所示。当在左边的框中输入“人工智能”和“物联网”时,右边的框中就会出现两者对应的英文术语“artificial intelligence”“Internet of things”。而在线翻译的背后,离不开自然语言处理。

图 7-6　百度的网络在线翻译器

◈ 7.5　本 章 小 结

　　本章介绍了人工智能的基本概念、产生与发展历程,给出了人工智能的三大学派的内涵、专家系统和神经网络的概念,分析了不同类型神经网络的应用场景。重点介绍了机器学习的概念和不同类型机器学习模型的应用场景,给出了自然语言处理的基本原理及在机器翻译中的应用。

◇ 习 题 7

一、选择题

1. 人工智能的英文缩写是(　　)。

　　A. AI　　　　　　　B. BI　　　　　　　C. CI　　　　　　　D. DI

2. 人工智能诞生于(　　)。

　　A. London　　　　B. Dartmouth　　　C. New York　　　D. Las Vegas

3. 被誉为国际"人工智能之父"的人一般是指(　　)。

　　A. 图灵(Turing)　　　　　　　　　B. 费根鲍姆(Feigenbaum)

　　C. 傅京孙(K. S. Fu)　　　　　　　D. 尼尔逊(Nilsson)

4. 下列不属于强人工智能的是(　　)。

　　A. 会思考的机器　　　　　　　　　B. 有视觉的机器

　　C. 制造机器的机器人　　　　　　　D. 以上均不是

5. 人工智能的目的是让机器能够(　　)。

　　A. 有完全智能　　　　　　　　　　B. 像人一样思考

　　C. 完全代替人　　　　　　　　　　D. 模拟、延伸和扩展人的智能

6. 专家系统的编程思想是(　　)。

　　A. 数据结构+算法　　　　　　　　B. 数据结构+推理

　　C. 知识+推理　　　　　　　　　　D. 数据库+解释

7. 人工智能是研究用人工的方法在计算机上实现智能,它涉及(　　)。

　　A. 计算机科学　　　B. 哲学　　　　C. 语言学　　　　D. 以上均是

8. 卷积神经网络是模拟(　　)。

　　A. 生物神经　　　B. 生物视觉　　　C. 生物听觉　　　D. 生物触觉

9. 如果问题存在最优解,则使用(　　)必然可以得到该最优解。

　　A. 宽度优先搜索　　　　　　　　　B. 深度优先搜索

　　C. 有界深度优先搜索　　　　　　　D. 启发式搜索

10. 我国学者吴文俊院士在人工智能的(　　)领域作出了贡献。

　　A. 机器证明　　　B. 模式识别　　　C. 人工神经网络　　D. 智能代理

二、问答题

1. 什么是人工智能? 它的发展过程经历了哪些阶段?

2. 人工智能研究的核心技术有哪些?

3. 简述人脸识别中使用的人工智能技术。

4. 简述机器翻译中使用的人工智能技术。

5. 简述机器学习、深度学习、联邦学习的关联和区别。

6. 简述 ChatGPT 对编程员和文字工作员的挑战,分析其可能对这些工作带来的影响。

7. 简述联邦学习的特点,说明其在隐私保护的数据聚合中的作用。

8. 分析机器翻译的快速发展对翻译工作岗位的机遇和挑战。

9. 分析人工智能技术可能对人力带来的伦理冲击及应对措施。

三、实验题

1. 使用人工智能方法实现手写体识别,并使用 Python 编程实现。

2. 使用人工智能方法编写五子棋游戏,并使用 Python 编程实现。

3. 调用 Python 通过的相关机器学习库,实现给定图片中的人脸识别。

第8章

信息安全与隐私保护

学习目标：

(1) 了解信息安全与隐私保护的概念。

(2) 理解数据加密模型及密码分析方法，能够使用置换技术进行数据加密。

(3) 理解对称加密和非对称加密的差异，能够使用 RSA 进行数据加密。

(4) 了解身份认证和访问控制技术的概念，理解数字签名的作用和工作过程。

(5) 了解区块链的结构，理解信息伦理、道德与法律的相互关系。

学习内容：

信息安全是保证计算系统安全可靠运行的关键。本章讲解信息安全的概念和体系架构，从身份认证、访问控制、数据加密、数字签名和区块链等多个角度讲解信息安全的关键技术。并从道德和法律两个维度，说明信息伦理的重要性。

8.1 信息安全的概念和体系

信息安全是一个广泛而抽象的概念。从信息安全的发展来看，在不同的时期，信息安全具有不同的内涵。即使在同一时期，由于所站的角度不同，对信息安全的理解也不尽相同。而隐私和安全存在紧密关系，但也存在一些细微差别。安全是绝对的，而隐私则是相对的。因为对某人来说是隐私的事情，对他人则不是隐私。而安全问题，往往跟人的喜好关系不大，每个人的安全需求基本类同。况且，信息安全对于个人隐私保护具有重大的影响，甚至决定了隐私保护的强度。

8.1.1 信息安全的概念

1. 信息安全的定义

信息安全是指为数据处理系统建立和采用的安全管理与保护技术。其目的是保护计算机硬件、软件、数据不因偶然和恶意的原因而遭到破坏、更改和泄露。

国际标准化组织和国际电工委员会对信息安全的定义为：信息安全是指信息的保密性、完整性、可用性，有时也包含真实性、可核查性、抗抵赖和可靠性等其他的特性。

信息安全的概念经常与计算机安全、网络安全、数据安全等互相交叉笼统地使用。在不严格要求的情况下,这几个概念几乎是可以通用。这是由于随着计算机技术、网络技术发展,信息的表现形式、存储形式和传播形式都在变化,最主要的信息都是在计算机内进行存储处理,在网络上传播。因此计算机安全、网络安全以及数据安全都是信息安全的内在要求或具体表现形式,这些因素相互关联,关系密切。

2. 信息安全的三原则

信息安全需求随着应用对象不同而不同,需要有一个统一的信息安全标准。这个标准就是信息安全三原则,即机密性(confidentiality)、完整性(integrity)和可用性(availability)三原则(简称 CIA 原则)。

(1) 机密性。机密性是指通过加密,保护信息免遭泄露,防止信息被未授权用户获取,包括防分析。例如,加密一份工资单可以防止没有掌握密钥的人无法读取其内容。如果用户需要查看其内容,必须通过解密。只有密钥的拥有者才能够将密钥输入解密程序。然而,如果密钥输入解密程序时,被其他人读取到该密钥,则这份工资单的机密性就被破坏。

(2) 完整性。完整性是指信息的精确性和可靠性。通常使用"防止非法的或未经授权的信息改变"来表达完整性。即完整性是指信息不因人为的因素而改变其原有的内容、形式和流向。完整性包括信息完整性(即信息内容)和来源完整性(即信息来源,常通过认证来确保)。例如,某媒体刊登了从某部门泄露出来的信息,却声称信息来源于另一个信息源。显然该媒体虽然保证了信息完整性,但破坏了来源完整性。

(3) 可用性。可用性是指期望的信息或资源的使用能力,即保证信息资源能够提供既定的功能,无论何时何地,只要需要即可使用,而不因系统故障或误操作等使资源丢失或妨碍对资源的使用。可用性是系统可靠性与系统设计中的一个重要方面,因为一个不可用的系统所发挥的作用还不如没有这个系统。可用性之所以与安全相关,是因为有恶意用户可能会蓄意使信息或服务失效,以此来拒绝用户对信息或服务的访问。

3. 隐私的概念

什么是隐私? 每个人都有自己不同的理解。狭义的隐私是指以自然人为主体的个人秘密,即凡是用户不愿让他人知道的个人(或机构)信息都可称为隐私(privacy),如电话号码、身份证号、个人健康状况、企业重要文件等。广义的隐私不仅包括自然人的个人秘密,也包括机构的商业秘密。隐私蕴含的内容很广泛,而且对不同的人,不同的文化和民族,隐私的内涵各不相同。简单来说,隐私就是个人、机构或组织等实体不愿意被外部世界知晓的信息。

4. 保护隐私的必要性

近年来用户隐私泄露事件频发,可谓触目惊心。

2015 年 1 月,一家黑客组织窃取了 1.17 亿个某社交网站的电子邮件和密码凭证。2014 年至 2018 年期间,网络犯罪分子收集了某国际连锁酒店超过 5 亿客人的个人信息,并于 2018 年 9 月成功攻击了某国际互联网企业,窃取了 5000 万用户账户。

2018 年 9 月,某国际互联网企业因安全系统漏洞而遭受黑客攻击,导致 3000 万用户信息泄露;12 月 14 日,因软件漏洞导致大约 6800 万用户的私人照片泄露。

2016 年,某国的一个城市的 20 万名儿童的信息被打包售卖,所涉及信息甚至具体到门牌号;两百多万公民的银行账户信息泄露等。

2016 年 8 月,杜某某非法侵入某省 2016 年普通高等学校招生考试信息平台网站,窃取高考考生个人信息 64 万余条,向陈某某出售信息 10 万余条,获利 14100 余元。2016 年 8 月,该省女孩徐某某因为个人信息遭到泄露而遭到电话诈骗,骗走上大学的费用 9900 元,伤心欲绝,最终不幸离世。徐某某正是杜某某这一非法入侵事件的主要受害者。

随着智能手机、无线传感网络、RFID 等信息采集终端在物联网中的广泛应用,个人信息隐私的暴露和非法利用的可能性大增。物联网环境下的信息隐私保护已经引起了政府和个人的密切关注。例如,手机用户在使用位置服务过程中,位置服务器上留下了大量的用户轨迹,而且附着在这些轨迹上的上下文信息能够披露用户的生活习惯、兴趣爱好、日常活动、社会关系和身体状况等个人敏感信息。当这些信息不断增加且泄露给不可信第三方(如服务提供商)时,将会打开滥用个人隐私信息的大门。

因此,为了使用户既能享受各种服务和应用,又能保证其隐私不能泄露和滥用,隐私保护技术应运而生。

8.1.2　信息安全体系

认识任何事物都有一个从整体到局部的过程,尤其对于结构复杂、功能多样的系统更是如此。首先需要对它的整体结构有所了解,然后才能进一步去讨论其中的细节。正如在不同的地质结构和不同地理环境区域建造房子需要规划不同的房屋结构一样,信息系统搭建的首要任务是建立科学、合理的体系架构,特别是信息安全体系架构。

体系结构(architecture)是用来描述一组部件以及其各个部件之间的相互关系的;信息安全体系结构则是用来描述信息系统的安全部件组成和各个部件之间的相互关系的框架和方法。

根据信息安全的三原则,信息安全需要采用多层次的安全技术和法律手段来解决。技术和法律,二者缺一不可。

在法律方面,为了有效保护信息安全,打击网络与信息犯罪,中国陆续制定了相关法律。主要包括:
- 1994 年发布施行的、2011 年修订的《中华人民共和国计算机信息系统安全保护条例》;
- 2000 年发布施行的《互联网信息服务管理办法》;
- 2002 年发布起施行的《中华人民共和国计算机软件保护条例》;
- 2017 年发布起施行的《中华人民共和国网络安全法》。

在技术方面,针对不同的安全目标,许多安全技术得到了长期发展和广泛应用。如数据加密技术、身份认证技术、访问控制技术、入侵检测技术、数字签名技术等。这些技术有机融合,构成了一个完善的信息安全体系,并在互联网时代、物联网时代发挥着巨大的作用。

图 8-1 给出了一个融合多种安全目标和技术的信息安全体系。在图中,给出的安全技术在安全目标实现上总体呈现递进关系,即身份认证→访问控制→数据加密→数字签名。

例如,如果一个用户需要访问一个信息系统,就必须首先进行身份认证;只有经过身份认证的用户,才能访问信息系统中的某些资源。具体能够访问哪些资源,则是由访问控制策略来决定的。只有经过授权的资源,通过身份认证的用户才能访问。所以,访问控制是保护信息系统资源对用户是否可见的一种安全技术手段。

在实际应用中,给不同的用户,可以开设不同级别的访问控制级别,从而可以更好地实

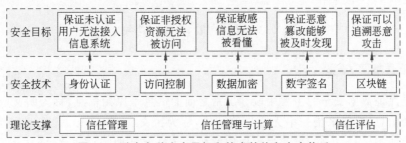

图 8-1 融合多种安全目标和技术的信息安全体系

现信息系统的分级管理。如超级用户可以授权访问全部资源,而普通用户只是授权访问部分资源。而不同的普通用户,还可以授权访问不同的资源,这样就大大增加了信息系统资源管理的灵活性。

尽管身份认证可以隔离非授权用户,访问控制能够隔离非授权资源。但攻击者还是有可能绕过身份认证或访问控制,从而获得没有授权访问的资源。如果这些资源是经过加密处理的,则恶意用户获得这些资源也看不懂,从而进一步保证了敏感数据资源的隐私性。因此,数据加密在信息系统的安全保密方面发挥着重大作用。

此外,由于网络的快速发展,大部分信息都需要在网络上传输、流动。信息在传输过程中,恶意用户可以通过多种方式篡改信息内容,从而破坏了信息的完整性和可用性。因此,通过引入数字签名技术,来及时发现信息传输过程中是否存在篡改的问题;通过引入区块链技术来验证信息的完整性以及发现存在信息破坏的所在位置,达到溯源追责的目的。

在整个信息安全体系中,信任管理与计算是信息安全的基石。

长期以来,信任被认为是一种依赖关系。信任是人类社会一切活动的基石。从社会学的角度看,"信任"一词解释为"相信而敢于托付"。信任是一种有生命的感觉,也是一种高尚的情感,更是一种连接人与人之间的纽带。《出师表》里有这样的一句话:"亲贤臣,远小人,此先汉所以兴隆也;亲小人,远贤臣,此后汉所以倾颓也。"诸葛亮从两种截然相反的结果中为我们提供了信任对象的品格。

在信息社会,特别是互联网环境中,一个主体经常请求和另一主体协同,前者称为请求者,后者称为授权者,授权者需要对请求作出访问控制决定。这个访问控制决定是在授权者对请求者不熟识甚至陌生,缺乏关于他的行为的全部信息的情况下,依赖部分信息、自主地做出的。因为在互联网环境中,可能没有中心化的管理权威可以依赖,不能获得某一主体的全部信息,或者根本就不认识主体,这样请求者有可能对授权者作出破坏性行为,因而产生了可信性、不确定性或风险问题。信任管理是用来解决这类问题的一种技术,它提供了一个适合于开放、分布和动态特性的信息系统的安全决策框架。

在互联网环境中,当实体进行交易时,需要知道他们之间的信任关系,信任关系的程度是实现身份认证、访问控制的基础。

如何评估网络实体间的信任关系程度,需要引入信任评估技术,其目的就是要比较准确地刻画这种程度。正是由于信任有程度区分,其评估过程才变得重要而有意义。信任的可度量性使得源实体可利用信任关系模型对目标实体的未来行为进行评估与判断,进而得到信任在某时刻的具体程度。

◆ 8.2　数据加密模型与方法

8.2.1　数据加密模型

加密是保证数据安全的主要手段。加密之前的信息是原始信息,称为明文(plaintext);加密之后的信息,看起来是一串无意义的乱码,称为密文(ciphertext)。把明文伪装成密文的过程称为加密(encryption),该过程使用的数学变换就是加密算法;将密文还原为明文的过程称为解密(decryption),该过程使用的数学变换称为解密算法。

加密与解密通常需要参数控制,该参数称为密钥,有时也称密码。加、解密密钥相同时称为对称性或单钥型密钥,不同时就称为不对称或双钥型密钥。

1. 数据加密模型

图 8-2 给出了一种传统的保密通信机制的数据加密模型。该模型包括一个用于加解密的密钥 Key,一个用于加密变换的数学函数 E_k,一个用于解密变换的数学函数 D_k。已知明文消息 m,发送方通过数学函数 E_k 得密文 C,即 $C=E_k(m)$,这个过程称为加密;加密后的密文 C 通过公开信道(不安全信道)传输,接收方通过解密变化 D_k 得到明文 m,即 $m=D_k(C)$。为了防止密钥 Key 泄露,需要通过其他秘密信道对密钥 Key 进行传输。

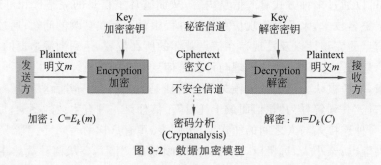

图 8-2　数据加密模型

2. 密码分析

密码分析是攻击者在不知道解密密钥或加密体制细节的情况下,对通过不安全信道截获的密文进行分析、试图获取可用信息的行为。密码分析除了依靠数学、工程背景、语言学等知识外,还要靠经验、统计、测试、眼力、直觉甚至是运气来完成。

破译密码就是通过密码分析来推断该密文对应的明文或者所用密码的密钥的过程,也称为密码攻击。破译密码的方法有穷举法和分析法。穷举法又称强力法或暴力法,即用所有可能的密钥进行测试破译。只要有足够的时间和计算资源,原则上穷举法总是可以成功的。但在实际中,任何一种安全的实际密码都会设计成使穷举法不可行。

分析法则有确定性和统计性两类。

(1)确定性分析法是利用一个或几个已知量(如密文或者明文-密文对等),利用这些量的数据关系,求出未知量的过程。

(2)统计分析法是利用明文的已知统计规律进行破译的方法,如利用不同字符出现的频率等来进行推测和破解。

在密码分析技术的发展过程中,产生了各种各样的攻击方法,其名称也是纷繁复杂。根据密码分析者占有的明文和密文条件,密码分析可分为以下 4 类。

(1) 已知密文攻击。密码分析者有一些消息的密文,这些消息都是使用同一加密算法进行加密的。密码分析者的任务是根据已知密文恢复尽可能多的明文,或者通过上述分析,进一步推算出加密消息的加密密钥和解密密钥,以便采用相同的密钥解出其他被加密的消息。

(2) 已知明文攻击。密码分析者不仅可以得到一些消息的密文,而且也知道这些消息的明文。分析者的任务是用加密的消息推出加密消息的加密密钥和解密密钥,或者导出一个算法,此算法可以对用同一密钥加密的任何新的消息进行解密。

(3) 选择明文攻击。密码分析者不仅可以得到一些消息的密文和相应的明文,而且他们还可以选择被加密的明文。这比已知明文攻击更有效。因为密码分析者能选择特定的明文块加密,那些块可能产生更多关于密钥的信息,分析者的任务是推导出用来加密消息的加密密钥和解密密钥,或者推导出一个算法,此算法可以对同一密钥加密的任何新的消息进行解密。

(4) 选择密文攻击。密码分析者能够选择不同的密文,并可以得到对应的密文的明文,例如密码分析者存取一个防篡改的自动解密盒,密码分析者的任务是推出加密密钥和解密密钥。

8.2.2　数据加密方法

数据加密是一种用来进行信息混淆的技术,它希望将正常的、可识别的信息转变为无法识别的信息。大约在四千年以前,在古埃及的尼罗河畔,一位擅长书写者在贵族的墓碑上书写铭文时有意用加以变形的象形文字而不是普通的象形文字来写铭文,从而揭开了有文字记载的密码史。这篇颇具神秘感的碑文,已具备了密码的基本特征:把一种符号(明文)用另一种符号(密文)代替。

大约公元前 5 世纪,古斯巴达人使用了一种叫作天书(skytale)的器械,这是人类历史上最早使用的密码器械。"天书"是一根用草纸条、皮条或羊皮纸条紧紧缠绕的木棍。密信自上而下写在羊皮纸条上。然后把羊皮纸条解开送出。把羊皮纸条重新缠在一根直径和原木棍相同的木棍上,这样字就一圈圈跳出来。

数据加密技术的发展大致经历了三个阶段,即 1949 年之前的古典密码体制,1949—1975 年期间的对称密码体制和 1976 年之后的非对称密码体制。下面对其中的几种典型加密方法进行介绍。

1. 移位变换加密方法

大约公元前 1 世纪,古罗马凯撒大帝时代曾使用过一种移位变换加密方法(俗称凯撒密码),其原理是每个字母都用其后面的第 3 个字母代替,如果到了最后那个字母,则又从头开始算。例如:

明文:meet me after the toga party

密文:phhw ph diwhu wkh wrjd sduwb

如果已知某给定密文是凯撒密码,穷举攻击是很容易实现的,因为只要简单地测试所有25 种可能的密钥即可。

凯撒密码可以形式化成如下定义:假设 m 是原文,c 是密文。则加密函数为 $c = (m +$

3)mod 26,解密函数为 $m=(c-3)$mod 26。

根据凯撒密码的特征,不失一般性,如果将 3 用 k 代替($1 \leqslant k \leqslant 25$),我们可以定义移位变换加解密方法如下:假设 m 是原文,c 是密文,k 是密钥。则加密函数为 $c=(m+k)$mod 26,解密函数为 $m=(c-k)$mod 26。显然,如果 $k=3$ 就是凯撒密码。

实现凯撒加密算法的 Python 程序代码如下。

程序 8-1　凯撒加密算法的 Python 程序

```
OFFSET = 3                                    #凯撒加密算法偏移量为3
def Caesar(plaintext):
    ciphertext = []
    for i in range(len(plaintext)):
        index = ord(plaintext[i])
        index += OFFSET
        if ord(plaintext[i]) >= ord('a') and ord(plaintext[i]) <= ord('z'):
                                              #小写字母
            if(index > ord('z')):             #最后字母 z 后
                index -= 26
            elif(index < ord('a')):           #第一个字母 a 前
                index += 26
        elif ord(plaintext[i])>= ord('A') and ord(plaintext[i])<= ord('Z'):
                                              #大写字母
            if(index > ord('Z')):
                index -= 26
            elif(index < ord('A')):
                index += 26
        ciphertext.append(chr(index))
    ciphertext = ''.join(ciphertext)
    return ciphertext
#主函数
plainstring = input("请输入一个英文字符串(明文):")
print("凯撒加密后的密文为:" , Caesar(plainstring))
```

程序输出结果如下。

```
请输入一个英文字符串(明文):meet me after the toga party
凯撒加密后的密文为:phhw#ph#diwhu#wkh#wrjd#sduwb
```

2. 仿射变换加密方法

仿射变换是凯撒密码和乘法密码的结合。所谓乘法密码,就是用明文乘以密钥,获得密文的过程。乘法密码由于存在密文急剧扩展问题,所以,实际应用中可以使用模运算来控制密文的范围。

仿射变换加密方法定义如下:假设 m 是原文,c 是密文,a 和 b 是密钥。则加密函数为 $c=E_{a,b}(m)=(am+b)$ mod 26,解密函数为 $m=D_{a,b}(c)=a^{-1}(c-b)$ mod 26。这里,a^{-1} 是 a 的逆元,$a \cdot a^{-1}=1$ mod 26。

例如,已知 $a=7,b=21$,对"security"进行加密,对"vlxijh"进行解密。

首先,依次对 26 个字母用 0~25 进行编号,则 s 对应的编号是 18,代入公式可得:7×

18＋21（mod 26）＝147 mod 26 ＝17，对应字母"r"，以此类推，"ecurity"加密后分别对应字母"xjfkzyh"。所以"security"的密文为"rxjfkzyh"。

同理，查表可得字母"v"的编号为21，则代入解密函数后得：$7^{-1}(21-21)=0$，对应字母a；查表可得字母"l"的编号为11，则代入解密函数后得：$7^{-1}(11-21)$ mod 26 ＝$7^{-1}(-10)$ mod 26 ＝－150 mod 26 ＝ 6，对应字母"g"。以此类推，"vlxijh"进行解密后为"agency"。

实现仿射变换加密方法的 Python 程序代码如下：

程序 8-2　仿射变换加密方法的 Python 程序

```
#仿射变换加密
#plainstring = "computer"
#print("明文=", plainstring)
plainstring = input("请输入一个英文字符串:")
cipstring = ""
for i in range(len(plainstring)):
    m = ord(plainstring[i])-ord('a')
    cipno = (7 * m + 5) % 26
    print(m, "=>", cipno, end=" ")
    cipstring += chr(cipno + ord('a'))
print("\n 密文=", cipstring)
```

程序输出结果为：

```
请输入一个英文字符串:hellowodgui
7 => 2 4 => 7 11 => 4 11 => 4 14 => 25 22 => 3 14 => 25 3 => 0 6 => 21 20 => 15 8 => 9
密文= cheezdzavpj
```

3. 列置换加密方法

列置换加密法中，明文按行填写在一个矩形中，而密文则是以预定的顺序按列读取生成的。例如，如果矩形是 4 列 5 行，那么短语"encryption algorithms"可以如下写入图 8-3 所示矩形中。

1	2	3	4
e	n	c	r
y	p	t	i
o	n	a	l
g	o	r	i
t	h	m	s

图 8-3　列置换矩阵示例

按一定的顺序读取列以生成密文。对于这个示例，如果读取顺序是 4、1、2、3，那么密文就是"rilis eyoge npnoh ctarm"。这种加密法要求填满矩形，因此，如果明文的字母不够，可以添加"x"或"q"或空字符。

这种加密法的密钥是列数和读取列的顺序。如果列数很多，记起来可能会比较困难，因此可以将它表示成一个关键词，方便记忆。该关键词的长度等于列数，而其字母顺序决定读取列的顺序，例如，我们可以用"computer"作为一个 8 位的密钥使用，对"there are many countries in the world"进行列置换加密。首先,将该字符串的每个字符从左到右(去除空格)放在一个 4 行 8 列的表中(不足时用"x"填充),然后按照 computer 的字母顺序(1-4-3-5-8-7-2-6)按列依次读出即可,如表 8-1 所示。其加密结果为:tmth rund eniw hare ryeo entx aoil。

表 8-1　列加密的例子

密钥字母/序号	C/1	O/4	M/3	P/5	U/8	T/7	E/2	R/6
字符	t	h	e	r	e	a	r	e
字符	m	a	n	y	c	o	u	n
字符	t	r	i	e	s	i	n	t
字符	h	e	w	o	r	l	d	x

利用英文短语作为密钥,对数据进行列置换加密的 Python 程序如下。

程序 8-3　行列置换加密算法的 Python 程序

```
#列置换加密算法
import heapq                              #使用到了队列,需要引入 Python 的 heapq 模块
def getOrder(Keyword):
    Keyword = list(Keyword)
    order = [ 0 for i in range(len(Keyword))]
    PriorityQueue = []
    for i in range(len(Keyword)):
        heapq.heappush(PriorityQueue,(Keyword[i],i))
    index = 0
    while PriorityQueue:
        pop = heapq.heappop(PriorityQueue)
        order[pop[1]] = index
        index += 1
    return order
#主程序
Keyword = input("请输入一个密钥字符串:")
MATRIX_COLUMN_NUM = len(Keyword)          #根据密钥计算列数
plainText=input("请输入一个待加密的英文字符串:")
#确定表格行数,使得表格能够容纳明文,整数除法向上取整
MATRIX_ROW_NUM = len(plainText) //MATRIX_COLUMN_NUM
if MATRIX_ROW_NUM * MATRIX_COLUMN_NUM != len(plainText):
    MATRIX_ROW_NUM += 1
print("表格为" , MATRIX_ROW_NUM , "行" ,MATRIX_COLUMN_NUM ,"列")
#初始化矩阵,表格元素为 0
Matrix = [[0 for i in range(MATRIX_COLUMN_NUM)] for j in range(MATRIX_ROW_NUM)]
#明文填入。表格中空余字符用 x 补足,并输出表格内容
for i in range(MATRIX_ROW_NUM):
    for j in range(MATRIX_COLUMN_NUM):
        index = i * MATRIX_COLUMN_NUM + j
        if (index < len(plainText)):
            Matrix[i][j] = plainText[index]
```

```
        else:
            Matrix[i][j] = "x"
for ls in Matrix:
    print(ls)
order = getOrder(Keyword)
print("读取的列顺序为:",  order)
#根据读取列的顺序生成密文
cipherText = []
cipherstring = ""
for j in order:
        for i in range(MATRIX_ROW_NUM):
            cipherText.append(Matrix[i][j])
            cipherstring += Matrix[i][j]
print("加密结果为:", cipherstring)
```

程序输出结果如下。

```
请输入一个密钥字符串:hello
请输入一个待加密的英文字符串:XIANJIAOTONGUNIVERSITY
表格为 5 行 5 列
['X', 'I', 'A', 'N', 'J']
['I', 'A', 'O', 'T', 'O']
['N', 'G', 'U', 'N', 'I']
['V', 'E', 'R', 'S', 'I']
['T', 'Y', 'x', 'x', 'x']
读取的列顺序为: [1, 0, 2, 3, 4]
加密结果为: IAGEYXINVTAOURxNTNSxJOIIx
```

4. 对称加密算法 DES

DES 是 Data Encryption Standard 的缩写,即数据加密标准。该标准中的算法是第一个并且是最重要的现代对称加密算法,是美国国家标准局于 1977 年公布的由 IBM 公司研制的加密算法,主要用于与国家安全无关的信息加密。在公布后的二十多年里面,数据加密标准在世界范围内得到了广泛的应用,经受了各种密码分析和攻击,体现出了令人满意的安全性。世界范围内的银行普遍将它用于资金转账安全,而国内的 POS、ATM、磁卡及智能卡、加油站、高速公路收费站等领域曾主要采用 DES 来实现关键数据的保密。

DES 是一种对称加密算法,其加密密钥和解密密钥相同。密钥的传递务必保证安全可靠而不泄露。DES 采用分组加密方法,待处理的消息被分为定长的数据分组。以待加密的明文为例,将明文按 8 字节为一个分组,而 8 个二进制位为 1 字节,即每个明文分组为 64 位二进制数据,每组单独加密处理。在 DES 加密算法中,明文和密文均为 64 位,有效密钥长度为 56 位。也就是说,DES 加密和解密算法输入 64 位的明文或密文消息和 56 位的密钥,输出 64 位的密文或明文消息。DES 的加密和解密算法相同,只是解密子密钥与加密子密钥的使用顺序刚好相反。

DES 算法加密过程的整体描述如图 8-4 所示,主要包括以下三步。

(1) 对输入的 64 位的明文分组进行固定的"初始置换"(Initial Permutation,IP),即按固定的规则重新排列明文分组的 64 位二进制数据,重排后的 64 位数据前后 32 位分为独立

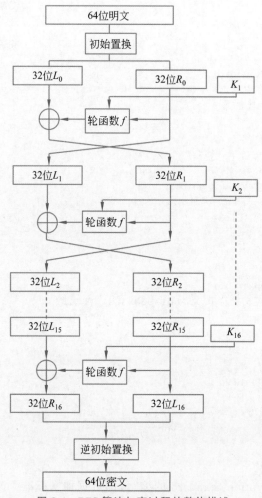

图 8-4 DES 算法加密过程的整体描述

的左右两个部分,前 32 位记为 L_0,后 32 位记为 R_0。我们可以将这个初始置换写为(L_0, R_0)←IP(64 位分组明文)。因初始置换函数是固定且公开的,故初始置换并无明显的密码意义。

(2)进行 16 轮相同函数的迭代处理。将上一轮输出的 R_{i-1} 直接作为 L_i 输入,同时将 R_{i-1} 与第 i 个 48 位的子密钥 k_i 经"轮函数 f"转换后,得到一个 32 位的中间结果,再将此中间结果与上一轮的 L_{i-1} 做异或运算,并将得到的新的 32 位结果作为下一轮的 R_i。如此往复,迭代处理 16 次。每次的子密钥不同,16 个子密钥的生成与轮函数 f,可参考密码学等书籍。可以将这一过程写为:

$$L_i \leftarrow R_{i-1}$$
$$R_i \leftarrow L_{i-1} \bigoplus f(R_{i-1}, k_i)$$

这个运算的特点是交换两个半分组,一轮运算的左半分组输入是上一轮的右半分组的输出,交换运算是一个简单的换位密码,目的是获得很大程度的"信息扩散"。显而易见,DES 的这一步是置换密码和换位密码的结合。

(3)将第 16 轮迭代结果左右两半组 L_{16},R_{16} 直接合并为 64 位(L_{16},R_{16}),输入到初始逆置换来消除初始置换的影响。这一步的输出结果即为加密过程的密文。可将这一过程写为：输出 64 位密文 ←IP^{-1}(L_{16}, R_{16})。

需要注意的是，最后一轮输出结果的两个半分组，在输入初始逆置换之前，还需要进行一次交换。如图 8-4 所示，在最后的输入中，右边是 L_{16}，左边是 R_{16}，合并后左半分组在前，右半分组在后，即(L_{16}, R_{16})，需进行一次左右交换。

5. 非对称加密算法 RSA

传统的基于对称密钥的加密技术由于加密和解密密钥相同，密钥容易被恶意用户获取或攻击。因此，科学家提出了将加密密钥和解密密钥相分离的公钥密码系统，即非对称加密系统。在这种系统中，加密密钥（即公钥）和解密密钥（即私钥）不同，公钥在网络上传递，私钥只有自己拥有，不在网络上传递，这样即使知道了公钥也无法解密。

1977 年，三位数学家 Rivest、Shamir 和 Adleman 利用大素数分解难题设计了一种算法，可以实现非对称加密。算法用他们三个人的名字命名，称为 RSA 算法。直到现在，RSA 算法仍是最广泛使用的非对称加密算法。

毫不夸张地说，如果没有 RSA 算法，现在的网络世界可能毫无安全可言，也不可能有现在的网上交易。也就是说，只要有计算机网络的地方，就有 RSA 算法。

下面我以一个简单的例子来描述 RSA 算法的工作原理。

1）生成密钥对，即公钥和私钥

（1）随机找两个质数 P 和 Q，P 与 Q 越大，越安全。

例如 $P=67$，$Q=71$。计算它们的乘积 $n=P \times Q=4757$，转换二进制为 1001010010101，则该加密算法即为 13 位。但在实际算法中，一般是 1024 位或 2048 位，位数越长，算法越难被破解。

（2）计算 n 的欧拉函数 $\phi(n)$。

$\phi(n)$ 表示在小于或等于 n 的正整数之中，与 n 构成互质关系的数的个数。例如：在 1 到 8 中，与 8 形成互质关系的是 1、3、5、7，所以 $\phi(n)=4$。

根据欧拉函数，如果 $n=P \times Q$，P 与 Q 均为质数，则 $\phi(n)=\phi(P \times Q)=\phi(P-1) \times \phi(Q-1)=(P-1) \times (Q-1)$。本例中，因为 $P=67$、$Q=71$，故 $\phi(n)=(67-1) \times (71-1)=4620$，这里记为 m，$m=\phi(n)=4620$。

（3）随机选择一个整数 e，条件是 $1<e<m$，且 e 与 m 互质。

公约数只有 1 的两个整数，称为互质的整数，这里我们随机选择 $e=101$。请注意不要选择 4619，如果选这个，则公钥和私钥将变得相同。

（4）有一个整数 d，可以使得 $e \times d$ 除以 m 的余数为 1。

即找一个整数 d，使得($e \times d$)%$m=1$。等价于 $e \times d-1=y \times m$（y 为整数）。找到 d，实质就是对下面二元一次方程求解：$e \times x-m \times y=1$。

本例中 $e=101$，$m=4620$。即 $101x-4620y=1$，这个方程可以用扩展欧几里得算法求解，具体算法此处省略，请读者参考相关资料学习。

总之，可以算出一组整数解(x, y)=(1601, 35)，即 $d=1601$。

到此密钥对生成完毕。不同的 e 生成不同的 d，因此可以生成多个密钥对。

通过上述计算，本例中的公钥为(n, e)=(4757, 101)，私钥为(n, d)=(4757, 1601)，仅 (n, e)=(4757, 101)是公开的，其余数字均不公开。可以想象，如果只有 n 和 e，如何推导出 d，目前只能靠暴力破解，位数越长，暴力破解的时间越长。

2）加密生成密文

比如甲向乙发送汉字"中"，就要使用乙的公钥加密汉字"中"，以 UTF-8 方式编码为 [e4 b8 ad]，转为十进制为 [228,184,173]。要想使用公钥 $(n,e)=(4757,101)$ 加密，要求被加密的数字必须小于 n，被加密的数字必须是整数，字符串可以取 ASCII 值或 Unicode 值，因此，将"中"字转换为三字节 [228,184,173]，分别对三字节加密。

假设 a 为明文，b 为密文，则按下列公式计算出 b：$a^e \% n = b$。

计算 [228,184,173] 的密文：$228^{101} \% 4757 = 4296$，$184^{101} \% 4757 = 2458$，$173^{101} \% 4757 = 3263$。

即 [228,184,173] 加密后得到密文 [4296,2458,3263]，如果没有私钥 d，显然很难从 [4296,2458,3263] 中恢复 [228,184,173]。

3）解密生成明文

乙收到密文 [4296,2458,3263] 后，用自己的私钥 $(n,d)=(4757,1601)$ 解密。解密公式如下：

假设 a 为明文，b 为密文，则按下列公式计算出 a：$a^d \% n = b$。

密文 [4296,2458,3263] 的明文如下：$4296^{1601} \% 4757 = 228$，$2458^{1601} \% 4757 = 184$，$3263^{1601} \% 4757 = 173$。

即密文 [4296,2458,3263] 解密后得到 [228,184,173] 将 [228,184,173] 再按 UTF-8 解码为汉字"中"，至此解密完毕。

下面是实现 RSA 加密算法的 Python 程序。

程序 8-4　实现 RSA 算法的 Python 程序

```
#RSA 算法测试
import random
import math
#随机选择一个整数 e,条件是 1< e < m,且 e 与 m 互质
def listallprime(m):
    primelist=[]
    for num in range(int(m * 0.8), m):
        if  isPrime(num):
            primelist.append(num)
    return primelist
#辗转相除法求最大公约数
def gcd(a, b):
    if a > b: a, b = b, a
    while b != 0:
        a, b = b, a%b
    return a
def isPrime(n):                          #判断一个数是否为素数
    if n <= 1:
        return False
    for i in range(2, int(math.sqrt(n)) + 1):
        if n % i== 0:
            return False
    return True
```

```python
#开始选择 p 和 q
def random_prime(half_len):
    while True:
        n = random.randint(0, 1 << half_len)    #求 2^half_len 之间的大数
        if n % 2 != 0:
            found = True
            #随机性测试
            for i in range(0, 5):               #5 的时候错误率已经小于千分之一
                if prime_test(n) == False:
                    found = False
                    break
            if found == True:
                return n
#Miller-Rabin 素数测试函数
def prime_test(n):                              #测试 n 是否为素数
    q = n - 1;  k = 0
    while q % 2 == 0:                           #寻找 k,q 是否满足 2^k * q = n - 1
        k += 1; q = q // 2
    a = random.randint(2, n - 2)
    if fast_mod(a, q, n) == 1:                  #如果 a^q mod n= 1, n 可能是一个素数
        return True
    #如果存在 j 满足 a ^ ((2 ^ j) * q) mod n == n-1, n 可能是一个素数
    for j in range(0, k):
        if fast_mod(a, (2 ** j) * q, n) == n - 1:
            return True
    return False                               #n 不是素数
#计算 e 比较费时间,通常固定好公钥,如 e=65537。然后通过扩展欧几里得算法去求出私钥 d,
#典型的公钥 e=65519, 65521, 65537, 65539, 65543, 65551, 65557, 65563, 65579, 65581 等
def generate_key(key_len):                      #key_len 要比消息长度大,生成 n, e, d
    p = random_prime(key_len // 2)
    q = random_prime(key_len // 2)
    n = p * q
    m = (p - 1) * (q - 1)
    print("p=", p, "q=", q, " @(n)=m=(p-1)(q-1)=", str(m))
    allprime = listallprime(m)                  #列出 m/2~m 间的所有素数
    k = random.randint(1, len(allprime))        #随机取一个素数作为公钥
    e = allprime[k]
    #e = 65537                                   #公钥 e 取固定值
    d = generate_d(m, e)                        #计算私钥 d,满足 d * e≡1 mod m,e 和 m 已知
    return (n, e, d)
def ext_gcd(a, b):                              #辗转相除法求最大公约数
    if b == 0:
        return 1, 0, a
    else:
        x, y, q = ext_gcd(b, a % b)
        x, y = y, (x - (a // b) * y)
        return x, y, q
#产生密钥 d
def generate_d(m, e):
```

```
        (x, y, r) = ext_gcd(m, e)
        #y maybe < 0, so convert it
        if y < 0:
            #return y % m
            return y + m                          #直接用加法效率高一点
        return y
def fast_mod(b, n, m):                            #快速幂
        ret = 1; tmp = b
        while n:
            if n & 0x1:
                ret = ret * tmp % m
            tmp = tmp * tmp % m
            n >>= 1
        return ret
#主程序
def main():
        key_len = 22                             #设定密钥长度为 2 ^ key_len
        n, e, d = generate_key(key_len)
        print("模数 n=pq=",n, "; 公钥 e=", e, "; 私钥 d=", d)
        plainText = input("Please input plaintext string:")
        plainTextChar = list(plainText)           #转换为字符序列
        print(plainTextChar)
        plainTextEncode = [list(c.encode()) for c in plainTextChar] #字符编码
        print("明文编码=", plainTextEncode)
        #明文加密:c=x^e   mod n。结果也是整数形式
        cipherTextNum = [[pow(x, e, n) for x in unibytes] for unibytes in plainTextEncode]
        print("密文编码=", cipherTextNum)
        #密文解密:g=c^d   mod n。按照 UTF-8 解码还原成字符串
        DecryptoEncode = [[pow(x,d,n) for x in cipher] for cipher in cipherTextNum]
        print("解密编码=", DecryptoEncode)
        DecryptoDecode = "".join([(bytes(byte).decode()) for byte in DecryptoEncode])
        print("解密字串=", DecryptoDecode)
main()
```

程序运行结果如下:

```
p= 1697 q= 113   @(n)=m=(p-1)(q-1)= 189952
模数 n=pq= 191761 ; 公钥 e= 165749 ; 私钥 d= 36573
Please input plaintext string:西安交通大学 2022
['西', '安', '交', '通', '大', '学', '2', '0', '2', '2']
明文编码= [[232, 165, 191], [229, 174, 137], [228, 186, 164], [233, 128, 154], [229,
164, 167], [229, 173, 166], [50], [48], [50], [50]]
密文编码= [[109146, 188057, 152623], [65485, 49130, 69631], [155141, 60264, 50111],
[131988, 62730, 162968], [65485, 50111, 37941], [65485, 136560, 188202], [106550],
[27275], [106550], [106550]]
解密编码= [[232, 165, 191], [229, 174, 137], [228, 186, 164], [233, 128, 154], [229,
164, 167], [229, 173, 166], [50], [48], [50], [50]]
解密字串= 西安交通大学 2022
```

通过 RSA 的原理介绍可知,选取的素数越大,RSA 算法就越安全。而当素数很大时,

通过指数计算容易产生溢出。因此,自己编程实现 RSA 虽然不难,但如何防止溢出是一项困难的工作。因此,在实际应用中,我们可以直接引用 Python 的第三方库 RSA,调用 RSA 库中的函数来进行加解密。

在引用 RSA 库之前,首先需要使用如下指令进行库的安装:pip install rsa。安装完成后,就可以引用 rsa 库的函数进行编程。下面是生成公钥和私钥的 Python 程序。

程序 8-5 生成公钥和私钥的 **Python** 程序

```
import rsa
(pub_key, priv_key) = rsa.newkeys(128)
print(pub_key, priv_key)
```

程序输出结果为:

```
PublicKey(216524004962371891654994575634178585631, 65537)
PrivateKey(216524004962371891654994575634178585631, 65537,
198247141580589977354720319587497599753, 213327888015594161717,
1014982180607085443)
```

◆ 8.3 认证与授权

认证又称为鉴别、确认。身份认证主要是通过标志和鉴别用户的身份,防止攻击者假冒合法用户获取访问权限。授权是指当用户身份被确认合法后,赋予该用户进行文件和数据等操作的权限,这些权限通常包括读、写、执行及从属权等。

8.3.1 身份认证

身份认证在网络安全中占据十分重要的位置。身份认证是安全系统中的第一道防线,用户在访问安全系统之前,首先经过身份认证系统识别身份,然后访问控制根据用户的身份和授权数据库决定用户是否能够访问某个资源。

1. 身份认证的概念

身份认证又称"验证""鉴权",是指通过一定的手段,完成对用户身份确认的过程。身份认证包括用户向系统出示自己的身份证明和系统查核用户的身份证明的过程,它们是判明和确定通信双方真实身份的两个重要环节。

认证又称为鉴别。认证主要包括身份认证和信息认证两个方面。前者用于鉴别用户身份,后者用于保证通信双方信息的完整性和抗否认性。身份认证分为单向认证和双向认证。如果通信的双方只需要一方被另一方鉴别身份,这样的认证过程就是一种单向认证。在双向认证过程中,通信双方需要互相认证对方的身份。

2. 身份认证的方式

身份认证的方法有很多,基本上可分为:基于密钥的、基于行为的和基于生物学特征的身份认证。图 8-5 给出了几种典型的身份认证方式。

1) 用户名/密码

用户名/密码是最简单也是最常用的身份认证方法,是一种静态的密钥方式。每个用户的密码是由用户自己设定的,只有用户自己才知道。只要能够正确输入密码,计算机就认为操作者就是合法用户。实际上,许多用户为了防止忘记密码,经常采用诸如生日、电话号码等容易被猜测的字符串作为密码,或者把密码抄在纸上放在一个自认为安全的地方,这样很容易造成密码泄露。

2)短信验证

短信验证是一种动态密钥方式。用户通过申请,发送验证码到手机作为用户登录系统的一种凭证。手机成为认证的主要媒介,安全性比用户名、口令方式高。

3)微信扫码登录

通过手机微信进行扫码登录,现在成为一种典型的身份认证方式。其核心思想是利用用户的微信账号作为身份认证的依据,从而实现用户对其他系统的身份认证。

4)图案锁

近年来,智能手机厂商也纷纷推出了各种手机解锁方案,比如 iPhone 手机的左右滑动、Android 手机的图形解锁等。这些解锁方式无一例外地会在手机屏幕上留下指印,安全性也有待提升。图形解锁是通过预设好解锁图案之后,在解锁时输入正确的图形的一种解锁方式。图形解锁是利用九宫格中的点与点之间连成图形来解锁的,所以其图形的组合方式有 38 万种之多,从解锁组合方式多少上来看图形解锁要比密码解锁安全,但大部分用户为了节约解锁的时间或者为了方便记忆,通常都会使用较简单的解锁图案,如"Z"状的图案。所以安全性也不够高。

(a) 用户名/密码   (b) 短信验证   (c) 微信扫码登录   (d) 图案锁

图 8-5   几种典型的身份认证方式

5)USB Key

基于 USB Key 的身份认证方式是一种方便、安全的身份认证技术。它采用软硬件相结合、一次一密的强双因子认证模式,很好地解决了安全性与易用性之间的矛盾。USB Key 是一种 USB 接口的硬件设备,它内置单片机或智能卡芯片,可以存储用户的密钥或数字证书,利用 USB Key 内置的密码算法实现对用户身份的认证。

6)生物特征识别

传统的身份认证技术,一直游离于人类体外。以 **USB Key** 方式为例,首先需要随时携带 **USB Key**,其次容易丢失或失窃,补办手续烦琐冗长。因此,利用生物特征进行的身份识别成为目前的一种趋势。生物特征识别主要是利用人类特有的个体特征(包括生理特征和行为特征)来验证个体身份。每个人都有独特又稳定的生物特征,目前,比较常用的人类生物特征主要有:指纹、人脸、掌纹、虹膜、DNA、声音和步态等。其中,指纹、人脸、掌纹、虹膜、DNA 属于生理特征,声音和步态属于行为特征。这两种特征都能较稳定地表征一个人的特点,但是后者容易被模仿,例如近年来出现的越来越多的模仿秀节目,很多人的声音和步态都能形象地被人模仿出来,这就使得仅利用行为特征识别身份的可靠性大大降低。

利用生理特征进行身份识别时,虹膜和 DNA 识别的性能最稳定,而且不易被伪造,但是提取特征的过程不容易让人接受;指纹识别的性能比较稳定,但指纹特征较易伪造;掌纹识别与指纹类似;人脸识别虽然属于个体的自然特点,但也存在被模仿和隐私需求问题,如双胞胎的人脸识别问题。

8.3.2　访问控制

访问控制(access control)就是在身份认证的基础上,依据授权对提出的资源访问请求加以控制。访问控制是网络安全防范和保护的主要策略,它可以限制对关键资源的访问,防止非法用户的侵入或合法用户的不慎操作所造成的破坏。

1. 访问控制系统的构成

访问控制系统一般包括:主体、客体、安全访问策略。

(1) 主体:发出访问操作、存取要求的发起者,通常指用户或用户的某个进程。

(2) 客体:被调用的程序或欲存取的数据,即必须进行控制的资源或目标,如网络中的进程等活跃元素、数据与信息、各种网络服务和功能、网络设备与设施。

(3) 安全访问策略:一套规则,用以确定一个主体是否对客体拥有访问能力,它定义了主体与客体可能的相互作用途径。例如,授权访问有读、写、执行。

访问控制根据主体和客体之间的访问授权关系,对访问过程作出限制。从数学角度来看,访问控制本质上是一个矩阵,行表示资源,列表示用户,行和列的交叉点表示某个用户对某个资源的访问权限(读、写、执行、修改、删除等)。

2. 访问控制的分类

访问控制按照访问对象不同可以分为网络访问控制和系统访问控制。

(1) 网络访问控制限制外部对网络服务的访问和系统内部用户对外部的访问,通常由防火墙实现。网络访问控制的属性有:源 IP 地址、源端口、目的 IP 地址、目的端口等。

(2) 系统访问控制为不同用户赋予不同的主机资源访问权限,操作系统提供一定的功能实现系统访问控制,如 UNIX 的文件系统。系统访问控制(以文件系统为例)的属性有:用户、组、资源(文件)、权限等。

访问控制按照访问手段还可分为自主访问控制和强制访问。

(1) 自主访问控制(DAC)。DAC 是一种最普通的访问控制手段,它的含义是由客体自主地来确定各个主体对它的直接访问权限。自主访问控制基于对主体或主体所属的主体组的识别来限制对客体的访问,并允许主体显式地指定其他主体对该主体所拥有的信息资源是否可以访问以及可执行的访问类型,这种控制是自主的。

(2) 强制访问控制(MAC)。在 MAC 中,用户与文件都有一个固定的安全属性,系统利用安全属性来决定一个用户是否可以访问某个文件。安全属性是强制性的,它是由安全管理员或操作系统根据限定的规则分配的,用户或用户的程序不能修改安全属性。在强制访问控制中,每一个数据对象被标以一定的密级,每一个用户也被授予某一个级别的许可证。对于任意一个对象,只有具有合法许可证的用户才可以存取。强制访问控制因此相对比较严格。它主要用于多层次安全级别的应用中,预先定义用户的可信任级别和信息的敏感程度安全级别,当用户提出访问请求时,系统对两者进行比较以确定访问是否合法。

3. 用户级别分类

根据用户对系统访问控制权限的不同,用户可以分为如下几个级别。

(1) 系统管理员。系统管理员具有最高级别的特权,可以对系统任何资源进行访问并具有任何类型的访问操作能力。负责创建用户、创建组、管理文件系统等所有的系统日常操作,授权修改系统安全员的安全属性。

(2) 系统安全员。系统安全员负责管理系统的安全机制,按照给定的安全策略,设置并修改用户和访问客体的安全属性;选择与安全相关的审计规则。安全员不能修改自己的安全属性。

(3) 系统审计员。系统审计员负责管理与安全有关的审计任务。这类用户按照制定的安全审计策略负责整个系统范围的安全控制与资源使用情况的审计,包括记录审计日志和对违规事件的处理。

(4) 普通用户。普通用户就是系统的一般用户。他们的访问操作要受一定的限制。系统管理员对这类用户分配不同的访问操作权力。

4. 访问控制的基本原则

为了保证网络系统安全,用户授权应该遵守访问控制的三个基本原则为:

(1) 最小特权原则。所谓最小特权,指的是"在完成某种操作时所赋予网络中每个主体(用户或进程)必不可少的特权"。最小特权原则指"应限定网络中每个主体所必需的最小特权,确保可能的事故、错误、网络部件的篡改等原因造成的损失最小"。

(2) 授权分散原则。对于关键的任务必须在功能上进行授权分散划分,由多人来共同承担,保证没有任何个人具有完成任务的全部授权或信息。

(3) 职责分离原则。职责分离是指将不同的责任分派给不同的人员以期达到互相牵制,消除一个人执行两项不相容工作的风险。例如收款员、出纳员、审计员应由不同的人担任。计算机环境下也要有职责分离,为避免安全上的漏洞,有些许可不能同时被同一用户获得。

5. BLP 访问控制模型

BLP(Bell-La Padula)模型(图 8-6)由 David Bell 和 Leonard La Padula 于 1973 年创立,是一种典型的强制访问模型。在该模型中,用户、信息及系统的其他元素都被认为是一种抽象实体。其中,读和写数据的主动实体被称为"主体",接收主体动作的实体被称为"客体"。BLP 模型的存取规则是每个实体都被赋予一个安全级,系统只允许信息从低级流向高级或在同一级内流动。

BLP 强制访问策略将每个用户及文件赋予一个访问级别,如最高秘密级(top secret)、秘密级(secret)和无级别级(unclassified),系统根据主体和客体的敏感标记来决定访问模式。访问模式如下。

- 下读(read down):用户级别大于文件级别的读操作。
- 上写(write up):用户级别小于文件级别的写操作。
- 下写(write down):用户级别等于文件级别的写操作。
- 上读(read up):用户级别小于文件级别的读操作。

依据 BLP 安全模型所制定的原则是利用不上读/不下写来保证数据的保密性,如图 8-6 所示。既不允许低信任级别的用户读高敏感度的信息,也不允许高敏感度的信息写入低敏感度区域,禁止信息从高级别流向低级别。强制访问控制通过这种梯度安全电子标签实现信息的单向流通。关于 BLP 模型更多的细节可参考有关文献。

图 8-6 Bell-La Padula 安全模型

6. 基于角色的安全访问控制

基于角色的访问控制(RBAC)的基本思想是将用户划分成与其在组织结构体系相一致的角色,通过将权限授予角色而不是直接授予主体,主体通过角色分派来得到客体操作权限。由于角色在系统中具有相对于主体的稳定性,并更便于直观地理解,从而大大减少了系统授权管理的复杂性,降低了安全管理员的工作复杂性和工作量。

图 8-7 给出了 RBAC 的用户集合、角色集合和资源集合之间的多对多的关系。例如,用户 1 和用户 n 对应角色 3,可以访问资源 s;用户 2 对应角色 1,可以访问资源 1 和资源 3;用户 3 对应角色 m,可以访问资源 1 和资源 3。如果我们希望用户 3 还可以访问资源 s,则可以将用户 3 再赋予角色 3。

理论上,一个用户可以通过多个角色访问不同资源。但是,在实际应用系统中,通常给一个用户授予一个角色,只允许访问一种资源,这样就可以更好地保证资源的安全性。

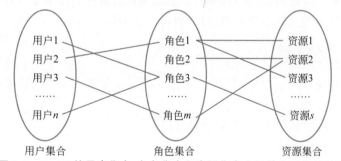

图 8-7 RBAC 的用户集合、角色集合和资源集合之间的多对多的关系

◆ 8.4 数 字 签 名

1999 年,美国参议院已通过立法,规定数字签名(Digital Signatures)与手写签名在美国具有同等的法律效力。数字签名由公钥密码发展而来,就是通过某种密码运算生成一系列符号及代码,由此组成电子密码进行签名,来代替书写签名或印章。

数字签名的目的是验证电子文件的原文在传输过程中有无变动,确保所传输电子文件的完整性、真实性和不可抵赖性。数字签名是目前电子商务、电子政务中应用最普遍、技术最成熟、可操作性最强的一种电子签名方法。它采用了规范化的程序和科学化的方法,用于鉴定签名人的身份以及对一项电子数据内容的认可。

8.4.1　数字签名的作用

数字签名机制作为保障网络信息安全的手段之一，可以解决伪造、抵赖、冒充和篡改问题。数字签名的目的之一就是在网络环境中代替传统的手工签字与印章，有着如下重要作用。

（1）防冒充或伪造。私钥只有签名者自己知道，其他人不可能构造出正确的私钥。

（2）可鉴别身份。由于传统的手工签名一般是双方直接见面的，身份自可一清二楚。但在网络环境中，接收方必须能够鉴别发送方所宣称的身份。

（3）防篡改。对于传统的手工签字，如果要签署一份50页的合同文本，如果仅在合同末尾签名，对方可能会偷换其中的几页。而对于数字签名，签名与原有文件已经形成了一个混合的整体数据，不可能被篡改，从而保证了数据的完整性。

（4）防重放。在数字签名中，对签名报文添加流水号、时间戳，可以防止重放攻击。例如，A向B借钱并写了一张借条给B，当A还钱的时候，肯定要向B索回他写的借条并撕毁，不然，恐怕B会再次用借条要求A还钱。

（5）防抵赖。由于数字签名可以鉴别身份，不可冒充伪造，所以，只要保管好签名的报文，就好似保存好了手工签署的合同文本，也就是保留了证据，签名者就无法抵赖。但如果接收者在收到对方的签名报文后却抵赖没有收到的话，这时候就要预防接收者的抵赖。在数字签名体制中，需要接收者返回一个自己签名，用来表示收到了报文，或者可以引入第三方机制，进行存证，使得双方均不可抵赖。

（6）机密性。有了机密性保证，中间人攻击也就失效了。手工签字的文件（如同文本）是不具备保密性的，文件一旦丢失，其中的信息就极可能泄露。数字签名可以加密要签名的消息，当然，如果签名的文件不要求机密性，也可以不用加密。

8.4.2　数字签名的过程

数字签名的实现原理很简单，假设A要发送一个电子文件给B，A、B双方只需经过下面三个步骤即可完成数字签名。

（1）A用其私钥加密文件，这便是签名过程。

（2）A将加密的文件送到B。

（3）B用A的公钥解开A送来的文件。

数字签名技术是保证信息传输的保密性、数据交换的完整性、发送信息的不可否认性、交易者身份的确定性的一种有效的解决方案，是保障计算机信息安全性的重要技术之一。

在实际应用中，利用哈希函数和公钥算法生成一个加密的信息摘要（即数字签名）附在消息后面，来确认信息的来源和数据信息的完整性，并保护数据，防止接收者或者他人进行伪造。当通信双方发生争议时，仲裁机构就能够根据信息上的数字签名来进行正确的裁定，从而实现防抵赖性的安全服务。其过程如图8-8所示。

数字签名的具体过程描述如下：

（1）信息发送者采用散列函数对消息生成数字摘要。

（2）将生成的数字摘要用发送者的私钥进行加密，生成数字签名。

（3）将数字签名与原消息结合在一起发送给信息接收者。

(4) 信息的接收者接收到信息后,将消息与数字签名分离开来。

(5) 用发送者的公钥解密签名得到数字摘要,同时对原消息经过相同的哈希算法生成新的数字摘要。

(6) 最后比较两个数字摘要,如果相等则证明消息没有被篡改。

数字签名主要解决否认、伪造、篡改和冒充等问题。单向 Hash 函数的不可逆的特性保证了消息的完整性,如果信息在传输过程中遭到篡改或破坏,接收方根据接收到的报文还原出来的消息摘要不同于用公钥解密得出的摘要。由于公钥与私钥通常与某个具体的人是相对应的,因而可以根据密钥来查出对方的身份,提供了认证服务,同时也保证了发送者的不可抵赖性。因为保证了消息的完整性和不可否认性,所以凡是需要对用户的身份进行判断的情况都可以使用数字签名来解决。

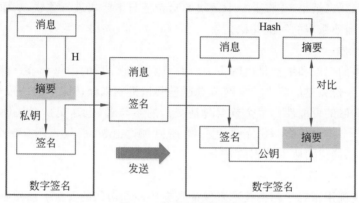

图 8-8 数字签名的过程

◆ 8.5 区 块 链

2008 年,中本聪发表了一篇名为《比特币:一种点对点电子现金系统》的论文,数字货币及其衍生应用由此开始迅猛发展。

区块链技术从出现到现在,已经超过 10 年了。从一开始的数字货币,发展到现在的未来互联网底层基石,经历了如下三个阶段。

(1) 区块链 1.0 时代:也被称为区块链货币时代。以比特币为代表,主要是为了解决货币和支付手段的去中心化管理。

(2) 区块链 2.0 时代:也被称为区块链合约时代。以智能合约为代表,更宏观地为整个互联网应用市场去中心化,而不仅仅是货币的流通。在这个阶段,区块链技术可以实现数字资产的转换并创造数字资产的价值。所有的金融交易、数字资产都可以经过改造后在区块链上使用,包括股票、私募股权、众筹、债券、对冲基金、期货、期权等金融产品,或者数字版权、证明、身份记录、专利等数字记录。

(3) 区块链 3.0 时代:也被称为区块链治理时代。这个阶段区块链技术将和实体经济、实体产业相结合,将链式记账、智能合约和实体领域结合起来,实现去中心化的自治,发挥区块链的价值。

由此可见,区块链技术的价值并不仅仅是在数字货币上,它构建了一个去中心化的自治社区。金融领域将成为区块链技术的重要应用领域，区块链技术也将成为互联网金融的关键底层基础技术。区块链技术一开始也不完美，在 10 年多的发展过程中不断地迭代，已经为其商业化落地做好了初步准备。

8.5.1　区块链的技术特征

区块链作为制造信任的机器，其本质上是一个分布式数据库。但相比于传统的分布式技术，区块链具有以下技术特征。

1. 区块＋链式数据结构

采用区块＋链式数据结构，可以有效保证数据的严谨性，并有效跟踪并防止数据修改。区块链利用区块＋链式数据结构来验证和存储数据：每个区块都记录了一段时间内发生的所有交易信息和状态结果，并将上一个区块的哈希值与本区块进行关联，从而形成块链式的数据结构，实现当前账本的一次共识。

2. 分布式账本

区块链账本的记录和维护是由网络中所有节点共同完成的。每个节点都可以公平地参与记账，并保有一份完整的账本。全网节点通过共识机制来保持账本的一致性，杜绝了个别不诚实节点记假账的可能性。每个节点既是交易的参与者，也是交易合法性的监督者。因为网络中的每个节点都保有一份完整的账本，所以理论上来说，只要还有一个节点在工作，账本就不会丢失，确证了账本数据的安全性。

3. 密码学

区块链系统利用密码学相关技术来保证数据传输和访问的安全。虽然存储在区块链上的交易信息是公开的，但是区块链通过非对称加密和授权技术，使得账户拥有者的信息难以被非授权的第三方获得，保证了个人隐私和数据的安全性。在区块链系统中，集成了密码学中的对称加密、非对称加密和哈希算法的优点，并使用数字签名技术来保证交易的安全。

4. 分布式共识

在去中心化的非可信环境下，共识机制是保证数据一致性和安全性的重要技术手段。区块链作为一个分布式账本，由多方共同维护。在区块链网络中，节点之间的协作由去中心化的共识机制维护。所谓分布式共识机制，就是使区块链系统中各个节点的账本达成一致的策略和方法。区块链系统利用分布式共识算法来生成和更新数据，从而取代传统应用中用于保证信任和交易安全的第三方中介机构，降低了由于各方不信任而产生的第三方信用、时间成本和资源耗用。目前为止，区块链技术已经有了多种共识机制，可以适用于不同应用场景。

5. 智能合约

合约是一种双方都需要遵守的合同约定。比如，我们在银行设置的储蓄卡代扣水电气费用业务，就是一种合约。当一定条件达成时，比如燃气公司将每月的燃气支付账单传送到银行时，银行就会按照约定将相应的费用从账户里转账至燃气公司。如果账户余额不足，就会通过短信等手段进行提醒。长期欠费，就会施行断气。不同的条件触发不同的处理结果。

智能合约是一套以数字形式定义的承诺（promises），包括合约参与方可以在上面执行这些承诺的协议。在网络化系统中，智能合约就是被部署在区块链上的可以根据一些条件和规则自动执行的代码程序，预先将双方的执行条款和违约责任写入了软硬件之中，通过数字的方式控制合约的执行。

智能合约一直没有得到广泛使用,是因为需要底层协议的支持,缺乏天生能支持可编程合约的数字系统和技术。区块链的出现,不仅可以支持可编程合约,而且具有去中心化、不可篡改、过程透明可追踪等优点,天然地适合于智能合约。

智能合约具有执行及时和有效等特点,不用担心系统在满足条件时不执行合约。同时,由于全网备份拥有完整记录,还可实现事后审计和追溯。

8.5.2　区块链的功能

区块链技术的去中心化、不可篡改、全程留痕、可以追溯、集体维护、公开透明等技术特征,为物联网及其产业发展提供了如下功能支撑。

1. 为系统数据提供可靠架构

在区块链的结构中没有中心化的结构,每个参与节点只作为区块链当中的一部分,并且每个参与节点拥有相等的权利,物联网中的黑客如果试图篡改或者破坏部分节点信息,对整个区块链来说并没有影响,而且参与节点越多,该区块链越安全。

2. 为资产交换提供智能载体

区块链具有可编程的特性,并依附于一系列辅助办法,能够保证资产安全,交易真实可信。例如工作量证明机制,对区块链上的数据进行更改,必须拥有超过全网超 51% 的算力;智能合约机制,将合同用程序进行代替,一旦达成了约定条件,网络将会自动执行合约;互联网透明机制,网络中的账号全网公开,而用户名则进行隐匿,并且交易信息不可逆;互联网共识机制,通过所有参与节点的共识来保证交易的正确性。

3. 为互联网交易建立信任关系

区块链可以在不需要人与人之间信任的前提下,交易方通过纯计算的方式相互之间建立信任,各方间建立信任的成本极低,使得原本较弱的信任关系通过算法建立强信任的链接。

4. 减少人工对账过程

从概念的角度来讲,对区块链上的多个副本进行保存似乎相较于单一的集中式数据库效率更低。但在很多现实的应用中,存在多方对同一交易信息进行保存的状况。大多数情况下,同一笔交易信息的相关数据可能不一致,所以各参与方可能需要耗费很多时间进行核实。而应用区块链技术之后可以减少人工对账过程,节约了成本。

5. 交易防篡改

对于正常的信息系统来说都存在一个中央处理器。从理论上来讲,只要说服中央处理器的工作人员对存储的数据稍加处理,就能达到使数据被篡改和被删除的目的。但对于区块链技术来说,其采用的是无中心化系统,不存在这样一个中央处理器,要想对数据进行篡改或删除绝非易事。区块链技术防篡改的具体做法是将生产商、供应商、分销商、零售商及最终用户都纳入区块链这个系统应用当中,商品在市场正式销售之前,生产商先将该商品记录到区块链网络中。随后,在市场交易过程当中,每运行一步都将该交易记录到系统当中。当用户发现商品存在某些问题,此时中间环节的某个交易商想要逃避责任,删除自己的不法记录,也只能删除在自己计算机上记录的信息,而无法改变其他参与成员存储的交易信息。

6. 可信追踪和溯源

供应链包含从商品生产、配送直到最终用户手中的所有过程环节,可以覆盖数以百计的阶段,跨越众多地理区域,所以难以追踪到商品的最初来源。另外,供应链上的商品数据交易信息分布在各个参与方手中,生产、物流及销售等环节信息都是分裂的。生产商无法得到商品出仓之后的流向及客户反馈。消费者也没有途径得知商品的来源及过程。因此可以将商品注入唯一不可复制的标志并将商品存储到区块链网络当中,使得每个商品都有一个数字身份,网络中的参与者共同维护商品本身的数字身份信息,最终实现验证效果。

7. 动态访问控制

基于区块链的共识机制和智能合约,能够建立无中心化的动态信任管理架构和访问控制策略,提高开放网络系统的可信管理问题。目前,大量研究工作主要集中在基于区块链的访问控制系统和区块链访问控制系统与其他领域的结合上。Ouaddah 等在 FairAccess 中提出了一种基于区块链技术的物联网访问控制新框架,该框架将区块链作为 RBAC 访问控制策略的存储数据库,并由区块链完成策略表达式的求值,以此提供更强大和透明的访问控制工具。

8.5.3 区块链的定义与结构

区块链由一个个密码学关联的区块按照时间戳顺序排列组成,它是一种由若干区块有序链接起来形成的链式数据结构。其中,区块是指一段时间内系统中全部信息交流数据的集合,相关数据信息和记录都包含在其中,区块是形成区块链的基本单元。每个区块均带有时间戳作为独特的标记,以此保证区块链的可追溯性。

1. 区块链的总体结构

区块链的总体结构如图 8-9 所示。图中给出了三个相互连接的区块。每个区块由区块头和区块体两部分组成,其中,第 N 个区块的区块头信息链接到前一区块(第 $N-1$ 区块)从而形成链式结构,区块体中记录了网络中的交易信息。

在比特币系统中,当同一个时刻有两个节点竞争到记账权时,将会出现链的分叉现象。为了解决这个问题,比特币系统约定所有节点在当前工作量最大的那条链上继续成块,从而保证最长链上总是有更大的算力以更大的概率获得记账权,最终长链将大大超过支链,支链则被舍弃。

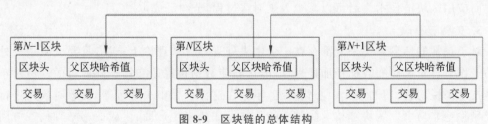

图 8-9　区块链的总体结构

2. 区块链中的区块结构

图 8-10 给出了区块链中的区块结构,它包括区块头和区块体两部分。在区块链中,区块头内部的信息对整个区块链起决定作用,而区块体中记录的是该区块的交易数量以及交

易数据信息。区块体的交易数据采用 Merkle 树进行记录。

从图 8-10 中可以看出,区块块头包含了上一个区块地址(父区块地址),它指向上一个区块,从而形成后一区块指向前一区块的链式结构,这样的结构提升了篡改难度,因为如果要篡改历史区块数据则需要将后续所有区块信息一并修改,但这难度很大,甚至几乎不可能。

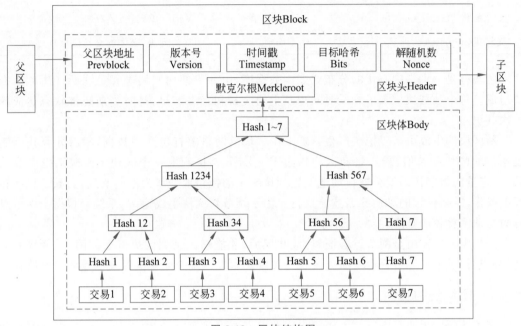

图 8-10 区块结构图

区块头的大小为 80 字节,其中包含区块的版本号(Version)、时间戳(Timestamp)、解随机数(Nonce)、目标哈希值(Bits)、前一个区块的哈希值(Prevblockhash)以及 Merkle 默克尔树的根哈希值(Roothash)6 部分,区块头里各信息字段说明如表 8-2 所示。

表 8-2 区块头里各信息字段说明

字 段	大 小	描 述
版本号(Version)	4 字节	用于追踪更新最新版本
父区块哈希值(Prevblockhash)	32 字节	上一个区块的哈希地址
默克尔根(Merkleroot)	32 字节	该区块中交易的默克尔树根的哈希值
时间戳(Timestamp)	4 字节	该区块的创建时间
目标哈希值(DifficultyTarget)	4 字节	工作量证明难度目标

区块的主要功能是保存交易数据,不同的系统中,区块的结构也不同。在比特币区块链中,以数据区块来存储交易数据,一个完整的区块体包括有魔法数、区块大小、区块头、交易数量、交易等信息,如表 8-3 所示。为了防止资源浪费和 DOS 攻击,区块的大小被限制在 1MB 以内。

表 8-3　区块字段表

字　段	大　小	描　述
魔法数 Magic number	4 字节	固定值 0xD984BEF9
区块大小 Blocksize	1～9 字节	到区块结束的字节长度
区块头 Blockheader	80 字节	组成区块头的 6 个数据项
交易数量 Transaction Counter	1～9 字节	Varint 编码（正整数），交易数量
交易 Transaction	不确定	交易列表，具体的交易信息

区块链是一个去中心化的分布式账本数据库，由一串使用密码学相关联所产生的数据块组成。每个数据块记录了一段时间内发生的交易和状态结果，是对当前账本状态达成的一次共识。

新区块的生成由矿工挖矿产生：矿工在区块链网络上打包交易数据，然后计算找到满足条件的区块哈希值，最后将新区块通过 Pre hash 链接到上一个区块上。矿工挖矿成功后，一定量的数字代币就会被自动地发送到该矿工的钱包地址作为挖矿奖励，而数字代币转账的操作，需要钱包的私钥签名才能执行。为了调节新区块生成速率，系统会根据全网节点算力自动调整挖矿难度。

区块生成后需由全网节点验证，达成共识后，才能够记录到区块链上。因此，区块的创建、共识、记录上链等过程也是研究区块链关键技术以及基于区块链开发的重要研究路径。

8.5.4　区块链的应用

区块链的应用非常广泛。主要用来为数据安全提供可靠架构、为资产交换提供智能载体、为互联网交易建立信任关系，并可为政府、医疗等领域提供可信溯源和追责支撑。具体应用说明如下。

1. 为系统数据提供可靠架构

在区块链的结构中没有中心化的结构，每个参与节点只作为区块链当中的一部分，并且每个参与节点拥有相等的权利，网络中的黑客若试图篡改或者破坏部分节点信息，对整个区块链来说并没有影响，而且参与节点越多，该区块链越安全。

2. 为资产交换提供智能载体

区块链具有可编程的特性，并依附于一系列辅助办法，能够保证资产安全，交易真实可信。例如工作量证明机制，对区块链上的数据进行更改，必须拥有超过全网超 51% 的算力；智能合约机制，将合同用程序进行代替，一旦达成了约定条件，网络将会自动执行合约；互联网透明机制，网络中的账号全网公开，而用户名则进行隐匿，并且交易信息不可逆；互联网共识机制，通过所有参与节点的共识来保证交易的正确性。

3. 为互联网交易建立信任关系

区块链可以在不需要人与人之间信任的前提下，交易方通过纯计算的方式相互之间建立信任，各方间建立信任的成本极低，使得原本较弱的信任关系通过算法建立强信任的链接。

4. 减少人工对账过程

从概念的角度来讲，对区块链上的多个副本进行保存似乎相较于单一的集中式数据库效率更低。但在很多现实的应用中,存在多方对同一交易信息进行保存的状况。大多数情况下,同一笔交易信息的相关数据可能不一致,所以各参与方可能需要耗费很多时间进行核实。而应用区块链技术之后可以减少人工对账过程,节约了成本。

5. 基于区块链的防篡改

对于正常的信息系统来说都存在一个中央处理器。从理论上来讲,只要说服中央处理器的工作人员对存储的数据稍加处理,就能达到使数据被篡改和被删除的目的。但对于区块链技术来说,其采用的是无中心化系统,不存在这样一个中央处理器,要想对数据进行篡改或删除绝非易事。区块链技术防篡改的具体做法是将生产商、供应商、分销商、零售商及最终用户都纳入到区块链这个系统应用当中,商品在市场正式销售之前,生产商先将该商品记录到区块链网络中。随后,在市场交易过程当中,每运行一步都将该交易记录到系统当中。当用户发现商品存在某些问题,此时中间环节的某个交易商想要逃避责任,删除自己的不法记录,也只能删除在自己计算机上记录的信息,而无法改变其他参与成员存储的交易信息。

6. 基于区块链的可信溯源

供应链包含从商品生产、配送直到最终用户手中的所有过程环节,可以覆盖数以百计的阶段,跨越众多地理区域,所以难以追踪到商品的最初来源。另外,供应链上的商品数据交易信息分布在各个参与方手中,生产、物流及销售等环节信息都是分裂的。生产商无法得到商品出仓之后的流向及客户反馈。消费者也没有途径得知商品的来源及过程。因此可以将商品注入唯一不可复制的标志并将商品存储到区块链网络当中,使得每个商品都有一个数字身份,网络中的参与者共同维护商品本身的数字身份信息,最终实现验证效果。

7. 基于区块链智能合约的访问控制

目前区块链智能合约内的访问控制研究较少,大量工作主要集中在基于区块链的访问控制系统和区块链访问控制系统与其他领域的结合上。Ouaddah 等在 FairAccess 中提出了一种基于区块链技术的物联网访问控制新框架,将区块链作为 RBAC 访问控制策略的存储数据库,并由区块链完成策略表达式的求值,以此提供更强大和透明的访问控制工具。Azaria 等在 MedRec 中通过三种不同的智能合约把电子医疗记录中的病人 ID 与合约地址、数据指针和访问权限、提供者 ID 等联系起来,病历记录提供者可以修改数据,但需要征得病人的同意,病人可以分配访问病历数据的权限。Maesa 等在其论文中将区块链交易划分为规则创建和权力转移两类,并将规则进行压缩编码存储到链上,利用交易 ID 将两类交易链接起来,保证任何人可以看到访问权力转移的过程。还有一些研究大体也都是将区块链作为访问控制规则的存储载体,智能合约作为鉴权求值的模块,针对区块链交易或合约做一定的修改,来实现可信的访问控制鉴权求值,并对用户提供公开可见的权力转移。

8. 基于聚合链的可信医疗管理

随着我们生活水平的提升,大家对医疗越来越重视,但医患矛盾也变得突出,其中很关键的一个问题是信任,这是互联网一直未能解决的。以医疗数据为例,常常因为数据收集缺乏统一标准,数据分类模糊,无法形成患者完整画像,电子病历最多也只是存在于几家医院之间流通,难以实现所有医院之间的互联互通,并且病人完整的医疗数据也仅存在医院手里,一旦病人治疗过程中出事,往往因信息的不完全透明、取证难造成信任问题,从而形成医患冲突。

通过聚合链技术构建的分布式医疗智能价值网络,能够完整记录包含生命体征、记录服药、诊断结果、病史手术等健康数据,以及医护人员、地点、器械相关等涉医数据形成电子病历和庞大的医疗数据,并可以实现多方数据共享。同时可以将数据变成价值进行流转,并通过 token 的激励模式鼓励个人和医院基本信息上链形成完整医疗数据库,个人电子病历和医疗数据通过私钥保存在个人手里,病人可以做自己数据的主人,解除了医疗数据不透明造成的信任危机。而各医疗机构根据收集的完整数据链,再通过 token 提取各自所需信息,克服了收集与数据处理没有统一标准的弊端,满足获取患者历史数据、将共享数据用于建模和图像检索、辅助医生治疗和健康咨询等需求。另外,对于一些国家级核心信息则可以在几个核心医院与研究院之间再建立单独联盟机制,形成联盟链,保护重要医疗研究成果及特殊数据的隐私安全。

◆ 8.6 信息伦理与道德法律

伦理道德作为一种行为规范,是一种社会意识形态,不具有法律的强制性,是一种依靠社会舆论、人们的信仰和传统习惯来调节人与人、人与自然、人与社会之间的伦理关系的行为原则和规范的总称。而信息法律则是为保障网络安全,维护网络空间主权和国家安全、社会公共利益,保护公民、法人和其他组织的合法权益,促进经济社会信息化健康发展而制定的法律。在信息社会,我们不仅需要道德观念来评价和约束人们的行为,调整人与人之间的关系,维护社会的稳定与和谐,更需要法律法规来约束人们的网络行为。

1. 什么是伦理

所谓"伦理"是指在处理人类个体之间,人与社会之间的关系时应遵循的准则、方法和依据的"道理",是一种社会行为规范。"伦理"强调了人类行为的合理性,对待问题要按照规定行事,行为要举止得体、合乎规范。

"伦理"(ethics)一词来源于希腊文"ethos",具备风俗、习性、品性等含义。亚里士多德在《尼各马科学伦理学》一书中写道:"伦理德性则是由风俗习惯熏陶出来的,因此把'习惯'(ethos)一词的拼写方法略加改变,就形成了'伦理'(ethike)这个名称。"

伦理原指住所、栖息地和家园,一般指风俗习惯,但在后来的发展中不断延展推广,包含了人的精神气质、德性、人格以及社会关系和为人之道诸方面的内容。

随着社会文明的快速进步,人们彼此间的关系变得更加复杂,伦理问题层出不穷;其次,随着科学技术的快速发展,同样引发了大量的、未曾出现过的伦理问题,如技术伦理、科学伦理、环境伦理和信息伦理等。而这些伦理问题正好是以往伦理体系中未能很好处理的。

2. 信息技术可能带来的道德失范

科学技术是一把"双刃剑",信息技术也不例外。信息技术与传统教育模式相结合,在推动教育改革快速发展的同时,也带来了计算机辅助剽窃、软件盗版、信息欺诈、信息垃圾等大量信息伦理与道德失范行为。主要表现在以下几方面。

1) 冲击人际交往

计算机网络技术极大地拓展了人际交往空间,但同时也使得一些青年学生参加社会活动的机会在大大减少。热衷虚拟交往使得他们疏远了现实中的人际交往,使传统的具有可视性、亲情感的人际交往方式大大减弱,久而久之,必然造成人与人之间的隔膜,导致人际交往能力的下降。

2）引发心理障碍

网上交往改变了高校学生情感沟通的方式,过分地沉溺网络世界,势必导致其心理、精神、人格等方面的成长障碍,造成部分学生"网上网下"判若两人,导致多重人格,容易出现焦虑、苦闷、压抑情绪。

另外,部分学生沉迷网络游戏,欲罢不能。暴力游戏潜移默化地改变着他们的价值观,很容易令他们模糊道德认识,产生"攻击他人合理"的错误认知。长期如此,极容易产生精神麻木和道德冷漠,丧失现实感和道德判断力,出现暴力倾向,形成冷漠、无情、自私的性格。

3）导致情感创伤

青年学生处于情感发育的黄金时期,向往异性,渴望情感是正常的。但网上交往角色的虚拟性导致了年龄、学历、相貌、身份等方面与实际的偏差或不符,甚至会出现同性之间的"性别角色恋爱",容易造成较大的感情或心理伤害。

4）信息垃圾威胁

计算机网络在促进教育发展的同时,暴力、迷信、色情等网络信息垃圾也可能同步而至,严重污染了校园文化环境。

5）病毒黑客侵袭

部分学生认为充当黑客是一件荣耀的事情,他们想方设法追求网上的"技术权威",试图进入禁止进入的计算机系统。"黑客"行为本身可能是基于创新的动机,而一旦偏离了道德的轨道,就要受到道德舆论的谴责,甚至是法律的制裁。

6）软件盗版

互联网极大地增加了软件产品的销售,同时也为盗版软件创造了新的机会。某些人员在未经许可的情况下,擅自对软件进行复制、传播甚至销售。软件盗版和非法拷贝极大地威胁了软件产业的健康发展。

针对上述道德失范行为,有必要借助道德理性的力量,逐步建立起信息技术领域的信息法律和伦理规范,依靠人类的伦理精神来归约信息技术的引进、研究和使用,使之有利于社会发展。

3. 信息伦理与职业规范

由于信息技术发展非常迅速,信息伦理与职业规范与时俱进,计算机伦理、网络伦理和人工智能伦理,不断出现和更新。

1）专业人员的计算机伦理

计算机伦理规范是指计算机专业人士在设计、开发、生产和销售计算机及网络产品并在为其客户和雇主服务的过程中需要遵守的行为准则。

美国计算机协会在 1992 年 10 月发布了《计算机伦理和职业行为规范》。该规范是专门为 ACM 会员所制定的,是计算机专业人士应该遵守的计算机职业道德规范。《计算机伦理和职业行为准则》由 4 部分、24 条规则构成。

第一部分列举了道德的基本要点,即"基本的道德规则",内容包括:为社会和人类福利事业做出贡献;避免伤害他人;做到诚实可信;坚持公正并反对歧视;敬重包括版权和专利权在内的财产权;重视对知识产权的保护;尊重他人的隐私;保守机密。

第二部分列出了对专业人士行为更加具体的要求。即"更具体的专业人士责任",内容包括：努力取得最高的质量、效益和荣誉；获得和保持专业竞争力；遵守专业工作的现有法律；接受并提供专业评价；进行风险分析；遵守合同、协议及所承担的责任；仅在授权的情况下利用计算和通信资源。

第三部分是组织领导岗位规则。

第四部分是支持和执行本准则的规定。

2）应用人员的计算机伦理

为应用人员制定的计算机伦理规范已经相当普遍，比较著名的有美国计算机伦理协会（CEI）制定的《网络伦理十诫》，明确列出了被禁止的网络违规行为：不应该用计算机去伤害别人；不应该干扰别人的计算机工作；不应该窥探别人的文件；不应该用计算机进行偷窃；不应该用计算机作伪证；不应该使用或复制你没有付钱的软件；不应该未经许可而使用别人的计算机资源；不应该盗用别人的智力成果；应该考虑你所编的程序的社会后果；应该以深思熟虑和慎重的方式来使用计算机。

3）计算机网络伦理

一般来说，计算机网络伦理规范主要包括以下内容：尊重他人的知识产权；不利用网络从事有损于社会和他人的活动；尊重隐私权；不利用网络攻击、伤害他人；不利用网络谋取不正当的商业利益等。

4）人工智能伦理

如今，每个人都享受到人工智能技术所带给我们的便捷和高效。但是，人工智能技术为我们带来好处的同时，也对我们的传统伦理道德产生影响。例如，具有高度智商的机器人能否赋予其人的权利（即人权伦理）；一些公司为了获取更多利润利用大数据分析结果损害老顾客的利益，从而违背了公平交易的原则（即经济伦理）；此外，无人驾驶汽车出现事故的责任归属问题、机器人导致大量人员失业问题、视频监控导致的个人隐私泄露问题等等都会给我们带来新伦理挑战。

为了解决上述问题，必须为人工智能技术制定严格的伦理规则，如人工智能必须有益于人们身心健康；人工智能必须有利于人类生存，促进社会和谐发展；人工智能必须保护人类隐私；人工智能必须维护人的尊严；人工智能必须尊重人的选择；人工智能应该保证社会公平；等等。

◆ 8.7 本章小结

本章介绍信息安全与隐私保护的概念，给出信息安全的体系架构，重点讨论了数据加密模型、数据加密方法，讲解了身份认证和访问控制技术、数字签名的作用和工作过程、区块链的结构，给出了区块链的典型应用，最后，对信息伦理、道德与法律的相互关系进行了说明。

◆ 习 题 8

一、选择题

1. 对称加密算法 DES 是（　　　）的英文缩写。

A. Data Encryption Standard　　　　　　B. Data Encode System

C. Data Encryption System　　　　　　　D. Data Encode Standard

2. 如果恺撒置换密码的密钥 Key＝4,设明文为 YES,则密文是(　　)。

A. BHV　　　　　　B. CIW　　　　　　C. DJX　　　　　　D. AGU

3. RSA 的公开密钥(n,e)和秘密密钥(n,d)中的 e 和 d 必须满足(　　)。

A. 互质　　　　　B. 都是质数　　　C. $e*d \equiv 1 \bmod n$　D. $e*d \equiv n-1$

4. 下面不是隐私保护的主要方法的是(　　)。

A. 匿名　　　　　B. 假名　　　　　C. 加密　　　　　D. 副本

5. 下面的说法正确的是(　　)。

A. 信息的泄露只在信息的传输过程中发生

B. 信息的泄露只在信息的存储过程中发生

C. 信息的泄露只在信息的查看过程中发生

D. 信息的泄露在信息的查看、传输和存储过程中发生

二、问答题

1. 简要说明数据安全三原则的含义。

2. 简述对称密钥的数据加密模型的工作原理。

3. 什么是对称加密? 什么是非对称加密? 二者的主要不同是什么?

4. 简述非对称密钥体系的应用场景。

5. 什么是身份认证? 有哪几种典型的身份认证方法?

6. 什么是访问控制? 有哪些类型的访问控制技术?

7. 简述 BLP 模型的特点。

8. 简述 RBAC 模型的特点。

9. 什么是明文? 什么是密文? 什么是加密? 什么是解密?

10. 简要说明区块链的工作原理。

三、综合计算题

1. 设 26 个英文字母 a～z 的编号依次为 0～25。已知仿射变换为 $c=(7m+5)\bmod 26$,其中 m 是明文的编号,c 是密文的编号。试对明文"computer"进行加密,得到相应的密文。

2. 已知明文为"Hello@XianJiaotongUniversity",当采用行列置换时,如果加密密钥为"teaching",请给出该明文的加密结果。如果进一步对加密结果采用"good"密钥加密,请给出加密结果。

3. 在使用 RSA 的公钥体制中,已截获发给某用户的密文为 $c=10$,该用户的公钥 pk＝5,$n=35$,那么明文 m 等于多少?

4. 利用 RSA 算法运算,如果 $p=11$,$q=13$,公钥 pk＝103,对明文 3 进行加密。求私钥 sk 及明文 3 的密文。

图 书 资 源 支 持

感谢您一直以来对清华版图书的支持和爱护。为了配合本书的使用,本书提供配套的资源,有需求的读者请扫描下方的"书圈"微信公众号二维码,在图书专区下载,也可以拨打电话或发送电子邮件咨询。

如果您在使用本书的过程中遇到了什么问题,或者有相关图书出版计划,也请您发邮件告诉我们,以便我们更好地为您服务。

我们的联系方式:

清华大学出版社计算机与信息分社网站:https://www.shuimushuhui.com/

地　　址:北京市海淀区双清路学研大厦 A 座 714

邮　　编:100084

电　　话:010-83470236　010-83470237

客服邮箱:2301891038@qq.com

QQ:2301891038(请写明您的单位和姓名)

资源下载:关注公众号"书圈"下载配套资源。

资源下载、样书申请

书圈

图书案例

清华计算机学堂

观看课程直播